高等职业教育土建专业系列教材

建筑力学

（第三版）

主　编　王培兴　杨　梅

副主编　郭　扬　张文娟

南京大学出版社

图书在版编目(CIP)数据

建筑力学 / 王培兴，杨梅主编. — 3 版. — 南京：
南京大学出版社，2021.6(2022.9 重印)

ISBN 978 - 7 - 305 - 24376 - 9

Ⅰ. ①建… Ⅱ. ①王… ②杨… Ⅲ. ①建筑力学－高
等学校－教材 Ⅳ. ①TU3

中国版本图书馆 CIP 数据核字(2021)第 074603 号

出版发行 南京大学出版社
社　　址 南京市汉口路 22 号　　　邮　编 210093
出版人 金鑫荣
书　　名 建筑力学
主　　编 王培兴　杨　梅
责任编辑 朱彦霖　　　　　　　编辑热线:025 - 83597482
照　　排 南京开卷文化传媒有限公司
印　　刷 盐城市华光印刷厂
开　　本 787×1092　　1/16　印张 24.25　字数 650 千
版　　次 2021 年 6 月第 3 版　2022 年 9 月第 2 次印刷
ISBN 978 - 7 - 305 - 24376 - 9
定　　价 59.00 元

网　　址:http://www.njupco.com
官方微博:http://weibo.com/njupco
微信服务号:njutumu
销售咨询热线:(025)83594756

编 委 会

主　任: 袁洪志(常州工程职业技术学院)

副主任: 陈年和(江苏建筑职业技术学院)

　　　　汤金华(南通职业大学)

　　　　张苏俊(扬州工业职业技术学院)

委　员: (按姓氏笔画为序)

　　　　马庆华(江苏建筑职业技术学院)

　　　　玉小冰(湖南工程职业技术学院)

　　　　刘　霁(湖南城建职业技术学院)

　　　　刘如兵(泰州职业技术学院)

　　　　朱　熙(湖北工程职业学院)

　　　　汤　进(江苏商贸职业学院)

　　　　汤小平(连云港职业技术学院)

　　　　孙　武(江苏建筑职业技术学院)

　　　　何隆权(江西工业贸易职业技术学院)

　　　　吴书安(扬州市职业大学)

　　　　张建清(九州职业技术学院)

　　　　杨建华(江苏城乡建设职业学院)

　　　　徐永红(常州工程职业技术学院)

　　　　常爱萍(湖南交通职业技术学院)

再版前言

根据国家"十四五"职业教育发展纲要,在二十一世纪,国家将大力发展职业教育,因此迫切需要进行相关的教材建设。为了适应当前土木建筑大类专业的建设与改革要求,满足培养土建大类专业施工、管理、服务第一线的高技能应用型专门人才的教学教育需要,配合《建筑工程技术专业》国家"双高"建设的需求,对本教材进行再版。再版时紧扣"教学基本要求",注重"需用、有用为主,应用、够用为度"的编写原则,着重介绍建筑力学的基本概念,加强对力学现象的分析,突出了知识的实践性和应用性要求。通过学习和课后练习,使学生具有扎实的力学基础知识,同时提高学生的综合素质,使学生能将力学分析的方法与相关专业课程结合起来,具备在生产第一线应用力学方法解决实际中遇到的有关力学问题的能力。

本教材按照示范专业核心课程建设的高度要求,融入了编者近30多年的教学实践与经验,并同时参考借鉴了许多版本的《建筑力学》同类教材,具有以下特点:

1. 符合高职教育人才培养模式对于课程体系和教学内容改革的要求,按照专业建设培养目标,进一步加强教学内容的针对性和实用性,按照知识单元之间的内在联系,针对目前高职学生的知识结构实际情况,重新进行教学内容的组织编写。

2. 实施开放式的教材编审模式,聘请生产第一线专家和工程技术人员研讨教材教学内容,使教学内容具有实用性。

3. 适应高等教育的应用型人才培养需求,精简了部分公式的推导,注重工程实际应用。本教材内容包括:绪论,静力学基础,平面汇交力系、力矩与平面力偶系、平面一般力系、空间力系的平衡,截面几何性质,轴向拉伸与压缩,扭转,梁的弯曲,压杆稳定,应力状态与强度理论,组合变形,平面杆件体系的几何组成分析,静定结构的内力,静定结构的位移,力法共17章,另有附录。每章均包含一定数量的习题,并提供部分习题的参考答案。本书可作为高职院校大土建类专业通用教材,也可作为相关工程技术人员培训使用教材。

本教材是在第二版的基础上,根据课程在教学实施中的具体情况和学时条件,进行了修订。主要表现为两个方面，一是对内容进行了精简，将渐进法、移动荷载与影响线、用 PKPM 软件计算平面杆件结构及位移法四章内容删去（精简到《建筑力学 2》中）；二是将第十四章的一个重要概念"**计算自由度**"，重新定义为"**理论自由度**"，并与"**实际自由度**"对应，使学生更加容易理解与学习，避免了概念中的动词与名词的混淆不清。

本教材由江苏建筑职业技术学院王培兴、杨梅主编，江苏建筑职业技术学院郭扬、扬州职业技术学院张文娟合编。在编写过程中得到许多施工企业一线专家和工程技术人员的大力支持，他们对本教材的内容提出了许多很好的建议，在此表示衷心的感谢。

编 者

2021 年 4 月

目　录

第一章 绪 论

扫码查看
本章微课

【学习目标】

掌握建筑力学中力、刚体、变形体、平衡的概念,了解力系、结构的概念及分类,理解合力与分力的概念,理解建筑力学的研究对象和基本任务,理解对变形固体的基本假设,了解杆件变形的基本形式。

1.1 建筑力学基本概念

一、力

1. 力的概念

力是物体间的相互作用,这种作用使物体的运动状态或形状发生改变。

力的概念是从劳动中产生的。人们在生活和生产中,由于对肌肉紧张收缩的感觉,逐渐产生了对力的感性认识。随着生产的发展,又逐渐认识到:物体运动状态和形状的改变,都是由于其他物体对该物体施加力的结果。这些力有的是通过物体间的直接接触产生的,例如物体之间的压力、摩擦力,风对建筑物的作用力等;有的是通过"场"对物体的作用,如地球万有引力对物体作用产生的重力、电场对电荷产生的引力或斥力等。虽然物体间这些相互作用力的来源和产生的物理本质不同,但它们对物体作用的结果都是使物体的运动状态或形状发生改变,因此,将它们概括起来加以抽象而形成了"力"的概念。

2. 力的效应

力对物体的作用效果称为力的效应。可以分为两类:

(1) 力使物体运动状态发生改变的效应称为运动效应或外效应;

(2) 力使物体的形状发生改变的效应称为变形效应或内效应。

力的运动效应又分为移动效应和转动效应。例如,在乒乓球运动中,如果球拍作用于乒乓球上的力通过球心(推球),则球只向前运动而不会绕球心转动,即球拍对球只有移动效应;如果球拍作用于乒乓球上的力不通过球心(拉弧圈球),则球在向前运动的同时还绕球心转动,即球拍对球除了有移动效应,还有转动效应。

3. 力的三要素

实践证明,**力对物体的作用效应取决于力的大小、方向和作用点,称为力的三要素。**

(1) 力的大小表示物体相互间机械作用的强弱程度,通过由力所产生的效应的大小来测定。在国际单位制(SI)中,力的单位为 N(牛顿)或 kN(千牛顿)。

(2) 力的方向是指静止物体在该力作用下可能产生的运动(或运动趋势)的方向,包含方位和指向。例如,力的方向"水平向右",其中"水平"是表示力的方位,"向右"则是表示力的指向。

(3) 力的作用点是指物体承受力作用的部位。实际上,两个物体之间相互作用时,其接触的部位总是占有一定的面积,力总是按照各种不同的方式分布于物体接触面的各点上。当接触面面积很小时,则可以将微小面积抽象为一个点,这个点称为**力的作用点**,该作用力称为**集中力**;反之,如果接触面积较大而不能忽略其面积时,则力在整个接触面上分布作用,此时的作用力称为**分布力**。

当力分布在一定的体积内时,称为体分布力,例如物体自身的重力;当力分布在一定面积上时,称为面分布力,如风对物体的作用;当力沿狭长面积或体积分布时,称为线分布力。分布力的大小用力的分布集度表示。体分布力集度的单位为 N/m^3 或 kN/m^3;面分布力集度的单位为 N/m^2 或 kN/m^2;线分布力集度的单位为 N/m 或 kN/m。

4. 力的性质及其表示方法

力既有大小又有方向,所以力是**矢量**。对于集中力,我们可以用带有箭头的直线段表示(图 1-1)。该线段的长度按一定比例尺绘出,表示力的大小;线段的箭头指向表示力的方向;线段的始点 A 或终点 B 表示力的作用点;矢量所沿的直线称为力的作用线。规定用黑斜体字母 F 表示力,而用普通斜体字母 F 只表示力的大小。

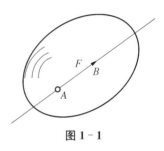

图 1-1

二、刚体与变形体的概念

1. **刚体**的概念

生活实际和工程实践表明,任何物体受力作用后,总会产生一些变形。但在通常情况下,绝大多数物体(如结构、构件或零件)的变形都是很微小的。研究证明,在某些情况下,这种微小的变形对改变物体的运动位置或者物体的运动状态来说影响是很微小的,在计算中大多可以忽略不计,即不考虑力对物体作用时物体产生的变形,而认为物体的几何形状保持不变。我们把这种在**受力作用后能保持原有形状而不产生变形的物体称为刚体。**

刚体是对实际物体进行科学的抽象和简化后而得到的一种理想模型,在自然界几乎不存在。对刚体而言,当其受到力的作用后,只会发生运动位置或者运动状态的改变而不会产生形状的改变。反过来,如果变形在所研究的问题中成为主要问题时(如在后面研究变形杆件在外力作用下产生的变形、应力等问题),刚体的概念就不再适用,当然就不能再把物体看作是刚体了,此时,就应该把物体视为变形物体了。

2. **变形体**的概念

与刚体相对应,**变形体是指在受力作用时会产生变形的物体。**在各种实际的工程结构中,构件或者杆件受到外力作用后,或多或少都会发生变形,即其形状和尺寸总会有所改变。这些改变,有的可以直接观察得到,有些则需要通过仪器才能测出。由于物体具有这种可变形的性质,所以有时又称其为变形体。例如,房屋结构中的柱子,在柱顶压力的作用下会有所缩短;大梁在受横向作用后会变微弯;钢板的连接部分,在钢板受力作用后,会产生错动等都是变形体的实例。但是,上面所说的这些变形,相对于物体本身的尺寸来说,实际上都是非常微小的。在进行受力计算时,经常先不予考虑,只是在需要知道变形的大小时才对其进行计算。

变形体在外力作用下产生的变形,就其变形的性质可以分为弹性变形和塑性变形。**所谓弹性,是指变形物体在外力撤除后能恢复其原来形状和尺寸的性质。**例如弹簧在拉力作用下会伸长,如果拉力不太大,则当缓慢撤除拉力后,弹簧能恢复原状,这表明弹簧具有弹性。**在外力撤除后弹性物体上可消失的变形称为弹性变形。**如果撤除外力后,变形不能全部消失而留有残余,此**残余部分**就称为**塑性变形**或残余变形。

撤除外力后能完全恢复原状的物体,称为**理想弹性变形体**或称理想弹性体。实际上,在自然界并不存在理想弹性体,但通过实验研究表明,常用的工程材料如金属、木材等,当外力不超过某一限度时(称为弹性阶段),很接近于理想弹性体,这时可以将它们近似地视为理想弹性体;而如果外力超过了这一限度,物体就会产生明显的塑性变形(称为弹塑性阶段)。

三、平衡的概念

所谓平衡,是指物体在各种力的作用下相对于惯性参考系处于静止或作匀速直线平动的状态。在一般工程技术问题中,平衡常指物体相对于地球而言保持静止或作匀速直线运动。例如,静止在地面上的房屋、路桥工程中的桥梁、水利工程中的水坝等建筑物或构筑物,相对于地球而言均保持静止;在直线轨道上正常运行的火车,相对于地球而言,则是在作匀速直线运动;等等,都是物体在各种力作用下处于平衡的状态。显然,平衡是机械运动的特殊形态,因为静止是暂时的、相对的、有条件的;而运动才是永恒的、绝对的、无条件的。

在建筑力学课程中,经常需要研究物体在许多力同时(即力系)作用下保持平衡时必须满足的条件,即物体的**平衡条件**。如果将平衡条件用数学方程表示出来,即为物体的**平衡方程**。

四、荷载

荷载是主动作用于物体上的外力。在实际工程中,构件或结构受到的荷载是多种多样的,如建筑物的楼板传给梁的重量、钢板对轧辊的作用力等。这些重量和作用力统称为加载在构件上的荷载。

根据荷载的作用以及计算的需要,可以对荷载进行分类:

1. 荷载按其作用在结构上的时间久暂,可分为**恒载**和**活载**

恒载是长期作用在构件或结构上的不变荷载,如结构的自重和土压力。

活载是指在施工和建成后使用期间可能作用在结构上的可变荷载,它们的作用位置和范围可能是固定的(如风荷载、雪荷载、会议室的人群重量等),也可能是移动的(如吊车荷载、桥梁上行驶的车辆等)。

2. 荷载按其作用在结构上的分布情况可分为**分布荷载**和**集中荷载**

分布荷载是连续分布在结构上的荷载。当分布荷载在结构上均匀分布时,称为**均布荷载**;当沿杆件轴线均匀分布时,则称为线均布荷载,常用单位为"N/m 或 kN/m"。

当作用于结构上的分布荷载面积远小于结构的尺寸时,可认为此荷载是作用在结构的一点上,称为集中荷载。如火车车轮对钢轨的压力,屋架传给砖墙或柱子的压力等,都可认为是集中荷载,常用单位为"N 或 kN"。

3. 荷载按其作用在结构上的性质可分为静力荷载和动力荷载

静力荷载是指从零开始逐渐缓慢地、连续均匀地增加到终值后保持不变的荷载。

动力荷载是指大小、位置、方向都随时间迅速变化的荷载。在动力荷载下,构件或结构产生显著的加速度,故必须考虑惯性力即动力的影响,如动力机械产生的振动荷载、风荷载、地震作用产生的随机荷载等。

五、力系、合力与分力

1. 力系的概念

同时作用在同一物体上的一组力,称为力系。在一个力系中,如果各力作用线都位于同一个平面内,则该力系称为平面力系,反之为空间力系。不论是平面力系,还是空间力系,按照其各力作用线分布的不同形式,都可分为:

(1) **汇交力系:**力系中各力作用线(或者其延长线)汇交于一点,如图 1-2 所示。

(2) **力偶系:**力系中各力全部可以组成若干力偶(见第四章)或力系由若干力偶组成,如图 1-3 所示。

(3) **平行力系:**力系中各力作用线相互平行,如图 1-4 所示。

(4) **一般力系:**力系中各力作用线既不完全交于一点,也不完全相互平行,即处于一般位置,如图 1-5 所示。

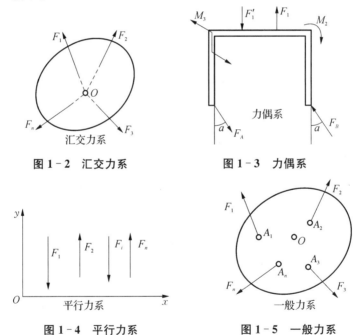

图 1-2 汇交力系　　图 1-3 力偶系

图 1-4 平行力系　　图 1-5 一般力系

2. 等效力系、合力与分力的概念

如果某一力系对刚体产生的效应,可以用另外一个力系来代替,即**两个力系对刚体的作用效应相同,**则称这两个力系互为等效,或者说,其中任一力系为另一个力系的**等效力系。**当一个力与一个力系等效时,则称该力为力系的合力;而该力系中的每一个力称为其合力的**分力。把力系中的各个分力代换成合力的过程,称为力系的合成;**反过来,**把合力代换成若干分力的过程,称为力的分解。**

1.2 建筑力学的研究对象

一、构件与结构的概念

建筑、机械和桥梁等工程在建造过程中会广泛地应用各种工程结构和机械设备。构成结构的部件和机械的零件,统称为构件。由若干构件按照各种合理方式组成,用来承担荷载并起骨架作用的部分,称为结构。最简单的结构可以是一根梁或一根柱。在正常使用状态下,一切构件或工程结构都要受到相邻构件或其他物体对它的作用,即荷载的作用。

在实际建筑工程中的结构形式,常见有如图1-6所示的单层工业厂房、图1-7所示的民用建筑和图1-8所示的桥梁等多种形式。

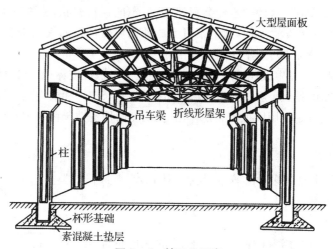

图1-6 某工业厂房

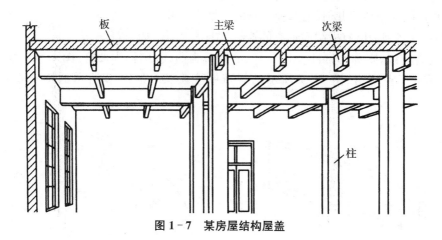

图1-7 某房屋结构屋盖

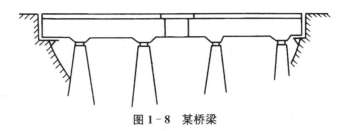

图 1-8 某桥梁

二、构件与结构的承载力

在荷载作用下,构件及工程结构的几何形状和尺寸要发生一定程度的改变,这种改变统称为**变形**。当荷载达到某一数值时,构件或结构就可能发生破坏,如吊索被拉断、钢梁断裂等。如果构件或结构的变形过大,会影响其正常工作,如机床主轴变形过大时,将影响机床的加工精度;楼板梁变形过大时,下面的抹灰层就会开裂、脱落等。此外,对于受压的细长直杆,两端的压力增大到某一数值后,杆会突然变弯,不能保持原状,这种现象称为**失稳**。静定桁架中的受压杆件如果发生失稳,则桁架可变成几何可变体系而失去承载力。

在工程中,为了保证每一构件和结构始终能够正常地工作而不致失效,在使用过程中要求构件和结构的材料不发生破坏,即具有足够的**强度**用以抵抗破坏;要求构件和结构的变形在工程允许的范围内,即具有足够的**刚度**用以抵抗变形;要求构件和结构能够维持其原有的平衡形式,即具有足够的**稳定性**用以抵抗失稳。强度、刚度与稳定性统称为构件与结构的承载力。

三、结构的分类

工程中结构的类型是多种多样的,可按不同的观点进行分类。

1. 按几何特征分类

(1)杆件结构

由杆件组成的结构称为**杆件结构**。杆件的几何特征是它的长度 l 远大于其横截面的宽度 b 和高度 h(图 1-9)。**横截面**和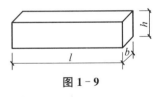

图 1-9

轴线是杆件的两个主要几何因素,前者指的是垂直于杆件长度方向的截面,后者则为所有横截面形心的连线(图 1-10)。如果杆件的轴线为直线,则称为**直杆**[图 1-10(a)];若为曲线,则称为**曲杆**[图 1-10(b)]。如图1-6 所示的工业厂房、图 1-7 所示的楼盖中主次梁、图 1-8 所示的桥梁等都是杆件结构。

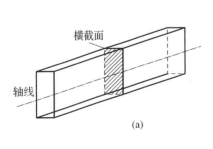

(a)

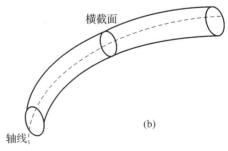

(b)

图 1-10

（2）板壳结构

由薄板或薄壳组成的结构称为**板壳结构**。薄板和薄壳的几何特征是它们的长度 l 和宽度 b 远大于其厚度 δ［图 1-11(a)、(b)］。当构件为平面状时称为薄板［图 1-11(a)］，当构件为曲面状时称为薄壳［图 1-11(b)］。板壳结构也称为**薄壁结构**。如图 1-7 所示楼盖中的平板就是薄板，如图 1-12(a)、(b)所示屋顶分别是三角形折板结构和长筒壳结构。

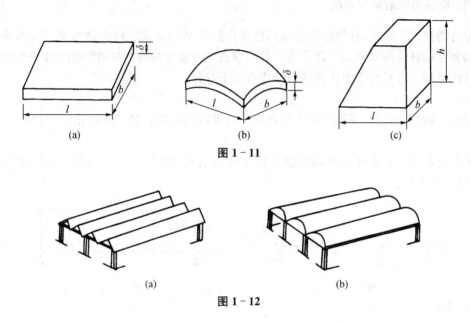

（a） （b） （c）

图 1-11

（a） （b）

图 1-12

（3）实体结构

如果结构的长 l、宽 b、高 h 三个尺度为同一量级，则称为**实体结构**。如图 1-11(c)所示，工程上如挡土墙［图 1-13(a)］、水坝［图 1-13(b)］和块形基础等都是实体结构。

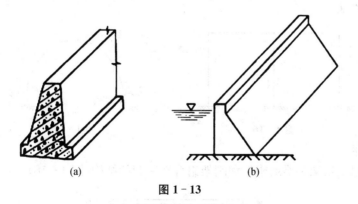

（a） （b）

图 1-13

2. 按空间特征分类

（1）平面结构

凡组成结构的所有构件的轴线及外力都在同一平面内，这种结构称为**平面结构**。

（2）空间结构

凡组成结构的所有构件的轴线及外力不在同一平面内,这种结构称为**空间结构**。

实际上,一般结构都是空间结构。但在计算时,有许多空间结构根据其实际受力特点,可简化为若干平面结构来处理,例如图1-6所示的厂房结构支撑系统,就可以简化为若干屋架来计算。而有些空间结构则不能简化为平面结构,必须按空间结构来分析。

四、建筑力学的研究对象

在各类建筑工程中,杆件结构是应用最为广泛的结构形式。杆件结构又可分为**平面杆件结构和空间杆件结构**两类。建筑力学的主要研究对象是杆件与杆件结构。本书主要研究平面杆件结构。常见的平面杆件结构形式有以下几种:

1. 梁

梁是一种受弯杆件,其轴线通常为直线。梁可以是单跨的和多跨的(图1-14)。

2. 桁架

桁架是由若干根直杆在两端用铰连接而成的结构(图1-15)。当荷载只作用在结点时,各杆只产生轴力。

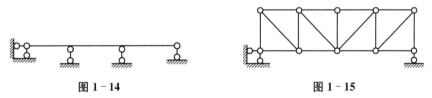

图1-14　　　　　　　　　　　图1-15

3. 刚架

刚架是由直杆组成并具有刚结点的结构(图1-16)。

4. 拱

拱的轴线是曲线,且在竖向荷载作用下会产生水平反力(图1-17)。水平反力大大改变了拱的受力性能。

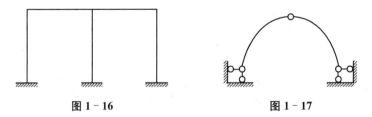

图1-16　　　　　　　　　　　图1-17

5. 组合结构

组合结构是由桁架和梁或桁架和刚架组合在一起的结构(图1-18)。

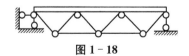

图1-18

1.3　建筑力学的任务

在已知力学模型的基础上,主要讨论分析物体的受力情况,建立系统外力之间以及内力和外力之间的关系,讨论结构与构件在荷载作用下的强度、刚度及稳定性的计算方法。其中建立结构的力学模型是实际工作中至关重要也是十分困难的部分,学习时需要多观察、多思考已知的力学模型是如何抽象简化的。只有不断地体会、揣摩,并不断总结才能提高建立力学模型的能力,以适应千变万化的实际问题。

因此,建筑力学的研究任务,主要归纳为如下几个方面:

1. 研究物体以及物体系统的受力、各种力系的简化和平衡规律;

2. 研究结构的组成规律和合理形式;

3. 研究构件(主要是杆件)和结构(主要是杆件结构)的内力和变形与外力及其他外部因素(如支座位移、温度改变等)之间的关系,并对构件及结构的强度和刚度进行验算;

4. 研究材料的力学性质和构件在外力作用下发生破坏的规律;

5. 讨论轴向受压杆件以及简单刚架的稳定性问题。

建筑力学课程学习的内容,是土木工程类专业的基础,通过课程的学习,探索与掌握物体的平衡规律以及构件在受力后的内力、应力、变形的计算方法和规律,使结构和构件在经济的前提下,最大限度地保证具有足够的强度、刚度和稳定性。一方面,建筑力学与之前所修课程如高等数学、大学物理等有极其密切的联系;另一方面,建筑力学又为进一步学习如建筑结构、建筑施工等专业后续课程提供必要的基础理论和计算方法。因而,建筑力学在各门课程的学习中起着承上启下的作用。

1.4　变形固体的基本假设

实际工程中的任何构件、机械或结构,在荷载作用下都会产生变形,即是变形体或称**变形固体**。变形固体除受外力及其他外部因素的作用外,其本身性质也是多种多样十分复杂的。而每门科学,都只是从某个角度去研究物体性质的某一方面或某几方面。同样,建筑力学也不可能将各种因素的影响同时加以考虑,而只能保留所研究问题的主要方面,略去影响不大的次要因素。对变形固体作某些假设,就是将复杂的实际物体抽象为具有某些主要特征的理想物体。在建筑力学中,通常对变形固体作出如下假设:

1. 连续性假设

连续是指物体内部没有空隙,处处充满了物质,且认为物体在变形后仍保持这种连续性。这样,物体的一切物理量如密度、应力、变形、位移等是连续的,因而可以用坐标的连续函数来描述。

实践证明,在工程中将构件抽象为连续的变形体,可以使用坐标来描述物体的变形,不仅避免了数学分析上的困难,而且便于利用微积分等数学工具解决问题。同时,由此假定所作的力学分析被广泛的实验与工程实践证实是可行的。

2. 均匀性假设

均匀性是指物体内各点处材料的性质相同,并不因物体内点的位置的变化而变化。这样,可以从物体中取出任意微小部分进行研究,并将其结果推广到整个物体。同时,还可以将那些用大试件在实验中获得的材料性质,用到任何微小部分上去。

3. 各向同性假设

各向同性是指物体在各个不同方向具有相同的力学性质。因此,表征这些特性的力学参量(如弹性模量、泊松系数等)与方向无关,为常量。应指出,有些材料沿不同方向具有不同的力学性质,则称为**各向异性材料**。木材、复合材料是典型的**各向异性材料**。

以上针对材料的三个假设是变形固体力学普遍采用的前提假设。

1.5 杆件变形的基本形式

在各种不同形式的外力作用下,杆件的变形形式各不相同。但是,再复杂的变形都可以分解成为几种基本的变形形式。杆件的基本变形形式有下面四种。

1. 轴向拉伸与轴向压缩变形

在一对大小相等、方向相反、作用线与杆件轴线重合的外力作用下,杆件的长度发生伸长或缩短。这种变形称为轴向拉伸与轴向压缩变形[图 1-19(a)、(b)]。

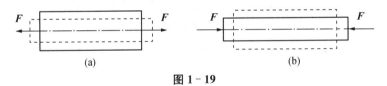

(a)   (b)

图 1-19

起吊重物的钢索、桁架中的杆件等的变形都属于轴向拉伸或轴向压缩变形。

2. 剪切变形

在一对大小相等、方向相反、作用线相距很近且垂直于杆件轴线的外力作用下,杆件的横截面沿外力作用方向发生错动。这种变形称为剪切变形(图 1-20)。

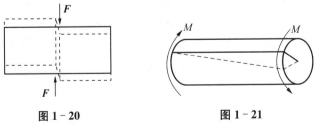

图 1-20   图 1-21

机械中常见的联结件,如铆钉、螺栓等受力时常发生剪切变形。

3. 扭转变形

在一对大小相等、转向相反、位于垂直于杆轴线的两平面内的力偶作用下,杆件的任意两个横截面发生绕轴线的相对转动。这种变形称为扭转变形(图 1-21)。

机械中传动轴的变形就是扭转变形。

4. 弯曲变形

在一对大小相等、转向相反、位于杆件纵向对称平面内的力偶作用下,或者在平衡的横向力系作用下,杆件的轴线由直线变为曲线。这种变形称为弯曲变形(图 1 - 22)。前者为纯弯曲,后者为横力弯曲。

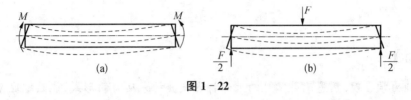

图 1 - 22

受弯杆件是工程中最常见的构件。吊车梁、火车轮轴等的变形都是弯曲变形。

实际工程中,还有一些杆件可能同时具有多种基本变形形式,这种复杂的变形形式有拉伸与弯曲的组合变形、弯曲与扭转的组合变形等。这种基本变形的组合叠加的变形称为**组合变形**。

【小　结】

1. 正确理解力、刚体、平衡的概念。
2. 了解建筑力学的研究对象与任务。
3. 理解变形体的基本假定及其内容。
4. 了解变形杆件的基本变形形式及其特点。

【思考题与习题】

1-1. 力的概念与性质是什么? 举例说明。

1-2. 怎样理解理想刚体与变形体? 举例说明。

1-3. 怎样理解平衡与运动? 举例说明。

1-4. 构件的承载力包括哪些?

1-5. 理想变形体的基本假定有哪些?

1-6. 变形杆件的基本变形分为哪几种?

答案扫一扫

第二章　静力学基础

扫码查看
本章微课

【学习目标】

理解静力学公理;熟悉几种常见约束的特点及其约束反力的形式;能熟练地掌握对物体系统进行受力分析,并作出其受力图;理解结构的计算简图的概念及其选取。

2.1　静力学公理

静力学公理是人们从长期生活和实践中总结得出的最基本的力学规律,这些规律的正确性已被实践反复证明,是符合客观实际的。它们是静力学中研究力系简化和平衡的基本依据。

公理一　作用力与反作用力公理

两个物体间相互作用的一对力,总是大小相等、方向相反、作用线相同,并分别而且同时作用于这两个物体上。

这个公理概括了自然界任何两个物体间相互作用的关系。有作用力,必定有反作用力;反过来,没有反作用力,也就没有作用力。两者总是同时存在,又同时消失。因此,力总是成对地出现在两相互作用的物体上。

公理二　力的平行四边形法则

作用于物体同一点的两个力,可以合成为一个合力,合力也作用于该点,合力的大小和方向由以两个分力为邻边的平行四边形的对角线表示,即合力矢等于这两个分力矢的矢量和。如图 2-1 所示,其矢量表达式为

$$\boldsymbol{F}_1 + \boldsymbol{F}_2 = \boldsymbol{F}_{\mathrm{R}} \tag{2-1}$$

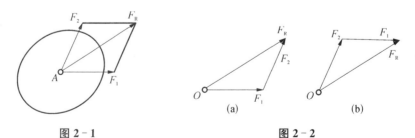

图 2-1　　　　　　　　　　图 2-2

在求两共点力的合力时,为了作图方便,只需画出平行四边形的一半,即三角形便可。其方法是自任意点 O 开始,先画出一矢量 $\boldsymbol{F}_1$,然后再由 $\boldsymbol{F}_1$ 的终点画另一矢量 $\boldsymbol{F}_2$,最后由 O 点至力矢 $\boldsymbol{F}_2$ 的终点作一矢量 $\boldsymbol{F}_{\mathrm{R}}$,它就代表 $\boldsymbol{F}_1$、$\boldsymbol{F}_2$ 的合力矢。合力的作用点仍为 $\boldsymbol{F}_1$、$\boldsymbol{F}_2$

的汇交点 A。这种作图法称为力的**三角形法则**。显然,若改变 F_1、F_2 的顺序,其结果不变,如图 2-2 所示。

利用力的平行四边形法则,也可以把作用在物体上的一个力,分解为相交的两个分力,分力与合力作用于同一点。但是,由于具有相同对角线的平行四边形可以画任意个,因此要唯一确定这两个分力,必须有相应的附加条件。

实际计算中,常把一个力分解为方向已知的两个(平面)或三个(空间)分力。图 2-3 和图 2-4 即为把一个任意力分解为方向已知且相互垂直的两个(平面)或三个(空间)分力。这种分解称为正交分解,所得的分力称为正交分力。

公理三　二力平衡公理

作用于刚体上的两个力平衡的充分与必要条件是这两个力大小相等、方向相反、作用线相同。

这一结论是显而易见的。如图 2-5 所示直杆,在杆的两端施加一对大小相等的拉力(F_1、F_2)或压力(F_3、F_4),均可使杆平衡。

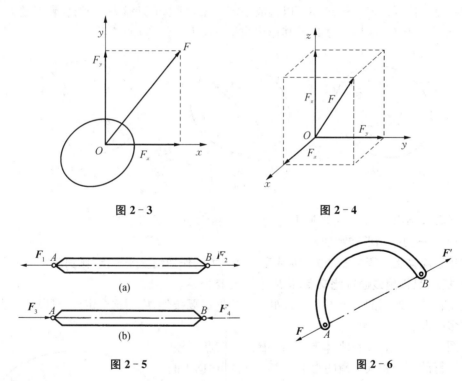

图 2-3　　　　　　　　　　　　图 2-4

图 2-5　　　　　　　　　　　　图 2-6

但是,应当指出,上面条件对于**刚体**来说是充分而且必要的;而对于变形体来说,该条件只是必要条件而不充分。例如柔索,当受到两个等值、反向、共线的压力作用时,会产生变形(被揉成一团),因此就不能平衡。

在两个力作用下并且处于平衡的物体称为**二力体**;若为杆件,则称为**二力杆**。根据二力平衡公理可知,作用在二力体上的两个力,它们必通过两个力作用点的连线(与杆件的形状无关),且等值、反向,如图 2-6 所示。

在这里,要区别二力平衡公理和作用力与反作用力公理之间的关系,同样是等值、反向、共线,前者是对一个物体而言,而后者则是对两个物体之间而言。显然,由于作用力与反作用力是分别作用在两个不同的物体上,不能构成平衡关系。

公理四　加减平衡力系公理

在作用于刚体上的已知力系上,加上或减去任意平衡力系,不会改变原力系对刚体的作用效应。

这是因为在平衡力系中,诸力对刚体的作用效应都相互抵消,力系对刚体的效应等于零。所以对刚体来说,在其上施加或者撤除平衡力系,都不会对刚体产生任何影响。根据这个原理,可以进行力系的等效变换,即在刚体上任意施加或者撤除平衡力系,即有如下推论。

推论 1:力的可传性原理

作用于刚体上某点的力,可沿其作用线任意移动作用点而不改变该力对刚体的作用效应。

利用加减平衡力系公理,很容易证明力的可传性原理。如图 2-7 所示,设力 F 作用于刚体上的 A 点。现在其作用线上的任意一点 B 加上一对平衡力系 F_1、F_2,并且使 $F_1 = -F_2 = F$,根据加减平衡力系公理可知,这样做不会改变原作用力 F 对刚体的作用效应;再根据二力平衡条件可知,F_2 和 F 亦可以构成平衡力系,所以可以撤去。因此,剩下的力 F_1 与原力 F 等效。力 F_1 就是由力 F 沿其作用线从 A 点移至 B 点的结果。

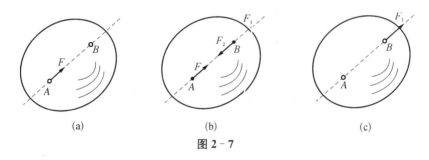

(a)　　　　　　　　　(b)　　　　　　　　　(c)

图 2-7

同样必须指出,力的可传性原理也只适用于刚体而不适用于变形体。

推论 2:三力平衡汇交定理

作用于刚体上平衡的三个力,如果其中两个力的作用线交于一点,则第三个力必与前面两个力共面,且作用线通过此交点,构成平面汇交力系。

这是物体上作用的三个不平行力相互平衡的**必要条件**,应用这个定理,可以比较方便地解决许多问题。

如图 2-8 所示,设在刚体上的 A、B、C 三点,分别作用不平行的三个相互平衡的力 F_1、F_2、F_3。根据力的可传性原理,先将力 F_1、F_2 移到其汇交点 O,然后根据力的平行四边形法则,得合力 F_{R12}。则力 F_3 与 F_{R12} 也应平衡。由二力平衡公理知,F_3 与 F_{R12} 必共线。因此,力 F_3 的作用线必通过 O 点并与力 F_1、F_2 共面。

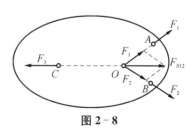

图 2-8

应当指出,三力平衡汇交定理只说明了不平行的三力平衡的必要条件,而不是充分条件,因为即使三力汇交,也不一定平衡。三力平衡汇交定理常用来确定刚体在共面不平行三力作用下平衡时,其中某一未知力的作用线位置。

公理五 刚化原理

变形体在某一力系作用下处于平衡,如将此变形体刚化为刚体,其平衡状态保持不变。

这个公理提供了把变形体看作为刚体模型的条件。如绳索在等值、反向、共线的两个拉力作用下处于平衡,如将绳索刚化为刚体,其平衡状态保持不变。反之就不一定成立。如刚体在两个等值反向的压力作用下平衡,若将它换成绳索就不能平衡了。

由此可见,作用于刚体上的力系所必须满足的平衡条件,在变形体平衡时也同样必须遵守。但刚体的平衡条件是变形体平衡的必要条件,而非充分条件。在刚体静力学的基础上,考虑变形体的特性,可进一步研究变形体的平衡问题。

2.2 约束与约束反力

一、自由体、约束与约束反力

凡是在空间中能自由运动的物体,都称为自由体,如航行的飞机、飞行的炮弹等。如果物体的运动受到一定的限制,使其在某些方向的运动成为不可能,则这种物体称为非自由体。例如,用绳索悬挂的重物,搁置在墙上的梁,沿轨道运行的火车等,都是非自由体。

对自由体的运动所施加的限制条件称为约束。 约束一般都是通过物体之间的直接接触而形成的。例如上述例子中,绳索是重物的约束,墙是梁的约束,轨道是火车的约束。它们分别限制了各个相应物体在约束所能限制的方向上的运动。

既然约束限制着物体的运动,那么当物体沿着约束所能限制的方向有运动趋势时,约束为了阻止物体的运动,必然对该物体用力加以作用,这种力称为**约束反力**或约束力,简称反力。**约束反力的方向总是与所能阻止的物体的运动(或运动趋势)的方向相反,** 它的作用点就是约束与被约束物体的接触点。在静力学中,约束对物体的作用,完全取决于约束反力。

与约束反力相对应,凡是能主动引起物体运动或使物体有运动趋势的力,称为**主动力,** 如重力、风压力、水压力等。作用在工程结构上的主动力又称为**荷载。** 通常情况下,主动力是已知的,而约束反力是未知的。约束反力是由主动力引起的,随主动力的变化而改变。因此,约束反力是一种被动力。

二、几种常见的约束及其约束反力

由于约束的类型不同,约束反力的作用方式也各不相同。下面介绍在工程中常见的几种约束类型及其约束反力的特性。

1. 柔索约束

由柔软而不计自重的绳索、胶带、链条等构成的约束统称为柔索约束。由于柔索约束只能限制物体沿着柔索的中心线伸长方向的运动,而不能限制物体在其他方向的运动,所以**柔索约束的约束反力永远为拉力,方向沿着柔索的中心线背离被约束的物体,** 常用符号 F_T 表示,如图 2-9 所示。

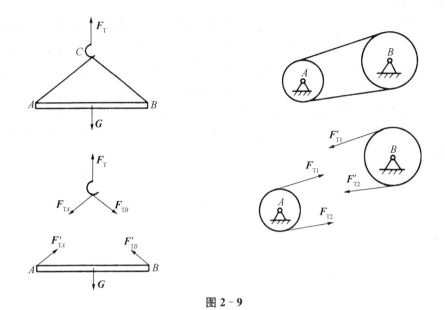

图 2 - 9

2. 光滑接触表面约束

物体间光滑接触时,不论接触面的形状如何,这种约束只能限制物体沿着接触面在接触点的公法线方向且指向约束物体的运动,而不能限制物体的其他运动。因此,**光滑接触面约束的反力永为压力,通过接触点,方向沿着接触面的公法线指向被约束的物体**,通常用 F_N 表示,如图 2 - 10 所示。

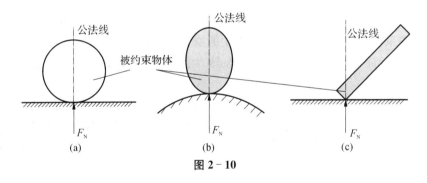

图 2 - 10

3. 圆柱铰链约束

两个物体分别被钻上直径相同的圆孔并用销钉连接起来,如果不计销钉与销钉孔壁之间的摩擦,则这种约束称为光滑圆柱铰链约束,简称铰链约束,如图 2 - 11(a)所示。这种约束可以用如 2 - 11(b)所示的力学简图表示,其特点是只限制两物体在垂直于销钉轴线的平面内沿任意方向的相对移动,而不能限制物体绕销钉轴线的相对转动和沿其轴线方向的相对滑动。因此,**铰链的约束反力作用在与销钉轴线垂直的平面内,并通过销钉中心,但方向待定**,如图 2 - 11(c)所示的 F_A。工程中常用通过铰链中心相互垂直的两个正交分力 F_{Ax}、F_{Ay} 表示,如图 2 - 11(d)所示。

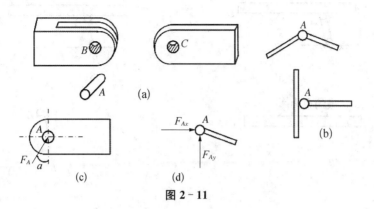

图 2-11

4. 固定铰支座

将结构物的构件或杆件连接在墙、柱上,或将机器的机身安装在支撑物体上,这些支撑物体的装置统称为支座。用光滑圆柱铰链把结构物或构件与支承底板相连接,并将支承底板固定在支承物上而构成的支座,称为固定铰支座,如图 2-12(a)所示。如图 2-12(b)、(c)、(d)、(e)所示都是其力学简图。

从铰链约束的约束反力可知,**固定铰支座作用于被约束物体上的约束反力也应通过圆孔中心,但方向不定。**为方便起见,常用两个相互垂直的分力 F_x、F_y 表示,如图 2-12(f)所示。

固定铰支座的力学简图常用两根不平行的链杆来表示,如图 2-12(d)所示。

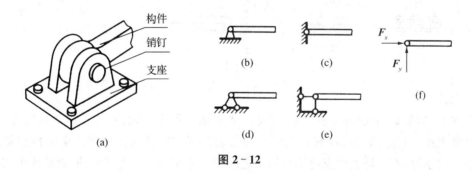

图 2-12

实际从广义上讲,下部的支撑物体与上部物体一样都是物体,则固定铰支座的作用也就与圆柱铰链约束完全一样。

5. 链杆约束

两端各以铰链与其他物体相连接且在中间不再受力(包括物体本身的自重)的直杆称为链杆,如图 2-13(a)所示。这种约束只能限制物体上的铰结点沿链杆轴线方向的运动,而不能限制其他方向的运动。因此,**这种约束对物体的约束反力沿着链杆两端铰结点的连线,其方向可以为指向物体(即为压力)或背离物体(即为拉力)**,常用符号 F 表示,如图 2-13(c)、(d)所示。图 2-13(b)中的杆 AB 即为链杆的力学简图。

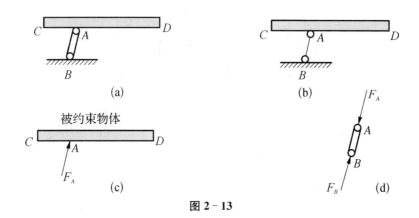

图 2 - 13

6. 可动铰支座

如果在固定铰支座的底座与固定物体之间安装若干辊轴,它允许结构绕 A 铰转动和沿支承面水平移动,但不能竖向移动,就构成可动铰支座,如图 2 - 14(a)所示,其力学简图如图 2 - 14(b)或 2 - 14(c)所示。这种支座的约束特点是只能限制物体上与销钉连接处沿垂直于支承面方向(朝向或离开支承面)的移动,而不能限制物体绕铰轴转动和沿支承面移动。**因此,可动铰支座的反力垂直于支承面,且通过铰链中心**(指向或背离物体),用 **F** 表示,如图 2 - 14(d)所示。

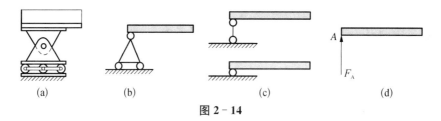

图 2 - 14

7. 固定支座

工程上,如果结构或构件的一端牢牢地插入支承物里面,如房屋的雨篷嵌入墙内,基础与地基整浇在一起等,如图 2 - 15(a)、(b)所示,就构成固定支座。这种约束的特点是连接处有很大的刚性,不允许被约束物体与约束之间发生任何相对移动或转动,即被约束物体在约束端是完全固定的。固定支座的力学简图如图 2 - 15(c)所示,其约束反力一般用三个反力分量来表示,即两个相互垂直的分力 F_{Ax}、F_{Ay} 和反力偶(其力偶矩为)M_A,如图 2 - 15(d)所示。

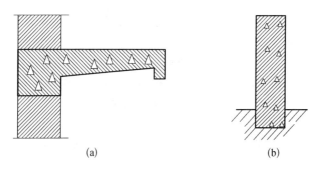

(a)   (b)

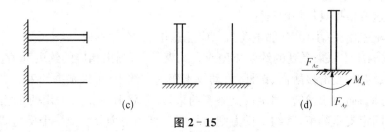

图 2 - 15

8. 定向(滑动)支座

定向支座能限制构件的转动和垂直于支承面方向的移动,但允许构件沿平行于支承面的方向平移,如图 2 - 16(a)所示。定向支座的约束力为一个垂直于支承面但指向待定的力和一个转向待定的力偶,图 2 - 16(b)是定向支座的简化表示和约束力的表示。如果支承面与构件轴线垂直,则定向支座的约束力如图 2 - 16(c)所示。

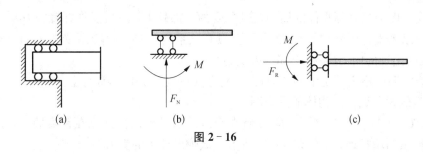

图 2 - 16

2.3 受力分析与受力图

一、隔离体和受力图

用力学求解静力平衡问题时,一般首先要分析物体的受力情况,了解物体受到哪些力的作用,其中哪些是已知的和哪些是未知的,这个过程称为对物体进行受力分析。工程结构中的构件或杆件,一般都是非自由体,它们与周围的物体(包括约束)相互连接在一起,用来承担荷载。为了分析某一物体的受力情况,往往需要**解除限制该物体运动的全部约束,把该物体从与它相联系的周围物体中分离出来**,单独画出这个物体的图形,称之为隔离体(或研究对象)。然后,再将周围各物体对该物体的各个作用力(包括主动力与约束反力)全部用矢量线表示在隔离体上。这种画有隔离体及其所受的全部作用力的简图,称为物体的受力图。

对物体进行受力分析并画出其受力图,是求解静力学问题的重要步骤。所以,必须**熟练掌握**选取隔离体并能正确地分析其受力情况。

二、画受力图的步骤及注意事项

(1) 确定研究对象,选取隔离体。应根据题意的要求,确定研究对象,并单独画出隔离体的简图。研究对象(隔离体)可以是单个物体,也可以是由若干个物体组成的系统或者整个物体系统,这要根据具体情况确定。

(2) 根据已知条件,画出全部主动力。应注意正确、不漏不缺。

(3) 根据隔离体原来受到的约束类型或者约束条件,画出相应的约束反力。

对于柔索约束、光滑接触面、链杆、可动铰支座这类约束,可以根据约束的类型直接画出约束反力的方向;而对于铰链、固定铰支座等约束,经常将其约束反力用两个相互垂直的分力来表示;对固定支座约束,其约束反力则用相互垂直的两个分力及一个反力偶来表示。在受力分析中,**约束反力不能多画,也不能少画**。如果题意要求明确这些反力的作用线方位和指向时,应当根据约束的具体情况并利用前面介绍的有关公理进行确定。同时,应注意两个物体之间相互作用的约束力应符合作用力与反作用力公理。

(4) 熟练地使用常用的字母和符号标注各个约束反力,注明是由哪一个物体(施力体或约束)施加。另外还要注意按照原结构图上每一个构件或杆件的尺寸和几何特征作图,以免引起错误或误差。

(5) 受力图上只画隔离体的简图及其所受的全部外力,不画已被解除的约束。

(6) 当以系统为研究对象时,受力图上只画该系统(研究对象)所受的主动力和约束反力,不画成对出现的内力(包括内部约束反力)。

(7) 应当明确指出系统中的二力杆,这对系统的受力分析非常有意义。

下面举例说明如何画物体的受力图。

例 2 - 1 重量为 G 的梯子 AB,放置在光滑的水平地面上并靠在铅直墙上,在 D 点用一根水平绳索与墙相连,如图 2 - 17(a)所示。试画出梯子的受力图。

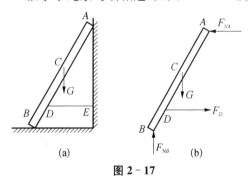

图 2 - 17

解 将梯子从周围的物体中分离出来,作为研究对象画出其隔离体。先画上主动力即梯子的重力 G,作用于梯子的重心(几何中心),方向铅直向下;再画墙和地面对梯子的约束反力。根据光滑接触面约束的特点,A、B 处的约束反力 F_{NA}、F_{NB} 分别与墙面、地面垂直并指向梯子;绳索的约束反力 F_D 应沿着绳索的方向离开梯子为拉力。图 2 - 17(b)即为梯子的受力图。

例 2 - 2 如图 2 - 18(a)所示,简支梁 AB,跨中受到集中力 F 作用,A 端为固定铰支座约束,B 端为可动铰支座约束。试画出梁的受力图。

解 (1) 取 AB 梁为研究对象,解除 A、B 两处的约束,画出其隔离体简图。

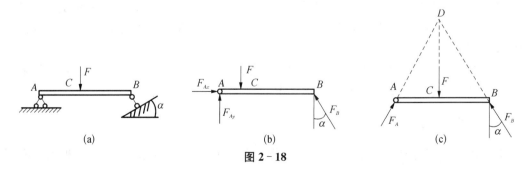

图 2 - 18

（2）在梁的中点 C 画主动力 $\boldsymbol{F}$。

（3）在受约束的 A 处和 B 处，根据约束类型画出约束反力。B 处为可动铰支座约束，其反力通过铰链中心且垂直于支承面，其指向假定如图 2-18（b）所示；A 处为固定铰支座约束，其反力可用通过铰链中心 A 并相互垂直的分力 $\boldsymbol{F}_{Ax}$、$\boldsymbol{F}_{Ay}$ 表示。受力图如图 2-18（b）所示。

此外，注意到梁只在 A、B、C 三点受到互不平行的三个力作用而处于平衡，因此，还可以根据三力平衡汇交公理进行受力分析。已知 $\boldsymbol{F}$、$\boldsymbol{F}_B$ 相交于 D 点，则 A 处的约束反力 $\boldsymbol{F}_A$ 也应通过 D 点，从而可确定 $\boldsymbol{F}_A$ 必通过沿 A、D 两点的连线，可画出如图 2-18（c）所示的受力图。

例 2-3　如图 2-19（a）所示的三铰拱桥由 AC、BC 两部分铰接而成，自重不计，在 AC 上作用有力 $\boldsymbol{F}$，试分别画出 BC 和 AC 的受力图。

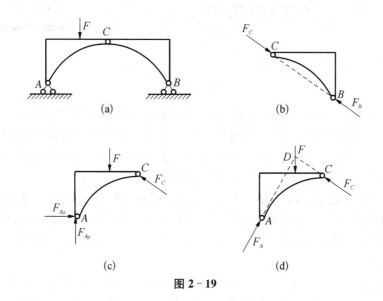

图 2-19

解　（1）画 BC 部分的受力图。取 BC 部分为研究对象，将其单独画出。由于 BC 的自重不计，且只在 B、C 两处受铰链的约束力，因此 BC 是二力构件，B、C 两端的约束力 $\boldsymbol{F}_B$、$\boldsymbol{F}_C$ 应沿 B、C 的连线，方向相反，指向假定（假定为相对）。BC 的受力图如图 2-19（b）所示。

（2）画 AC 部分的受力图。取 AC 部分为研究对象，将其单独画出。先画出所受主动力 $\boldsymbol{F}$。根据作用力与反作用力公理，在 C 处所受的约束力与 BC 受力图中的 $\boldsymbol{F}_C$ 大小相等、方向相反，是一对作用力与反作用力，用 $\boldsymbol{F}_C'$ 表示，在 A 处所受固定铰支座的反力 $\boldsymbol{F}_A$ 用一对正交分力 $\boldsymbol{F}_{Ax}$、$\boldsymbol{F}_{Ay}$ 表示，指向可假定。AC 的受力图如图 2-19（c）所示。

进一步分析可知，由于 AC 部分的自重不计，AC 是在三个力作用下并处于平衡，力 $\boldsymbol{F}$ 和 $\boldsymbol{F}_C'$ 的作用线的交点为 D，如图 2-19（d）所示，根据三力平衡汇交定理，反力 $\boldsymbol{F}_A$ 的作用线必通过 D 点，指向假定（假设指向斜上方）。这样，AC 的受力图又可表示为如图 2-19（d）所示。

例 2-4　在图 2-20（a）所示简单承重结构中，悬挂的重物重 W，横梁 AB 和斜杆 CD

的自重不计。试分别画出斜杆 CD、横梁 AB 及整体的受力图。

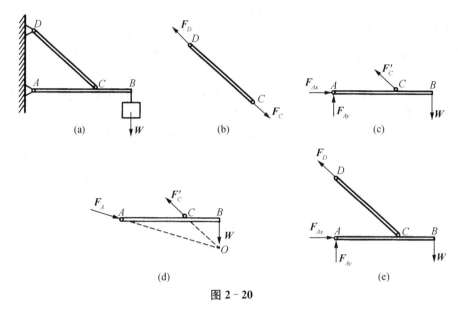

图 2－20

解 （1）画斜杆 CD 的受力图。取斜杆 CD 为研究对象,将其单独画出。斜杆 CD 两端均为铰链约束,约束力 F_C、F_D 分别通过 C 点和 D 点。由于不计杆的自重,故斜杆 CD 为二力构件。F_C 与 F_D 大小相等、方向相反,沿 C、D 两点连线。本例可判定 F_C、F_D 为拉力,若不易判断,可先假定指向。图 2－20(b)即为斜杆 CD 的受力图。

（2）画横梁 AB 的受力图。取横梁 AB 为研究对象,将其单独画出。横梁 AB 的 B 处受到主动力 W 的作用。C 处受到斜杆 CD 的作用力 F'_C,F'_C 与 F_C 互为作用力与反作用力。A 处为固定铰支座,其反力用两个正交分力 F_{Ax}、F_{Ay} 表示,指向假定。图 2－20(c)即为横梁 AB 的受力图。

横梁 AB 的受力图也可根据三力平衡汇交定理画出。横梁的 A 处为固定铰支座,其反力 F_A 通过 A 点、方向未知,但由于横梁只受到三个力的作用,其中两个力 W、F'_C 的作用线相交于 O 点,因此 F_A 的作用线也必通过 O 点,指向假定,如图 2－20(d)所示。

（3）画整体的受力图。作用于整体上的力有:主动力 W,反力 F_D 及 F_{Ax}、F_{Ay}。如图 2－20(e)所示为整体的受力图。

注意:本例中整体受力图中为什么不画出力 F_C 与 F'_C,这是因为 F_C 与 F'_C 是承重结构整体内两物体之间的相互作用力,根据作用力与反作用力公理,总是成对出现的,并且大小相等、方向相反、沿同一直线,对于承重结构整体来说,F_C 与 F'_C 这一对力自成平衡,所以不必画出。因此,在画研究对象的受力图时,只需画出外部物体对研究对象的作用力,即作用在研究对象上的**外力**。但应注意,外力与内力只是相对的,它们可以随研究对象的不同而变化。例如力 F_C 与 F'_C,若以整体为研究对象,认为是内力;若以斜杆 CD 或横梁 AB 为研究对象,则为外力。

例 2－5 组合梁 AB 的 D、E 处分别受到力 F 和力偶 M 的作用如图 2－21(a)所示,梁的自重不计,试分别画出整体、BC 部分及 AC 部分的受力图。

解 （1）画整体的受力图。作用于整体上的力有:主动力 F、M,反力 F_{Ax}、F_{Ay}、M_A 及

F_B,指向与转向均为假定。如图 2-21(b)所示为整体的受力图。

(2) 画 BC 部分的受力图。取 BC 部分为研究对象,将其单独画出。BC 部分的 E 处受到主动力偶 M 的作用。B 处为活动铰支座,其反力 F_B 垂直于支承面;C 处为铰链约束,约束力 F_C 通过铰链中心。由于力偶必须与力偶相平衡(详见第四章),故 F_B 的指向向上,F_C 的方向铅垂向下。图 2-21(c)为 BC 部分的受力图。

(3) 画 AC 部分的受力图。取 AC 部分为研究对象,将其单独画出。AC 部分的 D 处受到主动力 F 的作用。C 处的约束力为 F'_C,F'_C 与 F_C 互为作用力与反作用力。A 处为固定端,其反力为 F_{Ax}、F_{Ay}、M_A,指向与转向均为先假定。图 2-21(d)为 AC 部分的受力图。

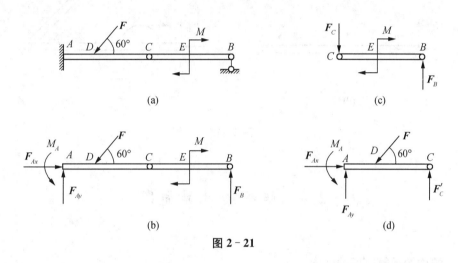

图 2-21

例 2-6 图 2-22(a)所示的结构由杆 ABC、CD 与滑轮 B 铰接组成。物体重 W,用绳子挂在滑轮上。设杆、滑轮及绳子的自重不计,并不考虑各处的摩擦,试分别画出滑轮 B(包括绳子)、杆 CD、ABC 及整个系统的受力图。

解 (1) 以滑轮及绳子为研究对象,画出隔离体图。B 处为光滑铰链约束,杆 ABC 上的铰链销钉对轮孔的约束反力为 F_{Bx}、F_{By};在 E、H 处有绳子的拉力 F_{TE}、F_{TH},如图 2-22(b)所示。在这里,$F_{TE} = F_{TH} = W$。

(2) 杆 CD 为二力杆,所以首先对其进行分析。取杆 CD 为研究对象,画出隔离体如图 2-22(c)所示。根据题意,可设 CD 杆受拉,在 C、D 处画上拉力 F_{SC}、F_{SD},且有 $F_{SC} = -F_{SD}$。其受力图如图 2-22(c)所示。

(3) 以杆 ABC(包括销钉)为研究对象,画出隔离体图。其中 A 处为固定铰支座,其约束反力为 F_{Ax}、F_{Ay};在 B 处画上 F'_{Bx}、F'_{By},它们分别与 F_{Bx}、F_{By} 互为作用力与反作用力;在 C 处画上 F'_{SC},它与 F_{SC} 互为作用力与反作用力。其受力图如图 2-22(d)所示。

(4) 以整个系统为研究对象,画出隔离体图。此时杆 ABC 与杆 CD 在 C 处铰接,滑轮 B 与杆 ABC 在 B 处铰接,这两处的约束反力都是作用力与反作用力,在系统中成对出现,在研究整个系统时,不需画出。此时,系统所受的力为:主动力(物体重)W,约束反力 F_{SD}、F_{TE}、F_{Ax} 及 F_{Ay}。如图 2-22(e)所示。

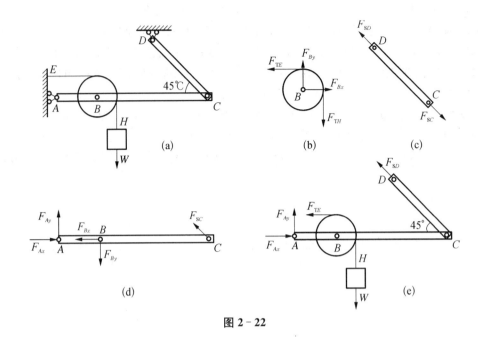

图 2-22

2.4 结构的计算简图

一、结构的计算简图的概念

工程中的实际结构,其构造不尽相同,其受力特点及变形情况也比较复杂,完全按照结构的实际工作状态进行分析往往是困难的,也是没有必要的。因此,在进行力学计算前,必须先将实际结构加以简化,分清结构受力、变形的主次,抓住主要因素,忽略一些次要因素。将实际结构抽象为既能反映结构的实际受力和变形特点又便于计算的理想模型,称为**结构的计算简图**。本书所称的结构,都是指其结构简图。

二、选取结构的计算简图时考虑的因素

对结构进行简化,选取其计算简图时,首先要考虑结构的重要性。一般来说,对重要的结构进行简化选取其计算简图,考虑的问题要尽量周全些,把需要考虑的问题尽量体现出来;而对一些次要的结构选取计算简图,则可稍简些。其次,要从结构的设计阶段考虑,在结构的初步设计阶段,计算简图可以选取得稍简些,而到了最后的结构设计、施工图设计阶段,考虑的问题就要尽量周全些。再次,还要注意计算工具,计算工具比较先进的,考虑的问题要尽量周全些。

三、计算简图简化的内容

在选取杆件结构的计算简图时,通常对实际结构从以下几个方面进行简化。

1. 结构体系的简化

结构体系的简化就是把有些实际空间整体的结构,简化或分解为若干个平面结构。

2. 杆件的简化

在计算简图中,杆件都用其轴线表示。直杆简化为直线,其长度可用轴线交点间的距离来确定。曲杆简化为曲线。

3. 结点的简化

结构中各杆件间的相互连接处称为结点。结点可简化为以下两种基本类型:

(1) 铰结点

铰结点的特征是其所连各杆都可以绕结点相对转动,即在结点处各杆之间的夹角可以改变。如图 2 - 23(a)所示的钢结构的结点构造,是用钢板和螺栓将各杆端连接起来的,各杆之间不能有相对移动,但允许有微小的相对转动,故可作为铰结点处理,其简图如图 2 - 23(b)所示。

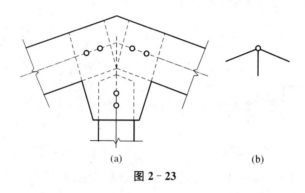

(a) (b)

图 2 - 23

(2) 刚结点

刚结点的特征是所连各杆不能绕结点作相对转动,即在刚结点处,各杆之间的夹角在变形前后保持不变。例如图 2 - 24(a)为钢筋混凝土结构的结点构造图,其简图如图 2 - 24(b)所示。

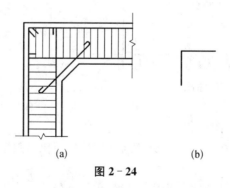

(a) (b)

图 2 - 24

如果一个结点同时具有以上两种结点的特征时,称为**组合结点**,即在结点处有些杆件是刚性连接,同时也有些杆件为铰接,如图 2 - 25 所示。

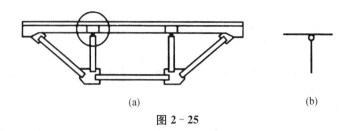

图 2-25

4. 支座的简化

把结构与基础或支承部分连接起来的装置称为支座。平面结构的支座根据其支承情况的不同可简化为活动铰支座、固定铰支座、定向支座和固定端支座等几种典型支座。对于重要结构,如公路和铁路桥梁,通常是比较正规的典型支座,以使支座反力的大小和作用点的位置能够与设计情况较好地符合;对于一般结构,则往往是一些比较简单的非典型支座,这就必须将它们简化为相应的典型支座。下面举例说明。

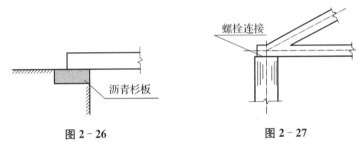

图 2-26　　　　　　　　　　　图 2-27

例如,在房屋建筑中,常在某些构件的支承处垫上沥青杉板之类的柔性材料,如图2-26所示。当构件受到荷载作用时,它的端部可以在水平方向作微小移动,也可以做微小的转动,因此可简化为活动铰支座。如图2-27所示,屋架的端部支承在柱子上,一般是与埋设在混凝土垫块中的锚栓相连接。在荷载作用下,梁的水平移动和竖向移动都被限制,但仍可做微小的转动,因此可简化为固定铰支座。

又如图2-28(a)、(b)所示,插入杯形基础内的钢筋混凝土柱,若用沥青麻丝填实[图2-28(a)],则柱脚的移动被限制,但仍可做微小的转动,因此可简化为固定铰支座;若用细石混凝土填实[图2-28(b)],当柱插入杯口深度符

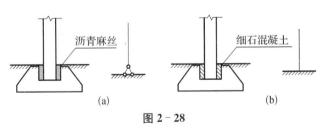

图 2-28

合一定要求时,则柱脚的移动和转动都被限制,此时就简化为固定端支座。

5. 荷载的简化和分类

作用于结构上的荷载通常简化为集中荷载和分布荷载。

分布荷载可分为体分布荷载、面分布荷载和线分布荷载。分布荷载还可分为均布荷载和非均布荷载。

作用于结构上的荷载可分为**恒载**和**活载**。恒载是指长期作用于结构上的不变荷载,如结构的自重。活载是指暂时作用于结构上的可变荷载,如人群荷载、车辆荷载、风荷载、雪荷

载等。活载又可分为**定位活载**和**移动荷载**。定位活载是指方向和作用位置固定,但其大小可以改变的荷载,如风荷载、雪荷载。移动荷载是指大小和方向不变,但其作用位置可以改变的荷载,如人群荷载、车辆荷载。

作用于结构上的荷载还可分为**静力荷载**和**动力荷载**。静力荷载是指其大小、方向和作用位置不随时间变化或变化极为缓慢的荷载,如结构的自重、水压力和土压力等。动力荷载是指其大小、方向和作用位置随时间迅速变化的荷载,如冲击荷载、突加荷载以及动力机械运动时产生的荷载等。有些动力荷载如车辆荷载、风荷载和地震作用荷载等,一般可将其大小扩大若干倍后按静力荷载处理,但在特殊情况下要按动力荷载考虑。

下面举例说明结构的简化过程和如何选取其计算简图。

例 2 - 7　试选取如图 2 - 29(a)所示三角形屋架的计算简图。

解　此屋架由木材和圆钢制成。上、下弦杆和斜撑由木材制成,拉杆使用圆钢,对其进行简化时各杆用其轴线代替;各杆间允许有微小的相对转动,故各结点均简化为铰结点;屋架两端搁置在墙上或柱上,不能相对移动,但可发生微小的相对转动,因此屋架的一端简化为固定铰支座,另一端简化为可动铰支座。作用于屋架上的荷载通过静力等效的原则简化到各结点上,这样不仅计算方便,而且基本符合实际情况。通过以上简化可以得出屋架的计算简图,如图 2 - 29(b)所示。

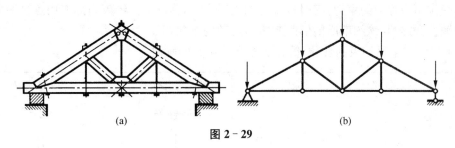

(a) (b)

图 2 - 29

例 2 - 8　试选取图 2 - 30(a)所示单层工业厂房的计算简图。

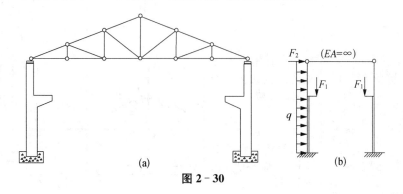

(a) (b)

图 2 - 30

解　(1) 结构体系的简化。该单层工业厂房是由许多横向平面单元通过屋面板和吊车梁等纵向构件联系起来的空间结构。由于各个横向平面单元相同,且作用于结构上的荷载一般又是沿厂房纵向均匀分布的,因此作用于结构上的荷载可通过纵向构件分配到各个横向平面单元上。这样就可不考虑结构整体的空间作用,把一个空间结构简化为若干个彼此独立的平面结构来进行分析、计算。

（2）构件的简化。考虑立柱因上下截面不同,可用粗细不同的两段轴线表示。屋架因其平面内刚度很大,可简化为一刚度为无限大的直杆。

（3）结点与支座的简化。屋架与柱顶通常采用螺栓连接或焊接,可视为铰结点。立柱下端与基础连接牢固,嵌入较深,可简化为固定端支座。

（4）荷载的简化。由吊车梁传到柱子上的压力,因吊车梁与牛腿接触面积较小,可用集中力 F_1、F_2 表示;屋面上的风荷载简化为作用于柱顶的一水平集中力 F_3;而柱子所受水平风力,可按平面单元负荷宽度简化为均布线荷载。

经过上述简化,即可得到厂房横向平面单元的计算简图,如图 2-30(b)所示。

【小　结】

1. 理解并熟练掌握静力学公理。静力学公理是研究力系简化和平衡的基本依据,主要有:作用力与反作用力公理、力的平行四边形法则、二力平衡公理、加减平衡力系公理和刚化原理,以及力的可传性原理和三力平衡汇交定理。

2. 理解约束和约束力的概念,掌握工程中常见约束的性质、简化表示和约束力的画法。

（1）对于非自由体的某些位移起限制作用的条件(或周围物体)称为约束。约束对被约束物体的作用力称为约束力,有时也称为约束反力,简称反力。约束力的作用点是约束与物体的接触点,方向与该约束所能够限制物体运动的方向相反。

（2）工程中常见约束的性质、简化表示和约束力的画法。

序号	约束名称	约束性质	约束简化表示	约束力画法
1	柔索	限制构件沿柔索伸长方向的运动	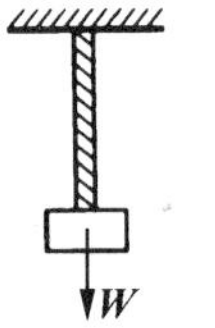	
2	光滑接触面	限制构件沿接触点处公法线朝接触面方向的运动		
3	光滑铰链	限制两构件在垂直于销钉轴线的平面内相对移动		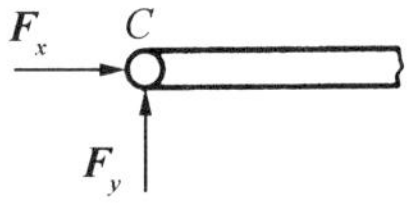
4	固定铰支座	限制两构件在垂直于销钉轴线的平面内相对移动	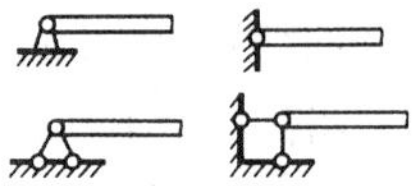	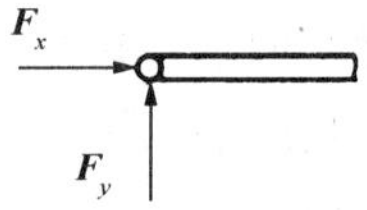

（续表）

序号	约束名称	约束性质	约束简化表示	约束力画法
5	活动铰支座	限制构件沿支承面法线方向的移动	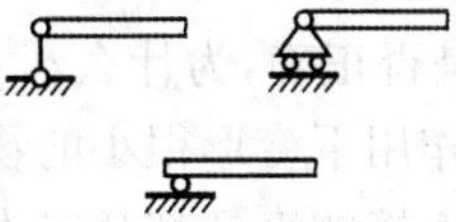	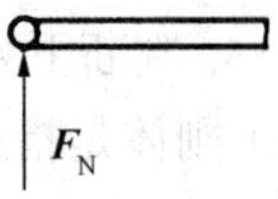 F_N
6	定向支座	限制构件的转动和垂直于支承面方向的移动	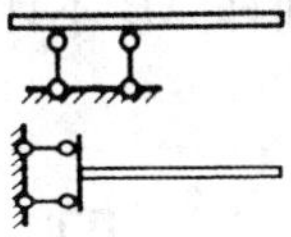	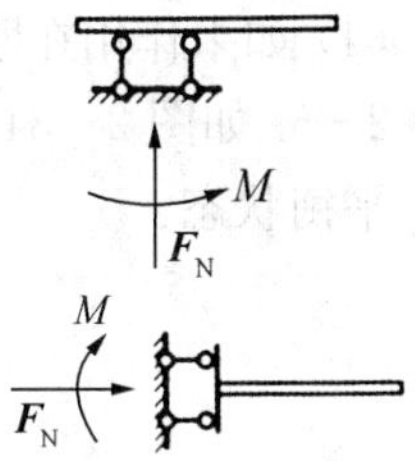 M F_N M F_N
7	固定端	限制构件的移动和转动	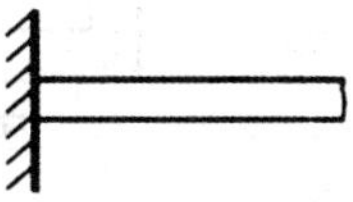	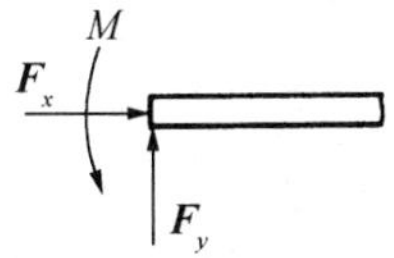 M F_x F_y

3. 熟练掌握物体的受力分析和正确绘出受力图。

（1）在求解工程中的力学问题时，一般首先需要根据问题的已知条件和待求量，选择一个或几个物体作为研究对象，然后分析它受到哪些力的作用，其中哪些是已知的，哪些是未知的。此过程称为受力分析。

（2）受力分析通过画受力图进行。画受力图的第一步是将研究对象从与其联系的周围物体中分离出来，单独画出；第二步是画出作用于研究对象上的全部主动力；第三步是根据研究对象去除的约束特点，画出约束反力。

（3）要注意分清内力和外力，在受力图上一般只画研究对象所受的外力；还要注意作用力与反作用力之间的相互关系，并保持整个系统以及物体之间的受力前后协调一致。

4. 了解结构计算简图的概念，掌握杆件结构计算简图的选取方法。

（1）将实际结构抽象为既能反映结构的实际受力和变形特点又便于计算的理想模型，称为结构的计算简图。

（2）在选取杆件结构的计算简图时，通常对实际结构从以下几个方面进行简化：结构体系的简化、杆件的简化、结点的简化、支座的简化和荷载的简化。

【思考题与习题】

2-1. 说明下列式子的意义：

（1）$\boldsymbol{F}_1 = \boldsymbol{F}_2$；

（2）$F_1 = F_2$；

（3）$\boldsymbol{F}_1 = -\boldsymbol{F}_2$。

2-2. 哪几条公理或推理只适用于刚体?

2-3. 二力平衡公理和作用力与反作用力公理中,都说是二力等值、反向、共线,其区别在哪里?

2-4. 判断下列说法是否正确,为什么?

(1) 刚体是指在外力作用下变形很小的物体;

(2) 凡是两端用铰链连接的直杆都是二力杆;

(3) 如果作用在刚体上的三个力共面且汇交于一点,则刚体一定平衡;

(4) 如果作用在刚体上的三个力共面,但不汇交于一点,则刚体不能平衡。

2-5. 如图2-31所示,曲杆 AB 不计自重,若在上面的 A、B 两点各施一力,能否使它处于平衡状态?

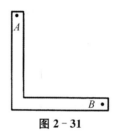

图 2-31

2-6. 图2-32所示三种结构,构件的自重不计,接触面为光滑,$\alpha = 60°$,如果 B 处都作用有相同的水平力 F,问支座 A 处的反力是否相同?

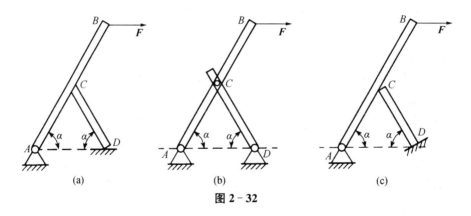

| (a) | (b) | (c) |

图 2-32

2-7. 图2-33所示各物体,设所有接触面都是光滑的,图中未标出自重的物体,自重不计,它们的受力图是否有错误? 若有,说明如何改正。

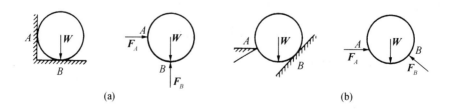

| (a) | | (b) |

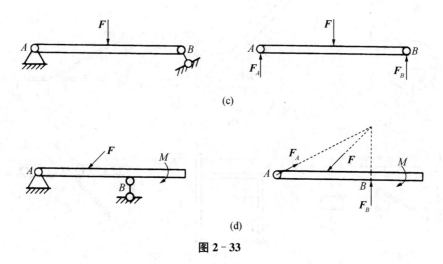

图 2-33

2-8. 画出如图 2-34 所示各物体的受力图。所有的接触面都为光滑接触面,未注明者,自重均不计。

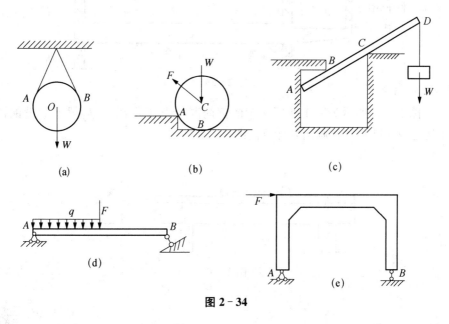

图 2-34

2-9. 画出如图 2-35 所示各物体的受力图。所有的接触面都为光滑接触面,未注明者,自重均不计。

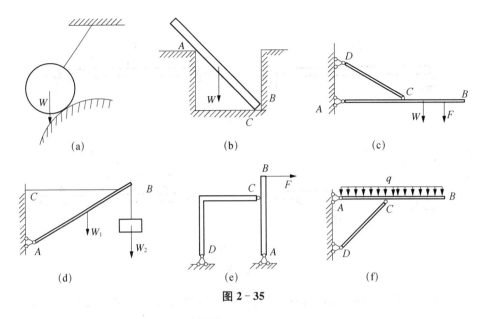

图 2-35

2-10. 选取图 2-36 所示梁的计算简图。

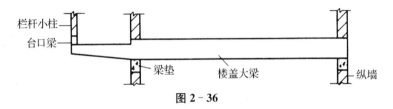

图 2-36

2-11. 图 2-37 所示为一工业厂房中的钢筋混凝土 T 形吊车梁,梁上铺设钢轨,吊车的最大轮压是 F_{P1} 和 F_{P2},试画出其计算简图。

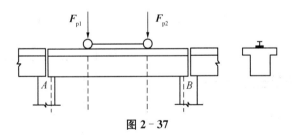

图 2-37

答案扫一扫

第三章 平面汇交力系

【学习目标】

　　理解用力多边形求解平面汇交力系的合力与平衡问题;了解分力与力的投影的异同点;掌握合力投影定理;能熟练掌握用解析法求解平面汇交力系的合力与平衡问题。

　　力系中各力的作用线均在同一平面内的力系叫**平面力系**。在平面力系中各力的作用线均汇交于一点的力系叫**平面汇交力系**。平面汇交力系是一种最基本的力系,它不仅是研究其他复杂力系的基础,而且在工程中用途也比较广泛。如图 3-1 所示的平面屋架,结点 C 所受的力;如图 3-2 所示的起重机,在起吊构件时,作用于吊钩上 C 点的力,都属于平面汇交力系。

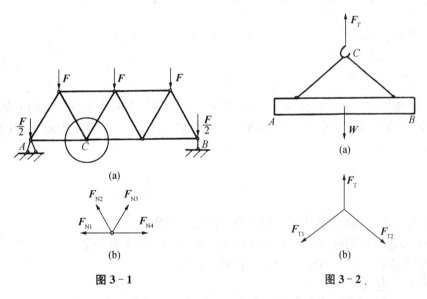

图 3-1　　　　　　　　　　　图 3-2

本章用几何法和解析法两种方法研究平面汇交力系的合成与平衡问题。

3.1 平面汇交力系的简化与合成

一、平面汇交力系简化与合成的几何法——力多边形法则

　　设一刚体受到平面汇交力系 F_1,F_2,F_3,F_4 的作用,各力作用线汇交于点 A,如图 3-3(a)所示。

根据力的平行四边形法则,可逐步两两合成各力,最后求得一个通过汇交点 A 的合力 $\boldsymbol{F}_\mathrm{R}$。

另外,还可以用更简便的方法求此合力 $\boldsymbol{F}_\mathrm{R}$ 的大小与方向,即用力多边形法则求解。任取一点 a,将各分力的矢量依次首尾相连,由此组成一个不封闭的力多边形 $(abcde)$,如图 3-3(b)所示。此图中的 $\boldsymbol{F}_\mathrm{R1}$ 为 $\boldsymbol{F}_1$ 与 $\boldsymbol{F}_2$ 的合力,$\boldsymbol{F}_\mathrm{R2}$ 为 $\boldsymbol{F}_\mathrm{R1}$ 与 $\boldsymbol{F}_3$ 的合力,力多边形最后的封闭边 $\boldsymbol{F}_\mathrm{R}$ 即为原平面汇交力系 $\boldsymbol{F}_1$,$\boldsymbol{F}_2$,$\boldsymbol{F}_3$,$\boldsymbol{F}_4$ 的合力。其实,$\boldsymbol{F}_\mathrm{R1}$ 与 $\boldsymbol{F}_\mathrm{R2}$ 在作力多边形图形时可不必画出。

在这里需强调的是,合力 $\boldsymbol{F}_\mathrm{R}$(即矢量 ae)的方向,是从原起点 a 指向最后的终点 e。

根据矢量相加的交换律,任意变换各分力矢的作图次序,可得形状不同的力多边形,但其合力矢仍然不变。封闭边矢量 ae 即表示此平面汇交力系合力 $\boldsymbol{F}_\mathrm{R}$ 的大小与方向(即合力矢),而**合力的作用线仍应通过原汇交点 A**,如图 3-3(a)所示的 $\boldsymbol{F}_\mathrm{R}$。

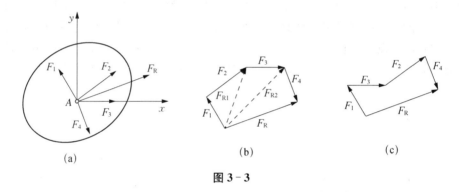

图 3-3

所以,平面汇交力系可简化为一合力,其合力的大小与方向等于各分力的矢量和(几何和),合力的作用线通过汇交点。设平面汇交力系包含 n 个力,以 $\boldsymbol{F}_\mathrm{R}$ 表示它们的合力矢,则有

$$\boldsymbol{F}_\mathrm{R} = \boldsymbol{F}_1 + \boldsymbol{F}_2 + \cdots + \boldsymbol{F}_n = \sum_{i=1}^{n} \boldsymbol{F}_i \tag{3-1}$$

虽然,合力 $\boldsymbol{F}_\mathrm{R}$ 对刚体的作用与原力系对该刚体的作用等效。

应用力多边形法则进行平面汇交力系的合成,求合力的步骤如下:

(1) 根据荷载的大小,确定一个合理的作图比例。

(2) 任选一起点 a。

(3) 将力系的各力矢量按设定的比例,按照首尾相连的作法,依次画出。此时,将得到一个开口的力多边形。

(4) 画合力矢量。注意方向应是**由原起点指向最后的终点**。

(5) 按照比例量出合力的大小,合力作用线与 x 轴的夹角,确定合力矢量所在的坐标象限。

二、平面汇交力系简化与合成的解析法

用几何法合成平面汇交力系有直观、明了的优点,但要求作图准确,否则将造成较大误差。为了简便而准确地获得结果,可采用解析法合成平面汇交力系。

用解析法合成平面汇交力系时,必须掌握力在坐标轴上的投影。

1. 力在平面直角坐标轴上的投影

如图 3-4 所示,设力 F 作用于 A 点,在力 F 作用线所在的平面内任取直角坐标系 Oxy,从力矢的两端向 x 轴作垂线,垂足的连线冠以相应的正负号称为力 F 在 x 轴上的投影,以 F_x 表示。

同理,从力矢的两端向 y 轴作垂线,两垂足的连线冠以相应的正负号称为力 F 在 y 轴上的投影,以 F_y 表示。

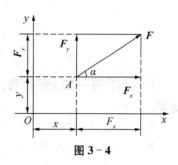

图 3-4

应当指出,矢量 F 在轴上的投影不再是矢量而是**代数量**,并规定其投影的指向与坐标轴的正向相同时为正值,反之为负。

力的投影与力的大小及方向有关。通常采用力 F 与坐标轴 x 所夹的锐角来计算投影,其正、负号可根据上述规定直观判断确定。由图 3-4 可知,投影 F_x、F_y 可用下式计算

$$F_x = F\cos \alpha$$
$$F_y = F\sin \alpha$$

$$(3-2)$$

当力与坐标轴垂直时,力在该轴上的投影为零。力与坐标轴平行时,其投影的绝对值与该力的大小相等。

反过来,如果已知力 F 在 x 和 y 轴上的投影 F_x 和 F_y,则由图 3-4 中的几何关系,可以确定力 F 的大小和方向:

$$F = \sqrt{F_x^2 + F_y^2}$$
$$\cos \alpha = \frac{F_x}{F}$$

$$(3-3)$$

2. 合力投影定理

设作用于刚体的平面汇交力系是 F_1、F_2、F_3、F_4,自任选点 a 作力多边形 $abcde$,则封闭边 $\overrightarrow{ae}$ 表示该力系的合力矢 F_R(图 3-5)。取坐标系 Oxy,将所有的力矢都投影在 x 轴及 y 轴上,从图上可见:

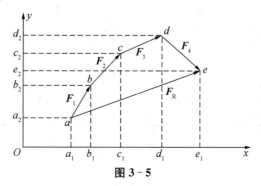

图 3-5

$$a_1 e_1 = a_1 b_1 + b_1 c_1 + c_1 d_1 + d_1 e_1$$
$$a_2 e_2 = a_2 b_2 + b_2 c_2 + c_2 d_2 - d_2 e_2$$
$$F_{Rx} = F_{x1} + F_{x2} + F_{x3} + F_{x4}$$
$$F_{Ry} = F_{y1} + F_{y2} + F_{y3} + F_{y4}$$

将上述合力投影与各分力投影的关系式推广到由 n 个力组成的平面汇交力系中,则得

$$F_{Rx} = F_{x1} + F_{x2} + \cdots + F_{xn} = \sum F_x$$
$$F_{Ry} = F_{y1} + F_{y2} + \cdots + F_{yn} = \sum F_y \tag{3-4}$$

即合力在任一轴上的投影,等于它的各分力在同一轴上投影的代数和,称为合力投影定理。

3. 用解析法求平面汇交力系的合力

算出合力 F_R 在两坐标轴上的投影 F_{Rx} 与 F_{Ry} 后,就可按下面公式求得合力的大小,以及合力与 x 轴的夹角:

$$F_R = \sqrt{F_{Rx}^2 + F_{Ry}^2} = \sqrt{\left(\sum F_x\right)^2 + \left(\sum F_y\right)^2}$$
$$\alpha = \arctan \frac{F_{Ry}}{F_{Rx}} \tag{3-5}$$

式中 α 为合力 F_R 与 x 轴所夹的锐角。合力的作用线通过力系的汇交点 O。

合力 F_R 的方向,由 F_{Rx} 与 F_{Ry} 的正负号确定。显然,当 F_{Rx} 与 F_{Ry} 均为正时,合力 F_R 指向右上方,即合力为第一象限的力;当 F_{Rx} 与 F_{Ry} 均为负时,F_R 指向左下方,即合力为第三象限的力;当 F_{Rx} 为正而 F_{Ry} 为负时,F_R 指向右下方,即合力为第四象限的力;当 F_{Rx} 为负而 F_{Ry} 为正时,F_R 指向左上方(图 3-6)。

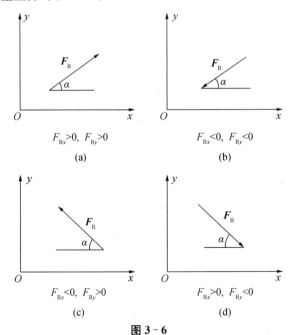

图 3-6

用解析法求解平面汇交力系的合力,其步骤如下:

(1) 选定投影坐标轴;

(2) 根据合力投影定理,求出合力在两坐标轴上的投影;

(3) 根据公式(3-5),求出合力的大小,以及合力与 x 轴的夹角,夹角一般表示为锐角。再根据合力在两坐标轴上的投影 F_{Rx} 与 F_{Ry} 的正负,确定合力在坐标系内的**象限数**。

例3-1 在刚体的 A 点作用有四个平面汇交力[图3-7(a)],其中 $F_1 = 2$ kN, $F_2 = 3$ kN, $F_3 = 1$ kN, $F_4 = 2.5$ kN,方向如图3-7所示。用解析法求该力系的合成结果。

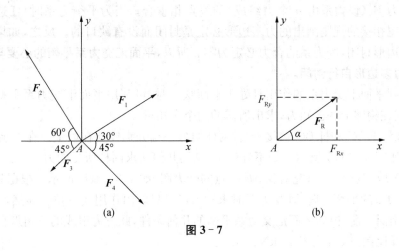

图3-7

解 (1) 取坐标系 A_{xy},合力在坐标轴上的投影为

$$F_{Rx} = \sum F_x = (2\cos 30° - 3\cos 60° - 1 \times \cos 45° + 2.5\cos 45°)\text{kN}$$
$$= 1.29 \text{ kN}$$

$$F_{Ry} = \sum F_y = (2\sin 30° + 3\sin 60° - 1 \times \sin 45° - 2.5\sin 45°)\text{kN}$$
$$= 1.12 \text{ kN}$$

由此求得合力 F_R 的大小及与 X 轴的夹角为

$$F_R = \sqrt{(\sum F_x)^2 + (\sum F_y)^2} = (\sqrt{1.29^2 + 1.12^2})\text{kN} = 1.71 \text{ kN}$$

$$\alpha = \arctan \frac{F_{Ry}}{F_{RX}} = \arctan \frac{1.12}{1.29} = 41°(第 \text{ I } 象限)$$

因 $F_{Rx} > 0, F_{Ry} > 0$,故合力 $\boldsymbol{F}_R$ 指向右上方(第 I 象限),作用线过汇交点 A,如图3-7(b)所示。

3.2 平面汇交力系的平衡

一、平面汇交力系平衡的必要和充分条件

平面汇交力系可合成为一个合力 $\boldsymbol{F}_R$,即合力 $\boldsymbol{F}_R$ 与原力系等效。显然,平面汇交力系

平衡的必要和充分条件是该力系的合力为零。即

$$F_R = \sum F = 0 \qquad\qquad (3-6)$$

二、平面汇交力系平衡的几何条件

因为力多边形的封闭边代表平面汇交力系合力的大小和方向,如果力系平衡,其合力一定为零,则力多边形的封闭边的长度应当为零。这时,力多边形中第一个力 F_1 的起点一定和最后一个力 F_n(设力系由 n 个力组成)的终点相重合。当为平衡力系时,任选各力的次序,按照首、尾相接的规则画出的力多边形必定是封闭而没有缺口的。反之,如果平面汇交力系的力多边形封闭,则力系的合力必定为零。所以,**平面汇交力系平衡的必要与充分的几何条件是:力多边形自行封闭。**

物体受到平面汇交力系的作用且处于平衡状态时,可利用平面汇交力系平衡的几何条件,通过作用在物体上的已知力,求出所需的两个未知量。

例 3-2 杆 AC 和杆 BC 铰接于 C,两杆的另一端分别铰支在墙上。在 C 点悬挂重物 $G = 60$ kN,如图 3-8(a)所示。如不计杆重,试用几何法求两杆所受的力。

解 (1)取节点 C 为研究对象,画 C 点的受力图,如图 3-8(b)所示。根据几何条件求解平面汇交力系的平衡问题,画受力图时未知力可以只画出作用线方位。显然,C 点受 G、F_{AC}、F_{BC} 作用而平衡,根据平面汇交力系平衡的几何条件,此三力组成的三角形自行封闭。

(2)选择比例:1 cm 代表 15 kN。

(3)选任意 a 点为起点,按比例进行作图。按首尾相连的作法,先画出所有已知力的矢量,得到一个开口的力多边形(本例为一条直线),即有一个原始起点和一个终点,如图 3-8(d)所示。

(4)从原始起点和终点各引一条未知力的平行线,得到一个交点,使多边形封闭,如图 3-8(e)所示。

(5)按力多边形自行闭合条件,定出力 F_{AC} 和 F_{BC} 的指向,如图 3-8(f)所示。

(6)按所选比例量出:$F_{AC} = 30$ kN、$F_{BC} = 52$ kN。

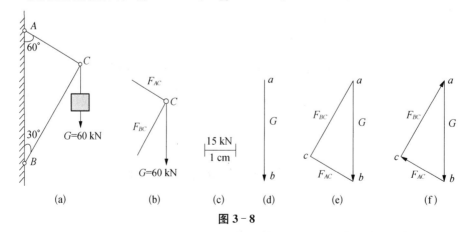

图 3-8

例 3-3 如图 3-9(a)所示一水平梁 AB,在梁中点 C 作用集中力 $F_P = 20$ kN,不计梁自重。试用几何法求支座 A 和 B 的反力。

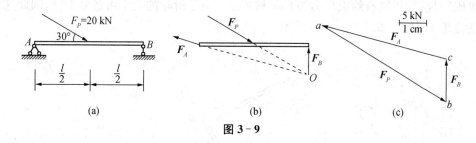

图 3 - 9

解 （1）取梁 AB 为研究对象,画受力图,如图 3 - 9(b)所示。梁在 $\boldsymbol{F}_A$、$\boldsymbol{F}_B$、$\boldsymbol{F}_P$ 作用下保持平衡,根据三力平衡汇交原理,此三力必汇交于 O 点构成一平面汇交力系。

（2）按图示比例,自任意点 a 画出 $\boldsymbol{F}_P$、$\boldsymbol{F}_A$、$\boldsymbol{F}_B$ 三力的封闭三角形,如图 3 - 9(c)所示。

（3）按力三角形封闭条件定出力 $\boldsymbol{F}_A$、$\boldsymbol{F}_B$ 的指向。

（4）按比例量得: $F_A = 18.5$ kN, $F_B = 5.1$ kN。

三、平面汇交力系平衡的解析条件

从前面知道,平面汇交力系平衡的必要与充分条件是该力系的合力 $\boldsymbol{F}_R$ 等于零。因合力 $\boldsymbol{F}_R$ 的解析式表达为

$$F_R = \sqrt{F_{Rx}^2 + F_{Ry}^2} = \sqrt{\left(\sum F_x\right)^2 + \left(\sum F_y\right)^2} = 0$$

上式中 F_{Rx}^2 和 F_{Ry}^2 恒为正,因此,要使 $F_R = 0$,必须同时满足

$$\sum F_x = 0$$
$$\sum F_y = 0$$

(3 - 7)

反之,若(3 - 7)式成立,则力系的合力必为零。

由此可知,**平面汇交力系平衡的必要与充分条件的解析条件是:力系中所有各力在作用面内两个任选的坐标轴上投影的代数和同时等于零。**式(3 - 7)称为平面汇交力系的平衡方程。

应用平面汇交力系平衡的解析条件可以求解两个未知量。解题时,未知力的指向先假设,**若计算结果为正值,则表示所设指向与力的实际指向相同;若计算结果为负值,则表示所设指向与力的实际指向相反。**选坐标系以投影方便为原则,注意投影的正负和大小的计算。

例 3 - 4 如图 3 - 10(a)所示,重物 $W = 20$ kN,用钢丝绳挂在支架的滑轮 B 上,钢丝绳的另一端缠绕在绞车 D 上。杆 AB 与 BC 铰接,A,C 与墙的连接都是铰链连结。两杆和滑轮的自重不计,并忽略摩擦和滑轮的大小,试求平衡时杆 AB 与 BC 所受的力。

解 （1）受力分析

由于支架 AB 与 BC 杆为铰接,A,C 与墙的连接都是铰链连结,所以 AB 与 BC 杆都是二力杆,根据杆件在支架中的位置,初步判定 BC 杆受压,而 AB 杆暂时设为受拉,如图 3 - 10(b)所示。

再选取滑轮 B 为研究对象,滑轮受到钢丝绳的拉力 $\boldsymbol{F}_1$ 和 $\boldsymbol{F}_2$($F_1 = F_2 = W$)。此外杆

AB 和 BC 对滑轮铰链有约束反力为 $\boldsymbol{F}_{BA}$ 和 $\boldsymbol{F}_{BC}$。由于滑轮的大小可忽略不计,因此这些力可视为是汇交力系,如图 3 - 10(c)所示。

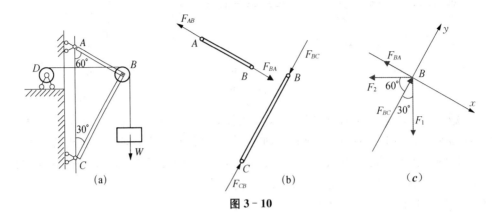

图 3 - 10

(2) 列平衡方程并求解

选取坐标轴如图 3 - 10(c)所示。为尽量使每一个投影方程中只出现一个未知力,坐标轴应尽量取在与未知力作用线相垂直的方向。这样在每一个平衡方程中只有一个未知力,不必解联立方程

根据 $\sum F_x = 0$,可得:

$$-F_{BA} + F_1 \cos 60° - F_2 \cos 30° = 0$$

解得:$F_{BA} = -0.366\ \ W = -7.321\ \text{kN}$

根据 $\sum F_y = 0$,可得:

$$F_{BC} - F_1 \cos 30° - F_2 \cos 60° = 0$$

解得:$F_{BC} = 1.366\ \ W = 27.32\ \text{kN}$

所求结果,F_{BC} 为正值,表示这力的假设方向与实际方向相同,即杆 BC 受压。F_{BA} 为负值,表示杆 AB 的实际受力方向(性质)与假设方向与相反,即杆 AB 也受压力。

例 3 - 5 如图 3 - 11(a)所示,某桁架的一个结点由四根角钢铆接在连接板上构成。已知杆 A 和杆 B 的受力分别为 $F_A = 8\ \text{kN}$、$F_B = 6\ \text{kN}$,方向如图 3 - 11(a)所示。试求杆 C 和杆 D 的受力 $\boldsymbol{F}_C$ 和 $\boldsymbol{F}_D$。

解 取连接板为研究对象,受力如图 3 - 11(b)所示,其中力 $\boldsymbol{F}_C$ 和 $\boldsymbol{F}_D$ 的方向先假设为受拉。建立坐标系 Oxy,连接板在平面汇交力系 $\boldsymbol{F}_A$、$\boldsymbol{F}_B$、$\boldsymbol{F}_C$、$\boldsymbol{F}_D$ 作用下处于平衡,可列平衡方程求解未知力

根据 $\sum F_y = 0$,可得:$F_D \sin 45° + F_A \sin 30° = 0$

解得:$F_D = -5.656\ \text{kN}$

根据 $\sum F_x = 0$,可得:$F_B + F_A \cos 30° - F_C - F_D \cos 45° = 0$

解得:$F_C = 16.928\ \text{kN}$

F_C 计算结果为正值,说明杆 C 实际受力方向与图示假设方向相同,即杆 C 实际受拉

力,而杆 D 的计算结果 F_D 为负值,说明杆 D 实际受力方向与图示假设方向相反,即杆 D 受压力。

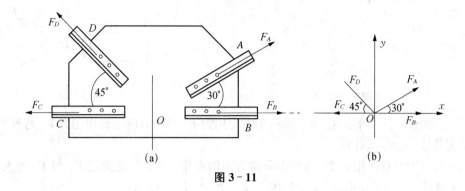

图 3-11

【小　结】

1. 平面汇交力系合成的结果是一个合力,合成的几何法是应用力多边形法则,从某起点开始,按照首尾相连的画法依次画出各分力矢量后,最后合力的方向是由原起点指向最后终点;合成的解析法是应用合力投影定理。

2. 平面汇交力系平衡的几何条件是力多边形自行闭合。应用该条件求解,在进行受力分析时,只需分析未知力的方位,未知力的最终方向根据力多边形自行闭合的条件判定。

3. 平面汇交力系平衡的解析条件是该力系的各个分力在任意两互相垂直的坐标轴上投影的代数和都等于零。应用该条件求解,在进行受力分析时,对未知力,必须先假定其方向,方可建立投影方程。

【思考题与习题】

3-1. 如果平面汇交力系的各力在任意两个互不平行的轴上投影的代数和都等于零,该平面汇交力系是否平衡?

3-2. 力在坐标轴上的投影与力沿相应轴向的分力有什么区别和联系?

3-3. 如何用几何法与解析法进行平面汇交力系的合成? 两者有什么相同与不同? 在什么情况下选择几何法? 在什么情况下选择解析法?

3-4. 平面汇交力系合成与平衡所画出的两个力多边形有何不同? 如图 3-12 所示的三个力多边形图,其意义有何不同?

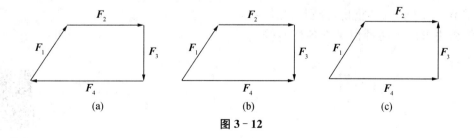

图 3-12

3-5. 如图 3-13 所示的受力图,这两个三角形有什么不同?

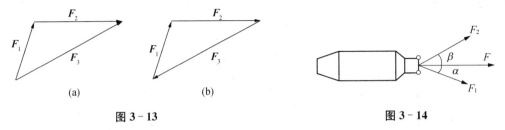

图 3-13   图 3-14

3-6. 如图 3-14 所示,拖动一辆汽车需要用力 $F = 10\,\text{N}$,现已知作用力 F_1 与汽车前进方向的夹角 $\alpha = 20°$,试计算:

(1) 若已知另有作用力 F_2 与汽车前进方向的夹角 $\beta = 30°$,试确定 F_1 与 F_2 的大小;

(2) 欲使 F_2 为最小值,试确定夹角 β 及力 F_1 与 F_2 的大小。

3-7. 如图 3-15 所示,四个力作用于 O 点,试分别用几何法与解析法求合力。已知 $F_1 = 100\,\text{N}$,$F_2 = 200\,\text{N}$,$F_3 = 300\,\text{N}$,$F_4 = 400\,\text{N}$。

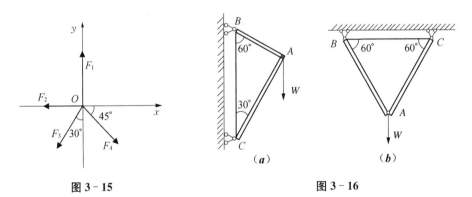

图 3-15   图 3-16

3-8. 如图 3-16 所示,支架由杆 AB、AC 构成,A、B、C 三处都是铰链约束,在 A 点作用铅垂力 $W = 100\,\text{N}$,分别用几何法与解析法求图示两种情况下各杆所受的力。设各杆的自重不计。

3-9. 简易起重机如图 3-17 所示,A、B、C 三处都是铰链约束,各杆自重不计,滑轮尺寸及摩擦不计,现在用钢丝绳吊起重 $W = 1\,000\,\text{N}$ 的重物,分别用几何法与解析法求图示两种情况下各杆所受的力。

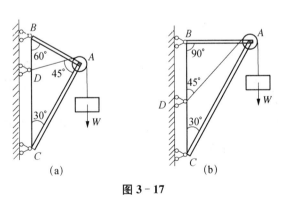

图 3-17

第四章 力矩与平面力偶系

【学习目标】

掌握力矩的概念与计算,理解力偶的概念及其性质;掌握平面力偶系的平衡条件及其应用;熟练掌握合力矩定理。

4.1 力对点之矩、合力矩定理

一、力对点之矩

物体在力的作用下将产生运动效应。运动可分解为移动和转动。由经验可知,力使物体移动的效应取决于力的大小和方向。那么,力使物体转动的效应与哪些因素有关呢?

如图 4-1 所示,用扳手拧紧螺母时,在扳手上作用一力 F,使扳手和螺母一起绕螺丝中心 O 转动,就是力 F 使扳手产生转动效应。由经验知,加在扳手上的力 F 离螺母中心 O 愈远,拧紧螺母就愈省力;力 F 离螺母中心愈近,就愈费力。若施力方向与图示力 F 的方向相反,扳手将按相反的方向转动,就会使螺母松动。此外,如图 4-2 所示,用钉锤拔钉子,用撬杠撬动笨重物体等,都有类似的情形。

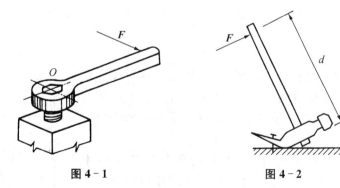

图 4-1　　　　　　　　　图 4-2

这些例子说明,力 F 使物体绕任一点 O 转动的效应,如图 4-3 所示,与下列因素有关:

(1) 力 F 的大小以及力 F 相对于点 O 的转向;

(2) 点 O 到力 F 的作用线的垂直距离 d 。

在平面问题中,我们把乘积 Fd 加上适当的正负号,作为力 F 使物体绕点 O 转动效应的度量,并称为力 F 对点 O 的矩,简称**力矩**,用 M_O 或 $M_O(F)$ 表示,即

$$M_O(F) = \pm Fd \qquad\qquad (4-1)$$

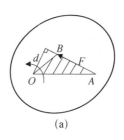 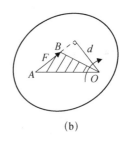

(a)　　　　　　　　　　　　(b)

图 4 - 3

点 O 称为**矩心**,力作用线到矩心的垂直距离 d 称为**力臂**。正负号通常用来区别力使物体绕矩心转动的方向,并规定:若力使物体绕矩心作逆时针方向转动,力矩取正号,如图 4 - 3(a)所示;反之,取负号,如图 4 - 3(b)所示。由此在平面问题中可得结论如下:

力对点之矩是一**代数量**,它的绝对值等于力的大小与力臂的乘积,它的正负可按下法确定:**力使物体绕矩心作逆时针方向转动时为正,反之为负。**

力矩的概念可以推广到普遍的情形。在具体应用时,对于矩心的选择无任何限制,作用于物体上的力可以对平面内任一点取矩。

综上所述,得出如下力矩性质:

（1）力 F 对点 O 的矩,不仅决定于力的大小,同时与矩心的位置有关。矩心的位置不同,力矩随之而异。

（2）力 F 对任一点的矩,不因为 F 的作用点沿其作用线移动而改变,因为力和力臂的大小均未改变。

（3）力的大小等于零或力的作用线通过矩心,即式(4-1)中的 $F=0$ 或者 $d=0$,则力矩等于零。

（4）相互平衡的两个力对同一点的矩的代数和等于零。

在国际单位制中,力矩的单位是牛·米(N·m)或千牛·米(kN·m)。

二、合力矩定理

我们知道,平面汇交力系对物体的作用效果可以用它的合力 F_R 来代替。那么,力系中各分力对平面内某点的矩与它们的合力 F_R 对该点的矩有什么关系呢？现在来研究这一问题。

设在物体上 A 点作用有同一平面内的两个汇交力 F_1 和 F_2,它们的合力为 F_R(图 4 - 4)。在力的平面内任选一点 O 为矩心,并垂直于 OA 作 y 轴。令 F_{y1}、F_{y2} 和 F_{Ry} 分别表示力 F_1、F_2、F_R 在 y 轴上的投影,由图 4 - 4 可以看出:

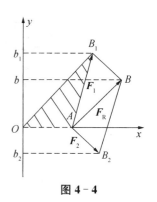

图 4 - 4

$$F_{y1}=Ob_1 \; ; \quad F_{y2}=-Ob_2 \; ; \quad F_{Ry}=Ob$$

各力对 O 点的矩分别是

$$M_O(\boldsymbol{F}_1) = Ob_1 \cdot OA = F_{y1} \cdot OA$$
$$M_O(\boldsymbol{F}_2) = -Ob_2 \cdot OA = F_{y2} \cdot OA \tag{a}$$
$$M_O(\boldsymbol{F}_R) = Ob \cdot OA = F_{Ry} \cdot OA$$

根据合力投影定理有

$$\boldsymbol{F}_{Ry} = \boldsymbol{F}_{y1} + \boldsymbol{F}_{y2}$$

上式的两边同乘以 OA 得

$$\boldsymbol{F}_{Ry} \cdot OA = \boldsymbol{F}_{y1} \cdot OA + \boldsymbol{F}_{y2} \cdot OA \tag{b}$$

将式(a)代入式(b)得

$$M_O(\boldsymbol{F}_R) = M_O(\boldsymbol{F}_1) + M_O(\boldsymbol{F}_2)$$

上式表明：汇交于一点的两个力对平面内某点力矩的代数和等于其合力对该点的矩。

如果作用在平面内 A 点有几个汇交力，可以多次应用上述结论而得到平面汇交力系的合力矩定理，即：**平面汇交力系的合力对平面内任一点之矩，等于力系中各分力对同一点之矩的代数和。**即：

$$M_O(\boldsymbol{F}_R) = M_O(\boldsymbol{F}_1) + M_O(\boldsymbol{F}_2) + \cdots + M_O(\boldsymbol{F}_n) \tag{4-2}$$

合力矩定理还适用于有合力的其他力系。

例 4-1　力 $\boldsymbol{F}$ 作用在平板上的 A 点，已知 $F = 100\ \text{kN}$，板的尺寸如图 4-5 所示。试计算力 $\boldsymbol{F}$ 对 O 点之矩。

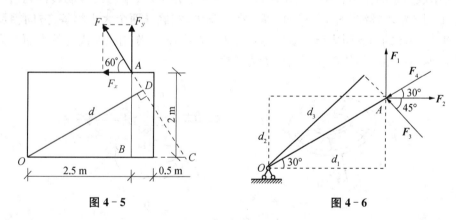

图 4-5　　　　　　　　　　　　　图 4-6

解　由于力臂 OD 不易计算，因此直接求力 $\boldsymbol{F}$ 对 O 点之矩比较麻烦。为计算方便，将力 $\boldsymbol{F}$ 分解为相互垂直的两分力 $\boldsymbol{F}_x$、$\boldsymbol{F}_y$，分别计算它们对 O 点之矩，再应用合力矩定理，就可得到 $\boldsymbol{F}$ 对 O 点之矩。

先将力 $\boldsymbol{F}$ 进行分解如图，求其分力

$$F_x = F \cdot \cos 60° = 100 \times 0.5 = 50\ \text{kN}$$
$$F_y = F \cdot \sin 60° = 100 \times 0.866 = 86.6\ \text{kN}$$

分力 $\boldsymbol{F}_x$ 至 O 点的力臂是 2 m；分力 $\boldsymbol{F}_y$ 至 O 点的力臂是 2.5 m。因此力 $\boldsymbol{F}$ 对 O 点之矩

$$M_O(\boldsymbol{F}) = M_O(\boldsymbol{F}_x) + M_O(\boldsymbol{F}_y) = 50 \times 2 + 86.6 \times 2.5 = 316 \text{ kN} \cdot \text{m}$$

例4-2 汇交力系如图4-6所示,已知$F_1 = 40 \text{ N}$,$F_2 = 30 \text{ N}$,$F_3 = 50 \text{ N}$,杆长$OA = 0.5 \text{ m}$。试计算力系的合力对O点的矩。

解 本例求合力对O点的矩,可不必求此汇交力系的合力,可先求出各力对O点的矩,再根据合力矩定理即可求得到合力对O点的矩。

$$M_O(\boldsymbol{F}_1) = F_1 d_1 = 40 \times 0.5 \times \cos 30° = 17.3 \text{ N} \cdot \text{m}$$
$$M_O(\boldsymbol{F}_2) = -F_2 d_2 = -30 \times 0.5 \times \sin 30° = -7.5 \text{ N} \cdot \text{m}$$
$$M_O(\boldsymbol{F}_3) = F_3 d_3 = 50 \times 0.5 \times \sin 75° = 24.2 \text{ N} \cdot \text{m}$$
$$M_O(\boldsymbol{F}_4) = F_4 d_4 = 0$$

根据合力矩定理,有

$$M(\boldsymbol{F}_R) = \sum M_O(\boldsymbol{F}) = (17.3 - 7.5 + 24.2)\text{N} \cdot \text{m} = 34 \text{ N} \cdot \text{m}$$

4.2 力 偶

一、力偶与力偶矩

在生产和生活实践中,经常见到某些物体同时受到大小相等、方向相反但不共线的两个平行力所组成力系的作用。例如,用两个手指拧动水龙头,汽车司机转动转向盘[图4-7(a)],钳工用丝锥攻螺纹[图4-7(b)]等。在力学中,**把这样两个大小相等、方向相反的平行力$\boldsymbol{F}$和$\boldsymbol{F}'$组成的力系叫力偶**。以符号$(\boldsymbol{F}、\boldsymbol{F}')$表示,两力作用线所决定的平面称为**力偶的作用面**,两力作用线间的垂直距离称为**力偶臂**。

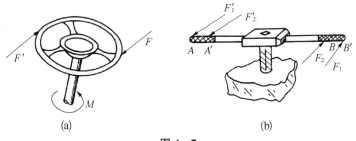

(a)　　　　　　　　　　　　　(b)

图4-7

由实践经验得知,力偶对物体的作用效果,不仅取决于组成力偶的力的大小,而且取决于两平行力间的垂直距离d,d称为**力偶臂**(图4-8)。因此,力偶的作用效应可用力和力偶臂两者的乘积Fd来度量。这个乘积叫**力偶矩**,计作$M(\boldsymbol{F}、\boldsymbol{F}')$,简写为$M$。由于力偶在平面内的转向不同,作用效果也不同。因此,力偶对物体的作用效果,由以下两个因素决定:

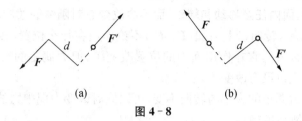

图 4-8

（1）力偶矩的大小 $F \cdot d$；

（2）力偶在作用平面内的转向。

一般规定：使物体作逆时针转动的力偶矩为正；使物体作顺时针转动的力偶矩为负。所以，力偶矩是代数量，可写为

$$M = \pm Fd \qquad\qquad (4-3)$$

力偶矩的单位与力矩相同，在国际单位制中是牛·米（N·m）或千牛·米（kN·m）。

二、力偶的基本性质

力偶不同于力，它有一些特殊的性质，下面分别加以说明。

1. 如图 4-9 所示，在力偶作用平面内任取一直角坐标系 Oxy，将力偶向某一坐标轴（如 x 轴）投影。由于力偶中的力 F 与 F' 的大小相等、方向相反、作用线平行，如力 F 的投影 ab 为正，则力 F' 的投影 $a'b'$ 必定为负，且 $ab = a'b'$，因而这两个力在同一轴上的投影的代数和为零。由此可知：**力偶在任一轴上的投影恒等于零。**

由此，得到力偶的性质 1：力偶对刚体只产生转动效应，没有移动效应，力偶既不能用一个力来代替，也不能与一个力平衡，即力偶不能与一个力等效。

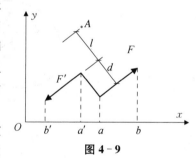

图 4-9

2. 在图 4-9 中，力偶（F、F'）的力偶矩 $M = Fd$，如在力偶作用面内任取一点 A 为矩心，显然，力偶使刚体绕点 A 转动的效应就等于组成力偶的两个力对点 A 的转动效应之和，即力偶对点 A 之矩应等于两个力 F 与 F' 分别对点 A 之矩的代数和。设点 A 到力 F' 的垂直距离为 l，则力 F 与 F' 分别对点 A 之矩的代数和为

$$F(d + l) - Fl = Fd = M$$

所得结果仍然是原力偶矩 M。可见，不论点 A 选在何处，所得结果都不会改变，由此得到力偶的性质 2：力偶对其所在平面内任一点之矩恒等于力偶矩，与矩心的位置无关。这表明力偶对刚体的转动效应只决定于力偶矩（包括大小和转向），而与矩心的位置无关。

上述两性质告诉我们：力偶对刚体只产生转动效应，而转动效应又只决定于力偶矩，与矩心位置无关。由此可得如下结论：

在同一平面内的两个力偶，只要两力偶的力偶矩（包括大小和转向）相等，则此两力偶的效应相等。这就是平面力偶的等效条件。

根据力偶的等效条件,又可得出如下推论:

力偶可在其作用面内任意移动和转动,而不会改变它对刚体的效应。

如图 4-7(a)所示,转向盘上力偶(F、F')不论作用在什么位置,转向盘的转动效应完全一样。力偶移动后,虽然它在作用面内的位置改变了,但力偶矩的大小和转向却没有改变,所以对刚体的效应也没有改变。

所以,只要保持力偶矩的大小与转向不变,可以同时改变力偶中力的大小和力偶臂的长度,而不会改变它对刚体的效应。

如图 4-7(b)所示,工人利用丝锥攻螺纹时,施加在手柄上的力不论是作用在 A、B 处组成力偶(F_1、F_1')还是作用在 A'、B' 处组成力偶(F_2、F_2'),只要两力偶的力偶矩相等(即 $F_1d_1 = F_2d_2$),且转向相同,对手柄的转动效应就完全一样。尽管工人施加在手柄上的力的位置不同(即力偶臂由 d_1 改变为 d_2),但只要同时改变力的大小(即力由 F_1、F_1' 改变为 F_2、F_2'),使力偶矩保持不变,那么,力偶对手柄的转动效应就不会改变。

从以上两个推论可知,在研究与力偶有关的问题时,不必考虑力偶在平面内的作用位置,也不必考虑力偶中力的大小和力偶臂的长度,只需考虑力偶矩的大小和转向。所以常用带箭头的弧线表示力偶,箭头方向表示力偶的转向,弧线旁的字母 M 或者数字表示力偶矩的大小,如图 4-10 所示。

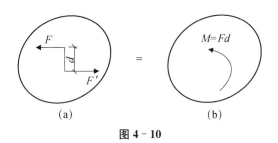

(a)　　　　　　(b)

图 4-10

4.3　平面力偶系

一、平面力偶系的合成

由作用在同一平面内的若干力偶所组成的力系,称为平面力偶系。由于力偶没有合力,其作用效应完全决定于力偶矩,所以**平面力偶系合成的结果必然是一个力偶,并且其合力偶矩应等于各分力偶矩的代数和。**

设有在同一平面内的三个力偶(F_1、F_1')、(F_2、F_2')和(F_3、F_3'),力偶臂分别为 d_1、d_2 和 d_3[图 4-11(a)],则各力偶矩分别为

$$M_1 = F_1d_1 \qquad M_2 = F_2d_2 \qquad M_3 = -F_3d_3$$

在力偶作用面内取任意线段 $AB = d$,在保持力偶矩不改变的条件下将各力偶的臂都化为 d,于是各力偶的力的大小应改变为

$$F_{P1} = \frac{F_1 d_1}{d} \qquad F_{P2} = \frac{F_2 d_2}{d} \qquad F_{P3} = \frac{F_3 d_3}{d}$$

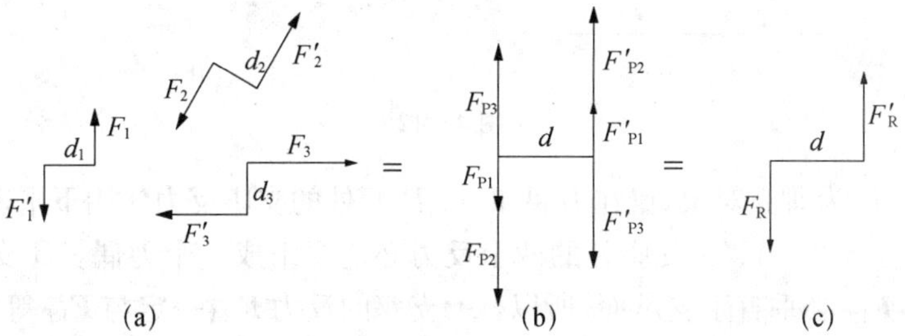

图 4 - 11

然后移转各力偶,使它们的臂都与 AB 重合,则原平面力偶系变换为作用在点 A 及 B 的两个共线力系[图 4 - 11(b)]。再将这两个共线力系分别合成,则可得如图 4 - 11(c)所示的两个力 $\boldsymbol{F}_R$ 及 $\boldsymbol{F}'_R$,其大小为

$$F_R = F_{P1} + F_{P2} - F_{P3} \qquad F'_R = F'_{P1} + F'_{P2} - F'_{P3}$$

可见,力 $\boldsymbol{F}_R$ 与 $\boldsymbol{F}'_R$ 大小相等、方向相反且不在同一直线上,它们构成一力偶$(\boldsymbol{F}_R, \boldsymbol{F}'_R)$,这就是三个已知力偶的合力偶,其力偶矩为

$$M = F_R d = (F_{P1} + F_{P2} - F_{P3})d = F_1 d_1 + F_2 d_2 - F_3 d_3$$

所以 $\qquad\qquad\qquad\qquad M = M_1 + M_2 + M_3$

若作用在同一平面内有 n 个力偶,则上式可推广为

$$M = M_1 + M_2 + \cdots + M_n = \sum M \tag{4 - 4}$$

由此可知,**平面力偶系的合成结果还是一个力偶,该合力偶的合力偶矩等于力偶系中各分力偶的分力偶矩的代数和。**

二、平面力偶系的平衡条件

既然平面力偶系可合成为一个合力偶,当合力偶矩等于零时,力偶系中各力偶对物体的转动效应的总和为零,这时,物体处于平衡状态;反之,若物体在平面力偶系的作用下转动效应为零,即物体平衡,则该力偶系的力偶矩必定为零。因此,**平面力偶系平衡的必要和充分条件是:力偶系中各分力偶的分力偶矩的代数和等于零。**用计算式表示为

$$\sum M = 0 \tag{4 - 5}$$

上式称为平面力偶系的平衡方程。利用平面力偶系的平衡方程,可以求解其中一个(力偶的)未知量。

例 4 - 3　如图 4 - 12(a)所示的梁 AB 受一力偶的作用,力偶矩 $M = 10 \text{ kN} \cdot \text{m}$,梁长 $l = 4 \text{ m}$,$\alpha = 30°$,梁自重不计。求支座的反力。

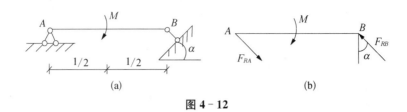

图 4 - 12

解 取梁 AB 为研究对象,梁在力偶和 A、B 两处的支座反力作用下平衡。因为力偶只能用力偶来平衡,所以,A、B 支座处的两个反力必定要组成一个力偶。B 支座是可动铰支座,其支座反力 $\boldsymbol{F}_{RB}$ 必垂直于支承面,所以,A 支座的反力 $\boldsymbol{F}_{RA}$ 一定与 $\boldsymbol{F}_{RB}$ 等值、反向、平行,$\boldsymbol{F}_{RA}$ 与 $\boldsymbol{F}_{RB}$ 构成一个力偶。图 4 - 12(b)为梁 AB 的受力图。由力偶系的平衡方程(4 - 5)式得

$$\sum M = 0$$
$$-M + F_{RB} \cdot l \cdot \cos\alpha = 0$$
$$F_{RB} = M/(l \cdot \cos\alpha) = 10/(4 \times 0.866) = 2.9 \text{ kN}$$

且有
$$F_{RA} = F_{RB} = 2.9 \text{ kN}$$

反力的实际指向与假设指向相同,如图 4 - 12(b)所示。

例 4 - 4 不计重量的水平杆 AB,受到固定铰支座 A 和连杆 DC 的约束,如图 4 - 13(a)所示。在杆 AB 的 B 端有一力偶作用,力偶矩的大小为 $M = 100 \text{ N} \cdot \text{m}$。求固定铰支座 A 的反力 $\boldsymbol{F}_{RA}$ 和连杆 DC 的反力 $\boldsymbol{F}_{RDC}$。

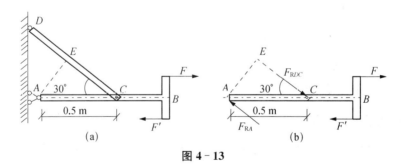

图 4 - 13

解 以杆 AB 为研究对象。由于力偶必须由力偶来平衡,支座 A 与连杆 DC 的两个反力必定组成一个力偶来与力偶($\boldsymbol{F}$、$\boldsymbol{F}'$)平衡。连杆 DC 的反力 $\boldsymbol{F}_{RDC}$ 沿杆 DC 的轴线,固定铰支座 A 的反力 $\boldsymbol{F}_{RA}$ 的作用线必定与 $\boldsymbol{F}_{RDC}$ 平行、反向,即 $F_{RA} = -F_{RDC}$,假设它们的指向如图4 - 13(b)所示;它们的作用线之间的垂直距离为

$$AE = AC\sin 30 = 0.5 \times 0.5 = 0.25 \text{ m}$$

根据平面力偶系的平衡条件,有

$$\sum M = 0, \quad -M - F_{RA} \cdot AE = 0$$

即
$$-100 - 0.25 F_{RA} = 0$$

解得 $$F_{RA} = -100/0.25 = -400\,\text{N}$$

所以 $$F_{RDC} = -400\,\text{N}$$

"—"号表示力 F_{RA} 与 F_{RDC} 的实际指向都与图 4-13(b)中假设的指向相反,即力 F_{RA} 应斜向下,力 F_{RDC} 应斜向上。

例4-5 如图4-14所示,平面杆件结构由刚性杆 AG、BE、CD 和 EG 铰接而成,A、B 处为固定铰支座。在杆 AG 上作用一力偶(F,F'),假设各杆自重忽略不计,试分析支座 A 的约束反力的作用线方向。

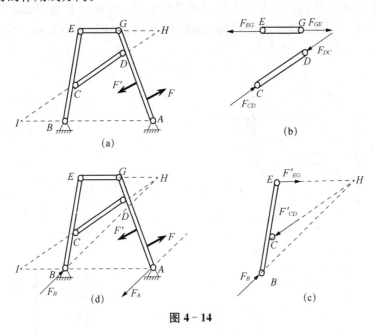

图4-14

解 (1) 根据二力平衡公理,图中 EG 杆和 CD 杆是二力杆,两作用力的交点是 H,如图4-14(b)所示。

(2) 由于 BCE 杆处于平衡,根据三力平衡汇交定理,B 支座的支座反力必通过 EG 和 CD 延长线的交点 H,如图4-14(c)所示。

(3) 分析整体平衡,根据力偶系的平衡条件,支座 A 的约束反力必与支座 B 的约束反力构成顺时针方向的力偶。所以支座 A 的约束反力的作用线必与 B、H 的连线平行,方向朝向左下,如图4-14(d)所示。

【小 结】

1. 力矩是力使物体绕转动中心转动的效应,大小等于力乘以力臂,规定绕物体逆时针为正。

2. 当按照力矩的定义直接求解力对点之矩不方便时,可以应用合力矩定理求解。

3. 大小相等、方向相反但不共线的两个平行力所组成的力系称为力偶,对物体只有转动效应而无移动效应。力偶对物体的转动效应用力偶矩来衡量,力偶矩等于组成力偶的其中一力乘以力偶臂,规定逆时针为正。

4. 平面力偶系的合成结果还是一个力偶,该合力偶的合力偶矩等于力偶系中各分力偶的分力偶矩的代数和。

5. 平面力偶系平衡的必要和充分条件是:力偶系中各分力偶的分力偶矩的代数和等于零。

【思考题与习题】

4-1. 力矩与力偶有什么相同点和不同点?

4-2. 力偶有哪些性质?

4-3. 如图4-15所示,在卷扬机上,抱闸(刹车片)产生的力偶($\boldsymbol{F}_1$、$\boldsymbol{F}_1'$)为什么可以与拉力$\boldsymbol{F}_\mathrm{T}$平衡? 这是否与力偶的性质矛盾?

4-4. 分别根据力矩的定义及合力矩定理求图4-16所示力$\boldsymbol{F}$对O点之矩。

4-5. 求图4-17所示平面力偶系的合成结果,图上的坐标单位为m。已知$F_1=10\,\mathrm{N}$,$F_2=20\,\mathrm{N}$,$F_3=30\,\mathrm{N}$。

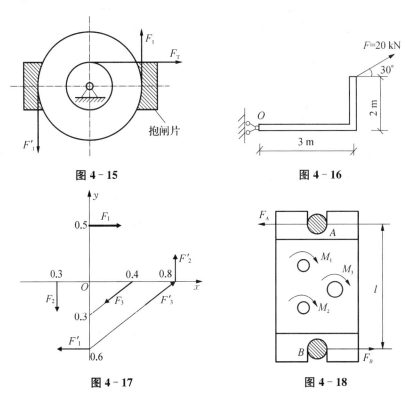

图4-15   图4-16

图4-17   图4-18

4-6. 图4-18所示工件上作用有三个力偶,其自重不计。已知:三个力偶的矩分别为$M_1=M_2=10\,\mathrm{kN\cdot mm}$,$M_3=20\,\mathrm{kN\cdot mm}$;固定螺柱$A$和$B$的距离$l=200\,\mathrm{mm}$。求两个光滑螺柱所受的水平力。

4-7. 构件的荷载及支承情况如图4-19所示,杆长$l=4\,\mathrm{m}$,求支座A、B的约束反力。

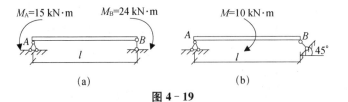

(a)   (b)

图4-19

答案扫一扫

第五章　平面一般力系

【学习目标】

掌握应用力的平移定理进行平面一般力系的简化,理解简化结果;熟练掌握应用平面一般力系的平衡条件及其平衡方程求解平面一般力系的平衡问题。

平面一般力系是指在同一平面内作用于物体上所有力,其作用线既不完全相交于一点,也不完全互相平行,另外也不能完全配成平面力偶系。在工程实际中,经常遇到平面一般力系的问题,即作用在物体上的力都分布在同一个平面内,或近似地分布在同一平面内,但它们的作用线任意分布,所以平面一般力系又称平面任意力系。

本章讨论平面一般力系的简化和平衡问题。

5.1　力的平移定理

如图 5 - 1(a)所示,设 F 是作用于刚体上 A 点的一个力。点 B 是刚体上位于力作用面内的任意一点,在 B 点加上两个等值反方向的平衡力 F' 和 F'',使它们与力 F 平行,且 $F=F'=F''$,如图 5 - 1(b)所示。显然,根据加减平衡力系公理,三个力 F、F'、F''组成的新力系与原来的一个力 F 等效。由于这三个力也可看作是一个作用在点 B 的力 F' 和一个力偶(F,F'')。这样一来,原来作用在点 A 的力,现在被一个作用在点 B 的力 F' 和一个力偶(F,F'')等效替换。也就是说,可以把作用于点 A 的力平移到另一点 B,但必须同时附加上一个相应的力偶,这个力偶称为附加力偶,如图 5 - 1(c)所示。很明显,附加力偶的矩为

$$M = Fd$$

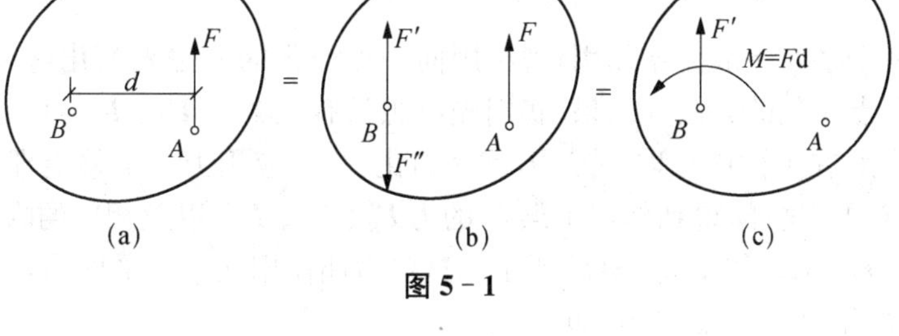

图 5 - 1

式中,d 为附加力偶的力偶臂。由图易见,d 就是点 B 到力 F 的作用线的垂直距离,因此 Fd 也等于力 F 对点 B 的矩,即

$$M_B(F) = Fd$$

所以有

$$M = M_B(F)$$

由此得到力的平移定理:**作用在刚体上任一点的力可以平行移动到刚体上任一点,但必须同时附加一个力偶,这个力偶的力偶矩等于原来的力对新作用点之矩。**

力的平移定理是研究平面一般力系的理论基础,它不仅是力系向一点简化的依据,而且可以用来解释一些实际问题。例如,攻丝时,必须用两手握扳手,而且用力要相等。为什么不允许用一只手扳动扳手呢[图 5 - 2(a)]?因为作用在扳手 AB 一端的力 F,与作用在点 C 的一个力 F' 和一个矩为 M 的力偶矩[图 5 - 2(b)]等效。这个力偶使丝锥转动,而这个力 F' 使丝锥折断。

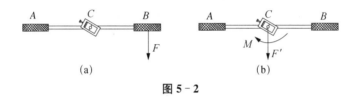

图 5 - 2

反过来,根据力的平移定理可知,同时作用在平面内的一个力和一个力偶,也可以用一个力来等效替换。该力的大小及方向都与原力相同,作用点位置由原力的方向以及力偶的力偶矩的转向确定。

在这里应注意,在力的平移定理中,把作用于点 A 的力平移到刚体内的另一点 B,B 点的位置可以是任意的;而在平面内的一个力和一个力偶,用一个力来等效替换时,该力由力的平移来确定时,其大小及作用线位置是唯一的。

5.2　平面一般力系向作用面内一点的简化

应用力的平移定理可以对作用于刚体上的平面一般力系进行简化。

一、平面一般力系向平面内一点的简化

设刚体受一个平面一般力系作用,现在用向一点简化的方法来简化这个力系。为了具体说明力系向一点简化的方法和结果,我们先设想只有三个力 F_1、F_2、F_3 作用在刚体上,如图 5 - 3(a)所示,在平面内任取一点 O,称为简化中心;应用力的平移定理,把每个力都平移到简化中心点 O。这样,得到作用于点 O 的力 F_1'、F_2'、F_3',以及相应的附加力偶,其力偶矩分别为 M_1、M_2、M_3,如图 5 - 3(b)所示。这些力偶作用在同一平面内,它们分别等于力 F_1、F_2、F_3 对简化中心 O 点之矩,即:

$$M_1 = M_O(F_1) \qquad M_2 = M_O(F_2) \qquad M_3 = M_O(F_3)$$

将图 5-3(b)所示的新力系进行分组,这样,平面一般力系分解成了两个力系:平面汇交力系和平面力偶系。然后,再分别对这两个力系进行合成。

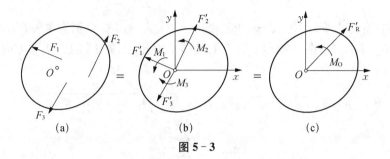

图 5-3

(1) 由 $\boldsymbol{F}'_1$、$\boldsymbol{F}'_2$、$\boldsymbol{F}'_3$ 等力组成的平面汇交力系,可按平面汇交力系的合成法则,合成为一个力 $\boldsymbol{F}'_R$,仍然作用于点 O,并等于 $\boldsymbol{F}'_1$、$\boldsymbol{F}'_2$、$\boldsymbol{F}'_3$ 的矢量和,如图 5-3(c)所示。由于 $\boldsymbol{F}'_1$、$\boldsymbol{F}'_2$、$\boldsymbol{F}'_3$ 各力分别与 $\boldsymbol{F}_1$、$\boldsymbol{F}_2$、$\boldsymbol{F}_3$ 各力大小相等,方向相同,所以

$$\boldsymbol{F}'_R = \boldsymbol{F}_1 + \boldsymbol{F}_2 + \boldsymbol{F}_3 \tag{5-1a}$$

(2) 对于平面力偶系 M_1、M_2、M_3,根据力偶系的合成结论,其合成后将得到一个合力偶,合力偶的力偶矩 M_O 等于各分力偶矩的代数和。注意到各附加力偶矩等于各力对简化中心 O 点的矩,所以

$$M_O = M_1 + M_2 + M_3 = M_O(\boldsymbol{F}_1) + M_O(\boldsymbol{F}_2) + M_O(\boldsymbol{F}_3) \tag{5-1b}$$

即合力偶的力偶矩等于原来各力对点 O 之矩的代数和。

那么,对于由 n 个分力组成的平面一般任意力系,不难推广为

$$\boldsymbol{F}'_R = \boldsymbol{F}_1 + \boldsymbol{F}_2 + \cdots + \boldsymbol{F}_n = \sum_{i=1}^{n} \boldsymbol{F} \tag{5-1c}$$

$$M_O = M_1 + M_2 + \cdots + M_n = M_O(\boldsymbol{F}_1) + M_O(\boldsymbol{F}_2) + \cdots + M_O(\boldsymbol{F}_n) = \sum_{i=1}^{n} M_O(\boldsymbol{F})$$
$$\tag{5-2}$$

平面一般力系中所有各力的矢量和 $\boldsymbol{F}'_R$,称为该力系的**主矢**;而这些力对于任选的简化中心 O 点的矩的代数和 M_O,称为该力系对于简化中心的**主矩**。

上面所得的简化结果可以表述如下:

在一般情形下,平面一般力系向作用面内任选一点 O 简化,可以得到一个力和一个力偶。这个力等于该力系的主矢,作用在简化中心;这个力偶的矩等于该力系对于简化中心的主矩。由于**主矢等于各力的矢量和**,所以,它与简化中心的位置选择无关。而**主矩等于各力对简化中心之矩的代数和**,取不同的点为简化中心,各力的力臂将发生改变,则各力对简化中心的矩也会改变,所以**在一般情况下主矩与简化中心的选择有关**。因此,以后如果说到主矩时,必须指出是力系对于哪一点的主矩。

可以应用解析法求出力系的主矢的大小和方向。通过点 O 坐标系,如图 5-3(b)所示,则有:

$$F'_{Rx} = F_{1x} + F_{2x} + \cdots + F_{nx} = \sum F_x \tag{5-3}$$

$$F'_{Ry} = F_{1y} + F_{2y} + \cdots + F_{ny} = \sum F_y \tag{5-4}$$

上式中 F'_{Rx} 和 F'_{Ry} 以及 F_{1x}、F_{2x}、$\cdots$、F_{nx} 和 F_{1y}、F_{2y}、$\cdots$、F_{ny} 分别为主矢 F'_R 以及原力系中各分力 F_1、F_2、$\cdots$、F_n 在 x 轴和 y 轴上的投影。因此,主矢 F'_R 的大小和方向分别由下列两式确定:

$$F'_R = \sqrt{(F'_{Rx})^2 + (F'_{Ry})^2} = \sqrt{(\sum F_x)^2 + (\sum F_y)^2} \tag{5-5}$$

$$\tan \alpha = \frac{\left| \sum F_y \right|}{\left| \sum F_x \right|} \tag{5-6}$$

式中,α 为主矢与 x 轴间成的最小锐角,而主矢 F'_R 所在的象限数,可由 F'_{Rx} 和 F'_{Ry} 的正负直接进行判别。

现在我们可以解释固定端支座的约束反力为何有三个分力了。如图 5-4(a)所示,许多建筑物的雨篷或阳台梁的一端,被插入墙内嵌固,它是一种典型的约束形式,为固定端支座也称为固定端约束。一端嵌固的梁,当 AC 端完全被固定时,AC 段部分将会提供足够的约束反力与作用于梁 AB 上的主动力系平衡。一般情况下,AC 端所受的约束力应是复杂的分布力,可以看成是一个平面一般力系,如果将这些力向梁端 A 的简化中心处简化,必将得到一个力 F'_{RA} 和一个力偶 M_A。F'_{RA} 便是反力系向 A 端简化的主矢,M_A 是主矩,如图 5-4(b)所示。因此在受力分析中,我们通常认为固定端支座的约束反力是作用于梁端的一个约束反力和一个约束反力偶,因为约束反力的方向未知,所以经常该将这个约束反力分解为水平方向和竖直方向的两个分力,如图 5-4(c)所示。

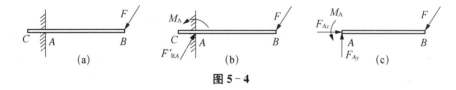

图 5-4

二、平面一般力系的简化结果讨论

平面一般力系向作用面内一点简化的结果,可能有以下三种情况。

1. 平面一般力系简化为一个力偶的情形: $F'_R = 0$,$M_O \neq 0$

此时,作用于简化中心 O 的力相互平衡,因而相互抵消。但是,附加的力偶系并不平衡,可合成为一个力偶,即为原力系的合力偶,力偶矩等于

$$M_O = \sum M_O(F_i)$$

因为力偶对于平面内任意一点的矩都相同,因此当力系合成为一个力偶时,主矩与简化中心的选择无关。

2. 平面一般力系简化为一个合力的情形

(1) $F'_R \neq 0$,$M_O = 0$,此时一个作用在点 O 的力 F'_R 与原力系等效。显然,F'_R 就是这个

力系的合力,所以合力的作用线通过简化中心 O。

(2) $F'_R \neq 0$,$M_O \neq 0$[图5-5(a)],此时,将矩为 M_O 的力偶用两个力 F_R 和 F''_R 表示,并令 $F_R = F'_R = -F''_R$[图5-5(b)]。于是可将作用于点 O 的力 F'_R 和力偶(F_R、F''_R)合成为一个作用在点 O' 的力 F_R,如图5-5(c)所示。这个力 F_R 就是原力系的合力。合力的大小等于主矢;合力的作用线位于点 O 的哪一侧,则需根据主矢和主矩的方向确定;而合力作用线到点 O 的距离 d,可按下式算得:

$$d = \left| \frac{M_O}{F'_R} \right|$$

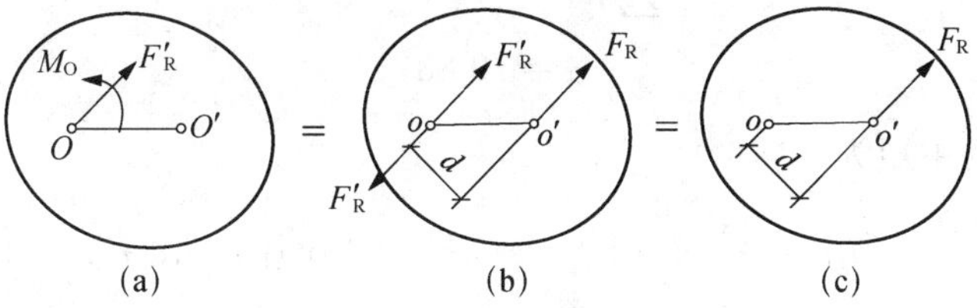

图 5-5

3. 平面一般力系平衡的情形:$F'_R = 0$,$M_O = 0$

这种情形将在下节详细讨论。

三、平面一般力系的合力矩定理

现在证明平面一般力系的合力矩定理。

由图5-5(b)易得,合力 F_R 对点 O 的矩为

$$M_O(F_R) = F_R d = M_O$$

由力系向一点简化的理论可知,分力(即原力系的各力)对点 O 的矩的代数和等于主矩,即

$$\sum M_O(F) = M_O$$

所以

$$M_O(F_R) = \sum M_O(F) \tag{5-7}$$

在这里,由于简化中心 O 的位置是任意选取的,故上式有普遍意义,可叙述如下:**平面一般力系的合力对作用面内任一点之矩,等于力系中各分力对同一点之矩的代数和。**这就是平面一般力系的**合力矩定理**。

例 5-1 重力坝受力情形如图5-6所示。设 $G_1 = 450\ \text{kN}$,$G_2 = 200\ \text{kN}$,$F_1 = 300\ \text{kN}$,$F_2 = 70\ \text{kN}$,求力系的合力 F_R 的大小和方向,以及合力作用线到点 O 的水平距离 x。

解 (1) 先将力系向点 O 简化,求得其主矢 F'_R 和主矩 M_O[图5-6(b)]。主矢 F'_R 在 x、y 轴上的投影为:

$$F_{Rx} = \sum F_x = F_1 - F_2 \cos\theta = 300 - 70 \times \frac{9}{\sqrt{9^2 + 2.7^2}} = 233\ \text{kN}$$

建筑力学

$$F_{Ry} = \sum F_y = -G_1 - G_2 - F_2\sin\theta = -450 - 200 - 70 \times \frac{2.7}{\sqrt{9^2 + 2.7^2}} = -670 \text{ kN}$$

主矢 $\boldsymbol{F}'_R$ 的大小为：

$$F'_R = \sqrt{\left(\sum F_x\right)^2 + \left(\sum F_y\right)^2} = \sqrt{(233)^2 + (-670)^2} = 709.36 \text{ kN}$$

力系的主矢 $\boldsymbol{F}'_R$ 的方向由下式确定：

$$\tan\alpha = \frac{\left|\sum F_y\right|}{\left|\sum F_x\right|} = \frac{|-670|}{|233|} = 2.876$$

$$\alpha = 70.83°$$

力系对点 O 的主矩为：

$$M_O = \sum M_O(\boldsymbol{F}) = -3F_1 - 1.5G_1 - 3.9G_2$$

$$= -3 \times 300 - 1.5 \times 450 - 3.9 \times 200 = -2\ 355 \text{ kN} \cdot \text{m}$$

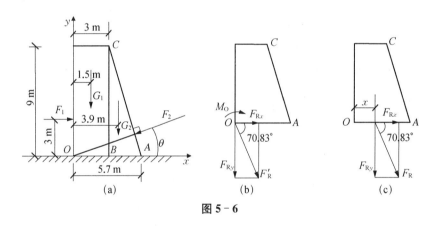

图 5-6

(2) 求力系的合力 $\boldsymbol{F}_R$ 的大小和方向，以及合力作用线到点 O 的水平距离 x。

合力的大小和方向与主矢相同，其作用线位置到点 O 的水平距离 x 的值可根据合力矩定理求得[图 5-6(c)]。即

$$M_O = M_O(\boldsymbol{F}_R) = M_O(\boldsymbol{F}_{Rx}) + M_O(\boldsymbol{F}_{Ry})$$

其中

$$M_O(\boldsymbol{F}_{Rx}) = 0$$

所以

$$M_O = M_O(\boldsymbol{F}_{Ry}) = \boldsymbol{F}_{Ry}x$$

解得

$$x = \frac{M_O}{F_{Ry}} = \frac{2355}{670} = 3.5 \text{ m}$$

· 58 ·

5.3 平面一般力系的平衡

一、平面一般力系的平衡条件和平衡方程

现在讨论静力学中最重要的情形,即平面一般力系的主矢和主矩都等于零的情形。

$$\left.\begin{array}{l} \boldsymbol{F}'_R=0 \\ M_O=0 \end{array}\right\} \tag{5-8}$$

显然,由 $\boldsymbol{F}'_R=0$ 可知,作用于简化中心 O 的力 $\boldsymbol{F}_1$、$\boldsymbol{F}_2$、$\cdots$、$\boldsymbol{F}_n$ 相互平衡。又由 $M_O=0$ 可知,附加力偶也相互平衡。所以,$\boldsymbol{F}'_R=0$,$M_O=0$,说明了在这样的平面一般力系作用下,刚体是处于平衡的,这就是刚体平衡的充分条件。反过来,如果已知刚体平衡,则作用力应当满足上式的两个条件。事实上,假如 $\boldsymbol{F}'_R$ 和 M_O 其中有一个不等于零,则平面任意力系就可以简化为合力或合力偶,于是刚体就不能保持平衡。所以式(5-8)又是平衡的必要条件。

于是,**平面一般力系平衡的必要和充分条件是:力系的主矢和力系对于平面内任一点的主矩都等于零。**

根据式(5-5)和(5-7)这些平衡条件可用下列解析式表示:

$$\left.\begin{array}{l} \sum F_x=0 \\ \sum F_y=0 \\ \sum M_O(\boldsymbol{F})=0 \end{array}\right\} \tag{5-9}$$

由此可得**平面一般力系平衡的解析条件是:力系中所有各力在两个任意选取的坐标轴中每一轴上的投影的代数和分别等于零,各力对于平面内任意一点之矩的代数和也等于零。** 通常将式(5-9)称为平面一般力系平衡方程的一般式。

应当指出,上式方程个数为三个,所以研究一个平面一般力系的平衡问题,一次只能求出三个未知数。

下面举例说明求解平面一般力系平衡问题的方法和主要步骤。

例 5-2 起重机的水平梁 AB,A 端以铰链固定,B 端用拉杆 BC 拉住,如图 5-7 所示。梁重 $F_1=6\,\text{kN}$,荷载重 $F_2=15\,\text{kN}$。梁的尺寸如图5-7所示。试求拉杆的拉力和铰链 A 的约束反力。

解 (1)选取梁 AB 与重物与一起为研究对象。

(2)画受力图。梁除了受已知力 $\boldsymbol{F}_1$ 和 $\boldsymbol{F}_2$ 作用外,还受未知力拉杆拉力 $\boldsymbol{F}_T$ 和铰链的约束反力 $\boldsymbol{F}_{RA}$ 作用。因杆 BC 为二力杆,故拉力 $\boldsymbol{F}_T$ 沿连线 BC;约

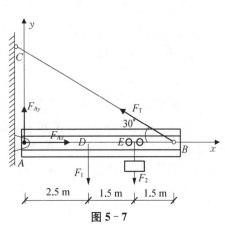

图 5-7

束反力 F_{RA} 的方向未知,故分解为两个分力 F_{Ax} 和 F_{Ay}。这些力的作用线可近似认为分布在同一平面内。

(3) 列平衡方程。由于梁处于平衡,因此这些力必然满足平面一般力系的平衡方程。取坐标轴如图所示,应用平面一般力系的平衡方程求解。

由 $\sum M_A(\boldsymbol{F}) = 0$,得 $\quad F_T \times AB \times \sin 30° - F_1 \times AD - F_2 \times AE = 0$

即 $\quad\quad\quad\quad F_T \times 5.5 \times \sin 30° - 6 \times 2.5 - 15 \times 4 = 0$

解得 $\quad\quad\quad\quad\quad\quad F_T = 27.27 \text{ kN}$

由 $\sum F_x = 0$,得 $\quad\quad\quad\quad F_{Ax} - F_T \cos 30° = 0$

代入数据,得 $\quad\quad\quad\quad F_{Ax} - 27.27 \times \cos 30° = 0$

解得 $\quad\quad\quad\quad\quad\quad F_{Ax} = 23.62 \text{ kN}$

由 $\sum F_y = 0$,得 $\quad\quad F_{Ay} + F_T \sin 30° - F_1 - F_2 = 0$

代入数据,得 $\quad\quad F_{Ay} + 27.27 \times \sin 30° - 6 - 15 = 0$

解得 $\quad\quad\quad\quad\quad\quad F_{Ay} = 7.37 \text{ kN}$

在上面计算中,先应用方程 $\sum M_A(\boldsymbol{F}) = 0$,使计算避免了求解联立方程组。这种建立平衡方程求未知量的顺序,显然较为合理。

例 5 - 3 起重机重 $F_1 = 10 \text{ kN}$,可绕铅直轴转动;起重机的挂钩上挂一重为 $F_2 = 40 \text{ kN}$ 的重物,如图 5 - 8 所示。起重机的重心 C 到转动轴的距离为 1.5 m,其他尺寸如图所示。求在止推轴承 A 和轴承 B 处的反作用力。

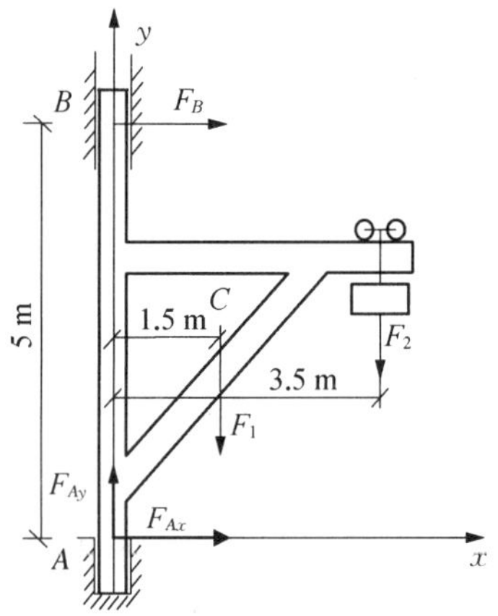

解 以起重机为研究对象,在止推轴承 A 中只有两个反力:水平反力 F_{Ax} 和铅垂反力 F_{Ay};在轴承 B 中只有一个与转动轴垂直的反力 F_B,其方向暂设为向右。

取坐标系如图所示,应用平面一般力系的平衡方程求解。

图 5 - 8

由 $\sum F_y = 0$,得 $F_{Ay} - F_1 - F_2 = 0$

所以 $F_{Ay} = F_1 + F_2 = (10 + 40) \text{ kN} = 50 \text{ kN}$

由 $\sum M_A(\boldsymbol{F}) = 0$,得 $\quad\quad -F_B \times 5 - F_1 \times 1.5 - F_2 \times 3.5 = 0$

所以 $\quad F_B = -0.3F_1 - 0.7F_2 = (-0.3 \times 10 - 0.7 \times 40) \text{ kN} = -31 \text{ kN}$

由 $\sum F_x = 0$,得 $\quad\quad\quad\quad\quad F_{Ax} + F_B = 0$

所以 $\quad\quad\quad\quad\quad\quad F_{Ax} = -F_B = 31 \text{ kN}$

上面求解结果中,F_B 为负值,说明它的方向与假设的方向相反,即应指向左。

例 5 - 4 图 5 - 9 所示的水平横梁 AB,在 A 端用铰链固定,在 B 端为一滚动支座。梁的长为 $4a$,梁重 G,重心在梁的中点 C。在梁的 AC 段上受均布荷载 q 作用,在梁的 BC 段上受力偶作用,力偶矩 $M = Ga$。试求 A 和 B 处的支座反力。

解 选梁 AB 为研究对象。它所受的主动力有:均布荷载 q,重力 G 和矩为 M 的力偶。它所受的约束反力有:铰链 A 的约束反力,通过点 A,但方向不定,故用两个分力 F_{Ax} 和 F_{Ay}

代替;滚动支座处 B 的约束反力 F_B,先设为铅直
向上。

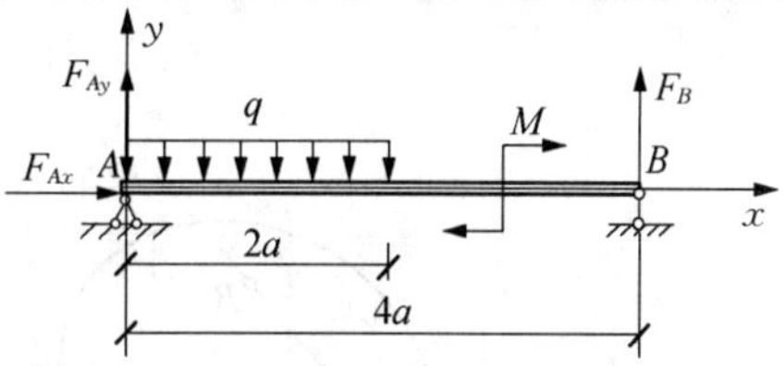

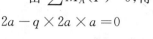

图 5-9

取坐标系如图所示,列出平衡方程求解。

由 $\sum F_x = 0$,得 $F_{Ax} = 0$

由 $\sum M_A(F) = 0$,得 $\qquad F_B \times 4a - M - G \times$
$2a - q \times 2a \times a = 0$

解得 $\qquad\qquad\qquad\qquad F_B = \dfrac{3}{4}G + \dfrac{1}{2}qa$

由 $\sum F_y = 0$,得 $\qquad\qquad F_{Ay} - q \times 2a - G + F_B = 0$

解得 $\qquad\qquad\qquad\qquad F_{Ay} = \dfrac{G}{4} + \dfrac{3}{2}qa$

从上述例题可见,选取适当的坐标轴和力矩中心,可以减少每个平衡方程中的未知量的数目。在平面一般力系情形下,**矩心应取在两未知力的交点上,而坐标轴(投影轴)应当与尽可能多的未知力相垂直。**

在例 5-4 中,若以方程 $\sum M_B(F) = 0$ 来取代方程 $\sum F_y = 0$,可以不用求解 F_{By} 而直接求得 F_{Ay} 值。因此在计算某些问题时,采用力矩方程往往比投影方程简便。下面介绍平面一般力系平衡方程的其他两种形式。

三个平衡方程中有一个投影方程和两个力矩方程的形式,为平衡方程的二矩式

$$\left.\begin{aligned}\sum F_x &= 0 \\ \sum M_A(F) &= 0 \\ \sum M_B(F) &= 0\end{aligned}\right\} \qquad (5-10)$$

其中 A、B 两点的连线不能与 x 轴垂直。

为什么上述形式的平衡方程也能满足力系平衡的必要和充分条件呢? 这是因为,如果力系对点 A 的主矩等于零,则这个力系不可能简化为一个力偶;但可能有两种情形:这个力系或者是简化为经过点 A 的一个力,或者平衡。如果力系对另一点 B 的主矩也同时为零,则这个力系或有一合力沿 A、B 两点的连线,或者平衡(图 5-10)。如果再加上 $\sum F_x = 0$,那么力系如果有合力,则此合力必与 x 轴垂直。因此上式的附加条件(即连线 AB 不能与 x 轴垂直)完全排除了力系简化为一个合力的可能性,故所研究的力系必为平衡力系。

同理,也可写出三个力矩的平衡方程的形式,即为三矩式

$$\left.\begin{aligned}\sum M_A(F) &= 0 \\ \sum M_B(F) &= 0 \\ \sum M_C(F) &= 0\end{aligned}\right\} \qquad (5-11)$$

其中 A、B、C 三点不能共线。为什么必须有这个附加条件,读者可自行证明。

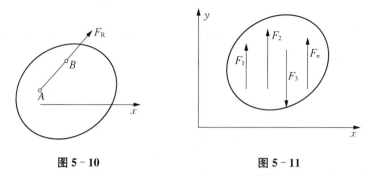

图 5－10   图 5－11

上述三组平衡方程都可用来解决平面一般力系平衡问题。而究竟选取用哪一组方程，应根据具体情况确定。对于受平面一般力系作用的单个刚体的平衡问题，只可以写出三个独立的平衡方程，求解三个未知量。任何第四个方程只是前三个方程的线性组合，因而不是独立的。但是我们可以利用这个方程来校核计算的结果。

二、平面平行力系的平衡方程

平面平行力系是平面一般力系的一种特殊情形。

如图 5－11 所示，设物体受平面平行力系 F_1、F_2、…、F_n 的作用。如选取 x 轴与各力垂直，则不论力是否平衡，每一个力在 x 轴上投影恒等于零，即 $\sum F_x \equiv 0$。于是，平行力系的独立平衡方程的数目只有两个，即：

$$\left.\begin{array}{c} \sum F_y = 0 \\ \sum M_O(\boldsymbol{F}) = 0 \end{array}\right\} \tag{5-12}$$

平面平行力系的平衡方程，也可用两个力矩方程的形式，即：

$$\left.\begin{array}{c} \sum M_A(\boldsymbol{F}) = 0 \\ \sum M_B(\boldsymbol{F}) = 0 \end{array}\right\} \tag{5-13}$$

其中 A、B 两点的连线不得与各力作用线平行。

5.4 物体系统的平衡

在工程实际中，如多跨梁、三铰拱、组合构架等结构，都是由几个物体组合而成的系统。研究它们的平衡问题，不仅要求出系统所受的未知外力，而且还要求出它们相互之间作用的内力，这时，需要把某些物体分开来单独研究。此外，即使不要求求出内力，对于物体系统的平衡问题，有时也要把一些物体分开来研究，才能求出所有的未知外力。

当物体系统平衡时，组成该系统的每一个物体也同时处于平衡状态，因此对于每一个受平面一般力系作用的物体，均可写也三个平衡方程。如物体系统由 n 个物体组成，则共有

$3n$ 个独立方程。如系统中有的物体受平面汇交力系或平面平行力系作用时,则系统的平衡方程数目相应减少。当系统中的未知量数目等于独立平衡方程的数目时,则所有未知数都能由平衡方程求出,这样的问题就是物体系统的平衡问题。

求解物体系统的平衡问题时,总的原则是:使每一个平衡方程中的未知量尽可能地减少,最好只含有一个未知量,以避免求解联立方程。根据这个原则,具体计算时,可以选各个物体为研究对象,根据平衡条件列出相应的平衡方程,然后求解;也可先取整个系统为研究对象,列出平衡方程,进行求解,解出部分未知量后,再从系统中选取某些物体作为研究对象,列出另外的平衡方程,直至求出所有的未知量为止。

例 5-5　如图 5-12(a)所示为曲轴冲床简图,由轮 I、连杆 AB 和冲头 B 组成。A、B 两处为铰链连接。$OA=R$,$AB=l$。如忽略摩擦和物体的自重,当 OA 在水平位置、冲压力为 F 时,求:

(1) 冲头给导轨的侧压力。

(2) 连杆 AB 受的力。

(3) 作用在轮 I 上的力偶矩的大小。

(4) 轴承 O 处的约束反力。

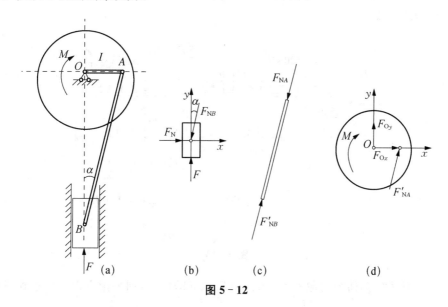

图 5-12

解　(1) 首先以冲头为研究对象。冲头受冲压阻力、导轨反力以及连杆(二力构件)的作用力作用,方向如图 5-12(b)所示,为一平面汇交力系。

设连杆与铅直线的夹角为 α,按图示坐标轴列平衡方程。

由 $\sum F_y=0$,得

$$F-F_{NB}\cos\alpha=0$$

解得

$$F_{NB}=\frac{F}{\cos\alpha}$$

由 $\sum F_x=0$,得

$$F_N-F_{NB}\sin\alpha=0$$

解得
$$F_N = F\tan\alpha$$

$\boldsymbol{F}_{NB}$ 为正值,说明假设的方向是对的,即连杆受压力[图 5 - 13(c)]。冲头对导轨的侧压力的大小等于 $\boldsymbol{F}_N$。

(2) 再以轮 O 为研究对象。轮 O 受平面一般力系作用,包括矩为 M 的力偶,连杆作用力 $\boldsymbol{F}'_{NA}$ 以及轴承的反力 $\boldsymbol{F}_{Ox}$、$\boldsymbol{F}_{Oy}$[图 5 - 12(d)]。按图示坐标轴列平衡方程。

由 $\sum F_x = 0$,得
$$F_{Ox} + F'_{NA}\sin\alpha = 0$$

解得
$$F_{Ox} = -F\tan\alpha$$

由 $\sum F_y = 0$,得
$$F_{Oy} + F'_{NA}\cos\alpha = 0$$

解得
$$F_{Oy} = -F$$

由 $\sum M_O(\boldsymbol{F}) = 0$,得
$$F'_{NA}R\cos\alpha - M = 0$$

解得
$$M = FR$$

例 5 - 6 如图 5 - 13(a)所示,水平梁由 AC 和 CD 两部分组成,它们在 C 处用铰链相连。梁的 A 端固定在墙上,在 B 为滚动支座。已知:$F_1 = 20\,\text{kN}$,$F_2 = 10\,\text{kN}$,均布荷载 $q_1 = 5\,\text{kN/m}$,梁的 BD 段受线性分布荷载,在 D 端为零,在 B 处达最大值 $q_2 = 6\,\text{kN/m}$。试求 A 和 B 处的约束反力。

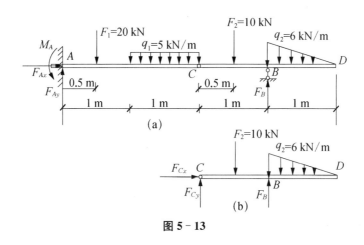

图 5 - 13

解 (1) 选 DC 为研究对象,受力图如图 5 - 13(b)所示,列平衡方程。注意到三角形分布荷载的合力作用在离点 B 为 $\frac{1}{3}BD$ 处,它的大小等于三角形的面积,即 $\frac{1}{2}q_2 \times 1$。

由 $\sum M_C(\boldsymbol{F}) = 0$,得 $\quad F_B \times 1 - \frac{1}{2}q_2 \times 1 \times \left(1 + \frac{1}{3}\right) - F_2 \times 0.5 = 0$

解得
$$F_B = 9\,\text{kN}$$

(2) 选整体为研究对象列平衡方程。水平梁受力如图 5 - 13(a)所示。

由 $\sum F_x = 0$,得
$$F_{Ax} = 0$$

由 $\sum F_y = 0$,得 $F_{Ay} + F_B - F_1 - F_2 - q_1 \times 1 - \frac{1}{2}q_2 \times 1 = 0$

解得
$$F_{Ay} = 29\,\text{kN}$$

由 $\sum M_A(\boldsymbol{F}) = 0$，得

$$M_A + F_B \times 3 - F_1 \times 0.5 - F_2 \times 2.5 - q_1 \times 1 \times 1.5 - \frac{1}{2}q_2 \times 1 \times \left(3 + \frac{1}{3}\right) = 0$$

解得 $\qquad\qquad\qquad\qquad M_A = 25.5 \text{ kN} \cdot \text{m}$

例 5-7 结构受力如图 5-14(a)所示，已知 $AC = FB = 2 \text{ m}$，$CG = GE = 1 \text{ m}$。试求 CD 和 EF 杆所受的力。

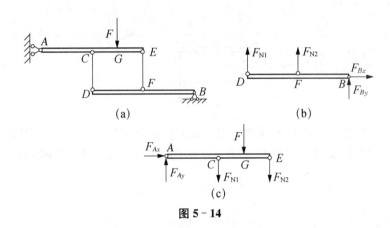

图 5-14

解 分析：CD 和 EF 杆均为二力杆，它们所受的力和它们对其他物体所施加的力均通过杆的中心线，或者受拉或者受压。既然题目只要求计算这两个未知力，我们选择研究对象和方程式时应尽量避免出现其他未知力。因此显然不宜选择整体作为研究对象，因为那样所涉及的力全是外部约束反力。现分别取上下两个横梁 AE 杆和 DB 杆作为研究对象，选择合适的平衡方程，这样就可以很方便地求出 CD 杆和 EF 杆的内力。具体做法如下。

（1）以 DB 杆为研究对象，画出受力图 5-14(b)所示，图中 $\boldsymbol{F}_{N1}$、$\boldsymbol{F}_{N2}$ 分别为 CD 杆和 EF 杆对 DB 的作用力，并假设杆件受拉。对 B 点取力矩，列平衡方程。

由 $\sum M_B(\boldsymbol{F}) = 0$，得 $\qquad\qquad -4F_{N1} - 2F_{N2} = 0$

解得 $\qquad\qquad\qquad\qquad F_{N2} = -2F_{N1}$

（2）以 AE 杆为研究对象，受力如图 5-14(c)所示。对 A 点取矩，列平衡方程。

由 $\sum M_A(\boldsymbol{F}) = 0$，得 $\qquad -2F_{N1} - 3F - 4F_{N2} = 0$

将上两式联立求解得：$F_{N1} = \dfrac{F}{2}$（拉），$F_{N2} = -F$（压）

例 5-9 滑轮构架支承如图 5-15 所示，物体重 $G = 12 \text{ kN}$，若 $AD = DB = 1 \text{ m}$，$CD = DE = 0.75 \text{ m}$，不计杆和滑轮自重及各处摩擦力，试求 A 铰和 B 支座反力以及 BC 杆的内力。

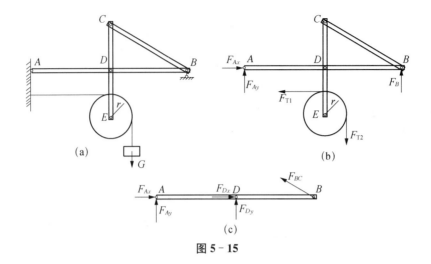

图 5-15

解 （1）首先考虑 A 和 B 支座的反力。此时可将支架与滑轮一起作为研究对象，其受力分析如图 5-15(b)所示。其中 $\boldsymbol{F}_{T1}$、$\boldsymbol{F}_{T2}$ 为绳子的拉力。当系统平衡时，列平衡方程。

$$F_{T1} = F_{T2} = G$$

由 $\sum F_x = 0$，得 $\qquad F_{Ax} - F_{T1} = 0$

解得 $\qquad F_{Ax} = F_{T1} = 12 \text{ kN}$

由 $\sum M_A = 0$，得 $\qquad -F_{T1} \times (DE - r) - F_{T2} \times (AD + r) + F_B \times AB = 0$

解得 $\qquad F_B = \dfrac{F_{T1} \times (DE - r) + F_{T2} \times (AD + r)}{AB} = \left(\dfrac{12 \times 1.75}{2} \right) \text{kN} = 10.5 \text{ kN}$

由 $\sum F_y = 0$，得 $\qquad F_{Ay} + F_B - F_{T2} = 0$

解得 $\qquad F_{Ay} = F_{T2} - F_B = (12 - 10.5)\text{kN} = 1.5 \text{ kN}$

（2）取杆 AB 作为研究对象（这样才能显示出 BC 杆的内力），AB 杆的受力图如图 5-15(c)所示。其中 $\boldsymbol{F}_{Dx}$、$\boldsymbol{F}_{Dy}$ 为杆通过铰链 D 作用于 AB 杆上的力，$\boldsymbol{F}_{BC}$ 是杆 CB 对 AB 杆的作用力。因为 BC 杆为二力杆，所以 $\boldsymbol{F}_{BC}$ 沿 BC 方向。此处先假设 BC 为拉杆，将杆 AB 所受的全部外力向 D 点取力矩，此时 $\boldsymbol{F}_{Dx}$、$\boldsymbol{F}_{Dy}$ 不出现在平衡方程中。

由 $\sum M_D(\boldsymbol{F}) = 0$，得 $\qquad F_B \times BD + F_{BC} \times \sin\alpha \times BD - F_{Ay} \times AD = 0$

则 $\qquad F_{BC} = \dfrac{F_{Ay} \times AD - F_B \times BD}{BD \times \sin\alpha} = \left(\dfrac{1.5 \times 1 - 10.5 \times 1}{1 \times 0.6} \right) \text{kN} = -15 \text{ kN}$

求得 F_{BC} 为负值，说明力的方向与假设相反，即 BC 杆实际上受压，压力为 15 kN。

【小　结】

1. 理解力的平移定理。了解平面力系的简化理论和简化结果。

（1）力的平移定理：作用于刚体上的力，可平行移动到刚体内任一指定点，但必须在该力与指定点所决定的平面内同时附加一力偶，此附加力偶的矩等于原力对指定点之矩。

（2）平面力系向一点的简化结果，一般可得到一个力（主矢）和一个力偶（主矩），而其最终结果为三种可能的情况:可简化为一个合力偶、可简化为一个合力或为平衡力系。

2. 运用平衡方程求解平衡问题的步骤。

(1) 选取研究对象。根据问题的已知条件和待求量,选择合适的研究对象。

(2) 画受力图。画出所有作用于研究对象上的外力。

(3) 列平衡方程。适当选取投影轴和矩心,列出平衡方程。

(4) 解方程。

3. 运用平衡方程求解平衡问题的技巧。

(1) 尽可能选取与力系中多数未知力的作用线平行或垂直的投影轴。

(2) 矩心选在两个未知力的交点上。

(3) 尽可能多的用力矩方程,并使一个方程只含一个未知数。

4. 物体系统平衡问题的解法。

(1) 先取整个物体系统为研究对象,列出平衡方程,解得部分未知量,然后再取系统中某个部分(可以由一个或几个物体组成)为研究对象,列出平衡方程,直至解出所有未知量为止。有时也可先取某个部分为研究对象,解得部分未知量,然后再取整体为研究对象,解出所有未知量。

(2) 逐个取物体系统中每个物体为研究对象,列出平衡方程,解出全部未知量。

【思考题与习题】

5-1. 如图 5-16 所示,司机操作转向盘驾驶汽车时,可用双手对转向盘施加一力偶,也可用单手对转向盘施加一个力。这两种方式能否得到同样的效果? 这是否说明一个力与一个力偶等效? 为什么?

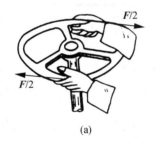
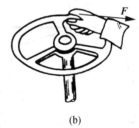

(a)　　　　　　　　　　　　(b)

图 5-16

5-2. 如图 5-17 所示为一小船横断面示意图。重为 G 的人站在正中时,使船平移下沉一距离;若人站在船舷时,船不但下沉一距离,还侧倾角度。为什么?

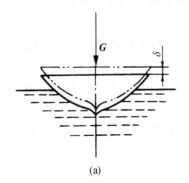
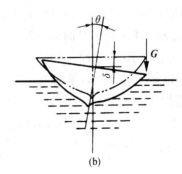

(a)　　　　　　　　　　　　(b)

图 5-17

5-3. 简化中心的选取对平面力系的简化的最后结果是否有影响？为什么？

5-4. 如图示 5-18 所示为作用在物体上的一般力系。F_1、F_2、F_3、F_4 各力分别作用于 A、B、C、D 四点,且画出的力多边形刚好闭合,问该力系是否平衡？为什么？

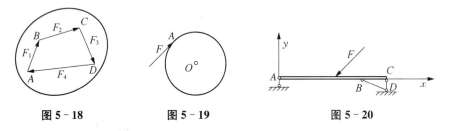

图 5-18　　　　　　图 5-19　　　　　　图 5-20

5-5. 如图 5-19 所示,当球拍的力作用在乒乓球边缘点时,该球将作何种运动。

(1) 沿力 F 方向作直线运动;(2) 作旋转运动;(3) 同时作直线运动和顺时针方向旋转;(4) 同时作直线运动和逆时针方向旋转。

5-6. 如图 5-20 所示为梁由三根链杆支承,求约束反力时,应用平衡方程 $\sum M_A(F)=0$、$\sum M_B(F)=0$ 和 $\sum M_C(F)=0$ 或 $\sum M_A(F)=0$、$\sum M_C(F)=0$ 和 $\sum F_y=0$ 能否求出？为什么？

5-7. 三铰刚架的 AC 段上作用一力偶,其力偶矩为 M(图 5-21),当求 A、B、C 约束反力时,能否将 M 移到右段 BC 上？为什么？

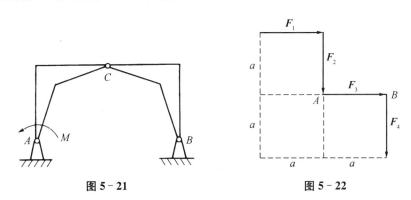

图 5-21　　　　　　　　　　图 5-22

5-8. 已知平面一般力系向某点简化得到一个合力,试问能否选一适当的简化中心,把力系简化为一个合力偶？反之,如平面一般力系向一点简化得到一个力偶,能否选一适当的简化中心,使力系简化为一个合力？为什么？

5-9. 已知一不平衡的平面力系在 x 轴上的投影代数和为零,且对平面内某一点之矩的代数和为零,试问该力系简化的最后结果如何？

5-10. 如图 5-22 所示,平面力系中 $F_1=F_2=F_3=F_4$,且各夹角均为直角,试将力系 A 向点及 B 点简化。

5-11. 如图 5-23 所示为平行力系,如选取的坐标系的 y 轴不与各力平行,则平面平行力系的平衡方程是否可写出 $\sum F_x=0$、$\sum F_y=0$、$\sum M_O(F)=0$ 三个独立的平衡方程？为什么？

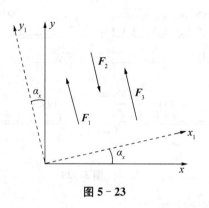

图 5-23

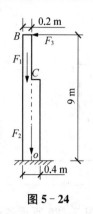

图 5-24

5-12. 某厂房柱,高 9 m,柱上段 BC 重 $F_1=8$ kN,下段 CO 重 $F_2=37$ kN,柱顶水平力 $F_3=6$ kN,各力作用位置如图 5-24 所示。以柱底中心 O 点为简化中心,求这三个力的主矢和主矩。

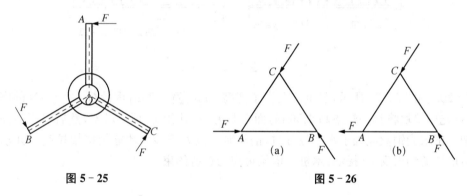

图 5-25

(a)　　(b)

图 5-26

5-13. 如图 5-25 所示的铰盘,有三根长度为 l 的铰杠,杠端各作用一垂直于杠的力 F。求该力系向铰盘中心 O 点的简化结果。如果向 A 点简化,结果怎样? 为什么?

5-14. 不平衡的平面一般力系,已知 $\sum F_x=0$,且 $\sum M_O(F)=-10$ N·m,其中 O 点为简化中心,又知该力系合力作用线到 O 点的距离为 1 m,试求此合力的大小和方向,并标出合力作用线的位置。

5-15. 如图 5-26 所示的等边三角形板 ABC,边长 a,今沿其边缘作用大小均为 F 的力,各力的方向如图所示。试求三力的合力结果。若三力的方向改变成如图 5-26(b)所示,其合成结果如何?

5-16. 重力坝受力情况如图 5-27 所示。设坝的自重 $G_1=9\,600$ kN, $G_2=21\,600$ kN。水压力 $F=10\,120$ kN,试将这力系向坝底 O 点简化,并求其最后的简化结果。

5-17. 正方形物块 $ABCD$,边长 $l=2$ m,受平面力系作用,如图 5-28 所示。已知 $q=50$ N/m, $F=400\sqrt{2}$ N, $M=150$ N·mm。试求力系合成的结果。

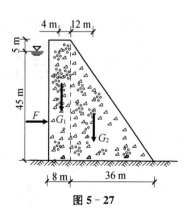

图 5-27

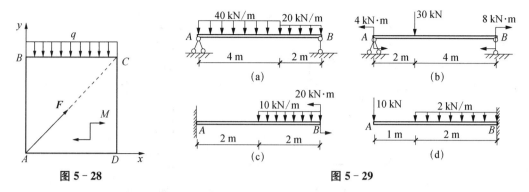

图 5-28

图 5-29

5-18. 求如图 5-29 所示各梁的支座反力。

5-19. 求如图 5-30 所示多跨静定梁的支座反力。

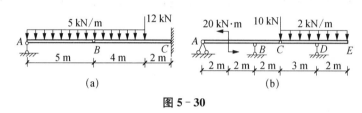

图 5-30

5-20. 如图 5-31 所示,起重工人为了把高 10 m,宽 1.2 m,重量 $G = 200$ kN 的塔架立起来,首先用垫块将其一端垫高 1.56 m,而在其另一端用木桩顶住塔架,然后再用卷扬机拉起塔架。试求当钢丝绳处于水平位置时,钢丝绳的拉力需多大才能把塔架拉起? 并求此时木桩对塔架的约束反力(提示:木桩对塔架可视为铰链约束)。

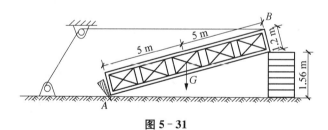

图 5-31

5-21. 求如图 5-32 所示刚架的支座反力。

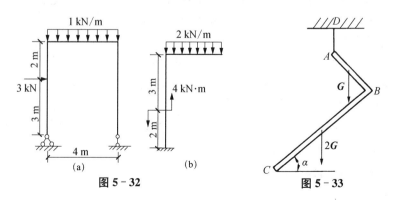

图 5-32

图 5-33

5-22. 匀质杆 ABC 挂在绳索 AD 上而平衡（图5-33）。已知 AB 段长为 l，重为 G；BC 段长为 $2l$，重为 $2G$，$\angle ABC = 90°$，求 α 角。

5-23. 塔式起重机，重 $G_1 = 500$ kN（不包括平衡锤重 G_2）作用于点 C，如图5-34所示。跑车 E 的最大起重量 $F = 250$ kN，离 B 轨最远距离 $l = 10$ m，为了防止起重机左右翻倒，需在 D 处加一平衡锤，要使跑车在满载或空载时，起重机在任何位置都不致翻倒，求平衡锤的最小重量 G_2 和平衡锤到左轨 A 的最大距离。跑车自重不计，$e = 1.5$ m，$b = 3$ m。

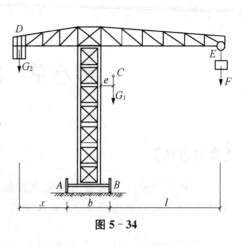

图5-34

5-24. 图5-35所示大力钳由构件 AC，AB，BD 和 CDE 通过理想铰链连接而成，尺寸如图，单位为 mm，各构件自重和各处摩擦不计。若要在 E 处产生 $1\,500$ N 的力，则施加的力 F 应为多大？

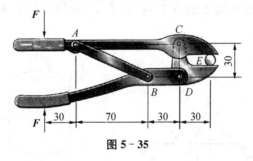

图5-35

答案扫一扫

第六章　空间力系的平衡

【学习目标】

理解空间中一力在空间直角坐标轴上的投影,掌握空间汇交力系平衡方程及其应用;理解力对轴之矩的概念及计算,掌握空间一般力系的平衡方程及其应用。

作用在刚体上的力系,通常其各力的作用线可以在空间任意分布,这样的力系称为空间任意力系,简称**空间力系**。空间力系是力系的最一般形式。如图 6-1 所示为用起重机起吊一块矩形钢筋混凝土预制板,板的重力 W 和绳的拉力 F_1、F_2、F_3、F_4 组成一空间力系;又如图 6-2 所示,作用于冷却塔上的重力 W、风力 F、杆的支撑力 F_1、F_2、F_3、F_4、F_5 和 F_6,这些力组成空间力系。

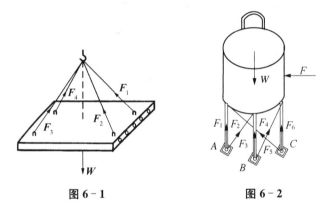

图 6-1　　　　　　　图 6-2

前面所讨论的平面汇交力系、平面一般力系等,都是空间力系的特例。本章简单介绍空间汇交力系和空间一般力系的平衡问题。

6.1　空间汇交力系

力的作用线汇交于一点的空间力系称为空间汇交力系。

空间汇交力系在一般情况下将合成为一个合力。合力的作用线通过原力系的汇交点,合力矢量等于各分力矢量的矢量和,即

$$F_R = \sum F_i \tag{6-1}$$

一般地,汇交力系的合成可以归结为力矢量求和的问题,而汇交力系的平衡可以归结为求解力矢量和等于零的条件。

由于空间几何作图和度量比较困难,一般不用几何法求解空间问题,本节讨论在空间直

角坐标系中用解析法求解空间汇交力系的合成和平衡问题。

一、力在空间直角坐标轴上的投影

确定力在轴上的投影可以有两种方法。

1. 一次投影法

如图 6-3 所示为一力 $\boldsymbol{F}$，需求其在三条坐标轴 x、y、z 轴上的投影。为此，建立坐标系如图 6-3 所示，图中虚线是以力 $\boldsymbol{F}$ 为对角线，边与三个坐标平面 xOy 平面、yOz 平面及 zOx 平面平行画长方体。如果力 $\boldsymbol{F}$ 与三条坐标轴的夹角分别为 α、β、γ，根据力在坐标轴上投影的定义，显然力在 x、y、z 坐标轴上的投影 F_x、F_y、F_z 的大小分别为

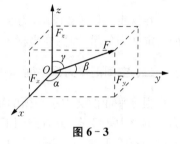

图 6-3

$$F_x = F\cos\alpha$$
$$F_y = F\cos\beta \qquad (6-2)$$
$$F_z = F\cos\gamma$$

上面式中 $\cos\alpha$、$\cos\beta$、$\cos\gamma$ 称为力矢量 $\boldsymbol{F}$ 的方向余弦。所以力在某轴上的投影等于力矢量与该轴正方向之间的夹角的余弦与力的大小的乘积。

由此可知：力在任意两个同向平行轴上的投影相等。大小相等、方向相同的两个力在同一轴上的投影相等。

对于夹角 α、β、γ，它们满足：

$$\cos^2\alpha + \cos^2\beta + \cos^2\gamma = 1$$

显然当力矢量 $\boldsymbol{F}$ 的大小和方向确定时，力在空间直角坐标系三个轴上的投影由式 (6-2) 唯一确定。

反过来，当力在三个坐标轴上的投影 F_x、F_y、F_z 确定时，力矢量 $\boldsymbol{F}$ 的大小和方向也唯一确定，此时：

$$F^2 = F^2(\cos^2\alpha + \cos^2\beta + \cos^2\gamma) = F_x^2 + F_y^2 + F_z^2$$
$$F = \sqrt{F_x^2 + F_y^2 + F_z^2} \qquad (6-3)$$

而力矢量的方向可由方向余弦确定：

$$\cos\alpha = \frac{F_x}{F} = \frac{F_x}{\sqrt{F_x^2 + F_y^2 + F_z^2}}$$
$$\cos\beta = \frac{F_y}{F} = \frac{F_y}{\sqrt{F_x^2 + F_y^2 + F_z^2}} \qquad (6-4)$$
$$\cos\gamma = \frac{F_z}{F} = \frac{F_z}{\sqrt{F_x^2 + F_y^2 + F_z^2}}$$

2. 二次投影法

如图 6-4 所示，若已知力 $\boldsymbol{F}$ 与 z 轴的夹角 γ，以及力 $\boldsymbol{F}$ 在平面 xOy 上的投影 $\boldsymbol{F}_{xy}$ 与 x 轴得夹角 φ，则可先将力 $\boldsymbol{F}$ 投影到 z 轴和 xy 坐标平面上，分别得到投影 F_z 和矢量 $\boldsymbol{F}_{xy}$，即

$$F_z = F\cos\gamma$$

$$F_{xy} = F \sin \gamma$$

然后再将 F_{xy} 向 x、y 轴投影,得

$$F_x = F \sin \gamma \cos \varphi$$
$$F_y = F \sin \gamma \sin \varphi \qquad (6-5)$$
$$F_z = F \cos \gamma$$

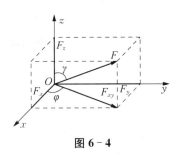

图 6-4

在这里,我们要强调,力 F 在 xOy 坐标平面上的投影 F_{xy},定义为矢量,而力在坐标轴上的投影,定义为代数量。

二、空间汇交力系平衡

根据平面汇交力系平衡的解析条件,同理可得,空间汇交力系平衡的充分与必要条件是力系的合力等于零,或者**空间汇交力系的各分力在空间直角坐标系三个坐标轴上的投影的代数和都等于零。** 其表达式为

$$\sum F_x = 0$$
$$\sum F_y = 0 \qquad (6-6)$$
$$\sum F_z = 0$$

上式称为空间汇交力系的平衡方程。此方程包含三个独立的代数方程,利用空间汇交力系的平衡条件,可以求解三个未知力或平衡问题的三个未知量。

例 6-1 如图 6-5 所示,重为 W 的物体用三根连杆支承,求每根连杆所受的力。

解 (1)取结点 A 为研究对象,汇交于 A 点的力有悬挂重物的绳索拉力(等于重力 W)和三根连杆作用于 A 点的力 F_1、F_2、F_3。假设 F_1、F_2、F_3 都是压力,方向指向 A 点。

(2)建立坐标系如图 6-5 所示。在这里 F_1、F_2、F_3 与各坐标轴的夹角(锐角)的余弦,可由各有关边长的比例求得,而各力在坐标轴上的投影也可按边长比例计算,对于投影的正负号可以直接判定。

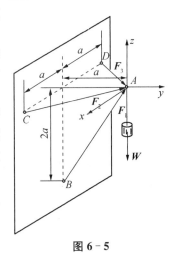

图 6-5

根据平衡条件,建立平衡方程

由 $\sum F_z = 0$ 得:$F_1 \times \dfrac{2}{\sqrt{5}} - W = 0$

解得 $\qquad F_1 = \dfrac{\sqrt{5}}{2} W = 1.12W$

由 $\sum F_x = 0$,得 $\qquad -F_2 \times \dfrac{1}{\sqrt{2}} + F_3 \times \dfrac{1}{\sqrt{2}} = 0$

解得 $\qquad F_2 = F_3$

由 $\sum F_y = 0$,得 $\qquad F_3 \times \dfrac{1}{\sqrt{2}} + F_2 \times \dfrac{1}{\sqrt{2}} + F_1 \times \dfrac{1}{\sqrt{5}} = 0$

解得 $$F_3 = F_2 = -\frac{F_1}{\sqrt{5}} \times \frac{\sqrt{2}}{2} = -\frac{W}{2\sqrt{2}} = -0.35W$$

求得 F_2、F_3 为负号，表示 F_2、F_3 实际上是拉力。

6.2 空间一般力系

一、力对轴之矩

在生活和生产实际中，经常会遇到物体绕定轴转动的问题。门的开启和关闭即是最常见的例子。如图 6-6 所示的门，设力 F 作用于门上的 A 点，为了研究力 F 使门绕 z 轴转动的效应，可将它分解为一个与转轴 z 平行的分力 F_z 和一个通过 A 点且垂直于 z 轴的平面上的分力 F_{xy}。由经验可知，与转轴 z 平行的分力 F_z，无论大小如何，均不能使门绕 z 轴转动；因此，能使门转动的只是分力 F_{xy}。所以力 F 使门绕 z 轴转动的效应等于其分力 F_{xy} 使门绕 z 轴转动的效应。而分力 F_{xy} 使门绕 z 轴转动的效应可用分力 F_{xy} 对 O 点之矩来表示（O 点是分力 F_{xy} 所在平面和 z 轴的交点）。

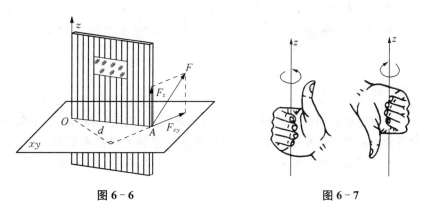

图 6-6　　　　　　　　　　图 6-7

由此可见，**力使物体绕某轴转动的效应可用此力在垂直于该轴的平面上的分力对此平面与该轴的交点之矩来度量。**我们将该力矩称为**力对轴之矩**。如将力 F 对 z 轴之矩表示为 $M_z(F)$ 或简记为 M_z，则有

$$M_z = \pm F_{xy}d \tag{6-7}$$

式中：d——分力 F_{xy} 所在的平面与 z 轴的交点 O 到力 F_{xy} 作用线的垂直距离。

正负号表示力使物体绕 z 轴转动的方向，按右手螺旋法则确定。将右手四指与力 F 的方向一致，再弯曲右手四指握住 z 轴，若大拇指的指向如与 z 轴的正向相同时，力对 z 轴之矩取正；反之取负。如图 6-7 所示。

力对轴之矩的单位是 N·m 或 kN·m。显然，当力 F 与 z 轴平行（此时 $F_{xy}=0$）或者相交（此时 $d=0$）时，力 F 对 z 轴之矩为零。

二、空间力系的合力矩定理

力对轴之矩可以根据定义直接进行计算，但是当根据定义直接进行计算有困难时，还常

常利用合力矩定理进行计算。即

空间力系的合力对某一轴之矩等于力系中各分力对同一轴之矩的代数和,其表达式为

$$M_z(\boldsymbol{F}_R)=M_z(\boldsymbol{F}_1)+M_z(\boldsymbol{F}_2)+\cdots+M_z(\boldsymbol{F}_n)=\sum M_z(\boldsymbol{F}) \tag{6-8}$$

上式即是空间力系的合力矩定理(证明从略)。

例 6-2 如图 6-8 所示,正方形板 $ABCD$ 用球铰 A 和铰链 B 与墙壁连接,并用绳索 CE 拉住使其维持水平位置。已知绳索的拉力 $F=200$ N,试分别求力 $\boldsymbol{F}$ 对 x、y、z 轴之矩。

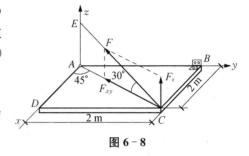

图 6-8

解 先计算力 $\boldsymbol{F}$ 对 x、y 轴之矩。

利用合力矩定理。将力 $\boldsymbol{F}$ 分解为两个分力 $\boldsymbol{F}_{xy}$ 和 F_z

$$F_z=F\times\sin 30°=200\times\sin 30°=100\text{ N}$$

因分力 $\boldsymbol{F}_{xy}$ 与 x、y 轴都相交,它对 x、y 轴之矩都为零,因此

$$M_x(\boldsymbol{F})=M_x(\boldsymbol{F}_{xy})+M_x(\boldsymbol{F}_z)=M_x(\boldsymbol{F}_z)=100\times 2=200\text{ N}\cdot\text{m}$$

$$M_y(\boldsymbol{F})=M_y(\boldsymbol{F}_{xy})+M_y(\boldsymbol{F}_z)=M_y(\boldsymbol{F}_z)=-100\times 2=-200\text{ N}\cdot\text{m}$$

上式为力 $\boldsymbol{F}$ 对 x、y 轴之矩。力 $\boldsymbol{F}$ 与 z 轴相交,它对 z 轴之矩等于零

$$M_z(\boldsymbol{F})=0$$

三、空间一般力系的平衡

参照平面一般力系的平衡条件和平衡方程,同理可得,**空间一般力系的平衡条件是空间一般力系的各分力在空间直角坐标系三个坐标轴上的投影的代数和都等于零,以及空间一般力系的各分力对空间直角坐标系三个坐标轴 x、y、z 之矩的代数和都等于零**。其平衡方程表达式为

$$\begin{aligned}
\sum F_x&=0\\
\sum F_y&=0\\
\sum F_z&=0\\
\sum M_x(\boldsymbol{F})&=0\\
\sum M_y(\boldsymbol{F})&=0\\
\sum M_z(\boldsymbol{F})&=0
\end{aligned} \tag{6-9}$$

上式称为空间一般力系的平衡方程,是方程的一般式。此方程包含六个独立的代数方程,利用空间一般力系的平衡条件,可以求解六个未知力或平衡问题的六个未知量。与平面一般力系的平衡方程相似,空间一般力系的平衡方程也可以有其他形式,但无论怎样列方程,独立平衡方程的数目只有 6 个。

在应用空间一般力系的平衡方程求解空间一般力系的平衡问题时,力矩方程比较灵活,选择合理的轴线建立力矩方程,可使一个方程只含一个未知量,利于求解。

例 6 - 3　如图 6 - 9 所示,均质长方板由六根直杆支撑保持水平,直杆两端各用球铰链与板和地面连接。板重为 P,在 A 处作用一水平力 $\boldsymbol{F}$,$\boldsymbol{F}$ 平行于 y 轴,且 $F = 2P$。求各杆的内力。

解　取长方体板为研究对象,各直杆均为二力杆,设它们均受拉力。板的受力如图所示,根据平衡条件建立平衡方程。

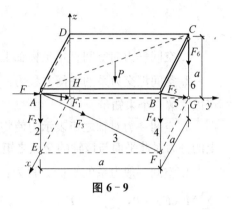

由 $\sum M_{AE}(\boldsymbol{F}) = 0$,可解得 $F_5 = 0$

由 $\sum M_{BF}(\boldsymbol{F}) = 0$,可解得 $F_1 = 0$

由 $\sum M_{AC}(\boldsymbol{F}) = 0$,可解得 $F_4 = 0$

由 $\sum M_{AB}(\boldsymbol{F}) = 0$,可得

$$-F_6 \times a - P \times \frac{a}{2} = 0$$

解得　　　　$F_6 = -\dfrac{1}{2} P$(受压)

由 $\sum M_{DH}(\boldsymbol{F}) = 0$ 可得

$$-F_3 \cos 45° \times a - F \times a = 0$$

解得　　　　　　　　$F_3 = -2\sqrt{2} P$(受压)

由 $\sum M_{FG}(\boldsymbol{F}) = 0$　可得 $-F_2 \times a + F \times a - P \times \dfrac{a}{2} = 0$

解得　　　　　　　　　　$F_2 = \dfrac{3}{2} P$

图 6 - 9

例 6 - 4　如图 6 - 10 所示,悬臂刚架上作用有 $q = 2\ \text{kN/m}$ 的均布荷载,以及作用线分别平行于 x 轴、y 轴的集中力 $\boldsymbol{F}_1$、$\boldsymbol{F}_2$。已知 $F_1 = 5\ \text{kN}$,$F_2 = 4\ \text{kN}$,求固定端 A 处的约束反力。

解　取悬臂刚架为研究对象,设约束反力如图。作用于刚架上的力有荷载 q、$\boldsymbol{F}_1$、$\boldsymbol{F}_2$,A 处的反力 $\boldsymbol{F}_{Ax}$、$\boldsymbol{F}_{Ay}$、$\boldsymbol{F}_{Az}$ 及 M_{Ax}、M_{Ay}、M_{Az}。根据平衡条件,建立出平衡方程

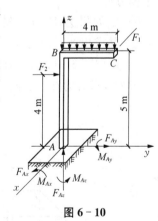

由 $\sum F_x = 0$,可得　　$F_{Ax} + F_1 = 0$

解得　　　　　　$F_{Ax} = -5\ \text{kN}$

由 $\sum F_y = 0$,可得　　$F_{Ay} + F_2 = 0$

解得　　　　　　$F_{Ay} = -4\ \text{kN}$

由 $\sum F_z = 0$,可得　　$F_{Az} - q \times 4 = 0$

解得　　　　　　$F_{Az} = 8\ \text{kN}$

由 $\sum M_x = 0$,可得　　$M_{Ax} - F_2 \times 4 - q \times 4 \times 2 = 0$

解得　　　　　　$M_{Ax} = 32\ \text{kN} \cdot \text{m}$

由 $\sum M_y = 0$,可得　　$M_{Ay} + F_1 \times 5\ \text{m} = 0$

图 6 - 10

解得 $\qquad M_{Ay}=-25 \text{ kN} \cdot \text{m}$

由 $\sum M_z=0$,可得 $\qquad M_{Az}-F_1\times 4=0$

解得 $\qquad M_{Az}=20 \text{ kN} \cdot \text{m}$

【小　结】

1. 空间一力向空间直角坐标轴上任一轴的投影,可有一次投影法,二次投影法。

2. 空间汇交力系的平衡方程为:$\sum F_x=0$,$\sum F_y=0$,$\sum F_z=0$。三个独立方程一次可以求解三个未知量。

3. 空间一力对轴之矩表示力使物体绕某轴转动的效应,等于此力在垂直于该轴的平面上的分力对此平面与该轴的交点之矩。

4. 空间一般力系的平衡方程为:$\sum F_x=0$,$\sum F_y=0$,$\sum F_z=0$,$\sum M_x(\boldsymbol{F})=0$,$\sum M_y(\boldsymbol{F})=0$,$\sum M_z(\boldsymbol{F})=0$。六个独立方程一次可以求解六个未知量。

【思考题与习题】

6-1. 三个汇交力成平衡时,是否一定位于同一平面?为什么?

6-2. 假设任意一个力 $\boldsymbol{F}$ 及选定任意一条 x 轴,问力 $\boldsymbol{F}$ 与 x 轴在什么情况下,能使 $F_x=0$,$M_x(\boldsymbol{F})=0$? 在什么情况下,能使 $F_x=0$,$M_x(\boldsymbol{F})\neq 0$? 在什么情况下,能使 $F_x\neq 0$,$M_x(\boldsymbol{F})=0$?

6-3. 如果(1) 空间力系中各力的作用线相互平行;(2) 空间力系中各力的作用线平行于同一个平面;(3) 空间力系中各力的作用线分别汇交于两个点。请说明这些力系各有几个平衡方程。

6-4. 如果力 $\boldsymbol{F}$ 与 y 轴的夹角为 α,问在什么条件下该力在 z 轴上的投影为 $F_z=F\sin\alpha$,并求出此时该力在 x 轴上的投影。

6-5. 如图 6-11 所示,已知在边长为 a 的正六面体上作用有力 $F_1=12 \text{ kN}$,$F_2=1 \text{ kN}$,$F_3=6 \text{ kN}$,求各力在 x、y、z 轴上的投影。

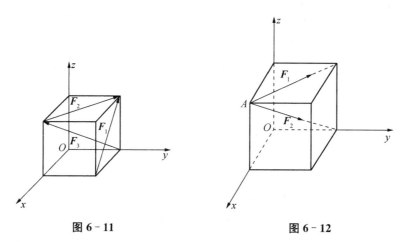

图 6-11　　　　　　　　　　图 6-12

6-6. 如图 6-12 所示,正方体边长为 a,在顶点 A 处作用有两个力 F_1、F_2,如图所示。

分别求此二力对 x、y、z 轴之矩。

6-7. 如图 6-13 所示,三脚架 $ABCD$ 和绞车 E 从矿井中吊起重 $W=30$ kN 的重物,$\triangle ABC$ 为等边三角形,三脚架的三支脚及绳索 DE 均与水平面成 $60°$ 角,不计架重;求当重物被匀速吊起时各脚所受的力。

6-8. 如图 6-14 所示,正方形均质钢板的边长 $a=2$ m,重 $W=400$ kN,在 A、B、C 三点用三根铅垂的钢索悬挂,A、B 为两边的中点,求钢索的拉力。

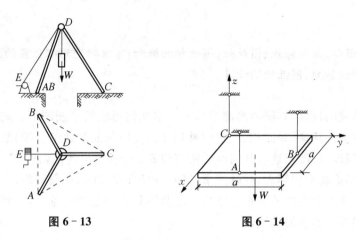

图 6-13　　　　　　　　图 6-14

6-9. 如图 6-15 所示,悬臂刚架上分别受平行于 x、y 轴的力 F_1 与 F_2 的作用,已知 $F_1=6$ kN,$F_2=4.8$ kN,求固定端 O 处的反力。

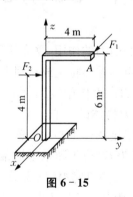

图 6-15

答案扫一扫

第七章　截面几何性质

扫码查看
本章微课

【学习目标】

了解重心、形心、面积静矩、惯性矩、惯性积的概念;掌握确定形心位置的方法,掌握平面图形对一轴的面积静矩、惯性矩的计算。

力学中所研究的杆件,其横截面都是具有一定几何形状的平面图形。**与横截面的形状及尺寸有关的许多几何量**(如面积 A、极惯性矩 I_P、抗扭截面系数 W_P 等)**统称为截面的几何性质**,杆件的强度、刚度与这些几何性质密切相关。经验告诉我们,直杆在拉压时,在相同的材料下,如果横截面面积越大,就越能承受轴力;杆件受扭时,在面积相同的情况下,空心圆轴比实心圆轴能承受更大的扭矩。以后在弯曲等其他问题的讨论中,还将遇到各种平面图形的截面的另外一些几何性质。

7.1　重心、形心

位于地球上一切物体,都受地心引力的作用,重力就是地球对物体的吸引力。如果将物体看作由无数个质点组成,则各质点的重力将组成空间平行力系,此力系的合力就是物体的重力。不论物体如何放置,其重力的合力作用线相对于物体总是通过一个确定的点,这个点就称为物体的重心。重心位置在工程上有着重要意义,因此必须要确定物体重心的位置。

在图 7-1 中,设整个物体的重为 G,位于图示坐系中,重力的作用线通过一定点 $C(x_c、y_c、z_c)$,即物体的重心坐标为 $(x_c、y_c、z_c)$。若物体可以分为有限块,其中某小块 M_i 重为 G_i,作用线通过坐标系 $M_i(x_i、y_i、z_i)$ 点,根据空间力系的合力矩定理,将力系的合力及各分力分别对 y 轴求矩,可有:

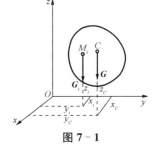

图 7-1

$$M_y(\boldsymbol{G}) = \sum M_y(\boldsymbol{G}_i)$$

式中: $M_y(\boldsymbol{G}) = G \cdot x_c = \sum G_i \cdot x_c$,$\sum M_y(\boldsymbol{G}_i) = \sum G_i x_i$

代入,并且依次同理可得

$$x_c = \frac{\sum G_i x_i}{\sum G_i}$$
$$y_c = \frac{\sum G_i y_i}{\sum G_i}$$
$$z_c = \frac{\sum G_i z_i}{\sum G_i}$$

(7 - 1)

如果物体是均质的,其单位体积重量为 γ,各微小部分的体积是 ΔV_i,整个物体的体积为 $V = \sum \Delta V_i$,则 $\Delta G_i = \gamma \Delta V_i$,$G = \gamma V$,代入公式 (7 - 1),并消去 γ,可得

$$x_c = \frac{\sum \Delta V_i x_i}{V} \quad y_c = \frac{\sum \Delta V_i y_i}{V} \quad z_c = \frac{\sum \Delta V_i z_i}{V}$$

(7 - 2)

由此可见,均质物体的重心位置完全取决于物体的几何形状,而与物体的重量无关。**均质物体的重心就是物体几何形状的中心,即形心。**

如果均质物体是等厚均质薄板,其厚度(设为沿 x 方向的尺寸)为 t,整个物体的面积为 A,各微小部分的面积是 ΔA_i,则有 $V = tA$,$\Delta V_i = t\Delta A_i$,代入式(7 - 2),消去厚度 t,可得均质薄板的形心位置为

$$x_c = \frac{\sum \Delta A_i x_i}{A} \quad y_c = \frac{\sum \Delta A_i y_i}{A} \quad z_c = \frac{\sum \Delta A_i z_i}{A}$$

(7 - 3)

显然,均质薄板(或者平面图形)的形心位置,位于薄板的中层,即一般只与平面图形的形状有关。

7.2 面积静矩

一、面积静矩的定义

如图 7 - 2 所示,一任意平面图形,其面积为 A。在图形平面内选取坐标系 Oyz,在平面图形内坐标为 z、y 处取一微面积 $\mathrm{d}A$,根据力对轴之矩的定义,若将微面积 $\mathrm{d}A$ 看成是一个"从里向外的力",则乘积 $y\mathrm{d}A$ 就是"该力 $\mathrm{d}A$"对 z 轴之矩。故此,我们将乘积 $y\mathrm{d}A$ 称为微面积 $\mathrm{d}A$ 对 z 轴的静矩,将乘积 $z\mathrm{d}A$ 称为微面积 $\mathrm{d}A$ 对 y 轴的静矩。而截面图形内每一微面积 $\mathrm{d}A$ 与它到 y 轴或 z 轴距离乘积的总和,称为截面对 y 轴和 z 轴的**面积静矩**(亦称为**面积矩、静矩**),用 S_y 或 S_z 表示,即

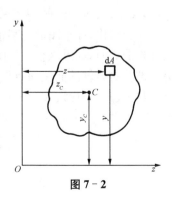

图 7 - 2

$$\left.\begin{aligned} S_z &= \int_A y \mathrm{d}A \\ S_y &= \int_A z \mathrm{d}A \end{aligned}\right\} \qquad (7-4)$$

由式(7-4)可见,截面的静矩是对某定轴而言的。同一截面对不同坐标轴的静矩不同。静矩为代数量,可能为正,可能为负,也可能为零。量纲单位为 m^3 或 mm^3。

静矩可用来确定截面图形形心的位置。如图 7-2 所示,若令该截面图形形心 C 的坐标为 y_c、z_c,根据静力学中的合力矩定理有

$$\int_A y \mathrm{d}A = A y_c$$

$$\int_A z \mathrm{d}A = A z_c$$

由上式及式(7-4)可得

$$y_c = \frac{S_z}{A} \qquad z_c = \frac{S_y}{A}$$

即

$$\left.\begin{aligned} S_z &= A \cdot y_c \\ S_y &= A \cdot z_c \end{aligned}\right\} \qquad (7-5)$$

即平面图形对 z 轴(或 y 轴)的面积静矩等于图形面积 A 与形心坐标 y_c(或 z_c)的乘积。当坐标轴通过图形的形心时,其面积静矩为零;反之,若图形对某轴的面积静矩为零,则该轴必通过图形的形心。

二、简单组合图形的面积静矩的计算

当截面由若干个简单图形(如矩形、圆形、三角形等)组成时,由静矩的定义可知,截面各组成部分对某一轴的静矩的代数和,等于整个组合截面对同一轴的静矩。即

$$\left.\begin{aligned} S_z &= \sum A_i y_i \\ S_y &= \sum A_i z_i \end{aligned}\right\} \qquad (7-6)$$

式中,A_i、z_i、y_i 分别代表任一组成部分的面积及其形心坐标。

应当指出,在求图形对某轴的面积静矩时,一般都设为正值;但是若求组合图形对某轴的面积静矩时,如果该轴位于图形内,则图形的一部分对该轴的面积静矩是正的,而图形的另一部分对该轴的面积静矩是负的。

将式(7-6)代入式(7-5),可得组合截面形心坐标的计算公式:

$$\left.\begin{aligned} y_c &= \frac{\sum A_i y_i}{\sum A_i} \\ z_c &= \frac{\sum A_i z_i}{\sum A_i} \end{aligned}\right\} \qquad (7-7)$$

例 7－1 如图 7－3 所示的截面图形，试求该图形的形心位置及图形对 y 轴、z 轴的面积静矩。

解 选取坐标轴如图所示，把图形分成两个矩形，则

$$A_1 = 10 \times 120 = 1\ 200\ \text{mm}^2 \quad A_2 = 10 \times 70 = 700\ \text{mm}^2$$

$$z_1 = 5\ \text{mm} \quad z_2 = 45\ \text{mm}$$

$$y_1 = 60\ \text{mm} \quad y_2 = 5\ \text{mm}$$

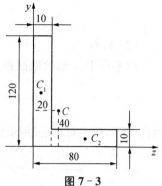

图 7－3

代入公式(7－7)得

$$z_c = \frac{\sum A_i z_i}{\sum A_i} = \frac{A_1 z_1 + A_2 z_2}{A_1 + A_2} = \frac{1\ 200 \times 5 + 700 \times 45}{1\ 200 + 700} = 20\ \text{mm}$$

$$y_c = \frac{\sum A_i y_i}{\sum A_i} = \frac{A_1 y_1 + A_2 y_2}{A_1 + A_2} = \frac{1\ 200 \times 60 + 700 \times 5}{1\ 200 + 700} = 40\ \text{mm}$$

根据公式(7－6)得

$$S_z = \sum A_i y_i = 1\ 200 \times 60 + 700 \times 5 = 75\ 500\ \text{mm}^3$$

$$S_y = \sum A_i z_i = 1\ 200 \times 5 + 700 \times 45 = 37\ 500\ \text{mm}^3$$

7.3 惯性矩

一、惯性矩的概念

如图 7－2 所示，将整个图形上微面积 $\text{d}A$ 与它到 z 轴（或 y 轴）距离平方的乘积的总和，称为该图形对 z 轴（或 y 轴）的**惯性矩**，用 I_z（或 I_y）表示，即

$$\left. \begin{aligned} I_z &= \int_A y^2 \text{d}A \\ I_y &= \int_A z^2 \text{d}A \end{aligned} \right\} \tag{7－8}$$

同一图形对不同轴的惯性矩是不相同的。同时，因 $\text{d}A$、y^2、z^2 皆为正值，所以**惯性矩的数值恒为正**。惯性矩的单位是 m^4 或 mm^4。

二、简单图形惯性矩的计算

简单图形的惯性矩可直接用式(7－8)通过积分计算求得。

例 7－2 矩形截面高为 h、宽为 b。试计算截面对通过形心的轴（简称形心轴）z、y（图 7－4）的惯性矩 I_z 和 I_y。

解 (1) 计算 I_z

取平行于 z 轴的微面积 $\text{d}A = b \cdot \text{d}y$，$\text{d}A$ 到 z 轴的距离为 y，应用式(7－8)得

$$I_z = \int_A y^2 \mathrm{d}A = \int_{-h/2}^{h/2} y^2 \cdot b \cdot \mathrm{d}y = \frac{bh^3}{12}$$

（2）计算 I_y

取平行于 y 轴的微面积 $\mathrm{d}A = h\,\mathrm{d}z$，$\mathrm{d}A$ 到 y 轴的距离为 z，应用式（7-8）得

$$I_y = \int_A z^2 \mathrm{d}A = \int_{-b/2}^{b/2} z^2 \cdot h \cdot dz = \frac{hb^3}{12}$$

因此，矩形截面对形心轴的惯性矩为

$$I_z = \frac{bh^3}{12} \qquad I_y = \frac{hb^3}{12}$$

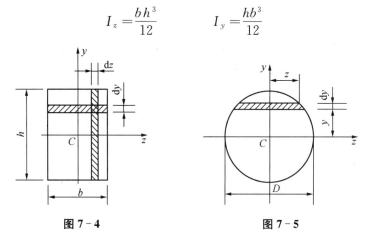

图 7-4　　　　　　　　　　　图 7-5

例 7-3　圆形截面直径为 D（图 7-5），试计算它对形心轴的惯性矩。

解　取平行于 z 轴的微面积 $\mathrm{d}A = 2z\mathrm{d}y = 2\sqrt{\left(\frac{D}{2}\right)^2 - y^2}\,\mathrm{d}y$，

代入（7-8）式得

$$I_z = \int_A y^2 \mathrm{d}A = 2\int_{-D/2}^{D/2} y^2 \sqrt{\left(\frac{D}{2}\right)^2 - y^2}\,\mathrm{d}y = \frac{\pi D^4}{64}$$

根据对称性，圆形截面对任一根形心轴的惯性矩都等于 $\frac{\pi D^4}{64}$。

为方便起见，表 7-1 列出了几种常见图形的面积、形心和惯性矩。而角钢、槽钢及工字钢等型钢截面，其惯性矩可在附录型钢表中查得。

表 7-1　几种常见图形的面积、形心和惯性矩

序号	图形	面积	形心位置	惯性矩
1		$A = bh$	$z_C = \dfrac{b}{2}$ $y_C = \dfrac{h}{2}$	$I_z = \dfrac{bh^3}{12}$ $I_y = \dfrac{hb^3}{12}$

(续表)

序号	图形	面积	形心位置	惯性矩
2		$A = \dfrac{bh}{2}$	$z_C = \dfrac{b}{3}$ $\quad$ $y_C = \dfrac{h}{3}$	$I_z = \dfrac{bh^3}{36}$ $\quad$ $I_{z1} = \dfrac{bh^3}{12}$
3		$A = \dfrac{\pi D^2}{4}$	$z_C = \dfrac{D}{2}$ $\quad$ $y_C = \dfrac{D}{2}$	$I_z = I_y = \dfrac{\pi D^4}{64}$
4		$A = \dfrac{\pi(D^2 - d^2)}{4}$	$z_C = \dfrac{D}{2}$ $\quad$ $y_C = \dfrac{D}{2}$	$I_z = I_y = \dfrac{\pi(D^4 - d^4)}{64}$
5		$A = \dfrac{\pi R^2}{2}$	$y_C = \dfrac{4R}{3\pi}$	$I_z = \left(\dfrac{1}{8} - \dfrac{8}{9\pi^2}\right)\pi R^4$ $\quad$ $I_y = \dfrac{\pi R^4}{8}$

三、平行移轴公式

同一平面图形对不同坐标的惯性矩各不相同,但它们之间存在着一定的关系。下面讨论图形对两根互相平行的坐标轴的惯性矩之间的关系。

如图 7-6 所示截面,C 为截面形心,A 为其面积,z_c 轴和 y_c 轴为形心轴,z 轴与 z_c 轴平行,且相距为 a。y 轴与 y_c 轴平行,其间距离为 b。相互平行的坐标轴之间的关系可表示为

$$y = y_c + a \quad z = z_c + b \tag{a}$$

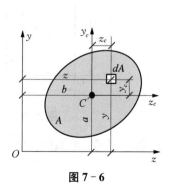

图 7-6

根据惯性矩的定义,截面图形对形心轴 y_c、z_c 的惯性矩分别为

$$I_{z_c} = \int_A y_c^2 \mathrm{d}A \qquad I_{y_c} = \int_A z_c^2 \mathrm{d}A \qquad\qquad (b)$$

而截面图形对 z、y 轴的惯性矩分别为

$$I_z = \int_A y^2 \mathrm{d}A \qquad I_y = \int_A z^2 \mathrm{d}A \qquad\qquad (c)$$

将(a)式代入(c)式并展开,得

$$I_z = \int_A (y_c + a)^2 \mathrm{d}A = \int_A (y_c^2 + 2y_c a + a^2) \mathrm{d}A$$
$$= \int_A y_c^2 \mathrm{d}A + 2a \int_A y_c \mathrm{d}A + a^2 \int_A \mathrm{d}A$$

上面式中第一项 $\int_A y_c^2 \mathrm{d}A$ 是截面对形心轴 z_c 的惯性矩 I_{z_c};第二项 $\int_A y_c \mathrm{d}A$ 是截面对 z_c 轴的静矩 S_{z_c},因 z_c 轴是形心轴,故 $S_{z_c} = 0$;第三项 $\int_A \mathrm{d}A$ 是截面的面积 A;故

$$\left. \begin{aligned} I_z &= I_{z_c} + a^2 A \\ I_y &= I_{y_c} + b^2 A \end{aligned} \right\} \qquad\qquad (7-9)$$

式(7-9)称为惯性矩的**平行移轴定理**或平行移轴公式。它表明截面对任一轴的惯性矩,等于它对平行于该轴的形心轴的惯性矩加上截面面积与两轴间距离平方的乘积。利用此公式可以根据截面对形心轴的惯性矩 I_{y_c}、I_{z_c} 来计算截面对与形心轴平行的其他轴的惯性矩 I_y、I_z 或者进行相反的运算。从式(7-9)可知,因 $a^2 A$ 及 $b^2 A$ 均为正值,所以**在截面对一组相互平行的坐标轴的惯性矩中,以对形心轴的惯性矩最小。**

平行移轴定理在惯性矩的计算中有广泛的应用。

例 7-4 用平行移轴定理计算如图 7-7 所示矩形对 y 与 z 轴的惯性矩 I_y、I_z。

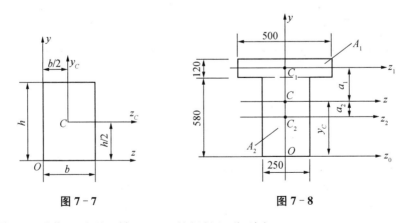

图 7-7   图 7-8

解 前述矩形截面对形心轴 z_c、y_c 的惯性矩分别为

$$I_{z_c} = \frac{bh^3}{12} \qquad\qquad I_{y_c} = \frac{b^3 h}{12}$$

应用平行移轴定理公式(7-9)可得

$$I_z = I_{z_c} + a^2 A = \frac{bh^3}{12} + \left(\frac{h}{2}\right)^2 bh = \frac{bh^3}{3}$$

$$I_y = I_{y_c} + b^2 A = \frac{b^3 h}{12} + \left(\frac{b}{2}\right)^2 bh = \frac{b^3 h}{3}$$

四、组合图形的惯性矩的计算

在工程实践中,经常遇到组合图形,有时由矩形、圆形、三角形等几个简单图形组成,有时则由几个型钢截面组合而成。若一个组合图形,总面积为 A,由面积为 A_1、A_2、A_3 三块图形组合而成,根据惯性矩定义可知

$$\begin{aligned} I_z &= \int_A y^2 \mathrm{d}A = \int_{A_1 + A_2 + A_3} y^2 \mathrm{d}A \\ &= \int_{A_1} y^2 \mathrm{d}A + \int_{A_2} y^2 \mathrm{d}A + \int_{A_3} y^2 \mathrm{d}A = I_{1z} + I_{2z} + I_{3z} \end{aligned} \quad (7-10)$$

所以组合图形对某轴的惯性矩,必等于组成组合图形的各简单图形对同一轴的惯性矩的和。简单图形对本身形心轴的惯性矩可通过积分或查表求得,再应用平行移轴公式,就可计算出组合图形对其形心轴的惯性矩。

实际中常见的组合截面多具有一个或两个对称轴,这种对称组合截面对形心主轴的惯性矩,是在弯曲等问题中经常用到的截面几何性质。下面通过例题来说明其计算方法。

例7-5　计算图7-8所示 T 形截面对形心轴 z、y 的惯性矩。

解　(1) 求截面形心位置

由于截面有一根对称轴 y,故形心必在此轴上,即

$$z_c = 0$$

为求 y_c,先设 z_0 轴如图,将图形分为两个矩形,这两部分的面积和形心对 z_0 轴的坐标分别为

$$A_1 = 500 \times 120 = 60 \times 10^3 \text{ mm}^2, \quad y_1 = 580 + 60 = 640 \text{ mm}$$

$$A_2 = 250 \times 580 = 145 \times 10^3 \text{ mm}^2, \quad y_2 = \frac{580}{2} = 290 \text{ mm}$$

故　　　　$$y_c = \frac{\sum A_i y_i}{A} = \frac{60 \times 10^3 \times 640 + 145 \times 10^3 \times 290}{60 \times 10^3 + 145 \times 10^3} = 392 \text{ mm}$$

(2) 计算 I_z、I_y

根据公式(7-10)整个截面对 z、y 轴的惯性矩应等于两个矩形对 z、y 轴惯性矩之和。即

$$I_z = I_{1z} + I_{2z}$$

两个矩形对本身形心轴的惯性矩分别为

$$I_{1z1} = \frac{500 \times 120^3}{12} \text{ mm}^4, \quad I_{2z2} = \frac{250 \times 580^3}{12} \text{ mm}^4$$

应用平行移轴公式可得

$$I_{1z} = I_{1z1} + a_1^2 A_1 = \frac{500 \times 120^3}{12} + 248^2 \times 500 \times 120 = 37.6 \times 10^8 \ \text{mm}^4$$

$$I_{2z} = I_{2z2} + a_2^2 A_2 = \frac{250 \times 580^3}{12} + 102^2 \times 250 \times 580 = 55.6 \times 10^8 \ \text{mm}^4$$

所以 $\qquad I_z = I_{1z} + I_{2z} = 37.6 \times 10^8 + 55.6 \times 10^8 = 93.2 \times 10^8 \ \text{mm}^4$

由于图形对称，y 轴经过矩形 A_1 和 A_2 的形心，所以

$$I_y = I_{1y} + I_{2y} = \frac{120 \times 500^3}{12} + \frac{580 \times 250^3}{12}$$

$$= 12.5 \times 10^8 + 7.55 \times 10^8 = 20.05 \times 10^8 \ \text{mm}^4$$

例 7-6 试计算图 7-9 所示由两根№20 槽钢组成的截面对形心轴 z、y 的惯性矩。

解 组合截面有两根对称轴，形心 C 就在这两对称轴的交点。由附录型钢表查得每根槽钢的形心 C_1 或 C_2 到腹板边缘的距离为 19.5 mm，每根槽钢截面积为

$$A_1 = A_2 = 3.283 \times 10^3 \ \text{mm}^2$$

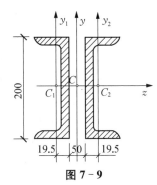

图 7-9

每根槽钢对本身形心轴的惯性矩为

$$I_{1z} = I_{2z} = 19.137 \times 10^6 \ \text{mm}^4$$

$$I_{1y1} = I_{2y2} = 1.436 \times 10^6 \ \text{mm}^4$$

整个截面对形心轴的惯性矩应等于两根槽钢对形心轴的惯性轴之和，故得

$$I_z = I_{1z} + I_{2z} = 19.137 \times 10^6 \times 2 = 38.3 \times 10^6 \ \text{mm}^4$$

$$I_y = I_{1y} + I_{2y} = 2I_{1y} = 2(I_{1y1} + a^2 \times A_1)$$

$$= 2 \times \left[1.436 \times 10^6 + \left(19.5 + \frac{50}{2} \right)^2 \times 3.283 \times 10^3 \right] \ \text{mm}^4$$

$$= 15.87 \times 10^6 \ \text{mm}^4$$

五、惯性半径、极惯性矩

1. 惯性半径

上面介绍了惯性矩的定义。在工程实际应用中，为方便起见，还经常将惯性矩表示为截面面积 A 与某一长度平方的乘积，即

$$I_z = i_z^2 \cdot A \qquad\qquad I_y = i_y^2 \cdot A \qquad\qquad (7-11)$$

式中，i_y 和 i_z 分别称为截面对 y 轴或 z 轴的**惯性半径**，单位为 m。由式(7-11)可知，惯性半径可由截面的惯性矩和面积这两个几何量表示为

$$\left. \begin{array}{l} i_z = \sqrt{\dfrac{I_z}{A}} \\[2mm] i_y = \sqrt{\dfrac{I_y}{A}} \end{array} \right\} \qquad\qquad (7-12)$$

宽为 b、高为 h 的矩形截面,对其形心轴 z 及 y 的惯性半径,可由式(7-12)计算得

$$i_z = \sqrt{\frac{I_z}{A}} = \sqrt{\frac{bh^3/12}{bh}} = \frac{h}{\sqrt{12}}$$

$$i_y = \sqrt{\frac{I_y}{A}} = \sqrt{\frac{hb^3/12}{bh}} = \frac{b}{\sqrt{12}}$$

直径为 D 的圆形截面,由于对称,它对任一根形心轴的惯性半径都相等。由(7-12)式算得

$$i = \sqrt{\frac{I}{A}} = \sqrt{\frac{\pi D^4/64}{\pi D^2/4}} = \frac{D}{4}$$

2. 极惯性矩

如图 7-10 所示,将整个图形上微面积 dA 与它到原点 O 距离(极半径)ρ 平方的乘积的总和,称为该图形对原点 O 的**极惯性矩**,用 I_P 表示,即

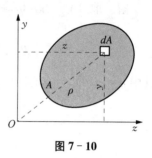

图 7-10

$$I_P = \int_A \rho^2 dA \qquad (7-13)$$

由图 7-10 可以看出,ρ、y、z 之间存在着下列关系:

$$\rho^2 = y^2 + z^2$$

所以,由式(7-13)及式(7-8)可知

$$I_P = \int_A (y^2 + z^2) dA$$

或 $$I_P = I_z + I_y \qquad (7-14)$$

上式说明:截面对任一直角坐标系中两坐标轴的惯性矩之和,等于它对坐标原点的极惯性矩。因此,尽管过一点可以作出无限多对直角坐标轴,但截面对其中任意一对直角坐标轴的两个惯性矩之和始终是不变的,且等于截面对坐标原点的极惯性矩。

例 7-7 计算圆形截面的极惯性矩 I_P。

解 圆形的极惯性矩既可直接由(7-13)式积分计算,也可由(7-14)式利用惯性矩计算。现分别用两种方法计算如下:

(1) 用式(7-13)积分计算

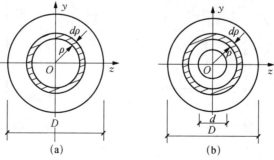

(a)　　　　　　　　(b)

图 7-11

如图 7-11(a)所示,取圆环作为微面积,$dA = 2\pi\rho d\rho$,代入式(7-13),得

$$I_P = \int_A \rho^2 dA = \int_0^{\frac{D}{2}} \rho^2(2\pi\rho d\rho) = \frac{\pi D^4}{32}$$

(2) 根据式(7-14)计算

利用已知圆截面的惯性矩值(见例 7-3)$I_z = I_y = \dfrac{\pi D^4}{64}$,代入公式(7-14),得

$$I_P = I_y + I_z = 2I_z = \frac{\pi D^4}{32}$$

例 7-8 如图 7-11(b)所示,计算内、外径分别为 d 和 D 的空心圆的极惯性矩 I_P。

解 取 $dA = 2\pi\rho d\rho$,则

$$I_P = \int_A \rho^2 dA = \int_{d/2}^{D/2} \rho^2(2\pi\rho)d\rho = \frac{\pi D^4}{32} - \frac{\pi d^4}{32} = \frac{\pi D^4}{32}(1 - \alpha^4)$$

其中 $\alpha = d/D$,为空心圆的内外径之比。

7.4 惯性积、主惯性矩

一、惯性积

如图 7-12 所示,我们将整个截面上微面积 dA 与它到 y、z 轴距离的乘积 $yzdA$ 称为微面积 dA 对 y、z 两轴的惯性积,而把微面积 dA 与它到 y、z 轴距离的乘积 $yzdA$ 的总和,定义为截面对 y、z 轴的**惯性积**,用 I_{yz} 表示:

$$I_{yz} = \int_A yz\, dA \tag{7-15}$$

由惯性积的定义可知,惯性积数值,可能为正、为负或为零。它的单位是 m^4 或 mm^4。

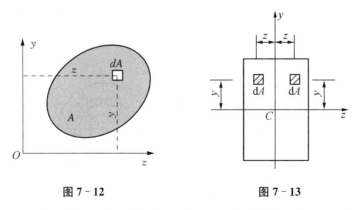

图 7-12   图 7-13

根据式(7-15),如果截面具有一个(或一个以上)对称轴,如图 7-13 所示,则对称轴两侧微面积的 $zydA$ 值大小相等,符号相反,这两个对称位置的微面积对 z、y 轴的惯性积之

和等于零,推广到整个截面,则整个截面的 $I_{yz}=0$。这说明,只要 z、y 轴之一为截面的对称轴,该截面对两轴的惯性积就一定等于零。

二、惯性矩与惯性矩的转轴公式

如图 7-14 所示,当坐标轴 z、y 轴绕其原点转动 α 角时,坐标轴变为 z_1、y_1 轴,截面对转动前后的两对不同坐标轴的惯性矩及惯性积之间,存在着一定的关系,截面对转动后的坐标轴 z_1、y_1 的惯性矩及惯性积,都是角度 α 的函数。

设图形对于 z、y 轴的惯性矩和惯性积分别为 $\boldsymbol{I}_z$、$\boldsymbol{I}_y$、$\boldsymbol{I}_{zy}$,图形对于 z_1、y_1 轴的惯性矩和惯性积分别为 $\boldsymbol{I}_{z1}$、$\boldsymbol{I}_{y1}$、$\boldsymbol{I}_{z1y1}$。在图 7-14 中,转轴前后的两坐标的关系为

$$z_1 = z\cos\alpha + y\sin\alpha$$

$$y_1 = y\cos\alpha - z\sin\alpha$$

由于 $I_z = \int_A y^2 \mathrm{d}A$,$I_y = \int_A z^2 \mathrm{d}A$,$I_{z1} = \int_A y_1^2 \mathrm{d}A$,$I_{y1} = \int_A z_1^2 \mathrm{d}A$,$I_{yz} = \int_A yz \mathrm{d}A$,$I_{y1z1} = \int_A y_1 z_1 \mathrm{d}A$。代入转轴前后的坐标关系(推导过程略),可得

$$\left. \begin{aligned} I_{z1} &= \frac{I_z + I_y}{2} + \frac{I_z - I_y}{2}\cos 2\alpha - I_{zy}\sin 2\alpha \\ I_{y1} &= \frac{I_z + I_y}{2} - \frac{I_z - I_y}{2}\cos 2\alpha + I_{zy}\sin 2\alpha \end{aligned} \right\} \tag{7-16}$$

$$I_{z1y1} = \frac{I_z - I_y}{2}\sin 2\alpha + I_{zy}\cos 2\alpha$$

从公式(7-16)还可以得到,$\boldsymbol{I}_{y1} + \boldsymbol{I}_{z1} = \boldsymbol{I}_y + \boldsymbol{I}_z$

即图形对一对垂直轴的惯性矩之和为常数,与角度 $\boldsymbol{\alpha}$ 无关,即在轴转动时,其图形对一对垂直轴的惯性矩之和保持不变。

三、主惯性矩

如图 7-14 所示,当坐标轴 z、y 轴绕其原点转动 α 角时,坐标轴变为 z_1、y_1 轴,截面对转动前后的两对不同坐标轴的惯性矩及惯性积之间,存在着一定的关系,截面对转动后的坐标轴 z_1、y_1 的惯性矩及惯性积,是角度 α 的函数。可以证明,总能找到一个角度 α_0,使截面对于相应的 z_0、y_0 轴的惯性积等于零,则 z_0、y_0 轴称为 O 点处的**主惯性轴**。截面对一点处主惯性轴的惯性矩,称为该点处的**主惯性轴矩**。可以证明,一点处的主惯性轴矩,是截面对通过该点的所有轴的惯性矩中的最大值和最小值。

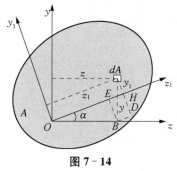

图 7-14

截面形心处的主惯性轴,称为**形心主惯性轴**,简称**形心主轴**。截面对形心主轴的惯性矩,称为**形心主惯性矩**,简称**形心主矩**。

在计算组合图形截面的形心主惯性矩时,首先要确定其形心位置,然后视截面是否有对

称轴而采用不同的计算方法。如果组合图形截面有一条或一条以上的对称轴,则通过截面形心且包括对称轴在内的两条正交轴线,就是截面的形心主惯性轴,按照移轴公式并叠加计算得到的惯性矩即是形心主惯性矩。

【小　结】

1. 在地球附近的物体,重力的合力作用线相对于物体总是通过一个确定的点,这个点就称为物体的重心。均质体的重心与形心是重合的。平面图形的形心位置,只与平面图形的形状有关。

2. 对于任意(组合)的平面图形,由于 $S_z = A \cdot y_c$,$S_y = A \cdot z_c$。所以,在确定的坐标系中,如果已知面积、面积静矩、形心坐标三项几何量中的两项,就可以计算另外一项。

3. 截面对一轴的惯性矩恒为正。截面对任一直角坐标系中两坐标轴的惯性矩之和,等于它对坐标原点的极惯性矩。一点处的主惯性轴矩,是截面对通过该点的所有轴的惯性矩中的最大值和最小值。

【思考题与习题】

7-1. 如图 7-15 所示为 T 形截面,C 为形心,z 为形心轴,问 z 轴上下两部分对 z 轴的静矩存在什么关系?

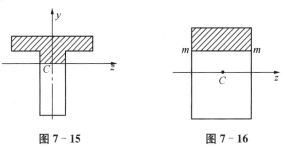

图 7-15　　　　　　　图 7-16

7-2. 如图 7-16 所示的矩形截面 $m-m$ 以上部分对形心轴 z 的静矩和 $m-m$ 以下部分对形心轴 z 的静矩有何关系?

7-3. 惯性矩、惯性积、极惯性矩是怎样定义的? 为什么它们的值有的恒为正? 有的可正、可负还可为零?

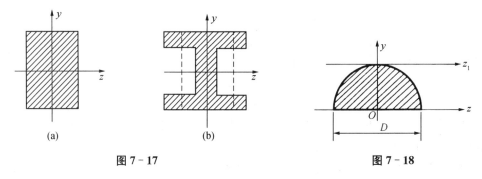

图 7-17　　　　　　　图 7-18

7-4. 图 7-17(a)所示矩形截面,若将形心轴 z 附近的面积挖去,移至上下边缘处,成为工字形截面图 7-17(b),问此截面对 z 轴的惯性矩有何变化? 为什么?

7-5. 图 7-18 所示直径为 D 的半圆,已知它对 z 轴的惯性矩 $I_z = \dfrac{\pi D^4}{128}$,则对 z_1 轴的惯性矩如下计算是否正确? 为什么?

$$I_{z1} = I_1 + a^2 A = \frac{\pi D^4}{128} + \left(\frac{D}{2}\right)^2 \cdot \frac{\pi D^2}{8} = \frac{5\pi D^4}{128}$$

7-6. 惯性半径与惯性矩有什么关系? 惯性半径 i_z 是否就是图形形心到该轴的距离?

7-7. 图 7-19 所示各截面图形,以各截面的底边为 z_1 轴,试计算对 z_1 轴的静矩。

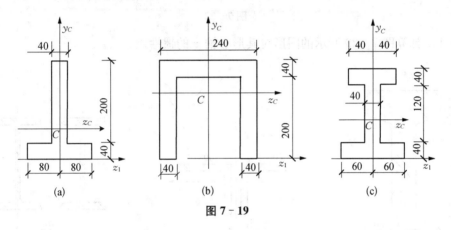

图 7-19

7-8. 如图 7-20 所示截面图形,求

(1) 形心 C 的位置;

(2) 阴影部分对 z 轴的静矩。

7-9. 计算图 7-21 所示的矩形截面对其形心轴 z 的惯性矩,已知 $b = 150\,\text{mm}$,$h = 300\,\text{mm}$。 如按图中虚线所示,将矩形截面的中间部分移至两边缘变成工字形,计算此工字形截面对 z 轴的惯性矩,并求出工字形截面的惯性矩较矩形截面的惯性矩增大的百分比。

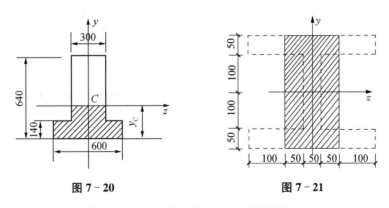

图 7-20

图 7-21

7-10. 计算图 7-22 所示的各图对形心轴 z_c、y_c 的惯性矩。

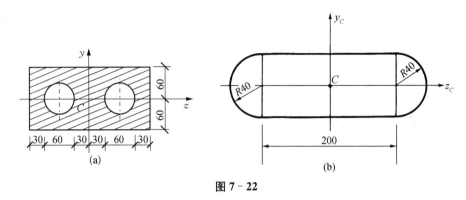

图 7 - 22

7 - 11. 计算图 7 - 23 所示的图形对其形心轴 z 的惯性矩。

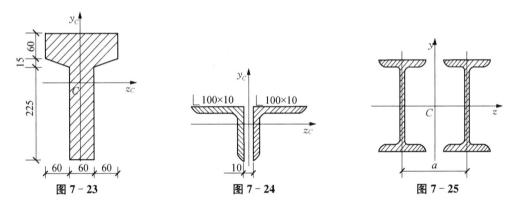

图 7 - 23　　　　图 7 - 24　　　　图 7 - 25

7 - 12. 计算图 7 - 24 所示的组合图形对形心主轴的惯性矩。

7 - 13. 要使图 7 - 25 所示的两个№ 10 工字钢组成的截面对两个形心主轴的惯性矩相等,求 a 的值。

答案扫一扫

第八章 轴向拉伸与压缩

【学习目标】

了解轴向拉压时构件的受力与变形特点；掌握轴向拉压时构件的内力（轴力）的求解、应力的分析与计算、变形的分析与计算；理解胡克定律，掌握轴向拉压时的强度条件及强度计算。

8.1 轴向拉伸与压缩的概念

在各种工程实际中，经常会遇到承受轴向拉伸或压缩的构件，如图 8-1(a)所示的砖柱，如图 8-1(b)所示桁架中的每一根杆件，如图 8-1(c)所示斜拉桥中的拉索等。分析它们的受力与变形形式，都是轴心拉伸或压缩。

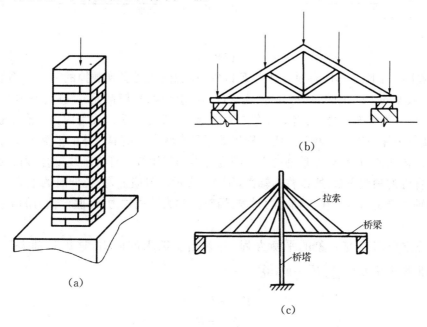

(b)

拉索

桥梁

桥塔

(a)

(c)

图 8-1

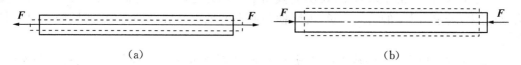

(a)   (b)

图 8-2

这些受拉或受压的杆件虽外形各有差异,加载方式也并不相同,但它们的共同特点是:在受力方面,作用于杆件上的外力合力的作用线与杆件轴线重合;在变形方面,杆件变形是沿轴线方向的伸长或缩短。所以,若把这些杆件的形状和受力情况进行简化,都可以简化成图 8-2 所示的受力简图。图中用实线表示受力前的外形,虚线表示变形后的形状。

一、轴向拉伸或压缩时横截面上的内力

求内力的基本方法是截面法,它不但在本节中用于轴心拉(压)杆的内力计算,而且将在以后各节中用于计算其他各种变形形式杆件的内力,因此应着重理解和掌握。下面通过对如图 8-3(a)所示的轴心受压杆求横截面的内力,来阐明截面法。

(1) 为了显示内力,沿欲求内力的横截面,假想地把构件截开为两部分。任取一部分截离体(或称为隔离体)作为研究对象,而弃去另一部分[图 8-3(b)或图 8-3(c)]。

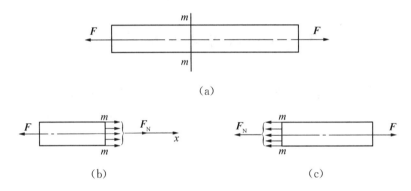

(a)

(b)   (c)

图 8-3

(2) 隔离体上除了作用有原有外力 F 以外,在截面上还受到截掉的另一段对它的作用力,此即横截面 $m-m$ 上的内力。根据连续性、均匀性假设,横截面 $m-m$ 上的内力是连续分布的,可称其为**分布内力**,而这些分布内力的合力(或合力偶),称为内力。有了这些内力的作用,使隔离体得以像未截开之前一样仍处于平衡状态。由隔离体的平衡条件可知,轴向拉(压)杆横截面的内力,只能是轴向力。因为外力的作用线与杆件轴线重合,**内力的作用线也必然与杆件的轴线重合**,所以称为**轴力**,用 F_N 表示。习惯上,把拉伸时的轴力规定为正,压缩时的轴力规定为负。在求轴力的时候,**通常把轴力设成拉力**,即假设轴力的箭头是背离截面的。

(3) 建立所取研究对象的平衡方程,并解出所欲求的内力,这里是轴力 F_N。对图 8-3(b),根据平衡方程 $\sum F_x = 0$,得

$$F_N - F = 0$$
$$F_N = F$$

在这里求出 F_N 的结果为正,说明横截面上的轴力与假设的方向(或性质)相同,是拉力;反过来,若求出 F_N 的结果为负,说明横截面上的轴力与假设的方向(或性质)相反,是压力。

上面这种这种假想地将构件截开成两部分,从而显示并求解内力的方法称为截面法。由上可知,用截面法求构件内力可分为以下四个步骤:

（1）截开。沿需要求内力的截面,假想地将构件截开分成两部分。

（2）选取。选取截开后的任一部分作为研究对象。

（3）代替。用截面上的内力代替弃去部分对留下部分的作用。

（4）平衡。根据平衡条件,建立研究对象的静力平衡方程,解出需求的内力。

二、轴向拉(压)杆的内力图

若沿杆件轴线作用的外力多于两个,则在杆件各部分的横截面上,其轴力将不尽相同。逐次地运用截面法,可求得杆件上各部分横截面上的内力。以与杆件轴线平行的横坐标轴 x 表示各横截面位置,以纵坐标表示相应的内力值,这样作出的内力图形称为内力图。内力图可以清楚、完整地表示出杆件的各横截面上的内力沿杆轴线变化的情况,是下一步进行应力、变形、强度、刚度等计算的依据。

对轴心拉(压)杆轴来说,其内力是轴力 $\boldsymbol{F}_N$,内力图的纵坐标就是轴力 $\boldsymbol{F}_N$。因此,轴心拉(压)的内力图称为轴力图,即 $\boldsymbol{F}_N$ 图。关于轴力图的绘制,用下例说明。

例 8 - 1 轴心拉压杆如图 8 - 4(a)所示,不计杆的自重,试求作其轴力图。

解 一般地,解题首先应识别问题的种类。由该杆的受力特点,可知它的变形是轴心拉压,其内力是轴力 $\boldsymbol{F}_N$。

由杆件的整体平衡条件求出支座反力。对于本例题这类具有自由端的构件或结构,一般可取含自由端的一段为截离体,这样可以避免求支座反力。

用截面法求内力。各隔离体如图所示,由各隔离体的平衡条件,可以求得各段中的轴力。

AB 段:如图 8 - 4(b),由 $\sum F_x = 0$,得 $\qquad F_{N1} - 1\,\text{kN} = 0$

所以 $\qquad\qquad\qquad\qquad F_{N1} = 1\,\text{kN}$

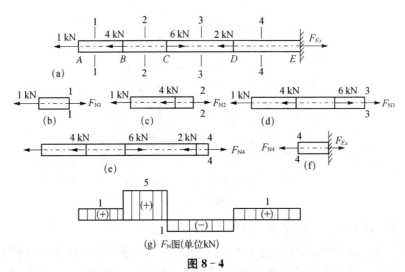

图 8 - 4

BC 段:如图 8 - 4(c),由 $\sum F_x = 0$,得

$$F_{N2} - (4 + 1)\text{kN} = 0$$

所以

$$F_{N2} = 5 \text{ kN}$$

CD 段:如图 8-4(d),由 $\sum F_x = 0$,得

$$由 F_{N3} + (6-4-1)\text{kN} = 0$$

所以

$$F_{N3} = -1 \text{ kN}$$

DE 段:如图 8-4(e),由 $\sum F_x = 0$,得

$$F_{N4} + (-2+6-4-1)\text{kN} = 0$$

所以
$$F_{N4} = 1 \text{ kN}$$

如果在前面已求得右端支座反力,则也可以取含支座端一段截离体求解。如求 DE 段中的 F_{N4}[图 8-4(f)]:

由 $\sum F_x = 0$ $F_{N4} - X_E = 0$

得
$$F_{N4} = X_E = 1 \text{ kN}$$

根据杆上各段截面 $\boldsymbol{F}_N$ 值作轴力图,如图 8-4(g)所示。

内力图一般都应与受力图对正。对 $\boldsymbol{F}_N$ 图而言,当杆水平放置或倾斜放置时,正值应画在与杆件轴线平行的横坐标轴的上方或斜上方,而负值则画在下方或斜下方,并必须标出符号＋或－,如图 8-4(g)所示。当杆件竖直放置时,正负值可分别画在一侧并标出＋或－。内力图上必须标全横截面的内力值及其单位,还应适当地画出一些垂直于横坐标轴的纵坐标线。内力图旁应标明为何种内力图。横坐标轴名称 x 可以不标出,纵坐标 $\boldsymbol{F}_N$ 也可以不画。当熟练时,各截离体图亦可不必画出。

例 8-2 竖柱 AB 如图 8-5(a)所示,其横截面为正方形,边长为 a,柱高 h;材料的堆密度为 γ;柱顶受荷载 F 作用。求作它的轴力图。

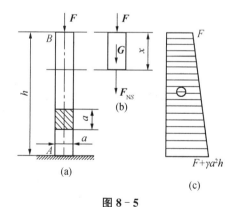

图 8-5

解 由受力特点识别该柱子属于轴心拉压杆,其轴力是 $\boldsymbol{F}_N$。

考虑柱子的自重荷载,以竖向的 x 坐标表示横截面位置,则该柱各横截面的轴力是 x 的函数。对任意 x 截面取上段为研究对象,截离体如图 8-5(b)所示。图中,$\boldsymbol{F}_{Nx}$ 是任意 x 截面的轴力,$G = \gamma a^2 x$ 是该段截离体的自重。

由 $\sum F_x = 0$,得 $F_{Nx} + F + G = 0$

所以 $F_{Nx} = -F - \gamma a^2 x \quad (0 \leqslant x \leqslant h)$

上式称为该柱的轴力方程。该轴力方程是 x 的一次函数,故只需求得两点连成直线,即得 $\boldsymbol{F}_N$ 图,如图 8-5(c)所示。

当 $x \to 0$ 时,得 B 下邻截面的轴力

$$F_{NBA} = -F$$

当 $x \to h$ 时,得 A 上邻截面的轴力

$$F_{NAB} = -F - \gamma a^2 h$$

应注意式中符号及其意义,第二个脚标表示所求内力的截面处,第三个脚标表示杆件上与所求内力的截面有关的相邻截面。以后,表示这种相邻截面的其他内力都用此法。

从上面例子中,我们还可以总结得到求轴向拉压杆轴力的规律:**轴向拉压杆任一截面的轴力,等于该截面任意一侧所有轴向外力的代数和,其中以轴向外力的方向背离截面者为正。**

8.2 轴向拉压时横截面上的应力

上节已经详细讨论了轴向拉压时的内力及内力图,本节来讨论构件的应力。由内力计算构件横截面上各点处的应力,是为对构件作强度计算作准备。

上节讨论的内力,是构件横截面上的内力,并未涉及到横截面的形状和尺寸。而只根据轴力并不能判断杆件是否有足够的强度。例如用同一材料制成粗细不同的两根杆,在相同的拉力下,两杆的轴力自然是相同的。但当拉力逐渐增大时,细杆必定先被拉断。这说明拉杆的强度不仅与轴力的大小有关,而且与横截面面积有关。所以要引入横截面上的应力的概念,来度量拉压杆件的受力程度。

一、截面上一点处的应力的概念

如图 8-6 所示的受力物体,其横截面 mm,截开后取隔离体如图 8-7(a)所示,在截面上某点处取微小面积 ΔA,ΔA 上微内力的合力为 $\Delta \boldsymbol{F}_R$。内力 $\Delta \boldsymbol{F}_R$ 在面积 ΔA 上的平均集度(即比值)为

$$f_m = \frac{\Delta F_R}{\Delta A} \tag{8-1a}$$

f_m 称为 ΔA 上的平均应力。当内力 $\Delta \boldsymbol{F}_R$ 在面积上均匀分布时,平均应力即称为该截面上该点处的应力;而当内力 $\Delta \boldsymbol{F}_R$ 在面积上非均匀分布时,则取 ΔA 趋于 0 时 $\frac{\Delta F_R}{\Delta A}$ 的极限值,即

$$f = \lim_{\Delta A \to 0} \frac{\Delta F_R}{\Delta A} = \frac{\mathrm{d} F_R}{\mathrm{d} A} \tag{8-1b}$$

f 称为该截面上该点处的应力。

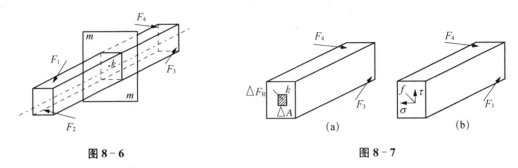

图 8-6   图 8-7

过构件上的某一点可以切出横截面和许多不同方向的截面,对这些不同方向的截面来说,该点处的应力值是不同的。因此,说到一点处的应力,应该指明是对哪个方向的截面而言。

上述的应力 f,也称为该截面上该点处的总应力。为了便于计算,总是把它分解为两个分量,如图 8-7(b)所示,垂直于截面的分量 σ,称为正应力,可分为拉应力和压应力,其正负规定与轴力 $\boldsymbol{F}_N$ 相同,即规定拉应力为正,压应力为负;平行于截面的分量 τ,称为剪应力(或称切应力),其正负规定以剪应力相对于隔离体顺时针转为正,反之为负。

应力是矢量。应力的量纲是 $\dfrac{[力]}{[长度^2]}$,其基本单位是 N/m² 或 Pa(帕斯卡),工程上常用 MPa(兆帕)和 GPa(吉帕),其换算关系为

$$1\ \mathrm{Pa} = 1\ \mathrm{N/m^2}$$
$$1\ \mathrm{MPa} = 1 \times 10^6\ \mathrm{Pa} = 1\ \mathrm{N/mm^2}$$
$$1\ \mathrm{GPa} = 1 \times 10^9\ \mathrm{Pa}$$

二、轴向拉压杆横截面上的正应力

在拉(压)杆的横截面上,与轴力 $\boldsymbol{F}_N$ 对应的应力是正应力 σ。我们研究的材料是连续的,由于横截面上到处都存在着内力,若以 A 表示横截面的面积,则各微面积 dA 上的内力元素 σdA 组成一个垂直于横面的平行力系,其合力就是轴力 $\boldsymbol{F}_N$。根据静力平衡关系,可得

$$F_N = \int_A \sigma dA$$

由于还不知道 σ 在横截面上的分布规律,所以单一由上式并不能确立 $\boldsymbol{F}_N$ 与 σ 之间的关系。这就必须从观察、分析杆件的变形入手,从几何、静力平衡等方面进行研究,以确定应力的分布规律。

如图 8-8(a)所示的轴向受拉杆,需要研究横截面上的应力分布规律,先进行实验观察。为了便于通过实验观察轴向受拉杆所发生的变形现象,受力前在杆件表面均匀地画上若干与杆轴线平行的纵线及与轴线垂直的横线,使杆表面形成许多大小相同的方格,其中的纵线代表纵向纤维,横线代表横截面。

在杆的两端施加一对轴向拉力 $\boldsymbol{F}$,可以观察到,受拉力作用以后,所有的纵线都伸长了,但是仍保持为直线并且仍互相平行;所有的横线仍保持为直线,且仍垂直于杆轴,只是相对距离增大了,小方格变成长方格,如图 8-8(b)所示。

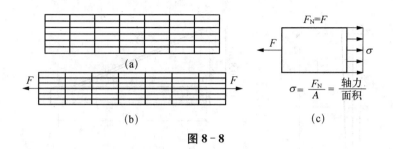

图 8 - 8

根据上面观察得到的现象,提出如下的假设:

(1) 纵向纤维假设:假设杆件内部,是由无穷根纵向纤维组成,每一根纤维都只受到轴向拉伸或压缩,在纤维之间互相没有挤压,即无横向受力。

(2) 平截面假设:因为每一根横线,都代表横截面,这些横线在变形后仍保持为直线,且仍垂直于杆轴,只是相对距离增大了。所以,我们假设**变形前原来为平面的横截面,变形后仍保持为平面**。这就是著名的**平截面假设**(或称为平面假设)。由这一假设可以推断,轴向受拉杆所有纵向纤维的伸长相等。由于我们研究的材料是均匀的,各纵向纤维的性质相同,因而其受力也就一样。所以杆件横截面上的内力是均匀分布的,即在**横截面上各点处的正应力都相等**,σ 等于常量,如图 8 - 8(c)所示。于是由式 $F_{N} = \int_{A} \sigma \mathrm{d}A$ 得出

$$F_{N} = \sigma \int_{A} \mathrm{d}A = \sigma A$$

$$\sigma = \frac{F_{N}}{A} \qquad (8-2)$$

这就是轴向受拉杆横截面上正应力即拉应力 σ 的计算公式。当轴力为压力时,它同样可用于压应力计算。和轴力 F_{N} 的符号规则一样,轴向正应力**规定拉应力为正,压应力为负**。

在压缩的情况下,细长杆件容易被压弯,这属于稳定性问题,将在以后讨论。这里所说的压缩是指杆件并未压弯的情况,即不涉及稳定性问题。

使用公式 $\sigma = \frac{F_{N}}{A}$ 时,要求外力的合力作用线必须与杆件轴线重合。此外,因为集中力作用点附近应力分布比较复杂,所以它不适用于集中力作用点附近的区域。

在某些情况下,杆件横截面沿轴线而变化,如图 8 - 9 所示。当这类杆件受到拉力或压力作用时,如外力作用线与杆件的轴线重合,且截面尺寸沿轴线的变化缓慢,则横截面上的应力仍可近似地用公式 $\sigma = \frac{F_{N}}{A}$ 计算。这时横截面面积不再是常量,而是轴线坐标 x 的函数。若以 A_{x} 表示坐标为 x 的横截面的面积,F_{Nx} 和 σ_{x} 表示横截面上的轴力和应力,由公式 $\sigma = \frac{F_{N}}{A}$ 得

$$\sigma_{x} = \frac{F_{Nx}}{A_{x}} \qquad (8-3)$$

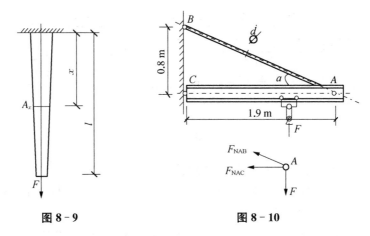

图 8 - 9　　　　　　　　**图 8 - 10**

例 8 - 3　如图 8 - 10 所示为一悬臂吊车,斜杆 AB 为直径 $d = 20$ mm 的钢杆,荷载 $F = 15$ kN。当 F 移到点 A 时,求斜杆 AB 横截面上的应力。

解　当荷载 F 移到 A 点时,斜杆 AB 受到的拉力最大,设其值为 F_{Nmax},由横梁的平衡条件 $\sum M_C = 0$,得

$$F_{Nmax} \sin \alpha \times AC - F \times AC = 0$$

$$F_{Nmax} = \frac{F}{\sin \alpha}$$

由三角形 ABC 的几何形状可求出

$$\sin \alpha = \frac{BC}{AB} = \frac{0.8}{\sqrt{0.8^2 + 1.9^2}} = 0.388$$

代入 F_{Nmax} 的表达式,得

$$F_{Nmax} = \frac{F}{\sin \alpha} = \frac{15}{0.388} = 38.7 \text{ kN}$$

即斜杆 AB 的轴力为

$$F_{NAB} = F_{Nmax} = 38.7 \text{ kN}$$

因此,AB 杆横截面上的应力为

$$\sigma = \frac{F_{NAB}}{A} = \frac{38.7 \times 10^3}{\frac{\pi}{4} \times 20^2} \text{ N/mm}^2 = 123 \text{ MPa}$$

三、直杆受轴向拉伸或压缩时斜截面上的应力

前面讨论了直杆轴向拉伸或压缩时,横截面上正应力的计算,今后将用这一应力作为强度计算的主要依据。但通过对不同材料进行实验研究表明,拉(压)杆的破坏并不都是沿横截面发生的,有时是沿斜截面发生的。因此,为了更全面地研究拉(压)杆的强度,应进一步

分析斜截面上的应力。

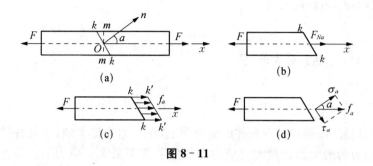

图 8 - 11

如图 8 - 11(a)所示，设直杆的轴向拉力为 F，横截面面积为 A。由公式 $\sigma = \dfrac{F_N}{A}$，横截面上正应力 σ 为

$$\sigma = \frac{F_N}{A} = \frac{F}{A}$$

设与横截面成 α 角的斜截面 K - K 的面积为 A_α，则 A_α 与 A 之间的关系为

$$A_\alpha = \frac{A}{\cos \alpha}$$

如图 8 - 11(b)所示，若沿斜截面 K - K 假想地把杆件分成两部分，以 $F_{N\alpha}$ 表示斜截面 K - K 上的内力，由左段的平衡条件可知

$$F_{N\alpha} = F$$

仿照证明横截面上正应力均匀分布的方法，同样可得出斜截面上应力也是均匀分布的结论。若以 f_α 表示斜截面 K - K 上的应力，于是有

$$f_\alpha = \frac{F_{N\alpha}}{A_\alpha} = \frac{F}{A_\alpha}$$

把 $A_\alpha = \dfrac{A}{\cos \alpha}$ 代入上式，并注意到 $\sigma = \dfrac{F}{A}$，得

$$f_\alpha = \frac{F}{A} \cos \alpha = \sigma \cos \alpha$$

如图 8 - 11(c)所示，把应力分解成垂直于斜截面的正应力 σ_α 和平行于斜截面的剪应力 τ_α，则有

$$\left.\begin{aligned}
\sigma_\alpha &= f_\alpha \cos \alpha = \sigma \cos^2 \alpha \\
\tau_\alpha &= f_\alpha \sin \alpha = \sigma \cos \alpha \sin \alpha = \frac{\sigma}{2} \sin 2\alpha
\end{aligned}\right\} \tag{8-4}$$

从式(8-4)可以看出，垂直于斜截面的正应力 σ_α 和平行于斜截面的剪应力 τ_α 都是 α 的

函数,所以斜截面的方位不同,截面上的应力也就不同。当 $\alpha = 0$ 时,斜截面 K-K 成为垂直于轴线的横截面,σ_α 达到最大值,且

$$\sigma_{\alpha\max} = \sigma$$

当 $\alpha = 45°$ 时,τ_α 达到最大值,且

$$\tau_{\alpha\max} = \frac{\sigma}{2}$$

可见,轴向拉伸(压缩)时,在杆件的横截面上,正应力为最大值;在与杆件轴线成 45°的斜截面上,剪应力为最大值。最大剪应力在数值上等于最大正应力的二分之一。此外,当 $\alpha = 90°$ 时,$\sigma_\alpha = \tau_\alpha = 0$,这表示在平行于杆件轴线的纵向截面上无任何应力。

8.3 轴向拉压时的变形

直杆在轴向拉力作用下,将引起轴向尺寸的增大和横向尺寸的缩小;反之,在轴向压力作用下,将引起轴向尺寸的缩小和横向尺寸的增大。

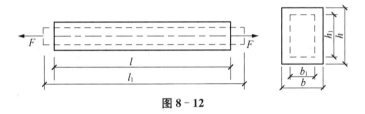

图 8-12

一、轴向拉伸与压缩时变形的形式

1. 绝对变形

如图 8-12 所示,设等直杆的原长为 l,横截面宽为 b。在轴向拉力 **F** 作用下,长度由 l 变为 l_1,宽度由 b 变为 b_1。杆件在轴线方向的伸长为

$$\Delta l = l_1 - l$$

Δl 称为拉(压)杆的**纵向变形**,对 Δl,规定杆件受拉伸长时 Δl 为正,受压缩短时 Δl 为负。

而杆件在垂直于轴线方向的横向尺寸的缩小为

$$\Delta b = b_1 - b$$

Δb 称为拉(压)杆的**横向变形**,显然,Δb 与 Δl 的性质,永远都是相反的。

2. 相对变形

轴向拉(压)杆的纵向变形,与杆件的原长 l 有关,虽然在一定程度上,能够反映受拉杆的伸长量,但是不能反映杆件的变形程度。为了消除杆件长度的影响,将 Δl 除以 l,得杆件轴线方向单位长度的伸长量,用以说明杆件在轴向的变形程度,称为轴向拉压杆的**纵向线应**

变,用 ε 表示

$$\varepsilon = \frac{\Delta l}{l} = \frac{l_1 - l}{l} \tag{8-5a}$$

上式也可改写为

$$\Delta l = \varepsilon \cdot l \tag{8-5b}$$

若纵向线应变 ε 为已知,则可以由上式求得轴向拉压杆的纵向变形 Δl。由此可见,杆件的变形,是杆件各点应变的总和。

同理,将 Δb 除以 b,得杆件垂直于轴线方向的横向单位宽度的改变量,用以说明杆件在横向的变形程度,称为轴向拉(压)杆的**横向线应变**,用 ε' 表示

$$\varepsilon' = \frac{\Delta b}{b} = \frac{b_1 - b}{b} \tag{8-6}$$

显然,和 Δb 与 Δl 的性质相反一样,轴向拉压杆的**纵向线应变 ε 与横向线应变 ε'** 的性质,也总是相反的。

二、轴向拉伸与压缩时变形的计算

研究表明,在轴向拉压杆的正应力 σ 和纵向变应变 ε 之间,存在正比关系,即

$$\sigma \propto \varepsilon$$

引入比例常数 E,上式可写为

$$\sigma = E\varepsilon \tag{8-7}$$

式中 E 是一比例常数,称为材料的**弹性模量**,常用单位是 MPa,E 的值随材料不同而不同,它的具体值可由实验来测定。几种常用材料的 E 值见表 8-1。

表 8-1　几种常用材料的 E 和 μ 的约值

材料名称	$E/(\text{GPa})$	μ
碳　　钢	196~216	0.24~0.28
合　金　钢	186~206	0.25~0.30
灰　铸　铁	78.5~157	0.23~0.27
铜及其合金	72.6~128	0.31~0.42
铝　合　金	70	0.33

式(8-7)称为材料的**单向胡克定律**。其意义为:当应力不超过材料的比例极限时,应力与应变成正比。

若把 $\sigma = \dfrac{F_N}{A}$、$\varepsilon = \dfrac{\Delta l}{l}$ 两式代入式(8-7) 中得

$$\Delta l = \frac{F_N l}{EA} = \frac{Fl}{EA} \tag{8-8}$$

式(8-8)表示:当应力不超过材料的比例极限时,杆件的伸长 Δl 与拉力 F 及杆件的原

长度 l 成正比,与横截面面积 A 成反比。这是胡克定律的另一表达式。以上结果同样可以用于轴向压缩的情况,只要把轴向拉力改为压力,把伸长改为缩短就可以了。

从 $\Delta l = \dfrac{F_N l}{EA} = \dfrac{Fl}{EA}$ 看出,对长度相同,受力相等的杆件,EA 越大则变形越小,所以 EA 称为杆件的**抗拉(或抗压)刚度**。

三、泊松比

试验结果表明:当应力不超过比例极限时,横向线应变 ε' 与纵向线应变 ε 之比的绝对值是一个常数,即

$$\mu = \left| \frac{\varepsilon'}{\varepsilon} \right| \tag{8-9}$$

μ 称为横向变形系数或泊松比,是一个没有量纲的量。

因为当杆件轴向伸长时,横向缩小;而轴向缩短时,横向增大。所以 ε' 和 ε 的符号总是相反的。这样,ε' 和 ε 的关系可以写成

$$\varepsilon' = -\mu \varepsilon \tag{8-10}$$

和弹性模量 E 一样,泊松比也是材料固有的弹性常数。表 8-1 中摘录了几种常用材料的 E 和 μ 值,可备查用。

当横截面尺寸或轴力沿杆件轴线变化而并非常量时,上述计算变形的方法应稍作变化。在变截面的情况下,如果截面尺寸沿轴线的变化是平缓的,且外力作用线与轴线重合,如图 8-13(a)所示。

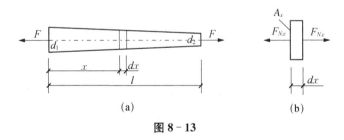

图 8-13

如图 8-13(b)所示,用两个相邻横截面从杆中取出长度为 $\mathrm{d}x$ 的微段,并以 A_x 和 F_{Nx} 分别表示横截面面积和横截面上的轴力,将公式 $\Delta l = \dfrac{F_N l}{EA}$ 应用于这一微段,求得微段的伸长为

$$\mathrm{d}(\Delta l) = \frac{F_{Nx} \mathrm{d}x}{EA_x}$$

将上式积分,得杆件的伸长为

$$\Delta l = \int_l \frac{F_{Nx} \mathrm{d}x}{EA_x} \tag{8-8a}$$

在等截面杆的情况下,当轴力不是常量时,仍可按上述方法计算变形。

例 8-4 如图 8-14 所示,阶梯杆受轴向荷载作用。杆件材料的抗拉、抗压性能相同。$l_1 = 100$ mm, $l_2 = 50$ mm, $l_3 = 200$ mm;材料的 $E = 2 \times 10^5$ MPa, $\mu = 0.3$。求:(1) 各段的纵向线应变;(2) 全杆的纵向变形;(3) 各段直径的改变量。

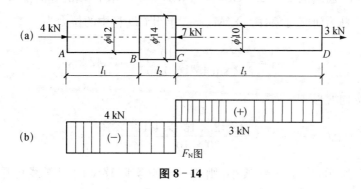

图 8-14

解 (1) 求得 AB、BC、CD 三段的内力分别为

$$F_{NAB} = F_{NBC} = -4 \text{ kN}$$
$$F_{NCD} = 3 \text{ kN}$$

AB、BC、CD 三段的应力分别为

$$\sigma_{AB} = \frac{4F_{NAB}}{\pi \times 12^2} = -\frac{4 \times 4 \times 10^3}{\pi \times 12^2} = -35.4 \text{ MPa}$$

$$\sigma_{BC} = \frac{4F_{NBC}}{\pi \times 14^2} = -\frac{4 \times 4 \times 10^3}{\pi \times 14^2} = -26.0 \text{ MPa}$$

$$\sigma_{CD} = \frac{4F_{NCD}}{\pi \times 10^2} = \frac{4 \times 3 \times 10^3}{\pi \times 10^2} = 38.2 \text{ MPa}$$

则可求得 AB、BC、CD 三段的纵向线应变为

$$\varepsilon_{AB} = \frac{\sigma_{AB}}{E} = \frac{-35.4}{2 \times 10^5} = -1.77 \times 10^{-4}$$

$$\varepsilon_{BC} = \frac{\sigma_{BC}}{E} = \frac{-26.0}{2 \times 10^5} = -1.3 \times 10^{-4}$$

$$\varepsilon_{CD} = \frac{\sigma_{CD}}{E} = \frac{38.2}{2 \times 10^5} = 1.91 \times 10^{-4}$$

(2) 杆的纵向变形

$$\Delta l = \varepsilon_{AB} l_1 + \varepsilon_{BC} l_2 + \varepsilon_{CD} l_3$$
$$= -1.77 \times 10^{-4} \times 100 - 1.3 \times 10^{-4} \times 50 + 1.91 \times 10^{-4} \times 200$$
$$= 1.4 \times 10^{-2} \text{ mm}$$

(3) 各段直径的变化

$$\Delta d_{AB} = \varepsilon'_{AB} d_{AB} = -\mu \varepsilon_{AB} d_{AB} = -0.3 \times (-1.77 \times 10^{-4}) \times 12 = 6.73 \times 10^{-4} \text{ mm}$$

$$\Delta d_{BC} = \varepsilon'_{BC} d_{BC} = -\mu \varepsilon_{BC} d_{BC} = -0.3 \times (-1.3 \times 10^{-4}) \times 14 = 5.46 \times 10^{-4} \text{ mm}$$

$$\Delta d_{CD} = \varepsilon'_{CD} d_{CD} = -\mu \varepsilon_{CD} d_{CD} = -0.3 \times 1.91 \times 10^{-4} \times 10 = -5.73 \times 10^{-4} \text{ mm}$$

例 8-5 图示 8-15 结构的 AB 为刚性杆，B 端受荷载 $F=10$ kN 作用。拉杆 CD 的横截面积 $A=4$ cm^2，材料的 $E=200$ GPa。$\angle ACD=45°$，求 B 端的竖向位移 Δ_{By}。

解 取 AB 杆为研究对象，由 $\sum M_A = 0$ 求得 CD 杆中的拉力为

$$F_{NCD} = \frac{F \times 3}{1 \times \sin 45°} = \frac{10 \times 3}{0.707} = 42.42 \text{ kN}$$

则拉杆 CD 的纵向变形

$$\Delta l = \frac{F_{NCD} l_{CD}}{EA} = \frac{42.42 \times 10^3 \times 1.414 \times 10^3}{200 \times 10^3 \times 4 \times 10^4} = 0.75 \text{ mm}$$

如图 8-15 所示，由于变形微小，则 D、B 点实际移动的圆弧线可用其切线 DD'、$D_1 D'$、BB' 代替。根据几何关系得

$$\overline{DD'} = \frac{\Delta l}{\cos 45°} = \frac{0.75}{0.707} = 1.06 \text{ mm}$$

则 B 端的竖向位移

$$\Delta_{By} = \overline{BB'} = 3\overline{DD'} = 3 \times 1.06 = 3.18 \text{ mm（向下）}$$

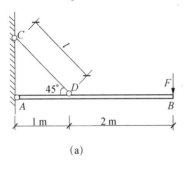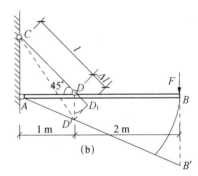

图 8-15

例 8-6 如图 8-16(a)所示的等截面直杆，已知其原长 l、横截面积 A、材料的堆密度 γ、弹性模量 E，直杆受自重和下端处集中力 F 作用。求该杆下端面的竖向位移 Δ_{By}。

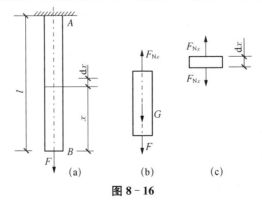

图 8-16

解　取截离体如图 8-16(b)所示，求得内力

$$F_{Nx} = F + G = F + \gamma A x$$

在 x 截面处取微段 $\mathrm{d}x$ 如图 8-16(c)所示。由于是微段，所以可以略去两端内力的微小差值，则微段的变形

$$\mathrm{d}\Delta l = \frac{F_{Nx}\,\mathrm{d}x}{EA}$$

积分得全杆的变形就是 B 端竖向位移

$$\Delta_{By} = \Delta l = \int_0^l \frac{F_{Nx}\,\mathrm{d}x}{EA} = \int_0^l \frac{F + \gamma A x}{EA}\,\mathrm{d}x = \frac{Fl}{EA} + \frac{\gamma l^2}{2E}$$

8.4　材料在受轴向拉压时的力学性能

分析构件的强度时，除计算构件在外力作用下的应力外，还应了解材料的力学性能。所谓材料的力学性能主要是指材料在外力作用下在变形和破坏方面表现出来的特性。了解材料的力学性能主要通过试验的方法。

一、材料拉伸时的力学性能

在室温下，以缓慢平稳加载的方式进行的拉伸试验，称为常温、静载拉伸试验。它是确定材料力学性能的基本试验。拉伸试件的形状如图 8-17所示，中间为较细的等直部分，两端加粗。在中间等直部分取长为 l 的一段作为工作段，l 称为标距。为了便于比较不同材料的试验结果，应将试件加工成标准尺寸。对圆截面试件，标距 l 与横截面直径 d 有两种比例：$l=10d$ 和 $l=5d$，分别称为长试件和短试件。

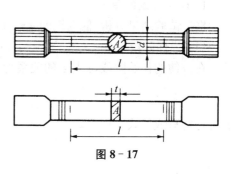

图 8-17

对矩形截面试件，标距 l 与横截面面积 A 之间的关系规定为

$$l = 11.3\sqrt{A} \quad \text{和} \quad l = 5.65\sqrt{A}$$

根据国家规定的试验标准，对试件的形状、加工精度、试验条件等都有具体的规定。试验时使试件受轴向拉伸，通过观察试件从开始受力直到拉断的全过程，了解试件受力与变形之间的关系，从而确定材料力学性能的各项指标。由于材料品种很多，常以典型塑性材料低碳钢和典型脆性材料铸铁为代表，来说明材料在拉伸时的力学性能。

（一）低碳钢在拉伸时的力学性能

低碳钢一般是指碳的质量分数在 0.3% 以下碳素钢。在拉伸试验中，低碳钢表现出来的力学性能最为典型。在工程上，低碳钢也是使用较广的钢材之一。

试件装上试验机后，缓缓加载。试验机的示力盘上指出一系列拉力 F 的数值，表示相

应的拉力 F 值,测距仪同时测出试件标距 l 之间杆的伸长量 Δl。以纵坐标表示拉力 F,横坐标表示伸长量 Δl。根据测得的一系列数据,作图表示 F 和 Δl 的关系,如图 8-18 所示,称为拉伸图或 F-Δl 曲线。

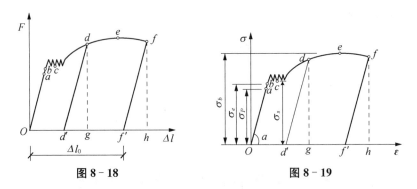

图 8-18   图 8-19

F-Δl 曲线与试件尺寸有关。为了消除试件尺寸的影响,把拉力除以试件横截面的原始面积 A,得出试件横截面上的正应力:$\sigma = \dfrac{F}{A}$。同时,把伸长量 Δl 除以标距的原始长度 l,得到试件在工作段内的应变:$\varepsilon = \dfrac{\Delta l}{l}$。以 σ 为纵坐标,ε 为横坐标,作图表示 σ 与 ε 的关系,如图 8-19 所示,称为轴向受拉杆的应力应变图或 σ-ε 曲线。

1. σ-ε 曲线的四个阶段

根据试验结果分析,低碳钢的 σ-ε 曲线可以分为如下四个阶段:

(1) 弹性阶段

在拉伸的初始阶段,σ 与 ε 的关系为直线 Oa,这表示在这一阶段内 σ 与 ε 成正比,即

$$\sigma \propto \varepsilon$$

或者把它写成等式

$$\sigma = E\varepsilon$$

这即是拉伸或压缩的胡克定律。式中 E 为与材料有关的比例常数(弹性模量)。由公式 $\sigma = E\varepsilon$,并从 σ-ε 曲线的直线部分看出

$$E = \frac{\sigma}{\varepsilon} \tag{8-11}$$

所以 E 是直线 Oa 的斜率。直线 Oa 的最高点 a 所对应的应力,用 σ_p 来表示,称为材料的**比例极限**。可见,当应力低于比例极限时,应力与应变成正比,材料服从胡克定律。

超过比例极限后,从 a 点到 b 点,σ 与 ε 之间的关系不再是直线。但变形仍然是弹性的,即解除拉力后变形将完全消失。b 点所对应的应力是材料只出现弹性变形的极限值,称为**弹性极限**,用 σ_e 来表示。在 σ-ε 曲线上,a、b 两点非常接近,所以工程上对弹性极限和比例极限并不严格区分。因而也经常说,应力低于弹性极限时,应力与应变成正比,材料服从胡克定律。

在应力大于弹性极限后,如再解除拉力,则试件变形的一部分随之消失,但有一部分变形不能消失。前者是弹性变形,而后者就是塑性变形。

（2）屈服阶段

当应力超过 b 点增加到某一数值时，应变有非常明显的增加，而对应的应力值先是下降，然后在很小的范围内波动，在 σ - ε 曲线上出现接近水平线的小锯齿形线段。这种应力先是下降然后基本保持不变，而应变显著增加的现象，称为屈服或流动。在屈服阶段内的最高应力和最低应力分别称为上屈服极限和下屈服极限。上屈服极限的数值与试件形状、加载速度等因素有关，一般是不稳定的。下屈服极限则有比较稳定的数值，能够反应材料的性质。通常把下屈服极限称为**屈服极限或流动极限，用 σ_s 来表示。**

表面磨光的试件在应力达到屈服极限时，表面将出现与轴线大致成 45°倾角的条纹，如图 8 - 20 所示。这是由于材料内部晶格之间相对滑移而成的，称为**滑移线**。因为拉伸时在与杆轴线成 45°的斜截面上，剪应力为最大值，可见屈服现象的出现与最大剪应力有关。

图 8 - 20　　　　　　　　　　　　　　　　　　图 8 - 21

当材料屈服时，将引起显著的塑性变形。由于材料的塑性变形将影响其正常工作，所以**屈服极限 σ_s 是衡量材料强度的重要指标。**

（3）强化阶段

经过屈服阶段后，由于受拉杆内的材料内部晶格之间相对滑移，分子重新组合，材料又恢复了抵抗变形的能力，此时要使它继续变形，必须增大拉力，这种现象称为材料的**强化**。在图 8 - 19 中，强化阶段中的最高点 e 所对应的应力，是**材料所能承受的最大应力**，称为**强度极限，用 σ_b 表示。**在强化阶段中，试件的横向尺寸有明显的缩小。

（4）局部变形阶段

过 e 点后，在试件的某一局部范围内，横向尺寸突然缩小，形成颈缩现象，如图 8 - 21 所示，所以，该阶段也称为颈缩阶段。由于在颈缩部分横截面面积迅速减小，使试件继续伸长所需要的拉力也相应减少。在 σ - ε 图中，用横截面原始面积 A 算出的应力 $\sigma = \dfrac{F}{A}$ 随之下降。降落到 f 点，试件被拉断。

因为应力到达强度极限后，试件出现颈缩现象，随后即被拉断，所以**强度极限 σ_b 是衡量材料强度的另一重要指标。**

2. 材料的塑性——延伸率和断面收缩率

试件拉断后，弹性变形消失，而塑性变形依然保留。试件的长度由原始长度 l 变为 l_1。用百分比表示的比值表示

$$\delta = \frac{l_1 - l}{l} \times 100\% \qquad\qquad (8 - 12)$$

δ 称为**延伸率**，试件的塑性变形越大，延伸率 δ 也就越大。因此，**延伸率是衡量材料塑性的重要指标。**低碳钢的延伸率很高，其平均值约为 $\delta = 20\% \sim 30\%$，这说明低碳钢的塑性性质很好。

工程上通常按延伸率的大小把材料分成两大类，$\delta \geqslant 5\%$ 的材料称为塑性材料，如碳

钢、黄铜、铝合金等；而把 $\delta < 5\%$ 的材料称为脆性材料，如灰铸铁、玻璃、陶瓷等。

试件拉断后，若以 A_1 表示颈缩处的最小横截面面积，用百分比的比值表示

$$\psi = \frac{A - A_1}{A} \times 100\% \qquad (8-13)$$

ψ 称为**断面收缩率**，也是衡量材料塑性的重要指标；式中 A 为试件横截面的原始面积。由于试件的长度不同，由实验得到的断面收缩率 ψ 波动较大，所以，区别材料的塑性指标主要以材料的延伸率为主。

3. 卸载定律及冷作硬化

在低碳钢的拉伸试验中，如把试件拉到超过屈服极限的 d 点，然后逐渐卸除拉力，σ-ε 曲线将沿着斜直线 dd' 回到 d' 点。斜直线 'dd' 近似地平行于 Oa。这说明：在卸载过程中，应力和应变按直线规律变化。这就是**卸载定律**。拉力完全卸除后，σ-ε 图中，$d'g$ 表示消失了的弹性变形，而 Od' 表示不再消失的塑性变形。

卸载后，如在短期内再次加载，则应力和应变关系大致上沿卸载时的斜直线 $d'd$ 变化，直到 d 点后，又沿曲线 def 变化。可见在再次加载过程中，直到 d 点以前，材料的变形是弹性的，过 d 点后才开始出现塑性变形。比较图 8-19 中的 $Oabcdef$ 和 $d'def$ 两条曲线，可见在第二次加载时，其比例极限（亦即弹性阶段）得到了提高，但塑性变形和延伸率却有所降低。这表示：在常温下把材料预拉到强化阶段，产生塑性变形，然后卸载，当再次加载时，将使

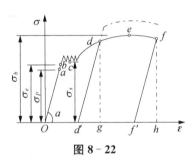

图 8-22

材料的比例极限提高而塑性降低。这种现象称为**冷作硬化**，冷作硬化现象经退火后又可消除。如图 8-22 所示，若在第一次卸载后让试件"休息"几天，再重新加载，这时的应力一应变曲线将沿 $d'd$ 变化，直到比 d 点更高处，即能获得了更高的强度指标。这种现象称为**冷作时效**。

工程上经常利用冷作硬化来提高材料的弹性阶段。如起重用的钢索和建筑用的钢筋，常用冷拔工艺以提高强度。又如对某些零件进行喷火处理，使其表面发生塑性变形，形成冷硬层，以提高零件表面层的强度。但另一方面，零件初加工后，由于冷作硬化使材料塑性下降，即脆性增加，给下一步加工造成困难，且容易产生裂纹，此时需要在工序之间安排退火，以消除冷作硬化的影响。材料的塑性下降、脆性增加对于承受冲击荷载和振动荷载的构件是非常不利的，因此，对于水泵基础、吊车梁等钢筋混凝土构件，一般不宜用冷拉钢筋。

（二）其他塑性材料在拉伸时的力学性能

工程上常用的塑性材料，除低碳钢外，还有中碳钢、某些高碳钢和合金钢、铝合金、青铜、黄铜等。图 8-23 中是几种塑性材料的 σ-ε 曲线。其中有些材料，如 16Mn 钢，和低碳钢一样，有明显的弹性阶段、屈服阶段、强化阶段和局部变形阶段。有些材料，如黄铜，没有屈服阶段，但其他三阶段却很明显。

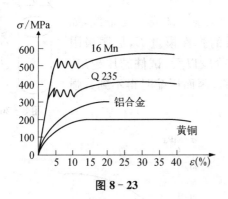

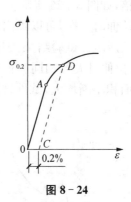

图 8-23　　　　　　　　　　　　　　图 8-24

对于不存在明显屈服阶段的塑性材料,工程中通常以卸载后产生数值为 0.2% 的残余应变(塑性应变)的应力作为屈服应力,称为**屈服强度**或**名义屈服极限**,并用 $\sigma_{0.2}$ 表示。如图 8-24 所示,在横坐标轴上取 $OC = 0.2\%$,自 C 点作直线平行于弹性阶段直线 OA,与应力-应变曲线相交于 D,与 D 点对应的正应力即为名义屈服极限。

各类碳素钢中随碳的质量分数的增加,屈服极限和强度极限相应增高,但延伸率降低。例如合金钢、工具钢等高强度钢,其屈服极限较高,但塑性性质却较差。

在我国,结合国内资源,近年来发展了普通低合金钢,如 16Mn、15MnTi 等。这些低合金钢的生产工艺和成本与普通钢相近,但有强度高、韧性好等良好的性能,目前使用颇广。

(三)铸铁拉伸时的力学性能

灰口铸铁拉伸时的应力—应变关系是一段微弯曲线,如图 8-25 所示,没有明显的直线部分。在较小的拉力下就被拉断,没有屈服和颈缩现象,拉断前的应变很小,延伸率也很小。所以,灰口铸铁是典型的脆性材料。

由于铸铁的 σ-ε 图没有明显的直线部分,弹性模量 E 的数值随应力的大小而变。但在工程中铸铁的拉力不能很高,而在较低的拉应力下,则可近似地认为变形服从胡克定律。通常取曲线的割线代替曲线的开始部分,并以割线的斜率作为弹性模量,称为**割线弹性模量**。

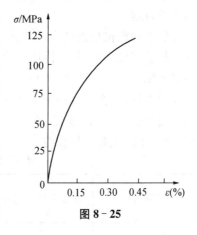

图 8-25

铸铁拉断时的最大应力即为其强度极限,因为没有屈服现象,**强度极限是衡量强度的唯一指标**。铸铁等脆性材料抗拉强度很低,所以不宜作为抗拉零件的材料。

铸铁经球化处理成为球墨铸铁后,力学性能有显著变化,不但有较高的强度,还有较好的塑性性能。国内不少工厂成功地用球墨铸铁代替钢材制造曲轴、齿轮等零件。

二、材料在压缩时的力学性能

金属材料的压缩试件,一般制成很短的圆柱,以免试验时被压弯。圆柱高度约为直径的

1.5~3 倍,如图 8-26 所示。

与拉伸时一样,可以画出低碳钢压缩时的应力应变图或 σ-ε 曲线,如图 8-27 所示。试验结果表明:低碳钢压缩时的弹性模量 E,屈服极限 σ_s,都与拉伸时大致相同。低碳钢由于在屈服阶段以后,试件越压越扁,横截面面积不断增大,试件抗压能力也继续增高,因而压缩时得不到其强度极限。

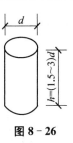

图 8-26

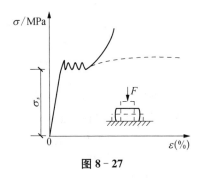

图 8-27

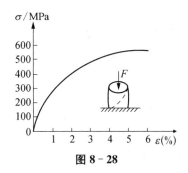

图 8-28

由于可以从拉伸试验了解到低碳钢压缩时的主要性质,因此,了解低碳钢材料的性质,不一定要进行压缩试验。

图 8-28 表示铸铁压缩时的 σ-ε 曲线。试件仍然在较小的变形下突然破坏。破坏断面与轴线大致成 $45°$~$50°$的倾角。表明这类试件是由于斜截面因剪切而破坏。铸铁的抗压强度极限比它的抗拉强度极限高 4~5 倍。其他脆性材料,如混凝土、石料等,抗压强度也远高于抗拉强度。

脆性材料抗拉强度低,塑性性能差,但抗压能力强,而且价格低廉,宜作为抗压零件的材料。铸铁坚硬耐磨,易于浇铸成形状复杂的零部件,广泛地用于铸造成机床床身、机座、缸体及轴承座等受压零部件。因此,其压缩试验比拉伸试验更为重要。

综上所述,衡量材料力学性能的指标主要有:比例极限(或弹性极限)σ_p、屈服极限 σ_s、强度极限 σ_b、弹性模量 E、延伸率 δ 和断面收缩率 ψ 等。表 8-2 列出了几种常用材料在常温、静载下的主要力学性能。

表 8-2　几种常用材料的主要力学性能

材料名称	屈服极限 σ_s/Mpa	强度极限 σ_b/MPa		伸长率 δ/%
		受　拉	受　　压	
Q235 低碳钢	220~240	370~460		25~27
16Mn 钢	280~340	470~510		19~31
灰口铸铁		98~390	640~1 300	<0.5
混凝土 C20		1.6	14.2	
混凝土 C30		2.1	21	
红松(顺纹)		96	32.2	

8.5　轴向拉压时的强度条件与强度计算

一、极限应力

以上各节介绍了材料的力学性能。在这一基础上，现在讨论轴向拉(压)时杆件的强度计算。通常把材料破坏时的应力称为**危险应力**或**极限应力**，它表示材料所能承受的最大应力。对于塑性材料，当应力到达屈服极限 σ_s(或 $\sigma_{0.2}$)时，零件将发生明显的塑性变形，影响其正常工作，一般认为这时材料已经破坏，因而把屈服极限 σ_s(或 $\sigma_{0.2}$)作为塑性材料的极限应力；而对于脆性材料，直到断裂也无明显的塑性变形，所以断裂是脆性材料破坏的唯一标志，因而断裂时的强度极限 σ_b 就是脆性材料的极限应力。

二、许用应力和安全系数

为了保证构件有足够的强度，构件在载荷作用下的应力(工作应力)显然必须低于极限应力。因此，强度计算中，把极限应力除以一个大于 1 的系数，并将所得结果称为许用应力，用 $[\sigma]$ 来表示。对塑性材料

$$[\sigma] = \frac{\sigma_s}{n_s} \qquad (8-14a)$$

对脆性材料

$$[\sigma] = \frac{\sigma_b}{n_b} \qquad (8-14b)$$

式中，系数 n_s 和 n_b 分别是对应于塑性材料和脆性材料的安全系数，其值均大于 1。

为计算方便，将常用材料的许用应力列于表 8-3 中。

表 8-3　常用材料的许用应力

材料名称	许用应力[σ]/MPa	
	轴向拉伸	轴向压缩
Q235 钢	170	170
16Mn 钢	230	230
灰口铸铁	34~54	160~200
混凝土 C20	0.44	7
混凝土 C30	0.6	10.3
红松(顺纹)	6.4	10

三、轴向拉(压)时的强度条件

为确保轴向拉伸(压缩)杆件有足够的强度，把许用应力作为杆件实际工作应力的最高限度。即要求工作应力不超过材料的许用应力。于是，得强度条件如下

$$\sigma = \frac{F_N}{A} \leqslant [\sigma] \tag{8-15}$$

根据上述强度条件,可以解决以下三种类型的强度计算问题。

1. 强度校核

若已知构件尺寸、载荷数值和材料的许用应力,即可用强度条件

$$\sigma = \frac{F_N}{A} \leqslant [\sigma]$$

验算构件是否满足强度要求。

2. 设计截面

若已知构件所承担的载荷及材料的许用应力,可把强度条件 $\sigma = \frac{F_N}{A} \leqslant [\sigma]$ 改写成

$$A \geqslant \frac{F_N}{[\sigma]}$$

由此即可确定构件所需的横截面面积。

3. 确定许可载荷

若已知构件的尺寸和材料的许用应力,根据强度条件 $\sigma = \frac{F_N}{A} \leqslant [\sigma]$,可有

$$F_{Nmax} \leqslant [\sigma]A$$

由此就可以确定构件所能承担的最大轴力。根据构件的最大轴力又可以确定工程结构的许可荷载。

下面举例说明上述三种类型的强度计算问题。

例 8-7 原木直杆的大、小头直径及所受轴心荷载如图 8-29 所示,B 截面是杆件的中点截面。材料的许用拉应力 $[\sigma_t] = 6.5$ MPa,许用压应力 $[\sigma_c] = 10$ MPa。试对该杆作强度校核。

解 （1）根据直杆受力情况求得 $\boldsymbol{F}_N$ 图如图 8-29 所示。

（2）可判断 A 右邻截面和 B 右邻截面是危险截面;危险截面上的任一点是危险点。

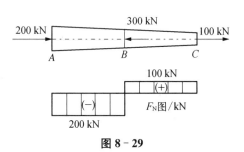

图 8-29

（3）截面几何参数。

$$A_A = \frac{\pi d_A^2}{4} = \frac{3.14 \times 140^2}{4} = 1.54 \times 10^4 \ \text{mm}^2$$

$$A_B = \frac{\pi d_B^2}{4} = \frac{3.14 \times 150^2}{4} = 1.77 \times 10^4 \ \text{mm}^2$$

（4）计算危险点应力,并作强度校核。

A 右邻截面上:

$$\sigma_{\max} = \frac{F_{NAB}}{A_A} = \frac{100 \times 10^3}{1.54 \times 10^4} = 6.5 \ \text{N/mm}^2 = 6.5 \ \text{MPa} = [\sigma_t]$$

B 右邻截面上:

$$|\sigma_{c\max}| = \frac{|F_{NBC}|}{A_B} = \frac{200 \times 10^3}{1.77 \times 10^4} = 11.3 \ \text{N/mm}^2 = 11.3 \ \text{MPa} > [\sigma_c]$$

所以构件危险(可能破坏)。

例 8-8 如图 8-30 所示,砖柱柱顶受轴心荷载 F 作用。已知砖柱横截面面积 $A = 0.3 \ \text{m}^2$,自重 $G = 40 \ \text{kN}$,材料容许压应力 $[\sigma_c] = 1.05 \ \text{MPa}$。试按强度条件确定柱顶的容许荷载 $[F]$。

解 (1)根据砖柱受力情况求得 $\mathbf{F}_N$ 图如图 8-30 所示。

(2)判断柱底截面是危险截面;其上任一点都是危险点。

(3)由强度条件计算

$$F_{N\max} \leqslant [\sigma_c] A = 1.05 \times 10^6 \times 0.3 \ \text{N} = 3.15 \times 10^5 \ \text{N} = 315 \ \text{kN}$$

即

$$[F] + 40 \ \text{kN} = 315 \ \text{kN}$$

所以

$$[F] = (315 - 40) \text{kN} = 275 \ \text{kN}$$

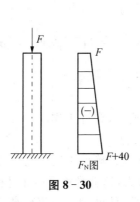

图 8-30

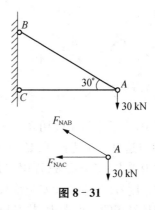

图 8-31

例 8-9 如图 8-31 所示,桁架的 AB 杆拟用直径 $d = 25 \ \text{mm}$ 的圆钢,AC 杆拟用木材。已知钢材的 $[\sigma] = 170 \ \text{MPa}$,木材的 $[\sigma_c] = 10 \ \text{MPa}$。试校核 AB 杆的强度,并确定 AC 杆的横截面积。

解 (1)取节点 A 求内力,得

$$F_{NAB} = 60 \ \text{kN}, \ F_{NAC} = -52 \ \text{kN}$$

(2)校核 AB 杆。

$$\sigma_{\max} = \frac{F_{NAB}}{A_{AB}} = \frac{4 \times 60 \times 10^3}{3.14 \times 25^2} \ \text{N/mm}^2 = 122.3 \ \text{MPa} < [\sigma] = 170 \ \text{MPa},\text{安全。}$$

(3)确定 AC 杆的横截面积

$$A_{AC} \geqslant \frac{|F_{NAC}|}{[\sigma_c]} = \frac{52 \times 10^3}{10 \times 10^6} \ \text{m}^2 = 5.2 \times 10^{-3} \ \text{m}^2$$

例 8 - 10 如图 8 - 32 所示,槽钢截面杆,两端受轴心荷载 $F=330\,\text{kN}$ 作用,杆上需钻三个直径 $d=17\,\text{mm}$ 的通孔,材料的许用应力 $[\sigma]=170\,\text{MPa}$。试确定所需槽钢的型号。

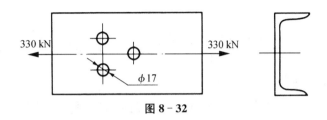

图 8 - 32

解 (1) 求内力 $F_N=330\,\text{kN}$

(2) 判断危险截面:在开两孔处截面,该处由于受到的削弱最多,其上任一点是危险点。

(3) 根据强度条件计算所需截面面积

$$A \geqslant \frac{F_N}{[\sigma]}=\frac{330\times10^3}{170\times10^6}=1.94\times10^{-3}\,\text{m}^2$$

查得槽钢 $[14b$ 的毛面积 $A_m=2.131\times10^{-3}\,\text{m}^2$,腰厚 $d=8\,\text{mm}$,得净面积

$$A_n=(2.131\times10^{-3}-2\times0.008\times0.017)\text{m}^2=1.859\times10^{-3}\,\text{m}^2$$

实际工作应力

$$\sigma_{\max}=\frac{F_N}{A_n}=\frac{330\times10^3}{1.859\times10^{-3}}=177.5\times10^6\,\text{N/m}^2=177.5\,\text{MPa}>[\sigma]$$

超过程度为 $\dfrac{177.5-170}{170}\times100\%=4.4\%$

实际工程中,为了不至于改用高一号的型钢造成浪费,允许工作应力大于许用应力,但不超过 5%,所以这里选用槽钢 $[14b$,是符合工程要求的。

从以上讨论看出,安全系数(许用应力)的选定,涉及正确处理安全与经济之间的关系。因为从安全的角度考虑,应加大安全系数,降低许用应力,这就难免要增加材料的消耗,出现浪费;相反,如从经济的角度考虑,势必要减小安全系数,使许用应力值变高,这样可少用材料,但有损于安全。所以应合理地权衡安全与经济两个方面的要求,而不应片面地强调某一方面的需要。

确定安全系数,一般考虑以下因素:

(1) 材料的材质,包括材料组成的均匀程度,质地好坏,是塑性材料还是脆性材料等。

(2) 荷载情况,包括对荷载的估计是否准确,是静载荷还是动载荷等。

(3) 实际构件简化过程和计算方法的精确程度。

(4) 构件在工程中的重要性,工作条件,损坏后造成后果的严重程度,维修的难易程度等。

(5) 对减轻结构自重和提高结构机动性要求。

上述这些因素都影响安全系数的确定。例如材料的均匀程度较差,分析方法的精度不高,荷载估计粗糙等都是偏于不安全的因素,这时就要适当地增加安全系数的数值,以补偿这些不利因素的影响。又如某些工程结构对减轻自重的要求高,材料质地好,而且

不要求长期使用。这时就不妨适当地提高许用应力的数值。可见在确定安全系数时,要综合考虑到多方面的因素,对具体情况作具体分析。随着原材料质量的日益提高,制造工艺和设计方法的不断改进,对客观世界认识的不断深化,安全系数的确定必将日益趋向于合理。

许用应力和安全系数的具体数据,有关业务部门有一些规范可供参考。在静载的情况下,对塑性材料可取 $n_s = 1.2 \sim 2.5$。由于脆性材料均匀性较差,且破坏是突然发生,有更大的危险性,所以取 $n_b = 2 \sim 3.5$,甚至取到 $3 \sim 9$。

8.6　应力集中的概念

等截面直杆受轴向拉伸或压缩时,横截面上的应力是均匀分布的。但由于实际需要,有些构件必须有切口、切槽等,以致在这些部位上截面尺寸发生突然的变化。实验结果和理论分析表明,在构件尺寸突然改变的横截面上,应力并不是均匀分布的。例如开有圆孔和带有切口的板条,如图 8-33 所示,当其受轴向拉伸时,在圆孔和切口附近的局部区域内,应力将剧烈增加,但在离开这一区域稍远处,应力就迅速降低而趋于均匀。这种因杆件外形突然变化而引起局部应力急剧增大的现象,称为**应力集中**。

设在发生应力集中的截面上的最大应力为 σ_{max},同一截面上的平均应力为 σ_m,则比值

$$\alpha = \frac{\sigma_{max}}{\sigma_m}$$

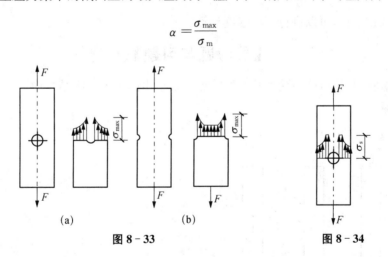

(a)　　　　　　(b)

图 8-33　　　　　　　　　　图 8-34

α 称为**理论应力集中系数**。它反映了应力集中的程度,是一个大 1 的系数。实验结果表明:截面尺寸改变得越急剧、角越尖、孔越小,应力集中的程度就越严重。因此,构件上应尽可能地避免带尖角的孔和槽,在阶梯轴的轴肩处要用圆弧过渡,而且在结构允许的范围内,应尽量使圆弧半径大一些。

各种材料对应力集中的敏感程度并不相同。塑性材料有屈服阶段,当局部的最大应力 σ_{max} 到达屈服极限 σ_s 时,该处材料的变形可以继续增长,而应力却不再加大。如外力继续增加,增加的力就由截面尚未屈服的材料来承担,使截面上其他点的应力相继增大到屈服极限,如图 8-34 所示。这就使截面上的应力逐渐趋于平均,降低了应力不均匀程度,也限制了最大应力 σ_{max} 的数值。因此,用塑性材料制成的构件在静载作用下,可以不考虑应力集中

的影响。脆性材料没有屈服阶段,当荷载增加时,应力集中处的最大应力 σ_{max} 一直领先,不断增长,首先到达强度极限 σ_b,该处将首先产生裂纹。所以对于脆性材料制成的构件,应力集中的危害性显得严重。因此,即使在静载下,也应考虑应力集中对构件承载能力的削弱。但是像灰铸铁这类材料,其内部的不均匀性和缺陷往往是产生应力集中的主要因素,而构件外形改变所引起的应力集中就可能成为次要因素,对构件的承载能力不一定造成明显的影响。

当构件受周期性变化的应力或受冲击荷载作用时,不论是塑性材料还是脆性材料,应力集中对构件的强度都有严重的影响,往往是构件破坏的根源,应引起充分的重视。

【小　结】

1. 轴向受拉或受压杆件的共同特点是:在受力方面,作用于杆件上的外力合力的作用线与杆件轴线重合;在变形方面,杆件变形是沿轴线方向的伸长或缩短。轴力以受拉为正。

2. 轴向拉(压)杆横截面上的应力在横截面上是均匀分布的。轴向拉(压)杆的变形可以用胡克定律来计算。

3. 低碳钢拉伸实验的拉断可以分为四个阶段,即弹性阶段、屈服阶段、强化阶段、颈缩阶段;有三个强度指标,即比例极限、屈服极限、强度极限;有两个塑性指标,即延伸率、断面收缩率。

4. 应用强度条件,可以进行三项强度计算。

【思考题与习题】

8-1. 试述轴心拉压杆的受力及变形特点。并指出图示 8-35 结构中哪些部位属于轴向拉伸或压缩。

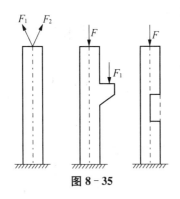

图 8-35

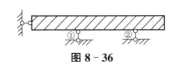

图 8-36

8-2. 你在实验之前是怎样确定试验机读盘上的量程的?

8-3. 低碳钢单向拉伸的曲线可分为哪几个阶段? 对应的强度指标是什么? 其中哪一个指标是强度设计的依据?

8-4. 材料的两个延性指标是什么?

8-5. 叙述低碳钢单向拉伸试验中的屈服现象。

8-6. 材料的弹性模量 E,标志材料的何种性能?

8-7. 如图 8-36 所示结构,若用低碳钢制造杆①,用铸铁制造杆②,是否合理?

8-8. 求图示 8-37 各杆指定截面上的轴力。

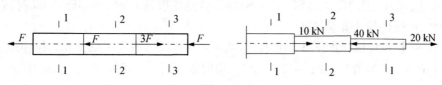

图 8-37

8-9. 画出图示 8-38 各杆的轴力图。

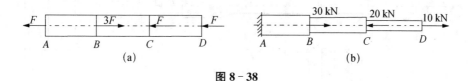

图 8-38

8-10. 直杆受力如图 8-39 所示。它们的横截面面积为 A 及 $A_1 = \dfrac{A}{2}$,弹性模量为 E,试求:

(1) 各段横截面上的应力 σ;

(2) 杆的纵向变形 Δl。

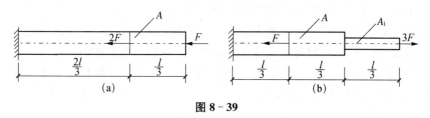

图 8-39

8-11. 横梁 AB 支承在支座 A、B 上,两支柱的横截面面积都是 $A = 9 \times 10^4\ \mathrm{mm}^2$,作用在梁上的荷载可在梁上左右移动,其大小如图 8-40 所示。求支座柱子的最大正应力。

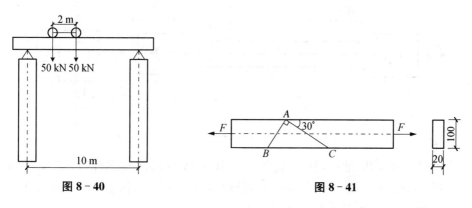

图 8-40　　　　　　　　　　　　　　　　图 8-41

8-12. 如图 8-41 所示板件,受轴向拉力 $F = 200\ \mathrm{kN}$ 作用,试求:

(1) 互相垂直的两斜面 AB 和 AC 上的正应力和剪应力;

（2）这两个斜面上的剪应力有何关系？

8－13. 拉伸试验时，Q235 钢试件直径 $d=10\,\mathrm{mm}$，在标矩 $l=100\,\mathrm{mm}$ 内的伸长 $\Delta l=0.06\,\mathrm{mm}$。已知 A_3 钢的比例极限 $\sigma_p=200\,\mathrm{MPa}$，弹性模量 $E=200\,\mathrm{GPa}$，问此时试件的应力是多少？所受的拉力是多大？

8－14. 平板拉伸试样如图 8－42 所示，宽 $b=29.8\,\mathrm{mm}$，厚 $h=4.1\,\mathrm{mm}$。拉伸试验时，每增加 3 kN 拉力，测得轴向应变 $\varepsilon=120\times10^{-6}$，横向应变 $\varepsilon'=-38\times10^{-6}$。求材料的弹性模量 E 及泊松比 μ。

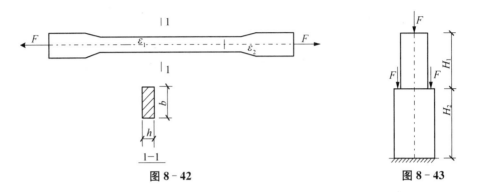

图 8－42　　　　　　　　　　图 8－43

8－15. 设低碳钢的弹性模量 $E_1=210\,\mathrm{GPa}$，混凝土的弹性模量 $E_2=28\,\mathrm{GPa}$，求：

（1）在正应力 σ 相同的情况下，钢和混凝土的应变的比值；

（2）在应变 ε 相同的情况下，钢和混凝土的正应力的比值；

（3）当应变 $\varepsilon=-0.000\,15$ 时，钢和混凝土的正应力。

8－16. 截面为方形的阶梯砖柱如图 8－43 所示。上柱截面面积 $A_1=240\times240\,\mathrm{mm}^2$，高 $H_1=3\,\mathrm{m}$；下柱截面面积 $A_2=370\times370\,\mathrm{mm}^2$，高 $H_2=4\,\mathrm{m}$。荷载 $F=40\,\mathrm{kN}$，砖砌体的弹性模量 $E=3\,\mathrm{GPa}$，砖柱自重不计，试求：（1）柱子上、下段的应力；（2）柱子上、下段的应变；（3）柱子的总缩短。

8－17. 一矩形截面木杆，两端的截面被圆孔削弱，中间的截面被两个切口减弱。如图 8－44所示。杆端承受轴向拉 $F=70\,\mathrm{kN}$，已知 $[\sigma]=7\,\mathrm{MPa}$，问杆是否安全？

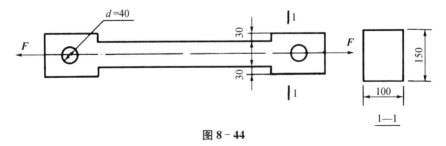

图 8－44

8－18. 如图 8－45 所示，杆①是直径为 16 mm 的圆截面钢杆，许用应力 $[\sigma]_1=140\,\mathrm{MPa}$；杆②为边长 $a=100\,\mathrm{mm}$ 的正方形截面木杆，许用应力 $[\sigma]_2=4.5\,\mathrm{MPa}$。已知结点 B 处挂一重物 $Q=36\,\mathrm{kN}$，试校核两杆的强度。

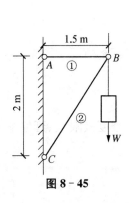

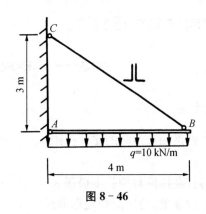

图 8 – 45　　　　　　　　　　　　图 8 – 46

8 – 19. 如图 8 – 46 所示雨篷结构简图,水平梁 AB 上受均匀荷载 $q=10\,\mathrm{kN/m}$,B 端用斜杆 BC 拉住。试按下列两种情况设计截面:

(1) 斜杆由两根等边角钢制造,材料许用应力 $[\sigma]=160\,\mathrm{MPa}$,选择角钢的型号;

(2) 若斜杆用钢丝绳代替,每根钢丝绳的直径 $d=2\,\mathrm{mm}$,钢丝的许用应力 $[\sigma]=160\,\mathrm{MPa}$,求所需钢丝的根数。

8 – 20. 结构尺寸及受力如图 8 – 47 所示,AB 为刚性梁,斜杆 CD 为圆截面钢杆,直径为 d,材料为 Q235 钢,许用应力为 $[\sigma]=160\,\mathrm{MPa}$。

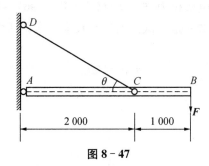

图 8 – 47

(1) 若 $\theta=30°$,$d=30\,\mathrm{mm}$,荷载 $F=50\,\mathrm{kN}$,试校核 CD 杆的强度。

(2) 在(1)的条件下,若 CD 杆的强度不足,试重新设计该杆的截面。

(3) 若 $\theta=30°$,$d=30\,\mathrm{mm}$,试确定结构所能承受的许用荷载。

(4) 若 $d=30\,\mathrm{mm}$,荷载 F 可在梁 AB 上水平移动。试求 θ 为何值时,维持系统平衡时斜杆的重量最轻。

附:典型材料轴向拉压实验

实验一　轴向拉伸实验

一、实验目的

1. 测定低碳钢在拉伸时的比例极限 σ_p、屈服极限 σ_s、强度极限 σ_b、延伸率 δ 和截面收缩率 ψ。

2. 测定铸铁在拉伸时的强度极限 σ_b。

3. 观察实验现象,绘出荷载变形曲线。

4. 比较低碳钢和铸铁拉伸时的力学性能和特点。

二、实验设备、器材及试件

1. 液压式万能试验机。

2. 游标卡尺和直尺。

3. 试件。

试件的尺寸和形状对实验结果有一定影响。为了避免这种影响和便于对各种材料的力学性能进行比较,国家标准《金属拉力试验法》(GB 6397 - 96)中规定,拉伸试件分为比例试件和非比例试件两种。比例试件是指试件的标距长度与横截面面积之间具有一定的关系。

（1）长试件

圆形截面　　　　　　　　　　$L_0 = 10d_0$

矩形截面　　　　　　　　　　$L_0 = 11.3\sqrt{A_0}$

（2）短试件

圆形截面　　　　　　　　　　$L_0 = 5d_0$

矩形截面　　　　　　　　　　$L_0 = 5.65\sqrt{A_0}$

式中：L_0——试件拉伸前的标矩(mm)；

　　　A_0——试件拉伸前的横截面面积(mm^2)。

通常采用其中的圆截面长试件,$d_0 = 10$ mm；$L_0 = 10d_0 = 100$ mm,试件的形状如图 8-48 所示。

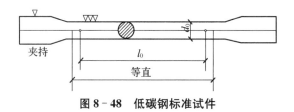

图 8-48　低碳钢标准试件

三、实验原理

材料的力学性能指标比例极限 σ_p、屈服极限 σ_s、强度极限 σ_b、延伸率 δ 和截面收缩率 ψ

都是由拉伸实验来确定的。

拉伸实验是把试件安装在试验机上,通过试验机对试件加载直至把试件拉断为止,根据试验机上的自动绘图装置所绘出的拉伸图及试件拉断前后的尺寸,来确定材料的力学性能。

必须注意,低碳钢拉伸时,试验机绘图装置所绘出的拉伸变形图,是整个试件(不仅是标距部分)的伸长,还包括试验机有关部分的弹性变形以及试件头部在夹头内的滑动等因素。在电子万能试验机上使用引伸仪测量应变,可以消除这些影响,得到材料真实的应力—应变曲线。试件开始受力时,头部在夹头内的滑动较大,故绘出的拉伸图最初的一段是曲线。如图 8-49 (a)所示。拉伸图与试件的尺寸有关。为了消除试件尺寸的影响,将实验中的 F 和 ΔL 的数值分别除以试件原横截面面积 A_0 和标距 L_0,得出应力 σ 和应变 ε 的值,绘出低碳钢拉伸时的应力-应变曲线(σ-ε 曲线),如图 8-49(b)所示。

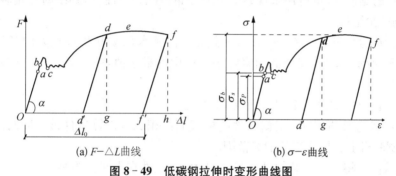

图 8-49 低碳钢拉伸时变形曲线图

图 8-50 铸铁拉伸应力应变曲线

图 8-51 低碳钢试件拉伸断口

图 8-52 铸铁试件拉伸断口

铸铁拉伸时的应力应变曲线如图 8-50 所示。低碳钢试件拉伸断口如图 8-51 所示,铸铁试件拉伸断口如图 8-52 所示。

四、实验方法和步骤

测定一种材料的力学性质,一般用一组试件(3~6 根),取有效试验数据的平均值,实验步骤如下:

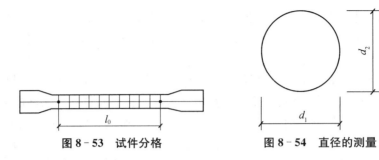

图 8-53　试件分格　　　　图 8-54　直径的测量

1. 确定中点,从中点分别向两侧各量取 $L_0/2$,将两个端点定为标距,用划线机在标距内平均分成 10 个格,如图 8-53 所示,以便当试件拉断后断口不在中间部分时进行换算,从而求得比较准确的延伸率,也可用来观察变形的分布情况。应注意,划线时尽量轻微,以免损伤试件,影响试验结果。

2. 在标距内分别取三个截面,对每个截面用游标卡尺按互相垂直方向各测量两次直径,如图 8-54 所示。取其三个截面直径平均值中的最小值,来计算试件的初始截面面积 $(A_0 = \pi d^2/4)$。

3. 铸铁试件只需测出三个截面直径,方法同上。

4. 选择加载范围(量程)。根据试件的横截面面积 A_0,估算试件被拉断时所需的最大载荷 F_b,在试验机上选择适当的加载范围。

5. 安装试件。将试件安装在试验机夹具内,使试件在夹具内有些缝隙,以保证试件初始不受力。

6. 开始加载。按照试验机的操作方法进行加载。

7. 观察实验现象。在拉伸过程中,要注意观察试件的变形、拉伸图的变化及测力指针走动等情况,及时记录有关数据。

8. 测量低碳钢试件拉断后的尺寸。用游标卡尺测出颈缩处的最小截面直径 d_1。按互相垂直的两个方向各测量一次直径,取其平均值作为试件颈缩处(断口处)的最小直径。

测量试件断后的标距长度 l_1,其方法如下:

(1) 若试件拉断后断口在标距长度的中间 1/3 区域内时,可以把断裂试件拼合起来,直接测量试件拉断后的标距之间的长度 l_1。

(2) 若试件拉断后断口不在标距长度的中间 1/3 区域内时,计算出的延伸率数值偏小。为使测量的结果正确反映材料的延伸率,需采取"断口移中"的方法,推算出试件断后的标距长度 l_1。

设定拉断前试件原标距的两个标点 cc_1 之间等分 10 个格,把断后试件拼合在一起,在试件较长一段距断口较近的第一个刻线 d 起,向长试件端部 c_1 点移取 $10/2 = 5$ 格,记为 a,再看 a 点到 c_1 点间剩有几个格,就由 a 点向

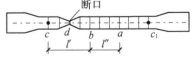

图 8-55　断口移中法示意图

相反方向移取相同的格数,记为 b 点,如图 8-55 所示。令 cb 之间的长度为 l', ba 之间的长度为 l'',则 $l' + 2l''$ 的长度中所包含的格数,等于原标距长度内的格数 10,这就相当于把断口摆在标距中间,即 $l_1 = l' + 2l''$。

（3）若试件拉断后断口与端部距离小于或等于试件直径的两倍时，则试验结果无效，需重做试验。

五、实验记录

1. 试件原始尺寸记录：将试件原始尺寸填入表 8-4 中。

2. 荷载及试件断后尺寸记录：将荷载及试件断后尺寸填入表 8-5 中。

表 8-4

材料	标距 l_0 (mm)	原始直径 d_0(mm)						最小平均直径 d_0	最小横截面面积 A_0 (mm²)
		截面 I		截面 II		截面 III			
		1	2	1	2	1	2		
低碳钢									
铸铁									

表 8-5

材料	比例极限荷载 F_P(N)	下屈服极限荷载 F_S(N)	强度极限荷载 F_b(N)	断后标距 l_1(mm)	径缩处最小直径 d_1(mm)			径缩处最小横截面面积 A_1(mm²)
					1	2	平均	
低碳钢								
铸铁	—	—	—		—	—		—

3. 在图 8-56 中绘出低碳钢和铸铁拉伸时的荷载-变形曲线。

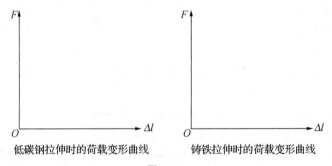

低碳钢拉伸时的荷载变形曲线　　铸铁拉伸时的荷载变形曲线

图 8-56

六、实验数据处理

1. 低碳钢

比例极限应力（MPa）　　　　　$\sigma_P = \dfrac{F_P}{A_0} =$

屈服极限应力（MPa）　　　　　$\sigma_s = \dfrac{F_S}{A_0} =$

强度极限应力（MPa）　　　　　$\sigma_b = \dfrac{F_b}{A_0} =$

延伸率　　　　　　　　　　　$\delta = \dfrac{l_1 - l}{l} \times 100\% =$

断面收缩率 $$\psi = \frac{A - A_1}{A} \times 100\% =$$

2. 铸铁

强度极限应力（MPa） $$\sigma_b = \frac{F_b}{A_0} =$$

七、实验结果分析

1. 低碳钢和铸铁在拉伸破坏时的特点有什么不同？分别说明各自破坏的原因。

2. 低碳钢和铸铁这两种材料在拉伸时的力学性能有何区别？

3. 低碳钢和铸铁这两种材料在拉伸时，破坏的标志分别是哪一个极限应力？

实验二 轴向压缩实验

一、实验目的

1. 测定低碳钢在压缩时的屈服极限 σ_s。

2. 测定铸铁在压缩时的强度极限 σ_b。

3. 观察上述材料在压缩时的变形及破坏形式，并分析其破坏原因。

4. 比较塑性材料与脆性材料的力学性能及特点。

二、实验设备、器材及试件

1. 液压式万能试验机。

2. 游标卡尺和直尺。

3. 试件。

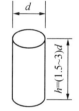

图 8-57 金属材料
压缩试件

金属材料压缩破坏试验所用的试件，一般规定为 $1.5 \leqslant h_0/d_0 \leqslant 3$，如图 8-57 所示。

低碳钢常用试件尺寸为： $d_0 = 10\ \text{mm}$，$h_0 = 15\ \text{mm}$

铸铁常用试件尺寸为： $d_0 = 10\ \text{mm}$，$h_0 = 20\ \text{mm}$

为了使试件尽量承受轴向压力，试件两端面必须完全平行，并且与试件轴线保持垂直。其端面应加工光滑，以减小摩擦力的影响。

三、实验原理

试验时，利用自动绘图装置，绘出低碳钢压缩曲线和铸铁压缩曲线。图 8-58 为低碳钢 $\sigma - \varepsilon$ 曲线图。低碳钢为塑性材料，压缩时不会断裂，同时屈服现象也不明显，只有较短的屈服阶段，即当指针由匀速转动而突然减慢，或停转，或回摆，同时绘制的压缩曲线出现转折，此时的载荷 F_S 所对应的应力为低碳钢的屈服极限 σ_s。因此，在压缩试验中测定 F_S 时要特别小心观察，常要借助绘图装置绘出的压缩图来判断 F_S 到达的时刻。由于低碳钢为塑性材料，所以载荷虽然不断增加，但试件并不发生破坏，只是被压扁，由圆柱形变成鼓形，因此无法求出强度极限 σ_b。

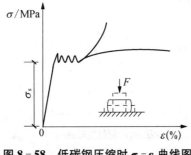
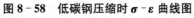

图 8-58　低碳钢压缩时 σ-ε 曲线图

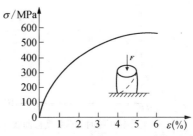

图 8-59　铸铁压缩时 σ-ε 曲线图

图 8-59 为铸铁 σ-ε 曲线图。铸铁为脆性材料,试件在较小的变形情况下突然破坏,破坏后试件的断面与轴线大约成 45°～55°的倾角。这表明铸铁试件沿斜截面因剪切而破坏。因此,铸铁没有屈服极限,只有在最大载荷 F_b 下测出的强度极限 σ_b。铸铁的抗压强度极限比它的抗拉强度极限高 3～4 倍。

脆性材料抗拉强度低,塑性性能差,但抗压能力强,而且价格低廉,宜于作为抗压构件的材料。铸铁坚硬耐磨,易于浇铸成形状复杂的零部件,广泛地用于铸造机床床身、机座、缸体及轴承等受压零部件。因此,铸铁的压缩试验比拉伸试验更为重要。

四、实验方法和步骤

1. 测量试件尺寸。用游标卡尺按互相垂直方向,两次测量金属材料试件的直径,取其平均值为 d_0(用于计算试件原始截面面积 A_0)。同时测量试件高度 h_0。

2. 选择加载范围(量程)。根据不同材料选择不同的测力范围,配置相应的摆铊。

3. 安装试件。把试件放在机器的压板上(注意试件中心应对准压板轴心),开启机器,调节横梁,使试件上升到与机器上压板间距离约为 2～3 mm 的空隙。

4. 开始加载。按试验机的操作方法进行加载。

5. 观察实验。当低碳钢试件过了屈服点后,开始变成鼓形即可停止试验,因为它是塑性材料,没有最大载荷值,只测屈服载荷即可。同时记录有关数据。

6. 铸铁试件压碎后会突然飞出,要注意防护,避免受伤。

五、实验记录

1. 试件原始尺寸及荷载记录:将试件原始尺寸及荷载记录填入表 8-6。

表 8-6

材料	原始最小直径 d_0(mm)			最小横截面面积 A_0(mm²)	比例极限荷载 F_P(N)	下屈服极限荷载 F_S(N)	强度极限荷载 F_b(N)
	1	2	平均				
低碳钢							—
铸铁					—	—	

2. 在图 8-60 中绘出低碳钢和铸铁压缩时的荷载—变形曲线

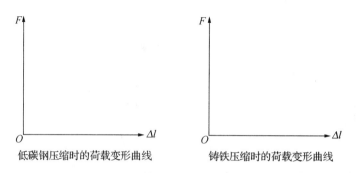

低碳钢压缩时的荷载变形曲线　　　　铸铁压缩时的荷载变形曲线

图 8－60

六、实验数据处理

1. 低碳钢

比例极限应力（MPa）　　　　　　$\sigma_p = \dfrac{F_P}{A_0} =$

屈服极限应力（MPa）　　　　　　$\sigma_s = \dfrac{F_S}{A_0} =$

2. 铸铁

强度极限应力（MPa）　　　　　　$\sigma_b = \dfrac{F_b}{A_0} =$

七、实验结果分析

1. 低碳钢和铸铁试件在压缩过程中及破坏后有哪些区别？分别说明各自破坏的原因。

2. 低碳钢和铸铁这两种材料在压缩时的破坏标志分别是哪一个极限应力？为什么说低碳钢的抗拉强度和抗压强度相同？

3. 铸铁压缩时沿大致 45°斜截面破坏，拉伸时沿横截面破坏，这种现象说明什么？

答案扫一扫

第九章 扭 转

【学习目标】

了解圆轴受扭时的受力与变形特点,理解剪切胡克定律、剪应力互等定理;掌握圆轴受扭时的内力、应力、变形的计算,掌握圆轴受扭时的强度条件、刚度条件及其计算;理解矩形截面受扭转时的计算。

9.1 扭转的概念

一、扭转的受力与多形特点

扭转是生活与工程实践中常遇到的现象,也是构件的四种基本变形之一。我们用螺钉旋具拧螺丝钉时,在螺钉旋具上用手指作用一个力偶,螺丝钉的阻力就在螺钉旋具的刀口上构成了一个转动方向相反的力偶,这两个力偶都是作用于在垂直于杆轴的平面内的,此时,螺钉旋具杆就产生了扭转变形[图9-1(a)]。这种受力形式在机械传动部分也经常发生,又如机器的传动轴[图9-1(b)],汽车方向盘操纵杆[图9-1(c)],卷扬机轴[图9-1(d)]等等,都是受扭转的具体例子。

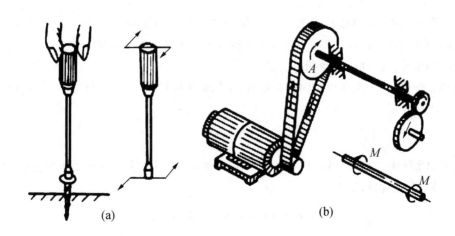

(a)　　　　　　　　　　(b)

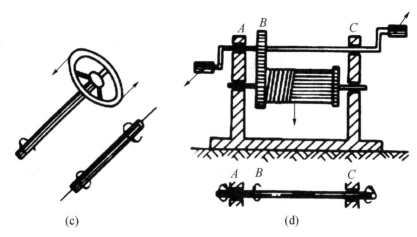

(c)   (d)

图 9 - 1

各种产生扭转变形的构件,虽然外力作用在构件上的方式有所不同,但是有两个共同的特点:在受力方面,构件为直杆,并**在垂直于杆件轴线的两个平面内,作用着一对大小相等、转向相反的力偶**(图 9 - 2);在变形方面,**受扭转构件的各横截面都绕杆轴线发生相对转动**。杆件任意两横截面间的相对角位移称为扭转角,图 9 - 2 中的 φ 角就是 B 截面相对于 A 截面的扭转角。

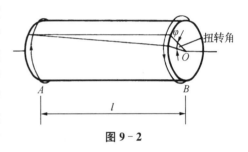

图 9 - 2

二、扭转时的外力偶矩与扭矩

1. 功率、转速与扭转时的外力偶矩

在工程实际中,传动轴等转动构件,作用在轴上的外力偶矩往往不直接给出,通常只知道它们的转速与所传递的功率。因此,在分析传动轴等转动类构件的内力之前,首先需要根据转速与功率计算该轴所承受的外力偶矩。

由动力学可知,力偶在单位时间内所作的功即功率 P,等于该力偶矩 M 与相应角速度 ω 的乘积,即

$$P = M\omega \tag{9-1a}$$

在工程实际中,功率 P 的常用单位为 kW,力偶矩 M 与转速 n 的常用单位分别为 N·m 与 r/min(转/分),此外,又由于

$$1\,W = (1\,N \cdot m) \times (1\,rad/s)$$

于是式(9 - 1a)变为

$$P \times 10^3 = M \times \frac{2\pi n}{60}$$

由此得

$$M = 9\ 549\ \frac{P}{n} \tag{9-1b}$$

式中，M 为外力偶矩，单位为牛·米（N·m）；P 为轴的传递功率，单位为千瓦（kW）；n 为轴的转速，单位为转/分（r/min）。

2. 扭矩

圆轴在外力偶矩的作用下，横截面上将产生内力，求内力的方法仍为截面法。

设有一轴在一对外力偶矩 M 的作用下发生扭转变形［图 9-3(a)］。现欲求任一截面 C 处的内力，应用截面法用一个垂直于杆轴的平面 $m-m$ 在截面 C 处将轴截开，并取左段为研究对象［图 9-3(b)］。为了保持平衡，横截面上分布的内力，必然合成为一个内力偶 M_n 与外力偶 M 相互平衡。由平衡条件 $\sum M_x = 0$，可得这个内力偶矩的大小

$$M_n = M$$

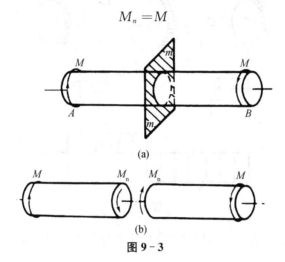

(a)

(b)

图 9-3

杆件产生扭转变形时，横截面上产生的内力偶矩 M_n 称为扭矩，其常用单位为 N·m 或 kN·m。

如果取右段为研究对象，也可求得该截面上的内力偶，且与左段的内力偶矩大小相等、转向相反。为了使无论取哪一部分作为研究对象时，所求得的同一截面上的扭矩有相同的正负号，对扭矩 M_n 的正负号按右手螺旋法则作如下规定：**以右手四指代表扭矩的转向，若此时大拇指的指向离开截面，即与横截面的外法线方向相同时，扭矩为正；反之为负。**如图 9-4 所示。

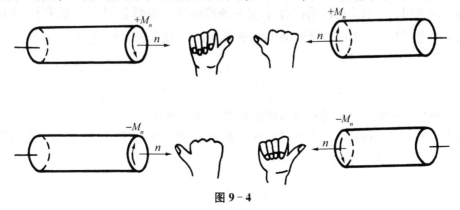

图 9-4

3. 扭矩图

当一根轴上有多个外力偶作用时,轴内各横截面或各轴段的扭矩不尽相同,所以扭矩需分段计算。为了清楚表明沿杆轴线各截面上扭矩的变化情况,类似轴力图的作法,可绘制扭矩图。扭矩图是表示扭矩沿杆轴线变化的图形,扭矩图的绘制是以平行于轴线的横坐标代表截面位置,以垂直于轴线的纵坐标表示扭矩的数值,正扭矩画在横坐标上方,负扭矩画在横坐标下方。在扭矩图上,还必须要注明正负。下面举例说明扭矩的计算和扭矩图的绘制。

例 9-1 传动轴如图 9-5(a)所示,主动轮 A 输入功率 $P_A = 80\text{ kW}$,从动轮 B、C 输出功率 $P_B = 50\text{ kW}$, $P_C = 30\text{ kW}$,轴的转速为 $n = 400\text{ r/min}$,试画出轴的扭矩图。

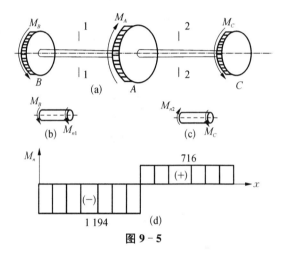

图 9-5

解 (1)外力分析。按式(9-1)求出作用于各轮上的外力偶矩,

$$M_A = 9\ 550\ \frac{P_A}{n} = 9\ 550\ \frac{80}{400} = 1\ 910\text{ N} \cdot \text{m}$$

$$M_B = 9\ 550\ \frac{P_B}{n} = 9\ 550\ \frac{50}{400} = 1\ 194\text{ N} \cdot \text{m}$$

$$M_C = 9\ 550\ \frac{P_C}{n} = 9\ 550\ \frac{30}{400} = 716\text{ N} \cdot \text{m}$$

(2)内力分析。该轴需分成 BA、AC 两段来求其扭矩。现在用截面法,根据平衡条件计算各段内的扭矩。求 BA 段的内力时,可在该段的任一截面 Ⅰ-Ⅰ 处将轴截开,现取左部分为研究对象[图 9-5(b)],截面上的扭矩先设为正向,由平衡条件 $\sum M_x = 0$ 得

$$M_B + M_{n1} = 0$$
$$M_{n1} = -M_B = -1\ 194\text{ N} \cdot \text{m}$$

式中负号表示实际扭矩的转向与假设的相反,为负扭矩。

同理,为求 AC 段的内力,在该段的任一截面 Ⅱ-Ⅱ 处将轴截开,取右部分为研究对象[图 9-5(c)],由平衡条件 $\sum M_x = 0$ 得

$$M_C - M_{n2} = 0$$

$$M_{n2} = M_C = 716 \text{ N} \cdot \text{m}$$

（3）作扭矩图。根据各段轴的扭矩值及其正负号，按一定比例尺量取后作出扭矩图。如图 9-5(d) 所示。从图中可以看出，在集中力偶作用处，其左右截面扭矩不同，发生突变，突变值等于该处集中力偶的大小，且最大扭矩发生在 BA 段内。

$$|M_n|_{\max} = |M_{n1}| = 1\,194 \text{ N} \cdot \text{m}$$

对同一根传动轴来说，若调换主动轮和从动轮的位置，把主动轮 A 置于轴的一端，（如最左端），则轴的扭矩图如图 9-6 所示。这时轴的最大扭矩是 $|M_n|_{\max} = 1\,910 \text{ N} \cdot \text{m}$。由此可见，传动轴上主动轮和从动轮布置的位置不同，轴所承受的最大扭矩也就不同。相比之下，显然以图 9-5 所示比较合理，此时，传动轴所承受的最大扭矩较小，在同等条件下，其强度与刚度容易得到保证。

9.2 剪切胡克定律

一、剪应变

如图 9-6 所示，当某构件在两个大小相等、方向相反、作用线相距很近的平行外力作用下产生剪切变形时，截面将沿外力的方向产生相对错动。构件内的微立方体 $abcd$ 则变成了平行六面体 $a'b'cd$［图 9-6(a)］。线段 aa'（或 bb'）所在的侧面 ab 相对于侧面 cd 的滑移量，称为绝对剪切变形。而 $\dfrac{aa'}{\mathrm{d}x} = \tan\gamma \approx \gamma$，称为**相对剪切变形或剪应变**。由图 9-6(b) 可见，剪应变 γ 是直角的改变量，故又称**角应变**。它的单位是 rad(弧度)。切应变 γ 与线应变 ε 是度量变形程度的两个基本量。

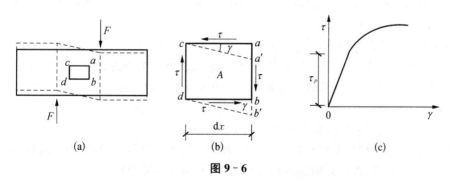

图 9-6

二、剪切胡克定律

实验表明，当剪应力不超过材料的剪切比例极限 τ_P 时，剪应力 τ 与剪应变 γ 成正比［图 9-6(c)］。即

$$\tau = G\gamma \tag{9-2}$$

式(9-2)称为**剪切胡克定律**。式中的比例常数 G 称为**切变模量**,它反映了材料抵抗剪切变形的能力。它的单位与应力的单位相同。各种材料的 G 值可由实验测定,也可从有关手册中查得。钢材的切变模量 $G = 80 \text{ GPa} \sim 84 \text{ GPa}$。

可以证明,对于各向同性材料,弹性模量 E、切变模量 G 和泊松比 μ,这三者之间存在以下关系:

$$G = \frac{E}{2(1+\mu)} \tag{9-3}$$

由此可见,E、G 和 μ 是三个互相关联的弹性常数,若已知其中的任意两个,则可由上式求得第三个。

9.3 圆轴扭转时横截面上的应力与变形

通过前面的讨论,我们已解决了轴的内力计算问题,本节将进一步研究圆轴扭转时横截面上的应力和变形。

一、圆轴扭转时横截面上的应力

分析圆轴扭转横截面上的应力时,需要从几何、物理和静力学三个方面来讨论。

(一)变形几何关系

为了求得圆轴扭转时横截面上的应力,必须了解应力在横截面上的分布规律。为此,首先可通过试验观察其表面的变形现象。取一根圆轴,实验前先在它的表面上划两条圆周线和两条与轴线平行的纵向线。实验时,在圆轴两端施加一对力偶矩为 M 的外力偶,使其产生扭转变形,如图 9-7 所示。在变形微小的情况下,可以观察到如下现象:

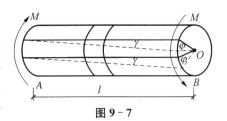

图 9-7

(1)两条纵向线均倾斜了相同的角度,使原来轴表面上的小方格变成了平行四边形。

(2)各圆周线均绕圆轴的轴线转动了一个角度,但其大小、形状和相邻圆周线间的距离均保持不变。

根据观察到的这些现象,我们可以作出如下假设:

各横截面在圆轴扭转变形后仍保持为平面,形状、大小都不变,半径仍为直线,只是绕轴线转动了一个角度,横截面间的距离均保持不变(称为平面假设)。

根据平面假设,可得到两点结论:

(1)由于相邻截面间相对地转过了一个角度,即横截面间发生了旋转式的相对错动,出现了剪切变形,故截面上有剪应力存在。又因半径的长度不变,故圆轴无径向应力,且剪应力方向必与半径垂直。

(2)由于相邻截面的间距不变,所以横截面上没有正应力。

为了分析剪应力在横截面上的分布规律,我们从轴中取出长为 dx 微段来研究[图 9-8(a)]。

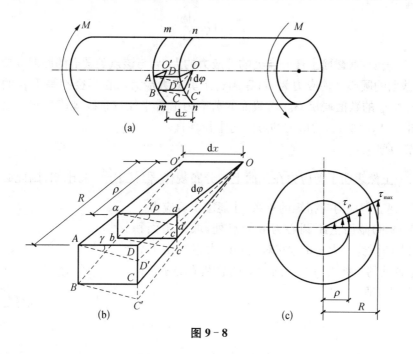

图 9-8

在力偶的作用下,截面 $n-n$ 与 $m-m$ 的相对转角为 $\mathrm{d}\varphi$,轴表面所画的矩形 $ABCD$ 变为平行四边形 $ABC'D'$,其变形程度可用原矩形直角的改变量 γ 表示,称为剪应变(也称为切应变)。现在用过轴线的两径向平面 $OO'AD$ 和 $OO'BC$ 切出如图 9-8(b)所示楔形块,从图中可见,在小变形下,轴表面层的剪应变为

$$\gamma \approx \tan\gamma = \frac{DD'}{AD} = R\frac{\mathrm{d}\varphi}{\mathrm{d}x}$$

同样离圆心为 ρ 处的剪应变为

$$\gamma_\rho = \frac{dd'}{ad} = \rho\frac{\mathrm{d}\varphi}{\mathrm{d}x} \tag{9-4}$$

上式中,$\dfrac{\mathrm{d}\varphi}{\mathrm{d}x}$ 表示扭转角 φ 沿轴线 x 的变化率,称为单位长度的扭转角,简称**单位扭转角**。

对某一个给定平面来说,$\dfrac{\mathrm{d}\varphi}{\mathrm{d}x}$ 是常量,所以剪应变 γ_ρ 与 ρ 成正比,即**剪应变的大小与该点到圆心的距离成正比**。

(二)物理关系

根据剪切胡克定律,当剪应力不超过材料的剪切比例极限 τ_ρ 时,横截面上距圆心为 ρ 处的剪应力 τ_ρ 与该处的剪应变 γ_ρ 成正比,即

$$\tau_\rho = G\gamma_\rho$$

将式(9-4)代入上式,得

$$\tau_{\rho} = G\rho \frac{\mathrm{d}\varphi}{\mathrm{d}x} \tag{9-5}$$

式(9-5)表明:**横截面上任一点处的剪应力的大小,与该点到圆心的距离 ρ 成正比。**也就是说,**在截面的圆心处剪应力为零,在周边上剪应力最大。在半径都等于 $\boldsymbol{\rho}$ 的圆周上各点处的剪应力 τ_{ρ} 的数值均相等。**横截面的剪应力沿着半径按直线规律分布。剪应力的分布规律如图 9-8(c)所示,剪应力的方向与半径垂直。

（三）静力学关系

式(9-5)虽然表明了剪应力在截面上的分布规律,但其中 $\frac{\mathrm{d}\varphi}{\mathrm{d}x}$ 尚未知,因此必须根据静力平衡条件,建立剪应力与扭矩的关系,才能求出剪应力。

在图 9-9 的截面上距圆心为 ρ 的点处,取一微面积 $\mathrm{d}A$,此面积上的微剪力为 $\tau_{\rho}\mathrm{d}A$,它对圆心的力矩为 $\rho\tau_{\rho}\mathrm{d}A$,整个截面上各处的微剪力对圆心的力矩的总和应等于该截面上的扭矩 M_n,即

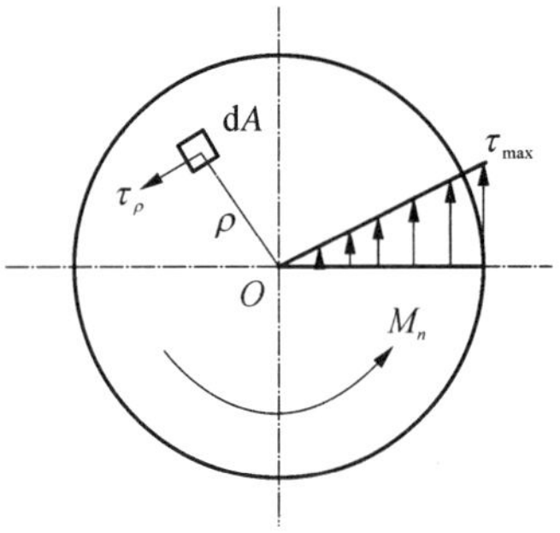

$$\int_A \rho\tau_{\rho}\mathrm{d}A = M_n \tag{9-6}$$

上式中,积分号下的 A 表示对整个横截面的面积进行积分。将式(9-5)代入式(9-6),得

图 9-9

$$M_n = \int_A \rho\left(G\rho \frac{\mathrm{d}\varphi}{\mathrm{d}x}\right)\mathrm{d}A = \int_A G\rho^2 \frac{\mathrm{d}\varphi}{\mathrm{d}x}\mathrm{d}A$$

因 G、$\frac{\mathrm{d}\varphi}{\mathrm{d}x}$ 均为常量,故上式可写成

$$M_n = G \frac{\mathrm{d}\varphi}{\mathrm{d}x}\int_A \rho^2 \mathrm{d}A \tag{9-7}$$

上式中:积分 $\int_A \rho^2 \mathrm{d}A$ 为 **截面对圆心 O 的极惯性矩**,已经在第六章介绍。它与横截面的几何形状和尺寸有关,表示截面的一种几何性质,其常用单位为 mm^4 或 m^4,用 I_P 表示,即

$$I_P = \int_A \rho^2 \mathrm{d}A$$

于是式(9-7)可写成

$$M_n = G I_P \frac{\mathrm{d}\varphi}{\mathrm{d}x}$$

或

$$\frac{\mathrm{d}\varphi}{\mathrm{d}x} = \frac{M_n}{GI_P} \tag{9-8}$$

将式(9-8)代入式(9-5),即得横截面上任一点处的剪应力的计算公式为

$$\tau_\rho = \frac{M_n}{I_P}\rho \tag{9-9}$$

式中：M_n——横截面上的扭矩；

  ρ——横截面上任一点到圆心的距离；

  I_P——横截面对圆心的极惯性矩。

在式(9-9)中，如取 $\rho = \rho_{max} = R$，则可得圆轴横截面周边上的最大剪应力为

$$\tau_{max} = \frac{M_n}{I_P}R$$

若令

$$W_P = \frac{I_P}{R}$$

则最大剪应力可写成

$$\tau_{max} = \frac{M_n}{W_P} \tag{9-10}$$

W_P 称为抗扭截面系数，常用单位为 mm^3 或 m^3。

下面介绍截面的极惯性矩 I_P 和抗扭截面系数 W_P 的计算。

1. 圆形截面

对于直径为 D 的圆形截面，可取一距圆心为 ρ、厚度为 $d\rho$ 的圆环作为微面积 dA［图 9-10(a)］，则

$$dA = 2\pi\rho\,d\rho$$

$$I_P = \int_A \rho^2\,dA = \int_0^{\frac{D}{2}} 2\pi\rho^3\,d\rho = \frac{\pi D^4}{32} \approx 0.1D^4 \tag{9-11}$$

圆形截面的抗扭截面系数为

$$W_P = \frac{I_P}{R} = \frac{I_P}{D/2} = \frac{\pi D^3}{16} \approx 0.2D^3 \tag{9-12}$$

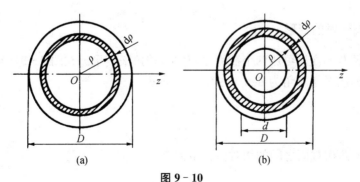

(a)   (b)

图 9-10

2. 圆环形截面

对于内径为 d，外径为 D 的空心圆截面［图 9-10(b)］，其惯性矩可以采用和圆形截面

相同的方法求出：

$$I_P = \int_A \rho^2 \mathrm{d}A = \int_{d/2}^{D/2} 2\pi\rho^3 \mathrm{d}\rho = \frac{\pi}{32}(D^4 - d^4) \approx 0.1(D^4 - d^4) \qquad (9-13)$$

若取内外径比 $\alpha = d/D$，则上式可写成

$$I_P = \frac{\pi D^4}{32}(1 - \alpha^4) \approx 0.1 D^4 (1 - \alpha^4) \qquad (9-14)$$

圆环形截面的抗扭截面系数为

$$W_P = \frac{I_P}{D/2} = \frac{\pi D^3}{16}(1 - \alpha^4) \approx 0.2 D^3 (1 - \alpha^4) \qquad (9-15)$$

例 9-2 某实心圆轴，直径 $D = 50\,\text{mm}$，传递的扭矩 $M_n = 2\,\text{kN} \cdot \text{m}$，试计算与圆心距离 $\rho = 15\,\text{mm}$ 的 k 点处的剪应力及截面上的最大剪应力（图 9-11）。

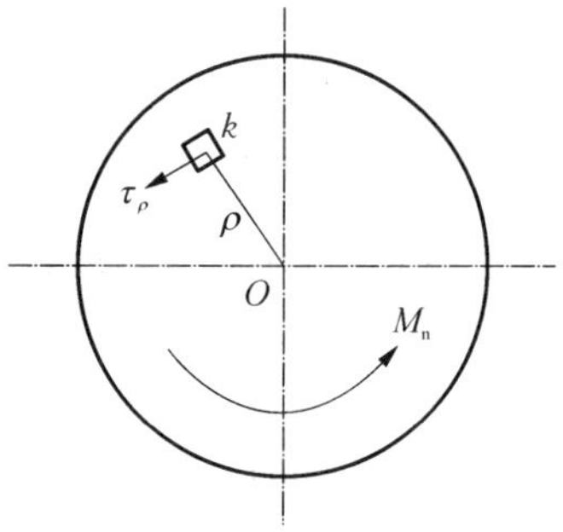

解 扭矩 $M_n = 2\,\text{kN} \cdot \text{m} = 2 \times 10^3\,\text{N} \cdot \text{m}$

截面的极惯性矩和抗扭截面系数分别为

$$I_P = \frac{\pi D^4}{32} = \frac{\pi \times (50 \times 10^{-3})^4}{32} = 61.4 \times 10^{-8}\,\text{m}^4$$

$$W_P = \frac{\pi D^3}{16} = \frac{\pi \times (50 \times 10^{-3})^3}{16} = 24.5 \times 10^{-6}\,\text{m}^3$$

图 9-11

由式（9-9）、（9-10）得

k 点处的剪应力

$$\tau_\rho = \frac{M_n}{I_P}\rho = \frac{2 \times 10^3}{61.4 \times 10^{-8}} \times 15 \times 10^{-3} = 48.8\,\text{MPa}$$

最大剪应力

$$\tau_{\max} = \frac{M_n}{W_P} = \frac{2 \times 10^3}{24.5 \times 10^{-6}} = 81.6\,\text{MPa}$$

二、圆轴扭转时的变形

圆轴在扭转时的变形可用两个截面之间的扭转角来度量。在图 9-9(a) 中，相距 $\mathrm{d}x$ 的两横截面之间的相对扭转角为 $\mathrm{d}\varphi$，由式（9-8）可得

$$\mathrm{d}\varphi = \frac{M_n}{GI_P}\mathrm{d}x$$

所以相距为 l 的两横截面之间的相对扭转角为

$$\varphi = \int_l \mathrm{d}\varphi = \int_0^l \frac{M_n}{GI_P}\mathrm{d}x$$

对于同一材料制成的等截面圆轴，只在轴的两端受扭矩作用时，沿轴线方向各截面的

M_n、G 和 I_P 均为常量，由上式积分可得等截面圆轴扭转变形的计算公式为

$$\varphi = \frac{M_n}{GI_P}\int_0^l \mathrm{d}x = \frac{M_n l}{GI_P} \tag{9-16}$$

式中：M_n——横截面上的扭矩；

l——两截面间的距离；

G——圆轴材料的切变模量；

I_P——横截面对圆心的极惯性矩。

相对扭转角的单位为 rad(弧度)，正负号与扭矩一致。由式(9-16)可以看出，扭转角 φ 与扭矩 M_n、轴长 l 成正比，与 GI_P 成反比。在扭矩 M_n 一定时，GI_P 越大，φ 就越小，GI_P **反映了截面抵抗扭转变形的能力，称为圆轴截面的抗扭刚度。**

若轴上各段内的扭矩不相等或截面不相等(例如阶梯轴)，则应分段按公式(9-16)计算各段轴两端截面间的相对扭转角，然后相加得到总的扭转角。

$$\varphi = \sum_{i=1}^{n} \frac{M_{ni}l_i}{GI_{Pi}} \tag{9-17}$$

由式(9-16)表示的扭转角与轴的长度 l 有关，为了消除长度的影响，通常将等式两端同除以轴长 l 后得单位长度扭转角，并以 θ 表示，即

$$\theta = \frac{\varphi}{l} = \frac{M_n}{GI_P} \tag{9-18}$$

上式中，单位长度扭转角 θ 的单位为 rad/m(弧度/米)，在工程实际上常用 (°)/m (度/米)作为 θ 的单位，则

$$\theta = \frac{M_n}{GI_P} \times \frac{180°}{\pi} \tag{9-19}$$

应当指出，由于本节在推导应力和变形公式的过程中引用了胡克定律，因此，上述公式只在**线弹性范围**内适用。

9.4　圆轴扭转时的强度与刚度

一、强度计算

为了保证圆轴在扭转时不致因强度不足而破坏，应使轴内的最大工作剪应力不超过材料的许用剪应力。因此，等截面圆轴的强度条件为

$$\tau_{\max} = \frac{M_{n\max}}{W_P} \leqslant [\tau] \tag{9-20}$$

式中 $M_{n\max}$ 为整个圆轴的最大扭矩。因此，在进行扭转强度计算时，必须先画出扭矩图。而对于阶梯轴，由于各段轴的 W_P 不同，$\tau_{\max}$ 不一定发生在 $M_{n\max}$ 所在的截面上，因此需

综合考虑 W_P 和 M_n 两个因素来确定 τ_{max}。

$[\tau]$ 称为材料的许用剪应力,可由试验并考虑安全系数确定,也可按材料的许用拉应力 $[\sigma]$ 的大小,按下式确定:

塑性材料 $[\tau] = (0.5 \sim 0.6)[\sigma]$

脆性材料 $[\tau] = (0.8 \sim 1.0)[\sigma]$

二、刚度计算

圆轴扭转时,不仅要满足其强度条件,同时还需满足刚度条件,特别是机械传动轴对刚度的要求比较高时。如机床的主轴扭转变形过大,就会影响工件的加工精度和光洁度。因此,工程上常要求圆轴的最大单位长度扭转角 θ_{max} 不超过轴的单位长度许用扭转角 $[\theta]$,即

$$\theta_{max} = \frac{M_n}{GI_P} \times \frac{180°}{\pi} \leqslant [\theta] \tag{9-21}$$

式(9-21)就是圆轴扭转时的刚度条件。许用扭转角 $[\theta]$ 的数值可根据工件的加工精度和轴的工作条件,从有关手册中查得。一般规定如下:

精密机器的轴 $[\theta] = 0.25°/m \sim 0.5°/m$

一般传动轴 $[\theta] = 0.5°/m \sim 1.0°/m$

精度较低的轴 $[\theta] = 1.0°/m \sim 2.5°/m$

圆轴扭转的强度条件和刚度条件也可以解决三类问题,即校核轴的强度和刚度、设计截面尺寸和确定许可传递的功率或力偶矩。

例 9-3 某汽车传动轴由无缝钢管制成,外径 $D = 90\,mm$,内径 $d = 85\,mm$。轴传递的最大力偶矩 $M = 1.5\,kN \cdot m$,轴的许用剪应力 $[\tau] = 60\,MPa$,许用扭转角 $[\theta] = 1°/m$,材料的切变模量 $G = 80\,GPa$。试计算以下问题:

(1) 试校核此轴的强度和刚度;

(2) 若改用强度相同的实心轴,试设计轴的直径;

(3) 求空心轴与实心轴的重量的比值。

解 (1) 校核强度和刚度

因传动轴所受的外力偶矩 $M = 1.5\,kN \cdot m$,故圆轴各横截面上的扭矩也均为

$$M_n = M = 1.5\,kN \cdot m$$

轴的内外径比 $\alpha = d/D = 0.944$

截面的极惯性矩和抗扭截面系数分别为

$$I_P = 0.1D^4(1 - \alpha^4) = 0.1 \times 90^4 \times (1 - 0.944^4) = 1.35 \times 10^6\,mm^4$$

$$W_P = \frac{I_P}{D/2} = 0.2D^3(1 - \alpha^4) = 0.2 \times 90^3 \times (1 - 0.944^4) = 3 \times 10^4\,mm^3$$

将以上结果代入式(9-10)和(9-19),得轴的最大剪应力为

$$\tau_{max} = \frac{M_{n\,max}}{W_P} = \frac{1.5 \times 10^3}{3 \times 10^4 \times 10^{-9}} = 50 \times 10^6\,Pa = 50\,MPa < [\tau]$$

故轴满足强度要求。

轴的最大单位长度扭转角 θ_{max} 为

$$\theta_{max} = \frac{M_{n\,max}}{GI_P} \times \frac{180°}{\pi} = \frac{1.5 \times 10^3}{80 \times 10^9 \times 1.35 \times 10^6 \times 10^{-12}} \times \frac{180°}{\pi} = 0.8°/\text{m} < [\theta] = 1°/\text{m}$$

故轴也满足刚度要求。

（2）求改为实心轴时的直径

为保证两轴有相等的强度，应使两轴的抗扭截面系数相等，所以

$$D' = \sqrt[3]{\frac{W_P}{0.2}} = \sqrt[3]{\frac{3 \times 10^4}{0.2}} = 53.1 \text{ mm}$$

（3）求两轴的重量比

当两轴的材料相同、长度相等时，它们的重量比等于横截面面积之比。设空心轴与实心轴的重量分别为 G_1 和 G_2，则

$$\frac{G_1}{G_2} = \frac{A_1}{A_2} = \frac{\frac{\pi}{4}(D^2 - d^2)}{\frac{\pi}{4}D'^2} = \frac{D^2 - d^2}{D'^2} = \frac{90^2 - 85^2}{53.1^2} = 0.31$$

以上结果表明，在扭转强度相等的条件下，空心轴的重量仅为实心轴的 31%，其减轻重量和节约材料是非常明显的。这是因为横截面上的剪应力沿半径按线性分布，轴心附近的剪应力很小，材料没有充分发挥作用。若把轴心附近的材料向边缘移置，便可增大 I_P 和 W_P，充分利用了材料，提高了轴的强度。因此，工程中对于大尺寸的轴常采用空心轴。

例 9-4 某传动轴如图 9-12(a)所示。已知轮 A 输入的功率 $N_A = 30 \text{ kW}$，轮 B、C、D 输出功率分别为 $N_B = 15 \text{ kW}$、$N_C = 10 \text{ kW}$、$N_D = 5 \text{ kW}$。轴的转速 $n = 500 \text{ r/min}$，$[\tau] = 60 \text{ MPa}$，$[\theta] = 1.5°/\text{m}$，$G = 80 \text{ GPa}$。试按强度条件和刚度条件选择轴的直径。

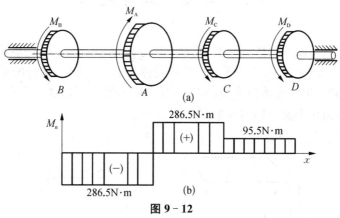

图 9-12

解 （1）计算外力偶矩

$$M_A = 9\,550 \frac{N_B}{n} = 9\,550 \times \frac{30}{500} = 573 \text{ N} \cdot \text{m}$$

$$M_B = 9\,550 \frac{N_A}{n} = 9\,550 \times \frac{15}{500} = 286.5 \text{ N} \cdot \text{m}$$

$$M_C = 9\ 550\ \frac{N_C}{n} = 9\ 550 \times \frac{10}{500} = 191\ \text{N} \cdot \text{m}$$

$$M_D = 9\ 550\ \frac{N_D}{n} = 9\ 550 \times \frac{5}{500} = 95.5\ \text{N} \cdot \text{m}$$

（2）作扭矩图：用截面法求出各段轴的扭矩，并作扭矩图如图 9-12(b)所示。由扭矩图可知，AC 段轴有最大扭矩，其绝对值为

$$|M_{\text{max}}| = 286.5\ \text{N} \cdot \text{m}$$

（3）按强度条件选择轴的直径：由强度条件 $\tau_{\text{max}} = \dfrac{M_{n\text{max}}}{W_P} \leqslant [\tau]$，得

$$W_P = \frac{\pi d^3}{16} \geqslant \frac{M_{\text{max}}}{[\tau]} = \frac{286.5}{60 \times 10^6}$$

$$d = \sqrt[3]{\frac{16 W_P}{\pi}} \geqslant \sqrt[3]{\frac{16 \times 286.5}{\pi \times 60 \times 10^6}} = 28.9 \times 10^{-3}\ \text{m} \approx 0.029\ \text{m}$$

（4）按刚度条件选择轴的直径：由刚度条件 $\theta_{\text{max}} = \dfrac{M_n}{GI_P} \times \dfrac{180^\circ}{\pi} \leqslant [\theta]$，得

$$I_P = \frac{\pi d^4}{32} \geqslant \frac{M_n}{G[\theta]} \times \frac{180^\circ}{\pi} = \frac{286.5}{80 \times 10^9 \times 1.5} \times \frac{180^\circ}{\pi}$$

$$d = \sqrt[4]{\frac{32 I_P}{\pi}} \geqslant \sqrt[4]{\frac{32 \times 286.5 \times 180}{\pi^2 \times 80 \times 10^9 \times 1.5}} = 34.3 \times 10^{-3}\ \text{m} \approx 0.035\ \text{m}$$

为使轴既满足强度条件又满足刚度条件，应选取直径 $d = 35\ \text{mm}$。

9.5 剪应力互等定理

在受力物体中，可以围绕任意一点，截取一个边长为 $\text{d}x$、$\text{d}y$、$\text{d}z$ 的微小正六面体，该六面体称为单元体。如图 9-13(a)所示。若单元体中有一对相互平行的平面上，既无正应力，又无剪应力，则可把单元体简化成图 9-13(b)所示的平面形式。由于单元体的边长是微量，可以认为应力在平面上均匀分布。

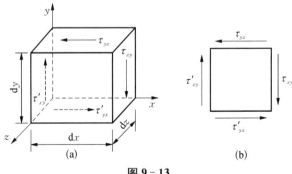

图 9-13

设在此单元体的左右两侧面上,作用有由剪应力 τ_x 构成的剪力 $\tau_x \mathrm{d}y\mathrm{d}z$ 和 $\tau_x' \mathrm{d}y\mathrm{d}z$。这对大小相等、方向相反的力将构成力偶,其矩为 $(\tau_x \mathrm{d}y\mathrm{d}z)\mathrm{d}x$。然而由于单元体处于平衡状态,因此,在单元体的顶面和底面上,必然有剪应力 τ_y 存在,组成逆时针转动的力偶 $(\tau_y \mathrm{d}x\mathrm{d}z)\mathrm{d}y$ 以保持单元体的平衡,即

$$(\tau_x \mathrm{d}y\mathrm{d}z)\mathrm{d}x = (\tau_y \mathrm{d}x\mathrm{d}z)\mathrm{d}y$$

由此得

$$\tau_x = \tau_y \tag{9-22}$$

上式表明,在单元体的两个互相垂直的截面上,垂直于两截面交线的剪应力,大小相等、方向为共同指向或共同背离这一交线。这一关系称为剪应力互等定理。

上述单元体的四个侧面上只有剪应力,没有正应力,这种受力状态称为纯剪切状态。

9.6　矩形截面杆受自由扭转时的应力与变形

在等直圆轴的扭转问题中,分析轴内横截面上应力的主要根据是平面假设,而非圆截面杆件受扭后,横截面将不再保持为平面。例如,石油钻机的主轴,一些农业机械的传动轴等,其截面就是矩形的。

一、非圆截面杆扭转与圆轴扭转的区别

如果取一矩形截面杆,预先在杆件表面划上沿杆轴线方向的纵线和垂直杆轴线方向的横线[图 9-14(a)],在产生扭转变形后[图 9-14(b)]可以观察到组成横截面周线的一条横线不再保持为直线。由此可以推知,变形后横截面发生了凹凸不平的翘曲。因而,平面假设不能成立;以平面假设为依据的圆轴扭转公式,对非圆截面杆都不再适用。因此,圆轴扭转时应力和变形的计算公式都不能应用于非圆截面杆。本节主要介绍非圆截面杆与圆截面杆扭转的区别,以及矩形截面杆扭转时的主要结果。

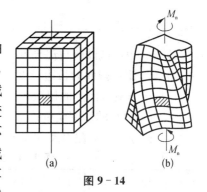

图 9-14

非圆截面杆的扭转可分为自由扭转和约束扭转。如扭转时杆横截面的翘曲不受任何约束,则称为自由扭转。在这种情况下,杆件各横截面的翘曲程度完全相同,纵向纤维的长度不因翘曲而改变,杆横截面上只有剪应力而无正应力。与此相反,如果因约束条件的限制,扭转时杆各横截面的翘曲程度不同,则称为约束扭转。在这种情况下,杆任意两横截面间纵向纤维的长度将发生改变,因此横截面上除剪应力外还产生正应力。一般实体杆件(例如矩形或椭圆截面杆)因约束扭转引起的正应力比薄壁杆件(例如工字钢或槽钢)的小得多,可以忽略不计。这样,实体杆件的约束扭转与自由扭转实际上并无显著差别。

二、矩形截面杆受自由扭转时的最大剪应力、扭转角计算

非圆截面杆件的扭转问题需要用弹性力学的方法计算,本节只简单介绍矩形截面杆的

一些结论。

通过观察图9-14(b)所示的矩形截面杆受自由扭转时的变形情况,矩形截面杆受扭转后,主要表现出一下几点:四个棱边处小方格的直角保持不变;在截面长边中点处,其角变形最大为最大,短边中点处次之;其余各处小方格的角度都有变形。

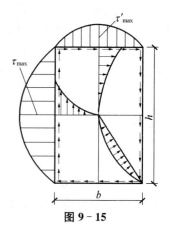

图 9-15

应用弹性力学进行分析可知,横截面上的最大剪应力 $\tau_{\max}$ 必发生在长边的中点处;四个角点处的剪应力为零;截面周边各点处的剪应力方向与周边平行,并且构成一连续的环流,如图9-15所示。

在矩形截面长边的中点处发生最大剪应力 $\tau_{\max}$,其计算公式为

$$\tau_{\max}=\frac{M_n}{\alpha h b^2} \tag{9-23a}$$

在矩形截面短边的中点处发生较大剪应力 $\tau'_{\max}$,其计算公式为

$$\tau'_{\max}=\gamma\tau_{\max} \tag{9-23b}$$

单位长度扭转角的计算公式:

$$\theta=\frac{M_n}{GI_P}=\frac{M_n}{\beta h b^3 G} \tag{9-24}$$

式中:b——矩形截面的短边长度;

$\quad\quad h$——矩形截面的长边长度;

$\quad\quad M_n$——横截面上的扭矩;

$\quad\quad G$——材料的切变模量;

$\quad\quad \alpha$、β、γ——与截面尺寸 h 和 b 有关的系数,它们的数值可以从表9-1中查出。

表 9-1　矩形截面扭转时的系数 α、β、γ 值

h/b	1.0	1.2	1.5	1.75	2.0	2.5	3.0	4.0	6.0	8.0	10.0	∞
α	0.208	0.219	0.231	0.239	0.246	0.258	0.267	0.282	0.299	0.307	0.312	0.333
β	0.141	0.166	0.196	0.214	0.229	0.249	0.263	0.281	0.299	0.307	0.312	0.333
γ	1.000	0.930	0.858	0.820	0.795	0.767	0.753	0.745	0.743	0.743	0.743	0.743

由表9-1可以看出:当 $h/b\geqslant 4$ 时,可取 $\alpha=\beta$;

当 $h/b>10$ 时,可取 $\alpha=\beta\approx 1/3$。

例 9-5　一矩形截面杆,$h\times b=90\times 60$ mm,承受扭矩 $M_n=2.5$ kN·m,试计算 $\tau_{\max}$。如在截面面积相等的情况下改成圆截面,比较两种截面的最大剪应力。

解　(1)矩形截面杆 $h/b=90/60=1.5$,查表9-1得 $\alpha=0.231$,代入式(9-23a),得

$$\tau_{\max}=\frac{M_n}{\alpha h b^2}=\frac{2.5\times 10^3}{0.231\times 90\times 10^{-3}\times(60\times 10^{-3})^2}=33.4\times 10^6 \text{ Pa}=33.4 \text{ MPa}$$

面积 $A = 90 \times 60 \times 10^{-6} = 5.4 \times 10^{-3} \text{m}^2$。

（2）圆形截面 $A = \dfrac{\pi D^2}{4}$，所以

$$D = \sqrt{\frac{4A}{\pi}} = \sqrt{\frac{4 \times 5.4 \times 10^{-3}}{\pi}} = 83 \times 10^{-3} \text{m} = 83 \text{ mm}$$

$$W_P = \frac{\pi D^3}{16} = \frac{\pi (83 \times 10^{-3})^3}{16} \text{ m}^3 = 112 \times 10^{-6} \text{m}^3$$

$$\tau_{\max} = \frac{M_n}{W_P} = \frac{2.5 \times 10^3}{112 \times 10^{-6}} \text{ Pa} = 22.3 \times 10^6 \text{ Pa} = 22.3 \text{ MPa}$$

可见在相同截面积时，矩形截面杆的扭转剪应力比圆截面杆的大。

【小　结】

1. 受扭圆轴有两个共同的特点：在受力方面，构件为直杆，并在垂直于杆件轴线的两个平面内，作用着一对大小相等、转向相反的力偶；在变形方面，受扭转构件的各横截面都绕杆轴线发生相对转动。

2. 用截面法计算受扭圆轴横截面上的扭矩，按照右手螺旋法则判断扭矩的正负。

3. 横截面上任一点处的剪应力的大小，与该点到圆心的距离 ρ 成正比，在截面的圆心处剪应力为零，在周边上剪应力最大，在半径都等于 ρ 的圆周上各点处的剪应力 τ_ρ 的数值均相等。横截面的剪应力沿着半径按直线规律分布，剪应力的方向与半径垂直。

4. 为了保证圆轴在扭转时不致因强度不足而破坏，应使轴内的最大工作剪应力不超过材料的许用剪应力。

5. 传动轴的扭转变形过大，会影响工件的加工精度和光洁度。因此，工程上常要求圆轴的最大单位长度扭转角 $\theta_{\max}$ 不超过轴的单位长度许用扭转角 $[\theta]$。

【思考题与习题】

9-1. 试述扭矩符号是如何规定的？

9-2. 直径 d 和长度 l 都相同，而材料不同的两根轴，在相同的扭矩作用下，它们的最大剪应力 $\tau_{\max}$ 是否相同？扭转角 φ 是否相同？为什么？

9-3. 若圆轴直径增大一倍，其他条件均不变，那么最大剪应力、轴的扭转角将变化多少？

9-4. 从强度观点看，图 9-16(a)、(b) 两图中三个轮的位置布置哪一种比较合理？

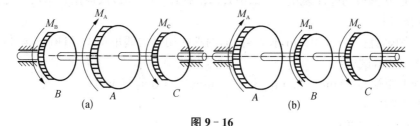

图 9-16

9-5. 一空心圆轴,外径为 D、内径为 d,其极惯性矩 I_P 和抗扭截面系数 W_P 是否可按下式计算? 为什么?

$$I_P = I_{P外} - I_{P内} = \frac{\pi D^4}{32} - \frac{\pi d^4}{32}$$

$$W_P = W_{P外} - W_{P内} = \frac{\pi D^3}{16} - \frac{\pi d^3}{16}$$

9-6. 图 9-17 中所画剪应力分布图是否正确? 其中 M_n 为截面上的扭矩。

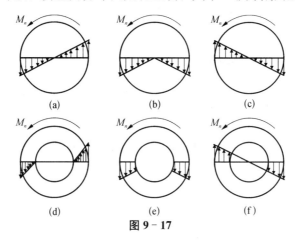

图 9-17

9-7. 试从应力分布的角度说明空心轴较实心轴能更充分地发挥材料的作用。

9-8. 试述圆轴扭转公式的使用条件。

9-9. 单位长度扭转角与相对扭转角的概念有什么不同?

9-10. 圆截面杆与非圆截面杆受扭转时,其应力与变形有什么不同? 原因是什么?

9-11. 试用截面法求图 9-18 所示杆件各段的扭矩 M_n,并作扭矩图。

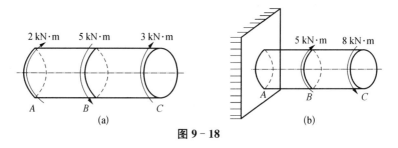

图 9-18

9-12. 已知钢材的弹性模量 $E = 210\,\mathrm{GPa}$,泊松比 $\mu = 0.31$,试根据 E、G、μ 之间的关系式,求切变模量 G。

9-13. 圆轴直径 $d = 100\,\mathrm{mm}$,长 $l = 1\,\mathrm{m}$,两端作用外力偶矩 $M_e = 14\,\mathrm{kN \cdot m}$,材料的切变模量 $G = 80\,\mathrm{GPa}$,试求:

(1) 轴上距轴心 $50\,\mathrm{mm}$、$25\,\mathrm{mm}$ 和 $12.5\,\mathrm{mm}$ 三点处的剪应力;

(2) 最大剪应力 $\tau_{\max}$;

(3) 单位长度扭转角 θ。

9-14. 传动轴如图 9-19 所示,已知 $M_A = 1.5\,\mathrm{kN \cdot m}$,$M_B = 1\,\mathrm{kN \cdot m}$,$M_C =$

0.5 kN·m；各段直径分别为 $d_1 = 70$ mm，$d_2 = 50$ mm。(1)画出扭矩图；(2)求各段轴内的最大剪应力和全轴的最大剪应力；(3)求 C 截面相对于 A 截面的扭转角，各段的单位长度扭转角及全轴的最大单位长度扭转角。设材料的切变模量 $G = 80$ GPa。

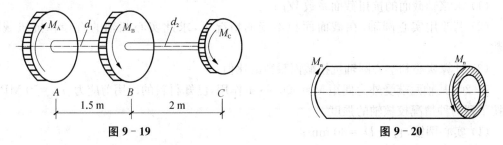

图 9-19　　　　　　　　　　　　　**图 9-20**

9-15. 空心圆轴如图 9-20 所示，外径 $D = 80$ mm，内径 $d = 62.5$ mm，两端承受扭矩 $M_n = 1$ kN·m。

(1)求 $\tau_{\max}$ 和 $\tau_{\min}$；(2)绘出横截面上剪应力分布图；(3)求单位长度扭转角。已知 $G = 80$ GPa。

9-16. 图 9-21 所示为扭转角测量装置，已知 $l = 1$ m，$\rho = 0.15$ m，空心圆轴外径 $D = 100$ mm，内径 $d = 90$ mm。当外力偶矩 $M_e = 440$ N·m 时，千分表的读数由 0 增至 25 分度（1 分度 = 0.01 mm)，试计算轴材料的切变模量 G。

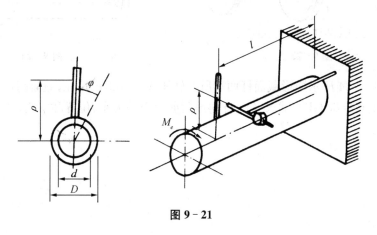

图 9-21

9-17. 阶梯形圆轴如图 9-22 所示。AC 段的直径为 $d_1 = 4$ cm，CDB 段的直径为 $d_2 = 7$ cm，轴上装有三个皮带轮。已知由轮 3 输入的功率为 $P_3 = 30$ kW，轮 1 输出的功率为 $P_1 = 13$ kW，轴作匀速转动，转速 $n = 200$ 转/分，材料的 $[\tau] = 60$ MPa，$G = 80$ GPa，许用扭转角 $[\theta] = 2°/$m，试校核轴的强度和刚度。

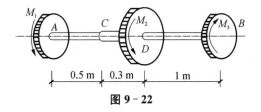

图 9-22

9-18. 一钢轴长 $l=1\,\mathrm{m}$，受扭矩 $M_n=18\,\mathrm{kN\cdot m}$ 作用，材料的许用剪应力 $[\tau]=40\,\mathrm{MPa}$，试设计轴的直径 d。

9-19. 一空心圆轴，外径 $D=90\,\mathrm{mm}$，内径 $d=60\,\mathrm{mm}$。

(1) 求该轴截面的抗扭截面系数 W_P；

(2) 若改用实心圆轴，在截面面积不变的情况下，求此实心圆轴的直径和抗扭截面系数；

(3) 计算实心和空心圆轴抗扭截面系数的比值。

9-20. 某轴两端受外力偶矩 $M=300\,\mathrm{N\cdot m}$ 作用，已知材料的许用剪应力 $[\tau]=70\,\mathrm{MPa}$，试按下列两种情况校核轴的强度。

(1) 实心圆轴，直径 $D=30\,\mathrm{mm}$；

(2) 空心圆轴，外径 $D_1=40\,\mathrm{mm}$，内径 $d_1=20\,\mathrm{mm}$。

9-21. 图 9-23 所示传动轴，转速 $n=400\,\mathrm{r/min}$，B 轮输入功率 $N_B=60\,\mathrm{kW}$，A 轮和 C 轮输出功率相等，$N_A=N_C=30\,\mathrm{kW}$。已知 $[\tau]=40\,\mathrm{MPa}$，$[\theta]=0.5°/\mathrm{m}$，$G=80\,\mathrm{GPa}$。试按强度和刚度条件选择轴的直径 d。

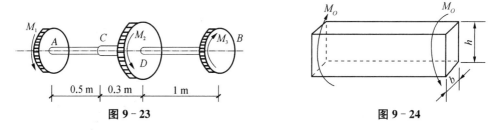

图 9-23　　　　　　　　　　　　　　　　图 9-24

9-22. 图 9-24 所示矩形截面杆两端所受转矩 $M_0=0.5\,\mathrm{kN\cdot m}$，截面高 $h=8\,\mathrm{cm}$，宽 $b=3\,\mathrm{cm}$，切变模量 $G=80\,\mathrm{GPa}$，试求：(1) 杆内最大剪应力的大小、位置和方向；(2) 单位长度的扭转角。

答案扫一扫

第十章　梁的弯曲

扫码查看
本章微课

【学习目标】

　　理解梁受弯时的受力与变形特点,熟练掌握梁受弯时的内力计算及内力图的绘制,掌握梁受弯时横截面上的正应力与剪应力计算,了解梁受弯时的变形计算,掌握梁的强度条件与刚度条件及其应用。

10.1　弯曲与梁的概念

一、等截面直杆及其纵向对称平面

　　工程中的绝大多数构件,如果不考虑制造误差,则其轴线多为直线,且横截面形状尺寸都相同,称为**等截面直杆**。这些直杆的横截面大多都具有一条或两条对称轴,图10-1所示为具有对称轴的几种截面形状。构件横截面的竖向对称轴与纵向轴线所组成的平面称为纵向对称平面(图10-2)。

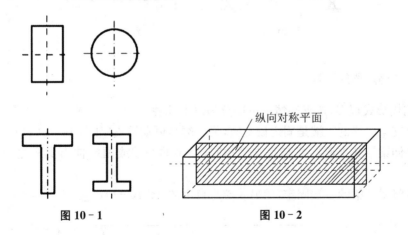

纵向对称平面

图10-1　　　　　　　　　　　图10-2

二、弯曲变形和平面弯曲变形的概念

　　如图10-3所示,直杆在其纵向对称平面内受到力偶的作用或受到垂直于杆轴的外力作用时,杆件的轴线由直线弯成曲线,这种变形称为弯曲变形,以弯曲变形为主要变形的杆件称为梁。

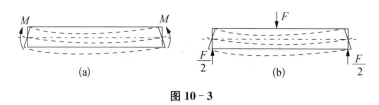

图 10 - 3

弯曲变形是工程实际和日常生活中最常见的一种变形。例如建筑物中的楼面梁,受到楼面荷载、梁的自重和柱(或墙)的作用力,将发生弯曲变形(图 10 - 4);又如阳台的挑梁(图 10 - 5)、门窗过梁等构件也都是以弯曲变形为主。如果梁上的外力和外力偶都作用在梁的纵向对称平面内,且各力都与梁的纵向轴线垂直,则梁的轴线将在纵向对称平面内由直线弯成一条曲线,即梁变形后的轴线所在平面与外力所在平面相重合,这种弯曲变形称为**平面弯曲变形**。平面弯曲是弯曲变形中最简单,也是最基本的情况。本章主要讨论等截面直梁的平面弯曲问题。

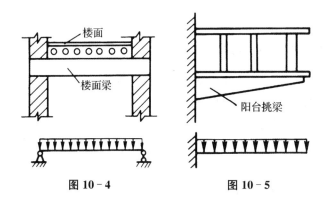

图 10 - 4   **图 10 - 5**

三、单跨静定梁的分类

梁的结构形式很多,按支座情况可以分为以下几种:

(1) 简支梁   梁的一端是固定铰支座,另一端是可动铰支座[图 10 - 6(a)]。

(2) 外伸梁   其支座形式与简支梁相同,但梁的一端或两端伸出支座之外[图 10 - 6 (b)、(c)]。

(3) 悬臂梁   梁的一端固定,而另一端是自由的[图 10 - 6(d)]。

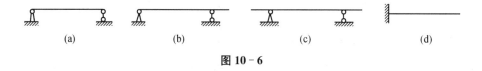

图 10 - 6

10.2 平面弯曲时梁的内力——剪力和弯矩

一、梁的内力—剪力和弯矩

若所有的横向外力和外力偶都作用在梁的纵向对称平面内,在求得支座反力之后,利用截面法,由隔离体的平衡条件,可求得梁任一横截面上的内力。

下面以图 10‑7(a)所示的简支梁为例来说明求梁横截面上内力的方法。简支梁跨中受一集中力 F 的作用处于平衡状态,梁在集中力 F 和 A、B 处支座反力作用下产生平面弯曲变形,现求距 A 端 x 处 m‑m 横截面上的内力。

1. 计算支座反力

梁在荷载和支反力的共同作用下是处于平衡状态的,因而可根据整根梁的平衡条件,求得支反力。

据静力平衡条件列方程

$$\sum M_A(\boldsymbol{F}) = 0,得 \qquad F_B \times l - F \times a = 0$$

$$F_B = \frac{a}{l}F(\uparrow)$$

$$\sum F_y = 0,得 \qquad F_A - F + F_B = 0$$

$$F_A = \frac{b}{l}F(\uparrow)$$

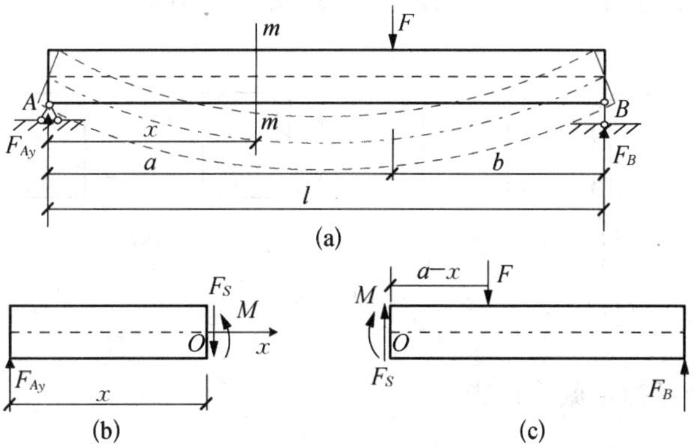

图 10‑7

2. 用截面法分析内力

为研究任一横截面 m‑m 上的内力,假想将梁沿 m‑m 截面分为左、右两部分,由于整体平衡,所以左、右半部分也处于平衡。取左半部为研究对象[图 10‑6(b)],由平衡条件 $\sum F_y = 0$, $\sum M_O(\boldsymbol{F}) = 0$($O$ 为 m‑m 截面的形心),可判断 m‑m 截面上必存在两种内力:

(1) 作用在纵向对称面内,与横截面相切的内力称为**剪力**,用 $\boldsymbol{F}_S$ 表示,剪力实际上是该截面上切向分布内力的合力,剪力的常用单位是 N 或 kN。

（2）作用面与横截面垂直的内力偶矩称为**弯矩**,用 M 表示,横截面上的弯矩实际上是该截面上法向分布内力的合力偶矩,弯矩常用单位为 N·m 或 kN·m。

$m-m$ 截面上的剪力和弯矩,可利用左半部的平衡方程求得。

$\sum F_y = 0$,得 $\qquad\qquad F_A - F_S = 0$

$$F_S = F_A = \frac{b}{l}F(\downarrow)$$

$\sum M_O(\boldsymbol{F}) = 0$,得 $\qquad\qquad -F_A x + M = 0$

$$M = F_A x = \frac{b}{l}Fx$$

如果取梁的右半部为研究对象[图 10-6(c)],用同样方法亦可求得截面上的剪力和弯矩。但必须注意,分别以左半部和右半部为研究对象求出的剪力 $\boldsymbol{F}_S$ 和弯矩 M 数值是相等的,而方向和转向则是相反的,因为它们是作用力和反作用力的关系。

二、剪力和弯矩的正负号

为使不论从梁的左半部、还是从梁的右半部,求得同一截面上的内力 $\boldsymbol{F}_S$ 和 M 不仅大小相等,而且具有相同的正负号,并由正负号反映出梁的变形情况,对梁的剪力和弯矩的正负号,作如下规定:

（1）剪力的正负号 当截面上的剪力 $\boldsymbol{F}_S$ 使所考虑的研究对象,可能发生左边向上、右边向下的相对错动,即有顺时针方向转动趋势时取正号;反之取负号[图 10-8(a)]。

（2）弯矩的正负号 截面上的弯矩使所考虑的研究对象产生上凹下凸的弯曲变形,即梁的上部受压,下部受拉时,弯矩为正;反之为负[图 10-8(b)]。

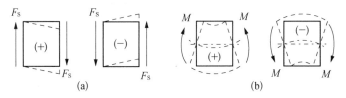

图 10-8

三、用截面法计算指定截面内力

用截面法计算指定截面的剪力和弯矩的步骤和方法如下:

（1）计算支座反力。

（2）用假想的截面在欲求内力处将梁切成左、右两部分,取其中一部分为研究对象。

（3）画研究对象的受力图。画研究对象的受力图时,对于截面上未知的剪力和弯矩,均假设为正向。

（4）建立平衡方程,求解剪力和弯矩。

计算出的内力值可能为正值或负值,当内力值为正值时,说明内力的实际方向与假设方向一致,内力为正剪力或正弯矩;当内力值为负值时,说明内力的实际方向与假设的方向相反,内力为负剪力或负弯矩。

例 10 - 1 外伸梁受力如图 10 - 9(a)所示,求 1 - 1、2 - 2 截面上的剪力和弯矩。

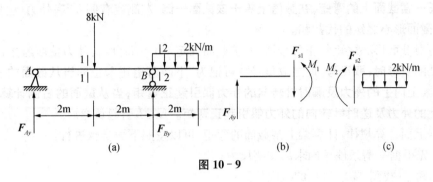

图 10 - 9

解 (1) 求支座反力。取整体为研究对象,设支座反力 F_{Ay}、F_{By} 的方向向上。列平衡方程。

$$\sum M_A(\mathbf{F})=0,\ -8\,\text{kN}\times 2\,\text{m}+F_{By}\times 4\,\text{m}-2\,\text{kN/m}\times 2\,\text{m}\times 5\,\text{m}=0$$

$$F_{By}=9\,\text{kN}(\uparrow)$$

$$\sum F_y=0,\ F_{Ay}-8\,\text{kN}+F_{By}-2\,\text{kN/m}\times 2\,\text{m}=0$$

$$F_{Ay}=3\,\text{kN}(\uparrow)$$

(2) 求 1 - 1 截面的内力。将梁沿 1 - 1 截面切开,取左半部为研究对象,其受力图见图 10 - 9(b)。则

$$\sum F_y=0,\ F_{Ay}-F_{S1}=0 \qquad F_{S1}=F_{Ay}=3\,\text{kN}$$

$$\sum M_1(\mathbf{F})=0,\ -2F_{Ay}+M_1=0 \qquad M_1=2F_{Ay}=6\,\text{kN}\cdot\text{m}$$

(3) 求 2 - 2 截面的内力。将梁沿 2 - 2 截面切开,取右半部为研究对象,其受力图见图 10 - 9(c)。则

由 $\sum F_y=0$,得 $\qquad F_{S2}-2\,\text{kN/m}\times 2\,\text{m}=0$

由 $\sum M_2(\mathbf{F})=0$,得 $\quad -M_2-2\,\text{kN/m}\times 2\,\text{m}\times 1\,\text{m}=0$

解得 $\qquad\qquad\qquad F_{S2}=4\,\text{kN}$

$$M_2=-4\,\text{kN}\cdot\text{m}(符号表示实际方向与假设方向相反)$$

四、梁上任一截面剪力和弯矩的计算规律

从截面法计算内力中,可归纳出计算剪力和弯矩的规律。

1. 计算剪力的规律

梁上任一截面上的剪力,等于该截面一侧(左侧或右侧)**所有竖向外力**(包括支座反力)**的代数和。**

外力的正负号:**外力对所求截面产生顺时针方向转动趋势时,取正号**;反之取负号。可

记为"顺转剪力正",也即当从截面的左侧计算时,向上的外力为正;当从截面的右侧计算时,向下的外力为正。

2. 计算弯矩的规律

梁任一横截面上的弯矩,在数值上等于该截面一侧(左侧或右侧)**所有外力**(包括支座反力)**对该截面形心之矩的代数和。**

外力对截面形心之矩的正负号:将所求截面固定,另一端自由,**外力使所考虑的梁段产生向下凸的变形时,取正号**;反之取负号。可记为"下凸弯矩正",也即当从截面的左侧计算时,左边梁上向上的外力及顺时针转向的外力偶引起正弯矩;当从截面的右侧计算时,右边梁上向上的外力及逆时针转向的外力偶引起正弯矩。反之,引起负弯矩。

根据上面计算规律,计算梁上某截面的弯矩,可以按照下面步骤进行:

(1) 先根据平衡条件正确求出支座反力;

(2) 确定(找到)需求弯矩的截面位置;

(3) 确定从截面的哪一侧进行计算(简单一侧);

(4) 观察该一侧有几个外力(包括外力偶、支反力);

(5) 计算这些外力(包括外力偶、支反力)对截面形心之矩(的大小及转向),将他们用带箭头的弧线画到所求一侧的外面,注意其箭尾所在一侧为其受拉侧(图 10 - 10c);

(6) 求出这些矩的代数和。注意哪个转向的矩数值较大,该力矩箭尾所在一侧,即为最后受拉侧。

例 10 - 2 简支梁的受荷载情况及支反力如图 10 - 10 所示,求 D 截面的内力。

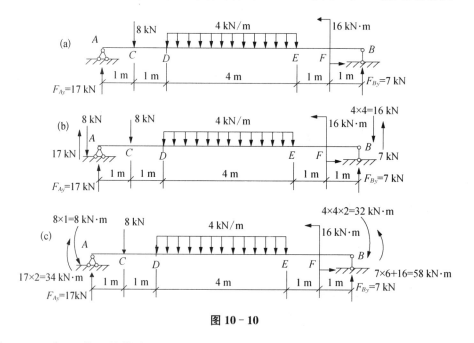

图 10 - 10

解 (1) 求 D 截面的剪力

如图 10 - 10(b)所示,若从 D 截面的左侧求,其左侧有两个竖向外力,其中向上的力 17 kN 相对于 D 截面是顺时针转转为正,向下的力 8 kN 相对于 D 截面是逆时针转转为负,所以

$$F_{SD} = 17 - 8 = 9 \text{ kN}$$

若从 D 截面的右侧求，其右侧有向下的均布荷载与向上的支反力，其中向下的均布荷载 $4 \times 4 = 16$ kN 相对于 D 截面是顺时针转转为正，向上的反力 7 kN 相对于 D 截面是逆时针转转为负，所以

$F_{SD} = 16 - 7 = 9$ kN，两者结果相同。

（2）求 D 截面的弯矩

如图 10-10（c）所示，若从 D 截面的左侧计算，其左侧有两个竖向外力对 D 截面产生弯矩。其中向上的力 17 kN 产生的矩为 $17 \times 2 = 34$ kN·m 相对于 D 截面是顺时针转；向下的力 8 kN 产生的矩为 $8 \times 1 = 8$ kN·m 相对于 D 截面是逆时针转。将这两个矩都用带箭头的弧线画到梁的左边一侧（因为是从 D 的左侧进行计算的），弧线箭尾所在的一侧为该力矩的受拉侧，则计算可得

$M_D = 17 \times 2 - 8 \times 1 = 26$ kN·m，前者的值较大，所以结果是顺时针转，箭尾在下，使梁的下侧受拉，为正弯矩。

若从 D 截面的右侧计算，其右侧有向下的均布荷载、逆时针转动的力偶及向上的支反力。其中向下的均布荷载对 D 截面产生的矩等于 $4 \times 4 \times 2 = 32$ kN·m 相对于 D 截面是顺时针转；逆时针转动的力偶对 D 截面产生的矩等于其力偶矩 16 kN·m 相对于 D 截面是逆时针转，向上的支反力对 D 截面产生的矩为 $7 \times 6 = 42$ kN·m 相对于 D 截面是逆时针转。将这三个矩都用带箭头的弧线画到梁的右边一侧（因为是从 D 的右侧进行计算的），弧线箭尾所在的一侧为该力矩的受拉侧，则计算可得

$M_D = 7 \times 6 + 16 - 4 \times 4 \times 2 = 26$ kN·m，逆时针方向的值较大，所以结果是逆时针转，箭尾在下，使梁的下侧受拉，为正弯矩，与前面的计算结果相同。

在图 10-10 中，我们同理可以求得梁上 C 点的左右截面的剪力与弯矩，分别为：$F_{SC}^{左} = 17$ kN，$F_{SC}^{右} = 17 - 8 = 9$ kN；

$M_C^{左} = M_C^{右} = 17 \times 1 = 17$ kN·m。

即 C 点上有集中力作用，使该处左右截面的剪力大小不同（差值等于集中力的数值），称为突变。而该处左右截面的弯矩大小不变。

而梁上 F 点的左右截面的剪力与弯矩，分别为：

$$F_{SF}^{左} = F_{SF}^{右} = -7 \text{kN},$$

$$M_F^{左} = 7 \times 1 + 16 = 23 \text{ kN·m}, \quad M_F^{右} = 7 \times 1 = 7 \text{ kN·m}。$$

即 F 点上有集中力偶作用，使该处左右截面的弯矩大小不同（差值等于集中力偶的数值），也称为突变。而该处左右截面的剪力大小不变。

10.3　剪力图和弯矩图

通过计算梁的内力，可以看到，梁在不同位置的横截面上的内力值一般是不同的。即梁的内力随梁横截面位置的变化而变化。进行梁的强度和刚度计算时，除要会计算指定截面

的内力外,还必须知道剪力和弯矩沿梁轴线的变化规律,并确定最大剪力和最大弯矩的(绝对)值以及它们所在的位置。下面讨论这个问题。

一、剪力方程和弯矩方程

以横坐标 x 表示梁各横截面的位置,则梁横截面上的剪力和弯矩都可以表示为坐标 x 的函数,即

$$F_S = F_S(x)$$
$$M = M(x)$$

以上两函数表达式,分别称为**梁的剪力方程和弯矩方程,统称为内力方程**。剪力方程和弯矩方程表明了梁内剪力和弯矩沿梁轴线的变化规律。

二、剪力图和弯矩图

为了形象地表示剪力和弯矩沿梁轴线的变化规律,可以根据剪力方程和弯矩方程分别画出剪力图和弯矩图。它的画法和轴力图、扭矩图的画法相似,即以沿梁轴的横坐标 x 表示梁横截面的位置,以纵坐标表示相应截面的剪力和弯矩。作图时,**一般把正的剪力画在 x 轴的上方,负的剪力画在 x 轴的下方,并注明正负号;正弯矩画在 x 轴下方,负弯矩画在 x 轴的上方,即将弯矩图画在梁的受拉侧,而不必表明正负号。**

例 10 - 3 悬臂梁 AB 的自由端受到集中力 F 的作用[图 10 - 11(a)],试画出该梁的内力图。

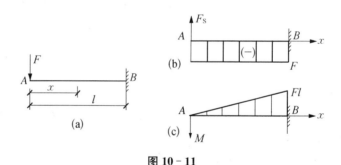

图 10 - 11

解 (1)求内力方程

以左端 A 为坐标原点,以梁轴为 x 轴。取距原点为 x 的任一截面,计算该截面上的剪力和弯矩,并把它们表示为 x 的函数,则有

剪力方程:$F_S(x) = -F$ $(0 < x < l)$

弯矩方程:$M(x) = -Fx$ $(0 \leqslant x < l)$

以上两个方程后面给出了方程的适用范围。剪力方程中,因为在集中力作用面上剪力有突变,x 不能等于 0 和 l。弯矩方程中,在 B 支座处有反力偶,弯矩有突变,x 不能等于 l。

(2)画 **F_S** 图

由剪力方程可知,$F_S(x)$ 是一常数,不随梁内横截面位置的变化而变化,所以 **F_S** 图是一条平行于 x 轴的直线,且位于 x 轴的下方[图 10 - 11(b)]。

（3）画 M 图

由弯矩方程可知，$M(x)$ 是 x 的一次函数，弯矩沿梁轴按直线规律变化，弯矩图是一条斜直线，因此，只需确定梁内任意两截面的弯矩，便可画出弯矩图[图 10-11(c)]。

$$\text{当 } x = 0 \text{ 时，} \qquad M_A = 0$$

$$x = l \text{ 时，} \qquad M_B^l = -Fl$$

由 $\boldsymbol{F}_S$ 图和 M 图可知：$|F_S|_{max} = F$，$|M|_{max} = Fl$

因剪力图和弯矩图中的坐标比较明确，习惯上可将坐标轴略去，所以，在以下各例中，坐标轴不再画出。

例 10-4　简支梁受集中力 $\boldsymbol{F}$ 的作用[图 10-12(a)]，试画出梁的内力图。

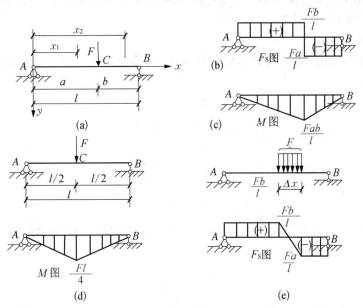

图 10-12

解　（1）求支座反力。以整体为研究对象，列平衡方程。

由 $\sum M_A(\boldsymbol{F}) = 0$，得： $\qquad F_B \times l - Fa = 0$

解得 $\qquad\qquad F_B = \dfrac{Fa}{l}（\uparrow）$

由 $\sum F_y = 0$，得： $\qquad F_A - F + F_B = 0$

解得 $\qquad\qquad F_A = \dfrac{Fb}{l}（\uparrow）$

（2）列内力方程。梁在 C 处有集中力作用，故 AC 段和 CB 段内力方程不同，要分段列出。

AC 段：在 AC 段内取距 A 为 x_1 的任意截面，则

$$F_S(x_1) = F_A = \frac{Fb}{l} \qquad\qquad (0 < x_1 < a)$$

$$M(x_1) = F_A \cdot x_1 = \frac{Fb}{l} x_1 \qquad (0 \leqslant x_1 \leqslant a)$$

CB 段：在 CB 段内取距 A 为 x_2 的任意截面，则

$$F_S(x_2) = -F_B = -\frac{Fa}{l} \qquad (a < x_2 < l)$$

$$M(x_2) = F_B(l - x_2) = \frac{Fa}{l}(l - x_2) \qquad (a \leqslant x_2 \leqslant l)$$

（3）画剪力图

由剪力方程知，AC 段和 CB 段梁的剪力图均为水平线。AC 段剪力图在 x 轴上方，CB 段剪力图在 x 轴下方。在集中力 F 作用的 C 截面上，剪力图出现向下的突变，突变值等于集中力的大小[图 10 - 12(b)]。

（4）画弯矩图

由弯矩方程知，两段梁的弯矩图均为斜直线，每段分别确定两个数值就可画出弯矩图[图 10 - 12(c)]。

$x_1 = 0$ 时，$\qquad\qquad\qquad\qquad M_A = 0$

$x_2 = 0$ 时，$\qquad\qquad\qquad\qquad M_C = \frac{Fb}{l} a = \frac{Fab}{l}$

$x_2 = a$ 时，$\qquad\qquad\qquad\qquad M_C = \frac{Fb}{l} a = \frac{Fab}{l}$

$x_2 = l$ 时，$\qquad\qquad\qquad\qquad M_B = 0$

如图 10 - 12(d)，在本例中，若 $a = b = \dfrac{l}{2}$，则在梁中有最大弯矩，其值为

$$M_{max} = \frac{Fl}{4}$$

观察分析上面例子，可以发现，梁上某段的剪力图与弯矩图，与该段作用的荷载之间，存在一定的关联。在梁上**集中力作用的位置，剪力图必发生突变，从左往右突变的方向与集中力作用的方向相同，突变数值的大小等于该集中力的大小；而弯矩图将产生尖点，尖点的方向与集中力作用的方向相同。在集中力作用的两侧，若无荷载作用，剪力图为平行于 x 轴的一条直线，当剪力大于 0 时，弯矩图为右向下斜直线，当剪力小于 0 时，弯矩图为右向上斜直线，当剪力等于 0 时，弯矩图为一条平直线。**

事实上，上面剪力图发生突变这种情况，是由于把实际上分布在一个微段上的分布力，抽象成了作用于一点的集中力所造成的。如将集中力 F 视为作用在微段 Δx 上的均布荷载[图 10 - 12(e)]，则在该微段内，剪力将由 $F_{S1} = \dfrac{Fb}{l}$ 逐渐变到 $F_{S2} = -\dfrac{Fa}{l}$，突变就不存在了。

例 10 - 5 简支梁受均布线荷载 q 的作用[图 10 - 13(a)]，试画出该梁的内力图。

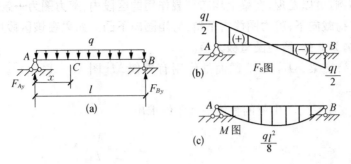

图 10-13

解　（1）求支座反力。由梁和荷载的对称性可直接得出

$$F_{Ay} = F_{By} = \frac{1}{2}ql\,(\uparrow)$$

（2）列内力方程。取梁左端 A 为坐标原点，梁轴为 x 轴，取距 A 为 x 的任意截面，将该面上的剪力和弯矩分别表示为 x 的函数，则有

剪力方程：　　　　$F_S(x) = \frac{1}{2}ql - qx$　　　　　　$(0 < x < l)$

弯矩方程：　　　　$M(x) = \frac{1}{2}qlx - \frac{1}{2}qx^2$　　　　　$(0 \leqslant x \leqslant l)$

（3）画剪力图

由剪力方程知，该梁的剪力图是一条斜直线，确定两个数值便可以画出剪力图[图 10-13(b)]。

$$x = 0, \qquad\qquad F_{SAB} = \frac{1}{2}ql$$

$$x = l, \qquad\qquad F_{SBA} = -\frac{1}{2}ql$$

（4）画弯矩图

由弯矩方程知，梁的弯矩图是一条二次抛物线，至少要算出三个点的弯矩值才能大致画出图形。计算各点弯矩，如表 10-1 所示。梁的弯矩图如图 10-13(c)所示。

表 10-1　弯矩计算表

x	0	$\frac{1}{4}l$	$\frac{1}{2}l$	$\frac{3}{4}l$	l
$M(x)$	0	$\frac{3}{32}ql^2$	$\frac{1}{8}ql^2$	$\frac{3}{32}ql^2$	0

为了求得弯矩图中的弯矩最大值，可将上面的弯矩方程对 x 一次求导，并令其等于 0，则有：

$$M'(x) = \frac{1}{2}ql - qx = F_S(x) = 0 \qquad x = \frac{1}{2}l \qquad M_{max} = \frac{ql^2}{8}$$

所以，在均布荷载作用的梁上，在剪力等于 0 的截面，弯矩有极值。

观察分析本例,可以发现,在梁上均布荷载作用的区段内,剪力图为一条斜直线,弯矩图为一条抛物线。荷载向下,剪力图往右下斜;弯矩图向下凸。如果在该区段内有剪力等于 **0** 的截面,则在剪力为 **0** 处,弯矩图有极大值。

例 10 - 6 简支梁 AB,在 C 截面处作用有力偶 M[图 10 - 14(a)]。试画出梁的内力图。

解 (1)求支座反力。由梁的整体平衡条件求出

$$F_{Ay} = -\frac{M}{l}(\downarrow); \qquad F_{By} = \frac{M}{l}(\uparrow)$$

(2)分段列内力方程

AC 段:在 AC 段内取距 A 为 x_1 的任意截面,则有

$$F_S(x_1) = -\frac{M}{l} \qquad (0 < x_1 \leqslant a)$$

$$M(x_1) = -\frac{M}{l}x_1 \qquad (0 \leqslant x_1 < a)$$

CB 段:在 CB 段内取距 A 为 x_2 的任意截面,则有

$$F_S(x_2) = -\frac{M}{l} \qquad (a \leqslant x_2 < l)$$

$$M(x_2) = \frac{M}{l}(l - x_2) \qquad (a < x_2 \leqslant l)$$

(3)画剪力图

由剪力方程知,AC 段和 CB 段的剪力图是同一条平行于 x 轴的直线,且在 x 轴的下方[图 10 - 14(b)]。

(4)画弯矩图

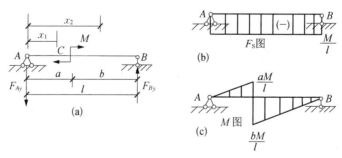

图 10 - 14

由弯矩方程知,AC 段和 CB 段的弯矩图都是一条斜直线,要分段取点作图[图 10 - 14(c)]。

$x_1 = 0$ 时, $\qquad\qquad M_A = 0$

$x_1 = a$ 时, $\qquad\qquad M_{CA} = -\frac{M}{l}a$

$x_2 = a$ 时，$\qquad\qquad M_{CB} = \dfrac{M}{l}(l-a) = \dfrac{M}{l}b$

$x_2 = l$ 时，$\qquad\qquad M_B = 0$

观察分析本例，可以发现，在梁上集中力偶作用处，弯矩图有突变，突变的数值等于该集中力偶矩，当集中力偶的力偶矩为顺时针方向时，弯矩图从左向右表现出向下突变；而剪力图无变化。

10.4　简捷法绘制梁的剪力图与弯矩图

一、荷载集度与弯矩、剪力间的微分关系

前面简单归纳了剪力图、弯矩图的一些规律，说明作用在梁上的荷载与剪力、弯矩间存在着一定的关系。下面继续进行分析。

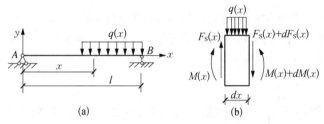

图 10‑15

如图 10‑15(a)所示，梁上作用有任意分布荷载 $q(x)$，$q(x)$ 规定以向下为正。取 A 为坐标原点，x 轴以向右为正向，y 轴以向上为正向。

取分布荷载作用下一微段 $\mathrm{d}x$ 来分析[图 10‑15(b)]，图中微段 $\mathrm{d}x$ 左右截面上的内力应分别为 $F_s(x)$，$M(x)$，$F_s(x) + \mathrm{d}F_s(x)$，$M(x) + \mathrm{d}M(x)$。

由静力平衡方程

$\sum F_y = 0$，得　$F_s(x) - q(x) \cdot \mathrm{d}x - [F_s(x) + \mathrm{d}F_s(x)] = 0$

$\sum M_O(F) = 0$，得　$-M(x) - F_s(x) \cdot \mathrm{d}x + q(x) \cdot \mathrm{d}x \cdot \dfrac{\mathrm{d}x}{2} + [M(x) + \mathrm{d}M(x)] = 0$

经整理，并略去二阶微量 $q(x) \cdot \mathrm{d}x \cdot \dfrac{\mathrm{d}x}{2}$，得

$$\frac{\mathrm{d}F_s(x)}{\mathrm{d}x} = -q(x) \qquad\qquad (10\text{-}1)$$

$$\frac{\mathrm{d}M(x)}{\mathrm{d}x} = F_s(x) \qquad\qquad (10\text{-}2)$$

将式(10‑2)两边求导得

$$\frac{\mathrm{d}^2 M(x)}{\mathrm{d}x^2} = -q(x) \qquad\qquad (10\text{-}3)$$

由式(10-1)知，梁上任一截面上的剪力对 x 的一阶导数等于作用在该截面处的荷载分布集度，但符号相反。这一微分关系的几何意义是，剪力图上某点切线的斜率等于相应截面处的荷载分布集度的相反数。

由式(10-2)知，梁上任一截面上的弯矩对 x 的一阶导数等于该截面上的剪力。这一微分关系的几何意义是，弯矩图上某点切线的斜率等于相应截面上的剪力。

由式(10-3)知，梁上任一截面上的弯矩对 x 的二阶导数等于该截面处的荷载分布集度，但符号相反。这一微分关系的几何意义是，弯矩图上某点的曲率等于相应截面处的荷载分布集度的相反数。

二、根据荷载分布集度、剪力、弯矩的微分关系，分析剪力图和弯矩图的规律

1. 在无荷载作用区段

由于 $q(x) = 0$，$\dfrac{\mathrm{d}F_S(x)}{\mathrm{d}x} = -q(x) = 0$，$F_S(x)$ 是常数，所以剪力图是一条平行于 x 轴的直线。$\dfrac{\mathrm{d}M(x)}{\mathrm{d}x} = F_S(x) = $ 常数，所以 $M(x)$ 是 x 的一次函数，弯矩图是一条斜直线。当 $F_S(x) = $ 常数 >0 时，弯矩 $M(x)$ 是增函数，弯矩图往右下斜；当 $F_S(x) = $ 常数 <0 时，弯矩 $M(x)$ 是减函数，弯矩图往右上斜。特殊情况下，当 $F_S(x) = $ 常数 $=0$ 时，$M(x) = $ 常数，弯矩图是一条水平直线。

2. 在均布荷载区段

由于 $q(x) = $ 常数，$\dfrac{\mathrm{d}F_S(x)}{\mathrm{d}x} = $ 常数，$F_S(x)$ 是 x 的一次函数，剪力图是一条斜直线，而 $\dfrac{\mathrm{d}M(x)}{\mathrm{d}x} = F_S(x)$，$\dfrac{\mathrm{d}^2M(x)}{\mathrm{d}x^2} = -q(x)$，$M(x)$ 是 x 的二次函数，弯矩图是一条抛物线。当 $q(x)$ 向下时，$q(x) = $ 常数 >0，$\dfrac{\mathrm{d}F_S(x)}{\mathrm{d}x} = -q(x) < 0$，$F_S(x)$ 是减函数，剪力图往右下斜，$\dfrac{\mathrm{d}^2M(x)}{\mathrm{d}x^2} = -q(x) = $ 常数 <0，弯矩图为下凸曲线；反过来，当 $q(x)$ 向上时，即 $q(x) = $ 常数 <0，$\dfrac{\mathrm{d}F_S(x)}{\mathrm{d}x} = -q(x) > 0$，$F_S(x)$ 是增函数，剪力图往右上斜，弯矩图为上凸曲线。

当 $F_S(x) = 0$ 时，由于 $\dfrac{\mathrm{d}M(x)}{\mathrm{d}x} = F_S(x) = 0$，弯矩图在该点处的斜率为零，所以弯矩有极值。

为方便应用，将荷载、剪力、弯矩之间的关系列于表10-2中。

三、剪力图和弯矩图规律的应用

利用剪力图和弯矩图的规律可简单而方便的画出梁的内力图，其步骤和方法如下：

(1) 根据梁所受外荷载情况将梁分为若干段，并判断每段的剪力图和弯矩图的形状，应注意各段梁只能有一项荷载。

(2) 计算每一段梁两端的剪力值和弯矩值(有些可直接根据规律判断出来的不必计算)，逐段画出剪力图和弯矩图。

画内力图时,一般是从左往右画。

表 10 - 2　荷载、剪力、弯矩之间的关系

梁上荷载情况		剪力图	弯矩图
无荷载区域 $q(x)=0$		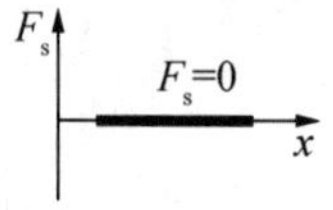	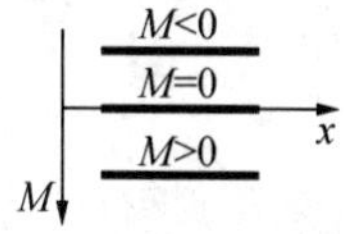
		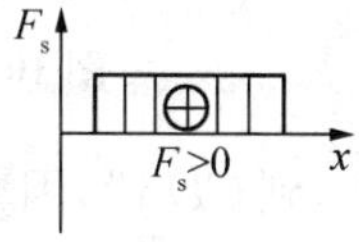	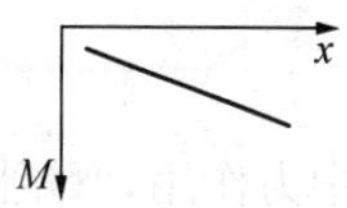
		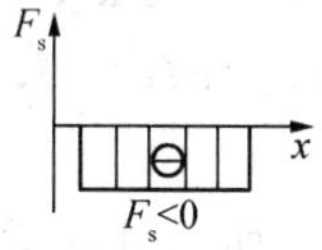	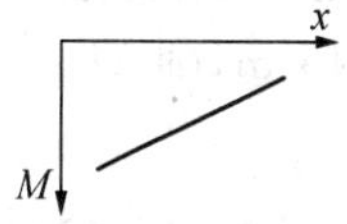
$q(x)=$ 常数	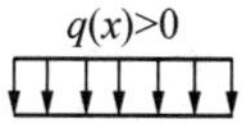 $q(x)>0$	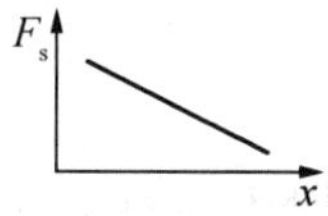	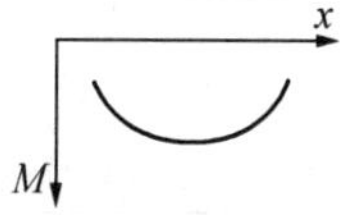
	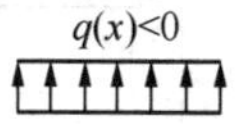 $q(x)<0$	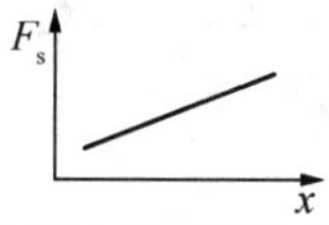	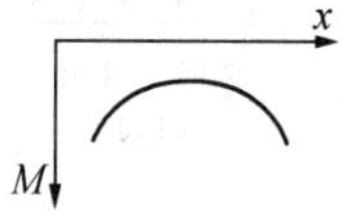
		在 $F_S=0$ 的截面上	M 有极值
集中力 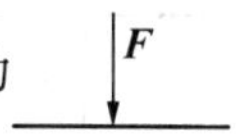		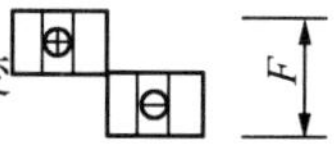	尖点 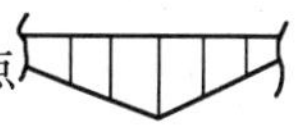
集中力偶 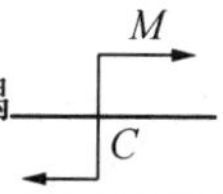		集中力偶作用处 剪力图无变化	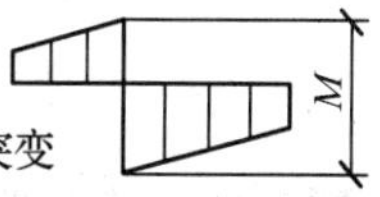 突变

例 10 - 7　画出如图 10 - 16(a)所示简支梁的内力图。

解　(1) 求支座反力

$$F_{Ay}=5 \text{ kN}(\uparrow), \qquad F_{By}=15 \text{ kN}(\uparrow)$$

(2) 画剪力图。将梁按荷载分布情况分为 AC、CD、DB 段,分别画每一段的剪力图。

AC 段、CD 段、DB 段都是无荷载区段,剪力图都为平直线。在 AC 段内 $F_{SAC}=F_{Ay}=5$ kN,所以 AC 段的剪力图是在 x 轴上方的一条平行直线,经过集中力作用处 C 时,按集中力的方向向下突变 20 kN 过渡到 C 偏右截面,且 $F_{SCD}=F_{Ay}-20=5-20=-15$ kN,CD 段剪力图是在 x 轴下方的一条平行直线,经过集中力偶作用处 D 无变化,到 B 截面时按 $\boldsymbol{F}_{By}$ 的方向向上突变 15 kN[图 10 - 16(b)]。

(3) 画弯矩图。AC 段剪力图是在 x 轴上方的一条平行线,所以弯矩图是一条往右下斜的直线,确定两点的弯矩值 $M_A=0$,$M_C=10$ kN·m,得 AC 段的弯矩图线。在 C 截面处

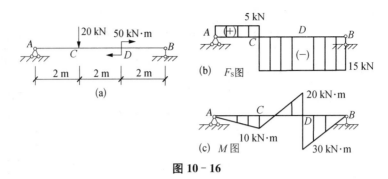

图 10 - 16

有集中力作用,弯矩图产生转折,到 CD 段,因剪力图是在 x 轴下方的一条平行直线,所以弯矩图是一条上斜直线,确定 $M_{DC} = -20$ kN·m,画出 CD 段的弯矩图。经过 D 截面处下突 50 kN·m,则 $M_{DB} = 30$ kN·m,又 $M_B = 0$,连接 M_{DB}、M_B,画出 DB 段的弯矩图[图 10 - 16(c)]。

例 10 - 8 绘制图 10 - 17(a)所示外伸梁的内力图。

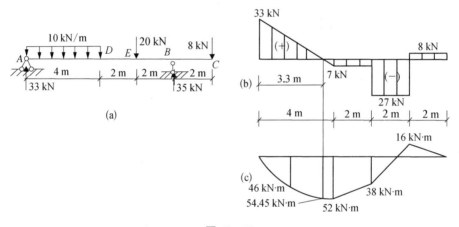

图 10 - 17

解 (1)求支座反力

$$F_{Ay} = 33 \text{ kN}(\uparrow), \quad F_{By} = 35 \text{ kN}(\uparrow)$$

(2)画剪力图

AD 段为向下的均布线荷载,所以剪力图是一条往右下斜的直线,算出该段两端剪力值 $F_{SAD} = F_{Ay} = 33$ kN,$F_{SDA} = -7$ kN,可画得剪力图。DE 段剪力图是在 x 轴下方的一条平行线,经过集中力偶作用处 E 时,剪力图发生向下的突变,其值等于 20 kN,到 B 截面处按 F_{By} 的方向向上突变 35 kN 过渡到 B 偏右截面,且 $F_{SBC} = 8$ kN。BC 段的剪力图是在 x 轴上方的平行线,在 C 处按集中力的方向向下突变 8 kN[图 10 - 17(b)]。

(3)画弯矩图·

AD 段作用有向下的均布线荷载,所以弯矩图为向下凸抛物线。从剪力图可看出该段弯矩图有极值,求出该段两端的弯矩值及极值即可画出弯矩图。$M_{AC} = 0$,$M_{CA} = 33 \times 4 - 10 \times 4 \times 2 = 52$ kN·m,而该段的中点的弯矩为 $M_{AC中} = 33 \times 2 - 10 \times 2 \times 1 = 46$ kN·m;

根据剪力图，在 $x=\dfrac{33}{10}=3.3$ m 处，$F_S=0$，此时有 $M_{AC\max}=33\times3.3-10\times3.3\times3.3\div2=54.45$ kN·m；DE 段的剪力图是在 x 轴下方的平行线，所以弯矩图是一条往右上斜直线，求出 E 截面的弯矩值 $M_E=-8\times4+35\times2=38$ kN·m，连接 $\boldsymbol{M}_D$ 与 $\boldsymbol{M}_E$ 即可得 DE 段的弯矩图线。EB 段的剪力图也是在 x 轴下方的平行线，所以弯矩图是一条往右上斜直线，求出 B 截面的弯矩值，$M_B=-8\times2=-16$ kN·m，连接 $\boldsymbol{M}_E$ 与 $\boldsymbol{M}_B$ 即可得 EB 段的弯矩图线。BC 段的剪力图是在 x 轴上方的平行线，所以弯矩图是一条往右下斜直线，$M_C=0$，连接 $\boldsymbol{M}_B$ 与 $\boldsymbol{M}_C$ 即可。[如图 10-17(c)]。

10.5 叠加法与区段叠加法

一、叠加原理及叠加法画弯矩图

在线弹性或小变形情况下，梁在多种荷载共同作用下，所引起的某一参数（如反力、内力、应力或变形），等于每种荷载单独作用时所引起的该参数值的代数和，这种关系称为**叠加原理**。利用叠加原理画内力图的方法称为**叠加法**。

在常见荷载作用下，梁的剪力图比较简单，一般不用叠加法绘制。下面只讨论用叠加法画弯矩图。

用叠加法画弯矩图的步骤和方法如下：

（1）把作用在梁上的复杂荷载分成几种简单的荷载，分别画出梁在各种简单荷载单独作用下的弯矩图。

（2）将各简单荷载作用下的弯矩图相叠加（即在对应点处的弯矩纵坐标代数相加），就得到梁在复杂荷载作用下的弯矩图。

（3）叠加时先画直线或折线的弯矩图线，后画曲线，习惯上第一条图线用虚线画出，在此基础上叠加第二条弯矩图线，最后一条弯矩图线用实线画出。

例 10-9 用叠加法画图 10-18(a)所示悬臂梁的内力图。

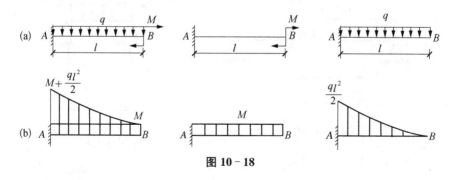

图 10-18

解 （1）将梁上的复杂荷载分解为两种简单荷载，即均布线荷载 q 和集中力偶 M[图 10-18(a)]，并分别画出梁在 q 和 M 单独作用下的弯矩图[图 10-18(b)]。

（2）将两个弯矩图相应的纵坐标叠加起来[图 10-18(b)]，即得悬臂梁在复杂荷载作用下的弯矩图。

例 10 - 10 用叠加法画图 10 - 19(a)所示简支梁的内力图。

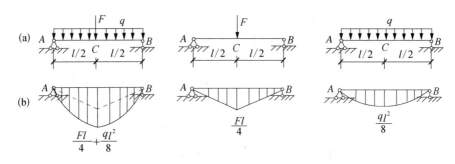

图 10 - 19

解 (1) 将梁上的复杂荷载分解为均布线荷载 q 和集中力 F[图 10 - 19(a)],并分别画出梁在 q 和 F 单独作用下的弯矩图。

(2) 将两个弯矩图相应的纵坐标叠加起来,即得梁在两种简单荷载共同作用下的弯矩图[图 10 - 19(b)]。

二、区段叠加法画弯矩图

如果将梁进行分段,然后在每一个区段上利用叠加原理画出弯矩图,这种方法称为区段叠加法。如图 10 - 20(a)所示的简支梁 CD,受 F、q 作用,在梁内取一段 AB,如果已求出 A 截面和 B 截面上的弯矩 M_{AB}、M_{BA},则可根据该段的平衡条件求出 A、B 截面上的剪力 F_{SA}、F_{SB}[图 10 - 20(b)]。将此段梁的受力图与图 10 - 20(c)所示的简支梁 AB 相比较,可以发现,左边简支梁 CD 上 AB 段梁的受力情况与右边简支梁 AB 的受力情况完全相同,所以左边简支梁 CD 上 AB 段梁的内力图,与右边简支梁 AB 的内力图也当然相同,因此画梁内某段弯矩图的问题就归结成了画相应简支梁弯矩图的问题,可利用叠加法画出。

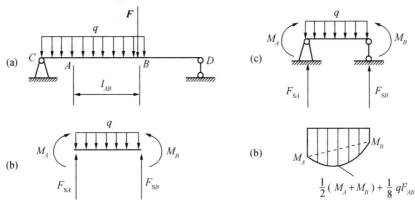

图 10 - 20

例 10-11 用区段叠加法画图 10-21(a)所示简支梁的弯矩图。

解 (1) 求支座反力

$$F_{Ay} = 17 \text{ kN}(\uparrow), \qquad F_{By} = 7 \text{ kN}(\uparrow)$$

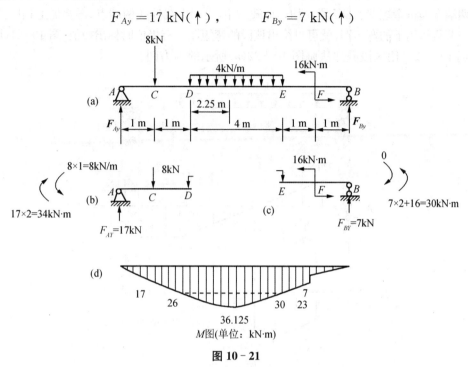

图 10-21

(2) 选定外力变化处(如集中力、集中力偶的作用点、均布荷载的起止点)作为控制点,控制点所在截面称为控制截面,控制截面的内力(弯矩)称为控制内力(弯矩)。计算各控制截面的弯矩值如下:

$$M_A = 0$$
$$M_C = 17 \times 1 \text{ kN} \cdot \text{m} = 17 \text{ kN} \cdot \text{m}$$
$$M_D = (17 \times 2 - 8 \times 1) \text{kN} \cdot \text{m} = 26 \text{ kN} \cdot \text{m}$$
$$M_E = (7 \times 2 + 16) \text{kN} \cdot \text{m} = 30 \text{ kN} \cdot \text{m}$$
$$M_{FE} = (7 \times 1 + 16) \text{kN} \cdot \text{m} = 23 \text{ kN} \cdot \text{m}$$
$$M_{FB} = (7 \times 1) \text{kN} \cdot \text{m} = 7 \text{ kN} \cdot \text{m}$$

在上面求 M_D 时,可用如图 10-21(b)所示的计算图,在 D 左侧有支座 A 的反力 $F_{Ay} = 17 \text{ kN}$,以及向下的力 8 kN,它们对 D 点的矩都画在左侧,其中弧线箭尾在下的,使梁下侧受拉。代数和等于 $26 \text{ kN} \cdot \text{m}$,梁下侧受拉;同理求 M_E 时,可用如图 10-21(c)所示的计算图,代数和等于 $30 \text{ kN} \cdot \text{m}$,下侧受拉。

设 DE 段内距 D 点 x 处弯矩有极值,该点所在截面的剪力等于零,则

$$(17 - 8) \text{kN} - 4 \text{ kN/m} \times x = 0$$
$$x = 2.25 \text{ m}$$

所以极值点 $\quad M_{max} = \left[17 \times (2 + 2.25) - 8 \times (1 + 2.25) - \frac{1}{2} \times 4 \times 2.25^2 \right] \text{kN} \cdot \text{m}$

$$= 36.125 \text{ kN} \cdot \text{m}$$

（3）绘弯矩图

在坐标系中依次定出以上各控制点，因 AC、CD、EF、FB 各段无荷载作用，用直线连接各段两端点即得弯矩图。DE 段有均布荷载作用，先用虚线连接两端点，再叠加上相应简支梁在均布荷载作用下的弯矩图，就可以绘出该段的弯矩图。有极值时标出极值[图 10-21(b)]。

例 10-12 用区段叠加法画图 10-22(a)所示的内力图。

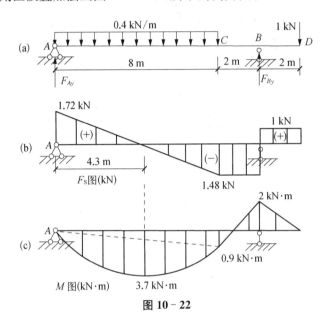

图 10-22

解 （1）求支座反力

$$F_{Ay} = 1.72 \text{ kN}(\uparrow) \qquad\qquad F_{By} = 2.48 \text{ kN}(\uparrow)$$

（2）画剪力图

AC 段有均布线荷载，所以剪力图是一条往右下斜直线，算出 AC 段两端截面的剪力 $F_{SAC} = F_{Ay} = 1.72 \text{ kN}$，$F_{SCA} = 1.72 - 0.4 \times 8 = -1.48 \text{ kN}$，连接两点即得 AC 段的剪力图。CB 段是无荷区段，剪力图是一条平行线。经过 B 截面时，由于有集中反力 $\boldsymbol{F}_{By}$ 作用，剪力图按 $\boldsymbol{F}_{By}$ 的方向向上凸 2.48 kN 过渡到 B 偏右截面，且 $F_{SBD} = 1 \text{ kN}$，BD 段的剪力图也是一条平行线，到 D 处按集中力的方向向下突变 1 kN[图 10-22(b)]。

（3）用区段叠加法画弯矩图

算出 A、C、B、D 四个控制截面的弯矩，标在坐标系中。由于 CB、BD 段是无荷区段，所以直接用直线连接 CB、BD 即得此两段的弯矩图。AC 段有均布荷载作用，所以先用虚线连接 AC，再在此基础上叠加相应简支梁在均布荷载作用下的弯矩图就可得该段的弯矩图[图 10-22(c)]。

10.6 梁横截面上的正应力与梁的正应力强度

梁在弯曲时横截面上一般同时有剪力 $\boldsymbol{F}_S$ 和弯矩 M 两种内力。剪力引起剪应力，弯矩引起弯曲正应力。下面先研究梁在弯矩作用下引起的弯曲正应力及正应力强度。

一、梁在纯弯曲时横截面上的正应力

图 10-23(a)所示简支梁的 *CD* 段,其横截面上只有弯矩而无剪力[图 10-23(b)、(c)],这样的弯曲称为**纯弯曲**。*AC*、*DB* 段横截面上既有弯矩又有剪力,这种弯曲称为剪切弯曲。

为了使问题简化,和研究圆轴扭转变形一样,我们在分析梁纯弯曲横截面上的正应力时,从变形的几何关系、物理关系、静力平衡关系三方面来分析。

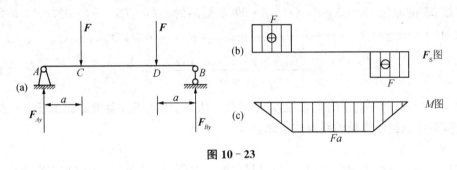

图 10-23

1. 变形的几何关系

取具有竖向对称轴的等直截面梁(以矩形截面梁为例),在梁受弯曲前先在梁的表面画上许多与轴线平行的纵向直线和与轴线垂直的横向直线[图 10-24(a)],然后在梁的两端施加力偶 *M*,使梁产生纯弯曲[图 10-24(b)],此时可以看到如下现象:

(1) 所有的纵向直线受弯变形后,都被弯成向下凸的曲线,其中靠近凹面的纵向直线缩短了,而靠近凸面的纵向直线伸长了。

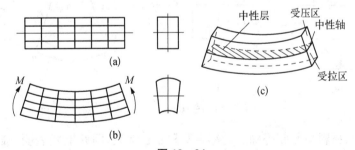

图 10-24

(2) 所有的横向直线受弯变形后仍保持为直线,可是相对转过了一个角度,其中左边一侧的横向直线顺时针转,而右边一侧的横向直线逆时针转,但各横向线仍与弯成曲线的纵向线垂直。

根据所看到的表面现象,由表及里地推测梁的内部变形,作出两个假设。

平面假设:梁的横截面在弯曲变形前为平面,在受弯变形后仍保持为平面,且垂直于弯成曲线的轴线。

单向受力假设:将梁看成由无数根纵向纤维组成,各纤维只受到轴向拉伸或压缩,不存在相互挤压现象。

根据以上假设,靠近凹面的纵向纤维缩短了,靠近凸面的纵向纤维伸长了。由于变形具

有连续性,因此,纵向纤维从缩短到伸长,之间必有一层纤维既不伸长也不缩短,这层纤维称为**中性层**。中性层与横截面的交线称为**中性轴**[图 10－24(c)]。中性轴将横截面分为受拉区域和受压区域。

从纯弯曲梁中取出一微段 dx,如图 10－25(a)所示。图 10－25(b)为梁的横截面,设 y 轴为纵向对称轴,z 轴为中性轴。图 10－25(c)为该微段纯弯曲变形后的情况。其中 O_1O_2 为中性层,O 为两横截面 m_1m_2 和 n_1n_2 旋转后的交点,ρ 为中性层的曲率半径,两个截面间变形后的夹角是 $d\theta$,现求距中性层为 y 的任意一层纤维 ab 的线应变。

纤维 ab 的原长 $\overline{ab}=dx=O_1O_2=\rho \cdot d\theta$,变形后的 $a_1b_1=(\rho+y) \cdot d\theta$,所以 ab 纤维的线应变为

$$\varepsilon = \frac{(\rho+y) \cdot d\theta - \rho \cdot d\theta}{\rho \cdot d\theta} = \frac{y}{\rho} \qquad (10-4)$$

对长度、材料与截面都确定的梁来说,ρ 是常数。所以上式表明:**梁横截面上任一点处的纵向线应变与该点到中性轴的距离成正比。**

2. 物理关系

根据纵向纤维的单向受力假设,当材料在线弹性范围内变形时,根据胡克定律可得

$$\sigma = E\varepsilon = E\frac{y}{\rho} \qquad (10-5)$$

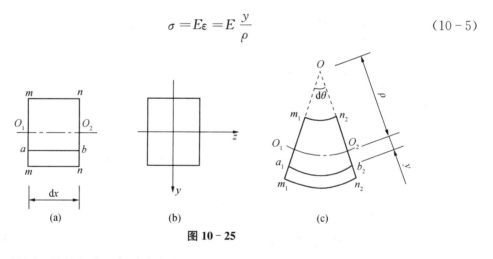

图 10－25

由于对长度、材料与截面都确定的梁,E 和 ρ 是常数,因此上式表明:**横截面上任意一点处的正应力与该点到中性轴的距离成正比。即弯曲正应力沿梁高度按线性规律分布**(图 10－26)。

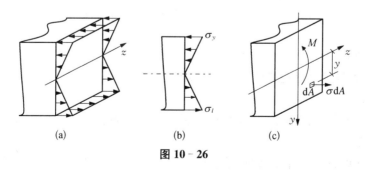

图 10－26

3. 静力平衡关系

式(10-5)只给出了正应力的分布规律,但因中性轴的位置尚未确定,曲率半径 ρ 的大小也不知道,故不能利用此式求出正应力。需利用静力平衡关系进一步导出正应力的计算式。

在横截面上 K 点处取一微面积 $\mathrm{d}A$, K 点到中性轴的距离为 y, K 点处的正应力为 σ,则各微面积上的法向分布内力 $\sigma \mathrm{d}A$ 组成一空间平行力系[图 10-26(c)]。因为在横截面上无轴力,只有弯矩,由此得

$$\sum F_x = 0 \qquad\qquad \int_A \sigma \mathrm{d}A = 0 \tag{10-6}$$

$$\sum M_z(\boldsymbol{F}) = 0 \qquad\qquad \int_A \sigma y \mathrm{d}A = M \tag{10-7}$$

将式(10-5)代入式(10-6)得

$$\int_A E \frac{y}{\rho} \mathrm{d}A = \frac{E}{\rho} \int_A y \mathrm{d}A = 0$$

即
$$\int_A y \mathrm{d}A = 0$$

上式表明截面对中性轴的静矩等于零。由此可知,**中性轴 z 必然通过横截面的形心。**

将式(10-5)代入式(10-7)得

$$\int_A E \frac{y}{\rho} y \mathrm{d}A = \frac{E}{\rho} \int_A y^2 \mathrm{d}A = \frac{E}{\rho} I_z = M$$

式中 $I_z = \int_A y^2 \mathrm{d}A$ 是横截面对中性轴的惯性矩。于是得梁弯曲时中性层的曲率表达式为

$$\frac{1}{\rho} = \frac{M}{EI_z} \tag{10-8}$$

式(10-8)是研究梁弯曲变形的基本公式。$\dfrac{1}{\rho}$ 表示梁的弯曲程度。EI_z 表示梁抵抗弯曲变形的能力,称为梁的**抗弯刚度**。将此式代入式(10-5)得

$$\sigma = \frac{M}{I_z} y \tag{10-9}$$

式(10-9)即为梁纯弯曲时横截面上正应力的计算公式。它表明:**梁横截面上任意一点的正应力 σ 与截面上的弯矩 M 和该点到中性轴的距离 y 成正比,而与截面对中性轴的惯性矩 I_z 成反比。**

在计算时,弯矩 M 和需求点到中性轴的距离 y 按正值代入公式。而正应力的性质(正负)可根据弯矩及所求点的位置来判断。

正应力公式的适用条件如下:

(1) 梁横截面上的最大正应力不超过材料的比例极限。

(2) 式(10-9)虽然是根据梁的纯弯曲推导出来的,对于同时受剪力和弯矩作用的梁,当梁的跨度 l 与横截面高度 h 之比 $\dfrac{l}{h} > 5$ 时,剪应力的存在对正应力的影响很小,可忽略不

计,所以此式也可用于计算同时受剪力和弯矩作用的梁横截面上的正应力。

二、梁弯曲时的最大正应力

对于等直梁而言,截面对中性轴的惯性矩 I_z 不变,所以弯矩 M 越大正应力就越大,y 越大正应力也越大。如果截面的中性轴同时又是对称轴(例如矩形、工字形等),则最大正应力发生在绝对值最大的弯矩所在的截面,且离中性轴最远的点上,当梁受横力弯曲时,上面公式仍然适用,所以

$$\sigma_{max} = \frac{M_{max} y_{max}}{I_z} = \frac{M_{max}}{W_z} \qquad (10-10)$$

式中:$W_z = I_z / y_{max}$ 称为**抗弯截面系数**。如果截面的中性轴不是截面的对称轴(例如 T 形截面),则最大正应力可能发生在最大正弯矩或最大负弯矩所在的截面。

例 10 - 13 如图 10 - 27 所示,矩形截面简支梁受均布荷载 q 作用。已知 $q = 4\ kN/m$,梁的跨度 $L = 3\ m$,高 $h = 180\ mm$,宽 $b = 120\ mm$。试求:

(1) C 截面上 a、b、c 三点处的应力。

(2) 梁内最大正应力及其所在位置。

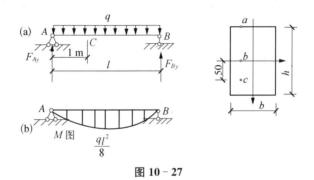

图 10 - 27

解 (1) 求支座反力

$$F_{Ay} = F_{By} = \frac{1}{2}qL = 6\ kN(\uparrow)$$

(2) 计算 C 截面各点的正应力

C 截面的弯矩 $\qquad M_C = 6 \times 1 - 4 \times 1 \times \frac{1}{2} = 4\ kN \cdot m$

截面对中性轴的惯性矩 $\qquad I_z = \frac{bh^3}{12} = \frac{1}{12} \times 120 \times 180^3 = 58.3 \times 10^6\ mm^4$

抗弯截面系数 $\qquad W_z = \frac{I_z}{y_{max}} = \frac{bh^2}{6} = 64.8 \times 10^4\ mm^3$

C 截面 a、b、c 各点的正应力

$$\sigma_a = -\frac{4 \times 10^6 \times 90}{58.3 \times 10^6} = -6.17\ MPa(压)$$

$$\sigma_b = 0$$

$$\sigma_c = \frac{4 \times 10^6 \times 50}{58.3 \times 10^6} = 3.43 \text{ MPa(拉)}$$

（3）计算梁内最大正应力

梁的弯矩图如图 10-27(b)所示，$M_{max} = \frac{1}{8}qL^2 = \left(\frac{1}{8} \times 4 \times 3^2\right) \text{kN} \cdot \text{m} = 4.5 \text{ kN} \cdot \text{m}$。

由此可见，梁内最大正应力发生在跨中截面的上下边缘处，其中最大拉应力发生在跨中截面的下边缘处，最大压应力发生在跨中截面的上边缘处，其值为

$$\sigma_{max} = \frac{M_{max}}{W_z} = \frac{4.5 \times 10^6}{64.8 \times 10^4} = 6.94 \text{ MPa}$$

三、梁的正应力强度

为了保证梁能安全正常的工作，必须使梁内的最大正应力不能超过材料的许用应力 $[\sigma]$，这就是梁的正应力强度条件。

对于抗拉和抗压能力相同的塑性材料，其正应力的强度条件为

$$\sigma_{max} = \frac{M_{max}}{W_z} \leqslant [\sigma] \tag{10-11}$$

而对于抗拉和抗压能力不同的脆性材料，其正应力的强度条件分别为

$$\sigma_{l\,max} \leqslant [\sigma_t] \tag{10-12a}$$
$$\sigma_{y\,max} \leqslant [\sigma_c] \tag{10-12b}$$

利用正应力的强度条件可以解决与强度有关的三类问题：强度校核、设计截面尺寸和确定许可载荷。

例 10-14 外伸梁的受力情况及其截面尺寸如图 10-28(a)所示，材料的许用拉应力 $[\sigma_t] = 30 \text{ MPa}$，许用压应力 $[\sigma_c] = 70 \text{ MPa}$。试校核梁的正应力强度。

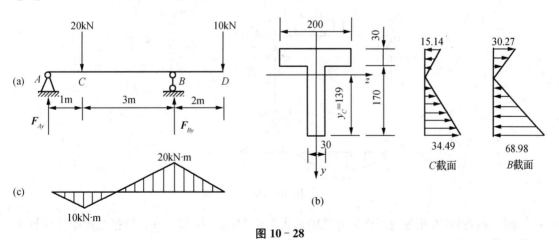

图 10-28

解 （1）求支座反力

$$F_{Ay} = 10 \text{ kN}(\uparrow) \qquad\qquad F_{By} = 20 \text{ kN}(\uparrow)$$

（2）计算截面几何性质

如图 10－28(b)所示，截面形心 C 的位置为

$$y_c = \frac{200 \times 30 \times 185 + 170 \times 30 \times 85}{200 \times 30 + 170 \times 30} = 139 \text{ mm}$$

截面对中性轴 z 的惯性矩为

$$I_z = \frac{200 \times 30^3}{12} + 200 \times 30 \times 46^2 + \frac{30 \times 170^3}{12} + 170 \times 30 \times 54^2 = 40.3 \times 10^6 \text{ mm}^4$$

（3）画弯矩图，计算梁内最大拉、压应力

梁的弯矩图如图 10－28(c)所示，由于中性轴 z 不是截面的对称轴，所以最大正弯矩所在的截面 C 和最大负弯矩所在的截面 B 都可能存在最大拉、压应力。

计算 C 截面：
$$\sigma_{t\max} = \frac{10 \times 10^6 \times 139}{40.3 \times 10^6} = 34.49 \text{ MPa}$$

$$\sigma_{c\max} = -\frac{10 \times 10^6 \times 61}{40.3 \times 10^6} = -15.14 \text{ MPa}$$

B 截面：
$$\sigma_{t\max} = \frac{20 \times 10^6 \times 61}{40.3 \times 10^6} = 30.27 \text{ MPa}$$

$$\sigma_{c\max} = -\frac{20 \times 10^6 \times 139}{40.3 \times 10^6} = -68.98 \text{ MPa}$$

可见梁内最大拉应力发生在 C 截面的下边缘，其值为 $\sigma_{t\max} = 34.49 \text{ MPa}$，最大压应力发生在 B 截面的下边缘，其值为 $\sigma_{c\max} = 68.98 \text{ MPa}$。

（4）校核强度。因为 $\sigma_{t\max} = 34.49 \text{ MPa} > [\sigma_t]$，所以 C 截面的抗拉强度不够，梁将会沿 C 截面（下边缘开始）发生破坏。

例 10－15　图 10－29(a)所示工字形截面外伸梁，已知材料的许用应力 $[\sigma] = 140 \text{ MPa}$，试选择工字型号。

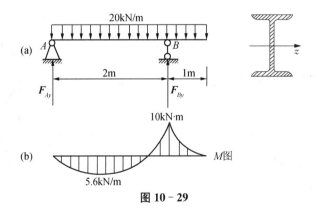

图 10－29

解　画弯矩图，根据弯矩图可知梁的最大弯矩 $M_{\max} = 10 \text{ kN} \cdot \text{m}$。根据强度条件计算梁的抗弯截面系数

$$W_z \geqslant \frac{M_{\max}}{[\sigma]} = \frac{10 \times 10^6}{140} = 71.43 \times 10^3 \text{ mm}^3 = 71.43 \text{ cm}^3$$

根据 W_z 值在型钢表中查得型号为 12.6 工字钢,其 $W_z = 77.5\ \text{cm}^3$,与 $71.43\ \text{cm}^3$ 相近,故选择型钢的型号为 12.6 工字钢。

10.7　梁的合理截面形状

一般情况下,梁受弯曲时,其强度主要取决于梁的正应力强度,即

$$\sigma_{\max} = \frac{M_{\max}}{W_z} \leqslant [\sigma]$$

由强度条件可知,当梁的最大弯矩和材料确定后,梁的强度只与抗弯截面系数 W_z 有关。抗弯截面系数越大,最大正应力就越小,梁的强度就越高。加大截面尺寸可以增大抗弯截面系数,但这会增加工程造价。所以应该在材料用量(截面 A)一定的情况下,使抗弯截面系数 W_z 尽可能增大,这就要选择合理的截面形状。

一、根据抗弯截面系数与截面面积的比值选择截面

合理的截面形状应该是在截面面积相同的情况下具有较大的抗弯截面系数。例如在面积相同的情况下,工字型截面比矩形截面合理;矩形截面竖放要比横放合理;圆环形截面要比圆形截面合理。

梁弯曲时的正应力沿横截面高度呈线性分布,最大值分布在离中性轴最远的边缘各点,由于靠近梁截面中性轴附近的正应力很小,这部分材料没有得到充分的利用。为了合理利用材料,应将大部分材料布置在距中性轴较远处,以提高梁的抗弯能力和材料的利用率,这样的截面是合理的。所以,在工程上常采用工字形、圆环形、箱形等截面形状(图10-30)。建筑中常用的空心板也是根据这个道理制作的(图10-31)。

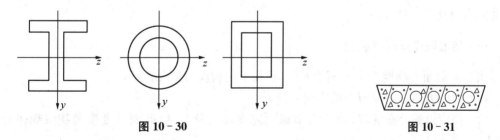

图 10-30　　　　　　　　　　　　　　　　　　　图 10-31

二、根据材料的特性选择截面

对于抗拉和抗压强度相同的材料,一般采用对称于中性轴的横截面(如矩形、工字形、圆形等截面),使上、下边缘的最大拉应力和最大压应力相等,同时达到材料的许用应力值比较合理。

对于抗拉和抗压强度不相等的材料,最好选择不对称于中性轴的横截面(如 T 形、平放置的槽形等截面),使得截面受拉、受压的边缘到中性轴的距离与材料的抗拉、抗压的许用应力成正比,使截面上的最大拉应力和最大压应力同时达到许用应力(图10-32)。即

$$\frac{y_1}{y_2} = \frac{[\sigma_y]}{[\sigma_l]}$$

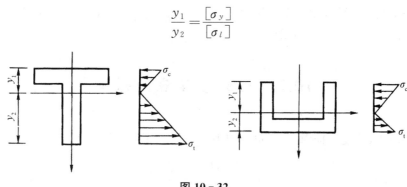

图 10 - 32

三、采用变截面梁

等截面梁的强度计算,都是根据危险截面上的最大弯矩值来确定截面尺寸的,但是梁内其他截面的弯矩值都小于最大弯矩值,这些截面处的材料都未能得到充分利用。为了充分利用材料,应当在弯矩较大处采用较大的横截面,而在弯矩较小处采用较小的横截面。这种根据弯矩大小使截面发生变化的梁称为变截面梁。若使每一横截面上的最大正应力都恰好等于材料的许用应力,这样的梁称为等强度梁。

显然,等强度梁是最合理的构造形式。但是,由于等强度梁外形复杂,加工制造较困难,所以工程上一般只采用近似等强度梁的变截面梁。如阶梯梁既符合结构上的要求,在强度上也是合理的。房屋建筑中阳台及雨篷的挑梁就是一种变截面梁。

10.8 梁的剪应力与剪应力强度

前面分析了梁弯曲时横截面上的正应力及其强度,本节将简单介绍梁弯曲时横截面上的剪应力及其强度计算。

一、矩形截面梁的剪应力

当矩形截面的高度 h 大于宽度 b 时,截面上的剪应力情况如下:

(1) 剪应力的方向与剪力的方向一致。

(2) 剪应力的分布规律:剪应力沿截面宽度均匀分布,沿截面高度按抛物线规律分布
[图 10 - 33(a)]。

(3) 剪应力的计算公式

$$\tau = \frac{F_S S_z^*}{I_z b} \tag{10 - 13}$$

式中:τ——横截面上任一点处的剪应力(N/m^2);

　　　F_S——横截面上的剪力(N);

　　　I_z——横截面对中性轴的惯性矩(m^4);

　　　b——所求点处横截面的宽度(m);

S_z^*——所求点处水平线以下(或以上)部分面积对中性轴的静矩(m^3)。

(4) 最大剪应力。矩形截面的最大剪应力发生在中性轴各点上,是截面平均剪应力的1.5倍。其计算公式为

$$\tau_{max} = \frac{F_S S_{zmax}^*}{I_z b} = 1.5 \frac{F_S}{A} \qquad (10-14)$$

式中:S_{zmax}^*——中性轴以上(或以下)部分面积对中性轴的静矩(m^3);

$\quad A$——矩形截面面积(m^2)。

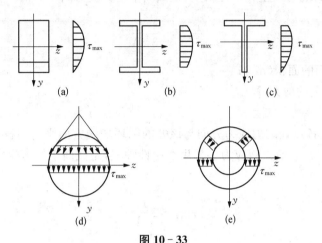

图 10-33

二、其他形状截面梁的剪应力

1. 工字形截面梁的剪应力

工字形截面由腹板和翼缘两部分组成[图 10-33(b)],翼缘上的剪应力情况较复杂,其数值较小,一般可不必计算。而腹板上的剪应力其方向和分布规律与矩形截面相同,即沿腹板宽度均匀分布,沿腹板高度按抛物线规律分布。最大剪应力出现在中性轴各点,在翼缘和腹板的交界处也存有较大的剪应力。其计算公式为

$$\tau = \frac{F_S S_z^*}{I_z d} \qquad (10-15)$$

式中:I_z——整个工字形截面对中性轴的惯性矩(m^4);

$\quad S_z^*$——所求点处水平线以下(或以上)至边缘部分面积对中性轴的静矩(m^3);

$\quad d$——所求点处腹板的宽度(m)。

最大剪应力的计算公式为

$$\tau_{max} = \frac{F_S S_{zmax}^*}{I_z d} = \frac{F_S}{\dfrac{I_z}{S_{zmax}^*} d} \qquad (10-16)$$

式中:S_{zmax}^*——中性轴以下(或以上)至边缘部分面积对中性轴的静矩(m^3)。

工程上,为了简化计算,也可**近似地认为**,工字形截面横截面上的剪力,由横截面的腹板

部分承担,在横截面的**腹板部分均匀分布。**

2. T 形截面梁的剪应力

T 形截面也是由翼缘和腹板组成。翼缘部分剪应力较复杂,且数值小,一般不作分析。腹板部分剪应力的分布规律、计算与工字形腹板部分的剪应力相同[图 10 - 33(c)]。

3. 圆形截面梁的剪应力

圆形截面梁横截面上的剪应力比较复杂。与中性轴等远处各点的剪应力方向汇交于该处截面宽度线两端切线的交点,且与剪力平行的竖向分量沿截面宽度方向均匀分布[图 10 - 33(d)]。最大剪应力发生在中性轴上,是截面平均剪应力的 4/3 倍。其计算公式为

$$\tau_{\max} = \frac{4}{3} \frac{F_S}{A} \qquad (10 - 17)$$

式中:A——圆截面的面积(m^2);

F_S——截面上的剪力(N)。

4. 圆环形截面梁的剪应力

圆环形截面上各点处的剪应力方向与该处的圆环切线方向平行,且沿圆环厚度方向均匀分布[图 10 - 33(e)],最大剪应力也发生在中性轴上,是截面平均剪应力的 2 倍。其计算公式为

$$\tau_{\max} = 2 \frac{F_S}{A} \qquad (10 - 18)$$

式中:A——圆环形截面面积(m^2)。

例 10 - 16 矩形截面简支梁受均布荷载 q 作用。已知 $q = 4\ kN/m$,梁的跨度 $L = 3\ m$,高 $h = 180\ mm$,宽 $b = 120\ mm$。计算 C 截面上 a、b、c 各点的剪应力及全梁的最大剪应力。

解 (1)画出梁的剪力图[图 10 - 34(b)]

$$F_{Sc} = 2\ kN, \quad F_{S\max} = 6\ kN$$

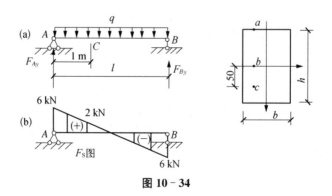

图 10 - 34

(2)计算 C 截面各点的切应力

$$\tau_a = 0$$

$$\tau_b = 1.5 \frac{F_{Sc}}{A} = 1.5 \times \frac{2 \times 10^3}{180 \times 120} = 0.14\ MPa$$

$$\tau_c = \frac{F_{Sc}S_z^*}{I_z d} = \frac{2 \times 10^3 \times 40 \times 120 \times 70}{\dfrac{120 \times 180^3}{12} \times 120} = 0.096 \text{ MPa}$$

（3）计算梁内最大剪应力

最大剪应力发生在 A 偏右、B 偏左截面的中性轴各点上，其值为

$$\tau_{\max} = 1.5 \frac{F_{\text{Smax}}}{A} = 1.5 \times \frac{6 \times 10^3}{180 \times 120} = 0.42 \text{ MPa}$$

三、剪应力强度计算

梁内最大剪应力发生在剪力最大的截面的中性轴上，所以梁的剪应力强度条件为最大剪应力不能超过许用剪应力，即

$$\tau_{\max} \leqslant [\tau] \tag{10-19}$$

梁的强度必须同时满足正应力强度条件和剪应力强度条件。正应力强度起着主要作用，但在以下几种情况下也需作剪应力强度计算。

（1）跨度与横截面高度比值较小的粗短梁，或在支座附近作用有较大的集中荷载，使梁内出现弯矩较小而剪力很大的情况。

（2）木梁。梁在剪切弯曲时，横截面中性轴上有较大的剪应力，根据剪应力互等定理，梁在中性层上将产生与截面中性轴相等的剪应力。由于木梁在顺纹方向的抗剪能力较差，有可能在中性层上发生剪切破坏。

（3）对于组合截面钢梁，当横截面的腹板厚度与高度之比小于型钢截面的相应比值时，需校核剪应力强度。

例 10-17　木梁的受力情况如图 10-35(a)所示，试校核梁的强度。已知材料的许用应力 $[\sigma] = 12 \text{ MPa}$，$[\tau] = 1.2 \text{ MPa}$。

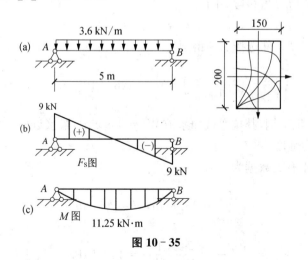

图 10-35

解　（1）画梁的弯矩图和剪力图。由图 10-35(b)、(c)可知

$$M_{\max} = 11.25 \text{ kN} \cdot \text{m} \qquad F_{\text{Smax}} = 9 \text{ kN}$$

（2）校核正应力强度。最大正应力发生在跨中截面的上、下边缘处。

$$\sigma_{max}=\frac{M_{max}}{W_z}=\frac{11.25\times10^6}{\dfrac{1}{6}\times150\times200^2}=11.25\ \text{MPa}<[\sigma]$$

梁满足正应力强度条件。

（3）校核剪应力强度。最大剪应力发生在 A 偏右、B 偏左截面的中性轴上。

$$\tau_{max}=1.5\frac{F_{Smax}}{A}=1.5\times\frac{9\times10^3}{150\times200}=0.45\ \text{MPa}<[\tau]$$

可见梁也满足剪应力强度条件。

例 10-18　如图 10-36(a)所示的工字形截面外伸梁，试选择工字钢的型号。已知材料的许用应力 $[\sigma]=160$ MPa，$[\tau]=100$ MPa。

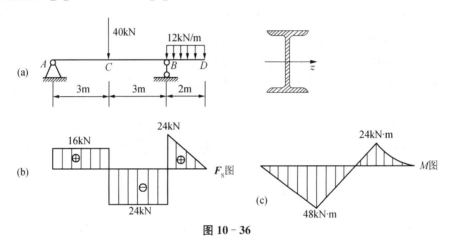

图 10-36

解　（1）画梁的剪力图和弯矩图

由图可知：　　　　　$F_{Smax}=24$ kN，$M_{max}=48$ kN·m

（2）按正应力强度条件选择工字钢型号

$$W_z\geqslant\frac{M_{max}}{[\sigma]}=\left(\frac{48\times10^6}{160}\right)\ \text{mm}^3=0.3\times10^6\ \text{mm}^3=300\ \text{cm}^3$$

查型钢表，选用 22a 工字钢，其抗弯截面系数 $W_z=309$ cm³，最接近而又大于 300 cm³。

（3）校核剪应力强度

按型号 22a 查得有关数据为

$$\frac{I_z}{S_{zmax}^*}=18.9\ \text{cm},\ d=7.5\ \text{mm}$$

所以　　　　　$$\tau_{max}=\frac{F_{Smax}}{\dfrac{I_z}{S_{zmax}^*}d}=\frac{24\times10^3}{189\times7.5}=16.9\ \text{MPa}<[\tau]$$

可见满足剪应力强度条件，因此选用 22a 工字钢。

10.9 梁 的 变 形

一、梁弯曲变形的概念

梁在外力作用下会产生变形,为了满足使用要求,工程上要求梁的变形不超过许用的范围,即要有足够的刚度。

如图 10 - 37 所示为一悬臂梁,取直角坐标系 xAy, x 轴向右为正, y 轴向下为正, xAy 平面与梁的纵向对称平面是同一平面。梁受外力作用后,轴线由直线变成一条连续而光滑的曲线,称为**挠曲线**,或弹性曲线。

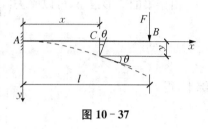

图 10 - 37

梁各点的水平位移略去不计。梁的变形可用下述两个位移来描述。

(1)梁任一横截面的形心沿 y 轴方向的线位移,称为该截面的**挠度**,用 y 表示。 y 以向下为正,其单位是 m 或 mm。

(2)梁任一横截面相对于原来位置所转过的角度,称为该截面的**转角**,用 θ 表示。 θ 以顺时针转动为正,其单位是 rad。

梁在变形过程中,各横截面的挠度和转角都随截面位置 x 而变化,所以挠度 y 和转角 θ 可表示为 x 的连续函数。即

$$y = y(x)$$
$$\theta = \theta(x)$$

上面两式分别称为梁的**挠曲线方程**和**转角方程**。由图 10 - 37 可知,在小变形的情况下,梁内任一截面的转角 θ 就等于挠曲线在该截面处的切线的斜率。即

$$\theta \approx \tan \theta = \frac{\mathrm{d}y}{\mathrm{d}x} = y'$$

因此,只要求出梁的挠曲线方程 $y = y(x)$,就可求得梁任一截面的挠度 y 和转角 θ。

二、挠曲线近似微分方程

在本章 10.6 中,已推导出梁在纯弯曲时的曲率式(10 - 8),即

$$\frac{1}{\rho} = \frac{M}{EI_z}$$

如果忽略剪力对变形的影响,则上式也可以用于梁剪切弯曲的情形。弯矩 M 和相应的曲率半径 ρ 均随截面位置而变化,是 x 的函数。所以

$$\frac{1}{\rho(x)} = \frac{M(x)}{EI_z}$$

在高等数学中,平面曲线的曲率公式为

$$\frac{1}{\rho} = \pm \frac{\dfrac{\mathrm{d}^2 y}{\mathrm{d}x^2}}{\left[1 + \left(\dfrac{\mathrm{d}y}{\mathrm{d}x}\right)^2\right]^{\frac{3}{2}}}$$

由于梁的变形很小,可以略去 $\left(\dfrac{\mathrm{d}y}{\mathrm{d}x}\right)^2$,上式又可近似地写为

$$\frac{1}{\rho} = \pm \frac{\mathrm{d}^2 y}{\mathrm{d}x^2} = y''$$

综上,得

$$\frac{\mathrm{d}^2 y}{\mathrm{d}x^2} = \pm \frac{M(x)}{EI_z}$$

式中的正负号,取决于坐标系的选择和弯矩正负号的规定。弯矩 M 的正负号仍按以前规定,即以使梁下侧受拉为正;坐标系 y 以向下为正。当弯矩为正值时,挠曲线下凸,而 $\dfrac{\mathrm{d}^2 y}{\mathrm{d}x^2}$ 为负值,即弯矩 M 与 $\dfrac{\mathrm{d}^2 y}{\mathrm{d}x^2}$ 恒为异号。故有

$$\frac{\mathrm{d}^2 y}{\mathrm{d}x^2} = -\frac{M(x)}{EI_z} \tag{10-20}$$

式(10-20)即为梁的挠曲线近似微分方程。

三、用积分法求梁的变形

对于等直梁,抗弯刚度 EI_z 为常数,对式(10-20)两边积分一次,得转角方程为

$$\theta = \frac{\mathrm{d}y}{\mathrm{d}x} = -\frac{1}{EI_z} \int M(x) \, \mathrm{d}x + C \tag{10-21}$$

两边再积分一次,得挠曲线方程为

$$y = -\frac{1}{EI_z} \int \left[\int M(x)\,\mathrm{d}x\right] \mathrm{d}x + Cx + D \tag{10-22}$$

式中的 C、D 为积分常数。积分常数可利用梁的边界条件和连续条件来确定。所谓边界条件就是梁在支座处的已知挠度和已知转角。例如悬臂梁在固定端的挠度 $y=0$,转角 $\theta=0$。简支梁在两个铰支座处的挠度都等于零。所谓连续条件就是梁的挠曲线在梁上各点处都是连续的。

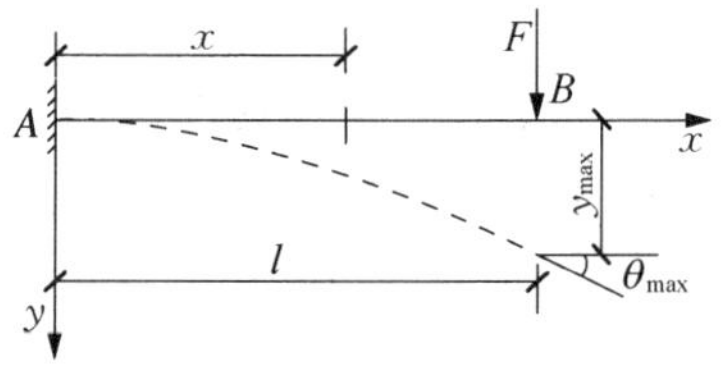

例 10-19 悬臂梁的受力情况如图 10-38 所示,EI_z 为常数,试求梁最大挠度和最大转角。

解 (1)取图示坐标系,列弯矩方程

$$M(x) = -F(l-x) \qquad (0 < x \leqslant l)$$

图 10-38

（2）写出挠曲线近似微分方程

$$EI_z\frac{\mathrm{d}^2 y}{\mathrm{d}x^2}=-M(x)=Fl-Fx$$

将上式积分一次得

$$EI_z\frac{\mathrm{d}y}{\mathrm{d}x}=EI_z\theta=Flx-\frac{1}{2}Fx^2+C$$

积分两次得

$$EI_z y=\frac{1}{2}Flx^2-\frac{1}{6}Fx^3+Cx+D$$

（3）确定积分常数。边界条件 $x=0$ 时

$$y_A=0,\ \theta_A=0$$

将上式代入两次积分所得式

$$C=0\qquad\qquad D=0$$

（4）写出挠度方程和转角方程

挠度方程为
$$y=\frac{1}{EI_z}\left(\frac{1}{2}Flx^2-\frac{1}{6}Fx^3\right)$$

转角方程为
$$\theta=\frac{1}{EI_z}\left(Flx-\frac{1}{2}Fx^2\right)$$

（5）计算梁最大挠度和最大转角。根据梁挠曲线的大致形状可知,最大挠度和最大转角都发生在梁的自由端 B 处。

当 $x=l$ 时,　　　　$y_{max}=\dfrac{Fl^3}{3EI_z}(\downarrow)$　　　　　　$\theta_{max}=\dfrac{Fl^2}{2EI_z}(\circlearrowright)$

例 10 - 20　如图 10 - 39 所示,简支梁的 EI_z 为常数,写出梁的转角方程和挠度方程。

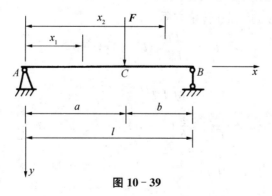

图 10 - 39

解　（1）求支座反力

$$F_{Ay}=\frac{Fb}{l}(\uparrow),\ F_{By}=\frac{Fa}{l}(\uparrow)$$

（2）列弯矩方程

AC 段：$\qquad M(x_1) = \dfrac{Fb}{l}x_1 \qquad\qquad\qquad (0 \leqslant x_1 \leqslant a)$

CB 段：$\qquad M(x_2) = \dfrac{Fb}{l}x_2 - F(x_2 - a) \qquad\qquad (a \leqslant x_2 \leqslant l)$

（3）写出各段的挠曲线近似微分方程并积分

AC 段：
$$EI_z \frac{\mathrm{d}^2 y_1}{\mathrm{d}x_1^2} = -\frac{Fb}{l}x_1$$

$$EI_z \theta_1 = -\frac{Fb}{2l}x_1^2 + C_1$$

$$EI_z y_1 = -\frac{Fb}{6l}x_1^3 + C_1 x_1 + D_1$$

CB 段：
$$EI_z \frac{\mathrm{d}^2 y_2}{\mathrm{d}x_2^2} = -\frac{Fb}{l}x_2 + F(x_2 - a)$$

$$EI_z \theta_2 = -\frac{Fb}{2l}x_2^2 + \frac{1}{2}F(x_2 - a)^2 + C_2$$

$$EI_z y_2 = -\frac{Fb}{6l}x_2^3 + \frac{1}{6}F(x_2 - a)^3 + C_2 x_2 + D_2$$

（4）确定积分常数

边界条件：$x_1 = 0$ 时，$\qquad y_1 = 0$
$\qquad\qquad\quad x_2 = l$ 时，$\qquad y_2 = 0$

连续条件：$x_1 = x_2 = a$ 时，$\theta_1 = \theta_2, y_1 = y_2$.

综合上式得

$$C_1 = C_2 = \frac{Fb}{6EI_z l}(l^2 - b^2)$$

$$D_1 = D_2 = 0$$

（5）写出各段的挠度方程和转角方程

AC 段：
$$\theta_1 = \frac{Fb}{6EI_z l}(l^2 - 3x_1^2 - b^2)$$

$$y_1 = \frac{Fbx_1}{6EI_z l}(l^2 - x_1^2 - b^2)$$

CB 段：
$$\theta_2 = \frac{Fb}{6EI_z l}\left[\frac{3l}{b}(x - a)^2 + l^2 - b^2 - 3x^2\right]$$

$$y_2 = \frac{Fb}{6EI_z l}\left[\frac{l}{b}(x - a)^3 + (l^2 - b^2)x - x^3\right]$$

四、叠加法求梁的变形

梁的挠曲线近似微分方程是在小变形、材料服从胡克定律的条件下导出的，其挠度和转角与外荷载成线性关系，因此在求解变形时，也可采用叠加法。当梁同时作用几种荷载时，可以先分别求出每种简单荷载单独作用下梁的挠度或转角，然后进行叠加，即得几种荷载共同作用下的挠度或转角,这种方法称为叠加法。

各种常见简单荷载作用下梁的挠度和转角如表 10－3 所示。

表 10－3 梁在简单荷载作用下挠度和转角

序号	梁的简图	挠曲线方程	转角	最大挠度
1		$y = \dfrac{Fx^2(3l-x)}{6EI_z}$	$\theta_B = \dfrac{Fl^2}{2EI_z}$	$y_B = \dfrac{Fl^3}{3EI_z}$
2		$y = \dfrac{Fx^2}{6EI_z}(3a-x)$ $(0 \leqslant x \leqslant a)$ $y = \dfrac{Fa^2}{6EI_z}(3x-a)$ $(a \leqslant x \leqslant l)$	$\theta_B = \dfrac{Fa^2}{2EI_z}$	$y_B = \dfrac{Fa^2}{6EI_z}(3l-a)$
3		$y = \dfrac{qx^2}{24EI_z}(x^2-4lx+6l^2)$	$\theta_B = \dfrac{ql^3}{6EI_z}$	$y_B = \dfrac{ql^4}{8EI_z}$
4		$y = \dfrac{Mx^2}{2EI_z}$	$\theta_B = \dfrac{Ml}{EI_z}$	$y_B = \dfrac{Ml^2}{2EI_z}$
5		$y = \dfrac{Fx}{48EI_z}(3l^2-4x^2)$ $\left(0 \leqslant x \leqslant \dfrac{l}{2}\right)$	$\theta_A = -\theta_B$ $= \dfrac{Fl^2}{16EI_z}$	$y_c = \dfrac{Fl^3}{48EI_z}$
6		$y = \dfrac{Fbx}{6EI_zl}(l^2-x^2-b^2)$ $(0 \leqslant x \leqslant a)$ $y = \dfrac{Fb}{6EI_zl}\left[\dfrac{l}{b}(x-a)^3 + (l^2-b^2)x - x^3\right]$ $(a \leqslant x \leqslant l)$	$\theta_A =$ $\dfrac{Fab(l+b)}{6EI_zl}$ $\theta_B =$ $-\dfrac{Fab(l+a)}{6EI_zl}$	设 $a > b$ 在 $x = \sqrt{\dfrac{l^2-b^2}{3}}$ 处 $y_{max} = \dfrac{\sqrt{3}Fb}{27EI_zl}(l^2-b^2)^{3/2}$ 在 $x = \dfrac{l}{2}$ 处 $y_{l/2} = \dfrac{Fb}{48EI_z}(3l^2-4b^2)$

序号	梁的简图	挠曲线方程	转角	最大挠度
7		$y = \dfrac{qx}{24EI_z}(l^3 - 2lx^2 + x^3)$	$\theta_A = -\theta_B$ $= \dfrac{ql^3}{24EI_z}$	在 $x = l/2$ 处 $y_{max} = \dfrac{5ql^4}{384EI_z}$
8		$y = \dfrac{Mx}{6EI_z l}(l-x)(2l-x)$	$\theta_A = \dfrac{ml}{3EI_z}$ $\theta_B = -\dfrac{ml}{6EI_z}$	在 $x = \left(1 - \dfrac{1}{\sqrt{3}}\right)l$ 处 $y_{max} = \dfrac{ml^2}{9\sqrt{3}EI_z}$ 在 $x = l/2$ 处 $y_{l/2} = \dfrac{ml^2}{16EI_z}$
9		$y = \dfrac{Mx}{6EI_z l}(l^2 - x^2)$	$\theta_A = \dfrac{ml}{6EI_z}$ $\theta_B = -\dfrac{ml}{3EI_z}$	在 $x = l/\sqrt{3}$ 处 $y_{max} = \dfrac{ml^2}{9\sqrt{3}EI_z}$ 在 $x = l/2$ 处 $y_{l/2} = \dfrac{ml^2}{16EI_z}$
10		$y = -\dfrac{Fax}{6EI_z l}(l^2 - x^2)$ $(0 \leqslant x \leqslant l)$ $y = \dfrac{F(l-x)}{6EI_z l}$ $[(x-l)^2 - 3ax + al]$ $[l \leqslant x \leqslant (l+a)]$	$\theta_A = -\dfrac{Fal}{6EI_z}$ $\theta_B = \dfrac{Fal}{3EI_z}$ $\theta_C = \dfrac{Fa(2l+3a)}{6EI_z}$	$y_c = \dfrac{Fa^2}{3EI_z}(l+a)$
11		$y = -\dfrac{Mx}{6EI_z l}(l^2 - x^2)$ $(0 \leqslant x \leqslant l)$ $y = \dfrac{M}{6EI_z}(3x^2 - 4xl + l^2)$ $[l \leqslant x \leqslant (l+a)]$	$\theta_A = -\dfrac{Ml}{6EI_z}$ $\theta_B = \dfrac{Ml}{3EI_z}$ $\theta_C = \dfrac{M}{3EI_z}(l+3a)$	$y_c = \dfrac{Ma}{6EI_z}(2l+3a)$
12		$y_1 = -\dfrac{qa^2 x}{12EI_z l}(l^2 - x^2)$ $(0 \leqslant x \leqslant l)$ $y_2 = \dfrac{q(x-l)}{24EI_z}$ $[2a^2(3x-l) + (x-l)^2(x-l-4a)]$ $[l \leqslant x \leqslant (l+a)]$	$\theta_A = -\dfrac{qa^2 l}{12EI_z}$ $\theta_B = \dfrac{qa^2 l}{6EI_z}$ $\theta_C = \dfrac{qa^2(l+a)}{6EI_z}$	$y_C = \dfrac{qa^3}{24EI_z}(4l+3a)$

例 10-21　如图 10-40 所示悬臂梁同时受到均布荷载 q 和集中荷载 F 的作用,试用叠加法计算梁的最大挠度。设 EI_z 为常数。

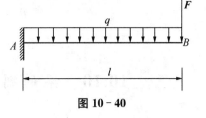

图 10-40

解　由表 10-3 查得,悬臂梁在均布荷载作用下自由端 B 有最大挠度,其值为

$$y_B^q = \frac{ql^4}{8EI_z}(\downarrow)$$

悬臂梁在集中力 F 作用下自由端 B 有最大挠度,其值为

$$y_B^F = \frac{Fl^3}{3EI_z}(\downarrow)$$

因此,在荷载 q 和 F 共同作用下,自由端 B 处有最大挠度,其值为

$$y_{\max} = y_B^q + y_B^F = \frac{ql^4}{8EI_z} + \frac{Fl^3}{3EI_z}(\downarrow)$$

例 10-22　简支梁受荷情况如图 10-41 所示,已知 $F_1 = F_2 = F$,抗弯刚度 EI_z 为常数。试用叠加法计算梁跨中截面的挠度和转角。

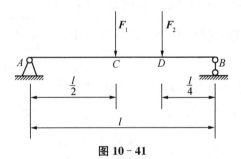

图 10-41

解　查表 10-3 得,梁在 F_1 单独作用下,跨中的挠度和转角分别为

$$y_{1c} = \frac{Fl^3}{48EI_z}(\downarrow)$$

$$\theta_{1c} = 0$$

梁在 F_2 单独作用下,跨中挠度和转角分别为

$$y_{2c} = \frac{Fb}{48EI_z}(3l^2 - 4b^2) = \frac{F \times \dfrac{l}{4}\left(3l^2 - 4 \times \dfrac{l^2}{16}\right)}{48EI_z} = \frac{11Fl^3}{768EI_z}(\downarrow)$$

$$\theta_{2c} = \frac{Fb}{6EI_z l}(l^2 - 3x^2 - b^2) = \frac{F \times \dfrac{l}{4}}{6EI_z l}\left(l^2 - \frac{3}{4}l^2 - \frac{l^2}{16}\right) = \frac{Fl^2}{128EI_z}(\circlearrowright)$$

所以,梁在 F_1 和 F_2 共同作用下,跨中挠度和转角分别为

$$y_C = y_{1c} + y_{2c} = \frac{Fl^3}{48EI_z} + \frac{11Fl^3}{768EI_z} = \frac{9Fl^3}{256EI_z}(\downarrow)$$

$$\theta_c = \theta_{1c} + \theta_{2c} = \frac{Fl^2}{128EI_z} (\circlearrowright)$$

10.10 梁的刚度条件与提高梁刚度的措施

一、梁的刚度条件

在工程中,梁除了要满足强度条件外,还要满足刚度条件。梁的刚度条件为

$$\frac{y_{\max}}{l} \leqslant \left[\frac{y}{l}\right] \tag{10-23}$$

式中,$\dfrac{y_{\max}}{l}$ 为梁的最大挠跨比;$\left[\dfrac{y}{l}\right]$ 为梁的许用挠跨比。梁的许用挠跨比可从设计规范中查得,一般在规定在 $\dfrac{1}{1\,000} \sim \dfrac{1}{200}$ 之间。

例 10 - 23 简支梁由型号为 45a 工字钢制成,其受力情况如图 10 - 42(a)所示。已知材料的许用应力 $[\sigma]=$ 170 MPa,$\left[\dfrac{y}{l}\right]=\dfrac{1}{500}$,材料的弹性模量为 $E=210$ GPa,试校核梁的强度和刚度。

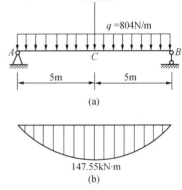

图 10 - 42

解 (1) 作梁的弯矩图[图 10 - 42(b)]。由图可知

$$M_{\max} = 147.55 \text{ kN} \cdot \text{m}$$

(2) 校核梁的强度。由型钢表,查得型号为 45a 工字钢,惯性矩 $I_z = 3\,2240 \text{ cm}^4$,抗弯截面系数 $W_z = 1\,430 \text{ cm}^3$。

则梁内最大正应力

$$\sigma_{\max} = \frac{M_{\max}}{W_z} = \left(\frac{147.55 \times 10^6}{1\,430 \times 10^3}\right) \text{ N/mm}^2 = 103.18 \text{ MPa} < [\sigma]$$

所以梁满足强度要求。

(3) 校核梁的刚度。用叠加法计算梁跨中的挠度为

$$
\begin{aligned}
y_{\max} &= y_q + y_F = \frac{5ql^4}{384EI_z} + \frac{Fl^3}{48EI_z} \\
&= \frac{5 \times 804 \times 10^4 \times 10^9}{384 \times 210 \times 10^3 \times 32\,240 \times 10^4} + \frac{55 \times 10^3 \times 10^{12}}{48 \times 210 \times 10^3 \times 32\,240 \times 10^4} \\
&= 18.5 \text{ mm}
\end{aligned}
$$

$$\frac{y_{\max}}{l} = \frac{18.5}{10\,000} = 0.001\,85 < \left[\frac{y}{l}\right] = \frac{1}{500} = 0.00\,2$$

梁满足刚度要求,所以此梁安全。

二、提高梁刚度的措施

要提高梁的刚度,应从影响梁刚度的各个因素来考虑。梁的挠度和转角与作用在梁上的荷载、梁的跨度、支座条件及梁的抗弯刚度有关,因此,要降低挠度,提高刚度,应综合考虑梁上的荷载、梁的跨度、支座条件及梁的抗弯刚度等因素,可采用以下措施:

1. 增大梁的抗弯刚度

增大抗弯刚度 EI,可以减小最大挠度,从而提高梁的刚度。但对于同种材料(如钢材),弹性模量 E 值相差不大,要改变弹性模量 E 值,必须用 E 值较大的材料代替 E 值较小的材料,才能提高刚度;另一方面增大截面的惯性矩,也可以提高梁的抗弯刚度,这就需要选择合理的截面形状。

2. 减小梁的跨长或改变梁的支座条件

梁的跨长对梁的挠度影响很大,要降低挠度,就要设法减小梁的跨长,或在跨长不变的情况下,增加梁的支座,如图 10 - 43(b)所示。也可以在条件许可的情况下,移动支座,如图 10 - 43(c)所示。

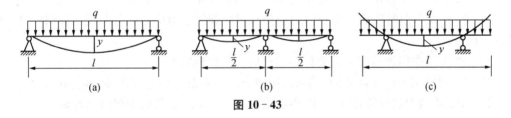

图 10 - 43

3. 改善荷载的分布情况

在许可的情况下,适当的调整梁的荷载作用方式,可以降低弯矩,从而减小梁的变形。例如,在简支梁跨中作用有集中力 F 时,最大挠度为 $y_{max} = \dfrac{Fl^3}{48EI_z}$。若将集中力改为均布荷载 q,且 $F = ql$,则最大挠度为 $y_{max} = \dfrac{5Fl^3}{384EI_z}$,仅为集中力作用时的 62.5%。

【小　结】

1. 受平面弯曲的梁,一般情况下,梁上任一截面,都有剪力和弯矩两项内力,剪力规定以顺时针为正,弯矩规定使梁的下侧纤维受拉为正;剪力图上要标注正负,弯矩图必须画在梁的受拉一侧。

2. 弯矩作用引起梁横截面上有正应力,剪力作用引起梁横截面上有剪应力。

3. 梁的变形可以用挠曲线近似微分方程经过二次积分求得。

4. 梁在使用中必须满足正应力强度条件与剪应力强度条件,同时还要满足刚度条件。

【思考题与习题】

10 - 1. 什么是弯曲变形? 什么是平面弯曲变形? 产生平面弯曲变形的条件是什么?

10-2. 计算梁某截面上的剪力 F_S 和弯矩 M 时,什么情况下必须按 F_S^L (偏左)和 F_S^R (偏右), M^L (偏左)和 M^R (偏右)来计算? 什么情况下可直接计算该截面上的剪力和弯矩? 试计算图 10-44 中 A、B、C、D、E 各截面的剪力和弯矩。

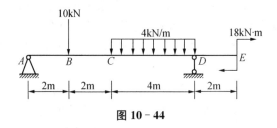

图 10-44

10-3. 简述在梁的无荷载区域、向下的均布荷载区段、集中力和集中力偶的作用处剪力图和弯矩图有哪些特征?

10-4. 什么是叠加原理? 叠加原理成立的条件是什么? 利用叠加法画弯矩图时要注意什么?

10-5. 在推导梁的正应力公式时作了哪些假设? 假设的依据是什么?

10-6. 什么是中性层? 什么是中性轴? 如何确定中性轴的位置?

10-7. 梁在弯曲时横截面上正应力的分布规律如何? 剪应力的分布规律如何? 试对两者进行比较。

10-8. 简述在何种情况下需要作梁的剪应力强度校核?

10-9. 利用积分法计算梁的变形时,如何利用边界条件和连续条件确定积分常数?

10-10. 用截面法计算图 10-45 中各梁指定 1-1,2-2 截面的剪力和弯矩。

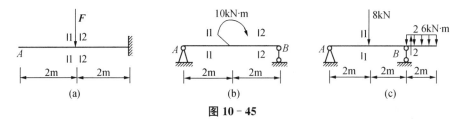

图 10-45

10-11. 用截面法计算图 10-46 中各梁 A、B、C 截面的剪力和弯矩。

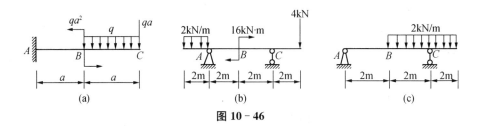

图 10-46

10-12. 试画图 10-45 中各梁的剪力图和弯矩图。

10-13. 试画图 10-46 中各梁的剪力图和弯矩图。

10-14. 用叠加法或区段叠加法画图 10-47 中各梁的弯矩图。

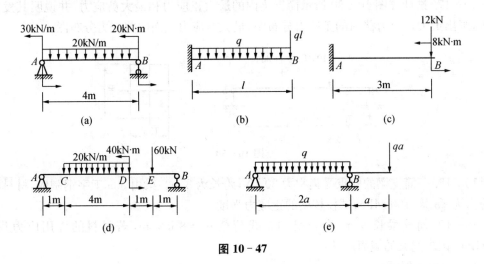

图 10 − 47

10 - 15. 试求图 10 - 48 所示 T 形截面梁内的最大拉、压应力,并画出该截面的正应力分布图。

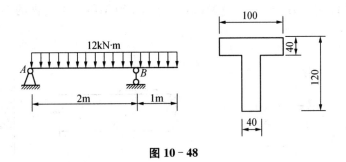

图 10 − 48

10 - 16. 求图 10 - 49 所示矩形截面梁 A 右邻截面上 a、b、c 三点处的正应力和剪应力。

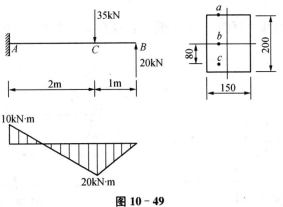

图 10 − 49

10-17. 试计算图 10-50 所示简支梁内的最大正应力和最大剪应力,并说明其发生的位置,画出最大正应力截面的正应力分布图,最大剪应力截面的剪应力分布图。

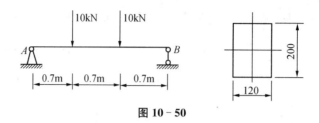

图 10-50

10-18. 一简支梁的中点受集中力 20 kN,跨长为 8 m。梁由 30a 工字钢制成,材料的许用应力为 $[\sigma]=100$ MPa,试校核梁的正应力强度。

10-19. 简支梁长 5 m,全长受均布线荷载 $q=8$ kN/m,若材料的许用应力 $[\sigma]=12$ MPa,试求此梁的截面尺寸:

(1) 选用圆形截面;

(2) 选用矩形截面,其高宽比 $h/b=3/2$。

10-20. 某工字钢外伸梁受荷情况如图 10-51 所示。已知 $l=6$ m, $F=30$ kN, $q=6$ kN/m,材料的许用应力 $[\sigma]=170$ MPa, $[\tau]=100$ MPa。工字钢的型号为 22a。试校核此梁是否安全。

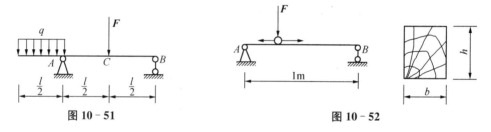

图 10-51   图 10-52

10-21. 如图 10-52 所示木梁受一可移动的荷载 $F=40$ kN 作用,已知材料的许用应力 $[\sigma]=10$ MPa, $[\tau]=3$ MPa。木梁的横截面为矩形,其高宽比为 $h/b=3/2$。试选择此梁的截面尺寸。

10-22. 试用积分法计算图 10-53 所示梁 B 截面的挠度 y_B 和转角 θ_B。梁的 EI_z 为常数。

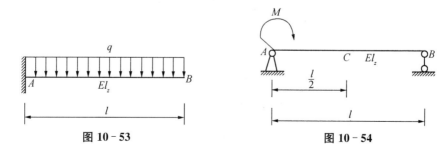

图 10-53   图 10-54

10-23. 试用积分法计算图 10-54 所示梁 C 截面的挠度 y_C 和 A 截面的转角 θ_A。梁的 EI_z 为常数。

10-24. 试用叠加法计算图 10-55 所示各梁截面 A 的挠度,截面 B 的转角。梁的 EI_z 为常数。

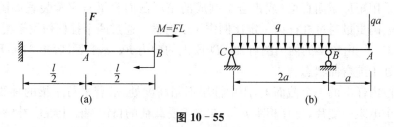

图 10-55

10-25. 一简支梁用 20a 工字钢制成,其受力情况如图 10-56 所示,材料的弹性模量 $E = 200\,\text{GPa}$,$\left[\dfrac{y}{l}\right] = \dfrac{1}{400}$,试校核梁的刚度。

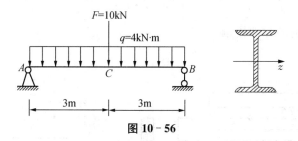

图 10-56

附:

实验三 纯弯曲梁正应力电测实验

一、实验目的

1. 用电测法测定矩形截面简支梁受纯弯曲时横截面上弯曲正应力的大小及其分布规律,并与理论值进行比较,以验证弯曲正应力公式正确性。

2. 熟悉电测实验的基本原理和操作方法,掌握该方法在工程中的应用。

二、实验仪器和设备

1. 弯曲实验装置;

2. 电阻应变仪及预调平衡箱;

3. 游标卡尺及钢卷尺。

三、实验原理

梁受纯弯曲时的正应力计算公式为:

$$\sigma = \frac{M}{I_z} y$$

式中:M—作用在横截面上的弯矩;

I_z—横截面对其中性轴 z 的惯性矩;

y—由欲求应力点到中性轴的距离。

本实验采用矩形截面直梁(或铝合金制成的箱形截面直梁),实验装置如图 10-57 所示。施加的砝码重量通过杠杆以一定比例作用于附梁。通过两个挂杆作用于梁上 C、D 处的载荷各为 $F/2$。由该梁的内力图可知 CD 段上的剪力 F_S 等于零,弯矩 $M=Fa/2$。因此梁上 CD 段处于纯弯曲状态。

在 CD 段内任选的一个截面上,距中性层不同高度处,沿着平行于梁的轴线方向,等距离地粘贴七个电阻应变片,每片相距 $h/6$,在梁不受载荷的自由端贴上温度补偿片。

试验时,采用半桥接法将各测点的工作应变片和温度补偿应变片连接在应变电桥的相邻桥臂上,按照电阻应变仪的操作规程将电桥预调平衡,加载后即可从电阻应变仪上读出 $\varepsilon_\text{实}$。

由于纤维之间不相互挤压,故可根据胡克定律求出弯曲正应力的实验值

$$\sigma_\text{实}=E \cdot \varepsilon_\text{实} \tag{10-24}$$

式中:E—梁所用材料的弹性模量。

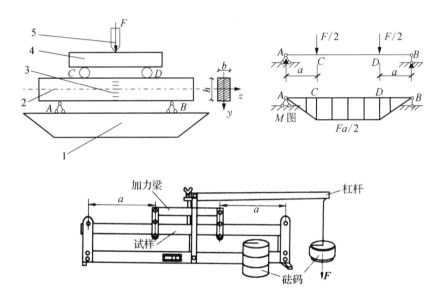

1-试验机活动台;2-支座;3-试样;4-试验机压头;5-加力梁;6-电阻应变片

图 10-57 纯弯曲正应力试验台

本实验采用"增量法"加载,每次增加等量的载荷 ΔF 并相应地测定各点的应变增量 $\Delta \varepsilon_\text{实}$。取应变增量的平均值 $\overline{\Delta \varepsilon_\text{实}}$,依次求出各点应力增量 $\Delta \sigma_\text{实}$。

$$\Delta \sigma_\text{实}=E \cdot \overline{\Delta \varepsilon_\text{实}} \tag{10-25}$$

将 $\Delta \sigma_\text{实}$ 实值与理论公式算出的应力增量

$$\Delta \sigma_\text{理}=\frac{\Delta M \cdot y}{I_z} \tag{10-26}$$

进行比较,计算出截面上各测点的应力增量实验值与理论值的误差。其计算公式为

$$\eta = \frac{\Delta\sigma_{\text{理}} - \Delta\sigma_{\text{实}}}{\Delta\sigma_{\text{理}}} \times 100\% \tag{10-27}$$

以验证弯曲正应力公式的正确性。

四、实验方法与步骤

1. 粘贴电阻应变片,焊接好引出线。

2. 用游标卡尺和钢卷尺测量矩形截面的宽度 b 和高度 h,载荷作用点到梁支点的距离 a。

3. 根据梁的尺寸和加载形式,估算实验时能施加的最大载荷 $F_{\max}$,并按 3～5 级的增量级数确定分级载荷 ΔF。

4. 将各测点的工作应变片导线和温度补偿片导线接到预调平衡箱的相关接线柱上(注意导线连接牢靠,各接线柱要旋紧)。然后根据电阻应变片的灵敏系数 K 值,调整电阻应变仪的灵敏系数,使之与电阻应变片的灵敏系数相对应,再逐步预调各测点的平衡。

5. 各点预调平衡后,将切换测点的旋钮返回起始点,再逐点检查一下所测各点预调平衡是否有变化,如不平衡则需反复调整各点,直到平衡为止。

6. 正式加载测试,每次加载后都要逐点测量并记录其应变读数,直到七个点全部测完为止。

五、实验数据处理

根据测得的应变增量的平均值 $\Delta\varepsilon_{\text{实}}$,应用胡克定律式(10-25)计算出各相应的应力增量 $\Delta\sigma_{\text{实}}$,根据式(10-26)计算出各测点的理论应力增量值 $\Delta\sigma_{\text{理}}$。

比较实测值与理论值,并根据式(10-27)计算出截面上各测点的应力增量与理论值的相对误差。对位于梁中性层处的测点,因其 $\Delta\sigma_{\text{理}} = 0$,故仅需计算其绝对误差。

六、实验记录及实验结果

1. 试件、梁装置的数据记录:将试件、梁装置的数据填入到表 10-4。

表 10-4

梁截面宽度 b(mm)	梁截面高度 h(mm)	截面惯性矩 $I_z = \dfrac{bh^3}{12}$(mm⁴)	梁的跨度 l(mm)	加力点到梁支座的距离 a(mm)	梁材料弹性模量 E(MPa)	应变仪灵敏系数 K

2. 测点的坐标值 y_i(至中性轴的距离):将测点的坐标值 y_i 填入到表 10-5。

表 10-5

测点	1	2	3	4	5	6	7
y_i(mm)							

3. 荷载和应变仪读数记录:将荷载和应变仪读数记录填入到表 10-6。

表 10 - 6

荷载(N)		应变仪读数 $\varepsilon(10^{-6})$												
		测点 1		测点 2		测点 3		测点 4		测点 5		测点 6		测点 7	
F	ΔF	ε_1	$\Delta\varepsilon_1$	ε_2	$\Delta\varepsilon_2$	ε_3	$\Delta\varepsilon_3$	ε_4	$\Delta\varepsilon_4$	ε_5	$\Delta\varepsilon_5$	ε_6	$\Delta\varepsilon_6$	ε_7	$\Delta\varepsilon_7$
$\Delta F_{平均}=$		$\Delta\varepsilon_{1平均}=$		$\Delta\varepsilon_{2平均}=$		$\Delta\varepsilon_{3平均}=$		$\Delta\varepsilon_{4平均}=$		$\Delta\varepsilon_{5平均}=$		$\Delta\varepsilon_{6平均}=$		$\Delta\varepsilon_{7平均}=$	

4. 计算实验结果:计算正应力增量实测值及理论值,填入到表 10 - 7。

表 10 - 7

测点		1	2	3	4	5	6	7
实测正应力(MPa)	$\Delta\sigma_{i实测}=E\Delta_{\varepsilon i平均}$							
理论正应力(MPa)	$\Delta\sigma_{i理论}=\pm\dfrac{\Delta M y_i}{I_z}$							
误差(%)	$\left|\dfrac{\Delta\sigma_{i理论}-\Delta\sigma_{i实测}}{\Delta\sigma_{i理论}}\times100\right|$							

5. 绘制正应力分布图:在同一坐标系中绘出实测正应力及理论正应力沿截面高度分布图。

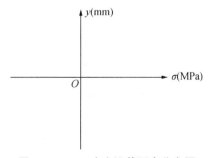

图 10 - 58　正应力沿截面高分布图

七、实验结果分析

1. 正应力实测结果与理论计算值是否一致？如不一致,影响实验结果正确性的主要因素是什么？

2. 若中性轴上的正应力不等于零,其原因是什么？

3. 弯曲正应力的大小是否会受材料弹性模量 E 的影响？为什么？

答案扫一扫

第十一章　压杆稳定

【学习目标】

理解稳定与失稳的概念;掌握用欧拉公式计算压杆的临界荷载与临界应力,了解压杆的临界应力总图;理解压杆稳定条件及其实用计算。

11.1　平衡的三种形态与压杆稳定的概念

在前面各章中,讨论了构件的强度计算问题,现在讨论稳定问题。

一、平衡的三种形态

如图 11-1 所示的小球,小球在 A、B、C 三个位置虽然都可以保持平衡,但这些平衡状态却具有不同的性质。

1. 如图 11-1(a)所示小球在曲面槽内 A 的位置保持平衡,这时若有一微小干扰力使小球离开 A 的位置,则当干扰力消失后,小球能自己回到原来的位置 A,继续保持平衡。小球在 A 处的平衡状态称为**稳定的平衡状态**。

2. 如图 11-1(b)所示小球在凸面上 B 的位置保持平衡,此时只需有一个微小的干扰力使小球离开 B 的位置,则当干扰力消失后,小球不但不能回到原来的位置 B,而且还会继续下滚。小球在 B 处的平衡状态称为**不稳定的平衡状态**。

3. 如图 11-1(c)所示的小球,在平面 C 处平衡,若此时受微小干扰力干扰,小球从 C 处移到 C_1 处,当干扰力消失后,小球既不能回到原来的位置,又不会继续移动,而是在受干扰后的新位置 C_1 处,保持了新的平衡。小球在 C 处的平衡状态称为**临界平衡状态**。

显然小球平衡状态的稳定或不稳定与曲面的形状有关。曲面由凹面变为凸面,小球的平衡状态由稳定变为不稳定。而如图 11-1(c)所示的小球受干扰后,既不能回到原来 C 的平衡位置,又不会继续移动,介于稳定的平衡状态与不稳定的平衡状态之间,但是已具有不稳定平衡状态的特点,可以认为是不稳定平衡状态的开始,称为**临界状态**。

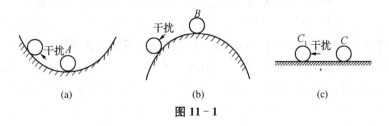

图 11-1

二、压杆稳定的概念

在前面讨论受压直杆的强度问题时,认为只要满足杆受压时的强度条件,就能保证压杆的正常工作。然而,在事实上,这个结论只适用于短粗压杆。而细长压杆在轴向压力作用下,其破坏的形式却呈现出与强度问题截然不同的现象。如图 11-2 所示,一根长 300 mm 的钢制直杆,其横截面的宽度和厚度分别为 20 mm 和 1 mm,材料的抗压许用应力等于 170 MPa,如果按照其抗压强度计算,其抗压承载力约为 3 400 N。但是实际上,在压力尚不到 40 N 时,杆件就发生了明显的弯曲变形,丧失了其在直线形状下保持平衡的能力,从而导致破坏。显然,该受压杆的破坏不属于强度性质的问题,而属于即将讨论的压杆稳定的范畴。

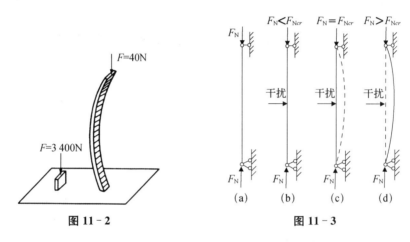

图 11-2

图 11-3

一根理想的中心受压杆,平衡状态也有稳定与不稳定的区别。为了说明问题,取如图 11-3(a)所示的等直细长杆,在其两端施加轴向压力 F_N,使杆在直线形状下处于平衡,此时,如果给杆以微小的侧向干扰力,使杆发生微小的弯曲,然后撤去干扰力,则当杆承受的轴向压力数值不同时,其结果也截然不同。

1. 如图 11-3(b)所示,当杆承受的轴向压力数值 F_N 小于某一数值 F_{Ncr} 时,在撤去干扰力以后,杆能自动恢复到原有的直线平衡状态而保持平衡,这种原有的直线平衡状态称为**稳定的平衡**。

2. 如图 11-3(c)所示,当杆承受的轴向压力数值 F_N 逐渐增大到等于某一数值 F_{Ncr} 时,即使撤去干扰力,杆仍然处于微弯形状,不能再自动恢复到原有的直线平衡状态,但也不继续弯曲,这种原有的直线平衡状态就是**临界的平衡**。

3. 如图 11-3(d)所示,当杆承受的轴向压力数值 F_N 逐渐增大到超过某一数值 F_{Ncr} 时,撤去干扰力,杆不但不能恢复到原有的直线平衡状态,而且仍然会继续弯曲产生显著的变形,甚至发生突然破坏,这种原有的直线平衡状态就是**不稳定的平衡**。

上述现象表明,在轴向压力 F_N 从小逐渐增大的过程中,压杆由稳定的平衡转变为不稳定的平衡,这种现象称为压杆**丧失稳定性**或者压杆**失稳**。显然压杆是否失稳取决于轴向压力的数值,压杆由直线形状的稳定的平衡过渡到不稳定的平衡,具有临界的性质,此时所对应的轴向压力称为压杆的临界压力或临界力,用 F_{Ncr} 表示。当压杆所受的轴向压力 F_N 小

于 F_{Ncr} 时,杆件就能够保持稳定的平衡,这种性能称为压杆具有**稳定性**;而当压杆所受的轴向压力 F_N 等于或者大于 F_{Ncr} 时,杆件就不能保持稳定的平衡而**失稳**。

压杆经常被应用于各种工程实际中,例如内燃机的连杆(图 11-4)和液压装置的活塞杆(图 11-5),这些构件在处于图示位置时,均承受压力。虽然这些受压构件,不会受人为的干扰力作用,但是由于制造误差可能造成**初始弯曲**、**轴向力不一定完全与轴线重合**等因素,相当于作用了干扰力。所以此时必须考虑其稳定性,以免产生压杆失稳破坏。

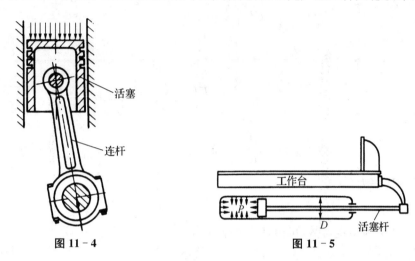

图 11-4　　　　　　　　　　　　　　图 11-5

11.2　临界压力与临界应力

一、细长压杆临界压力计算公式——欧拉公式

从上面的讨论可知,压杆在临界压力作用下,其直线形状的平衡将由稳定的平衡转变为不稳定的平衡,此时,即使撤去侧向干扰力,压杆仍然将保持在微弯状态下的平衡。但是,如果压力超过这个临界力,弯曲变形将明显增大。所以,上面使压杆在微弯状态下保持平衡的最小的轴向压力,即为压杆的临界压力。当压杆受临界压力作用时,只要受到微小的干扰力,就不能维持原有的平衡状态,所以对受压杆件,必须将其承受的轴向压力控制在临界压力之内,才能维持原有的平衡状态而不失稳。下面介绍不同约束条件下压杆的临界力计算公式。

1. 两端铰支细长杆的临界压力计算公式——欧拉公式

设两端铰支长度为 l 的细长杆,在轴向压力 F_N 的作用下保持微弯平衡状态,如图 11-6 所示。

根据前面第十章的讨论结果,杆小变形时挠曲线近似微分方程为

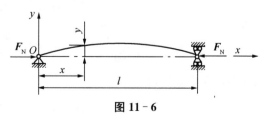

图 11-6

$$EI \frac{\mathrm{d}^2 y}{\mathrm{d}x^2} = M(x) \tag{a}$$

如图 11-6 所示的坐标系中，坐标 x 处横截面上的弯矩为

$$M(x) = -F_N y \tag{b}$$

将(b)代入(a)，得

$$EI \frac{\mathrm{d}^2 y}{\mathrm{d}x^2} = -F_N y \tag{c}$$

若令

$$k^2 = \frac{F_N}{EI} \tag{d}$$

式(c)可写成

$$\frac{\mathrm{d}^2 y}{\mathrm{d}x^2} + k^2 y = 0 \tag{e}$$

此微分方程的通解为

$$y = A\sin kx + B\cos kx \tag{f}$$

上式中的 A 和 B 为待定常数，可由杆边界条件确定。

边界条件为：在 $x=0$ 处，$y=0$；在 $x=l$ 处，$y=0$。

将第一个边界条件代入(f)，得

$$B = 0$$

于是，式(f)改写为

$$y = A\sin kx \tag{g}$$

上式表示挠曲线为一正弦曲线，若将第二个边界条件代入式(g)，则

$$A\sin kl = 0$$

可得 $\qquad\qquad A=0$ 或 $\sin kl = 0$

若 $A=0$，则由式(g)可知，$y=0$，表示压杆未发生弯曲，这与杆产生微弯曲的前提矛盾，因此必有

$$\sin kl = 0$$

由上述条件可得

$$kl = n\pi \quad (n = 0, 1, 2, \cdots) \tag{h}$$

或 $\qquad\qquad k^2 = \frac{n^2 \pi^2}{l^2}$

将式(d)代入上式，可得

$$F_N = \frac{n^2 \pi^2 EI}{l^2} \qquad (n = 0, 1, 2, \cdots) \tag{i}$$

上式表明,当压杆处于微弯平衡状态时,在理论上压力 F_N 是多值的。由于临界力应是压杆在微弯形状下保持平衡的**最小轴向压力**,所以在上式中取 F_N 的最小值。但若取 $n=0$,则压力 $F_N=0$,表明杆上并无压力,这不符合上面所讨论的情况。因此,取 $n=1$,可得临界力为

$$F_{Ncr} = \frac{\pi^2 EI}{l^2} \tag{11-1}$$

式(11-1)即为**两端铰支细长杆的临界压力**计算公式,称为**欧拉公式**。

从欧拉公式可以看出,细长压杆的临界力 F_{Ncr} 与压杆的弯曲刚度成正比,而与杆长 l 的平方成反比。

应当指出,若杆两端为**球铰支座**,它对端截面任何方向的转角均没有限制,此时式(11-1)中的 I 应为横截面的**最小惯性矩**。在临界力作用下,即

$$k = \frac{\pi}{l}$$

由式(g)可得

$$y = A \sin \frac{\pi x}{l}$$

即**两端铰支压杆在临界力作用下的挠曲线为半波正弦曲线**,A 为杆中点的挠度,可为任意的微小位移。

2. 其他约束情况下细长压杆的临界力

杆端为其他约束的细长压杆,由于杆端的约束不同,其约束力、临界状态下**挠曲线的形态**也就不同,临界压力也就不同,但是分析方法与求解过程基本相似,所以其临界力计算公式可参考前面的方法导出,或采用类比的方法得到。关键是找出这些压杆受临界力作用时其挠曲线中半波正弦曲线的长度。

经验表明,具有相同挠曲线形状的压杆,其临界力计算公式也相同。于是,可将两端铰支约束压杆的挠曲线形状取为基本情况,而将其他杆端约束条件下压杆的挠曲线形状与之进行对比,从而得到相应杆端约束条件下压杆临界力的计算公式。为此,可将欧拉公式写成统一的形式

$$F_{Ncr} = \frac{\pi^2 EI}{(\mu l)^2} \tag{11-2}$$

式中 μl 称为**折算长度**,表示将杆端约束条件不同的压杆计算长度 l 折算成两端铰支压杆的长度,μ 称为**长度系数**。

如图11-7所示,一端固定一端铰支的细长压杆的挠曲线形状,其中有部分长度为 $0.7l$ 的挠曲线形状,是一半波正弦曲线,即当将其原长度乘以 0.7 的长度系数后,就与长度为 $0.7l$ 的两端铰支压杆相同。所以,一端固定一端铰支的细长压杆的长度系数等于 0.7。

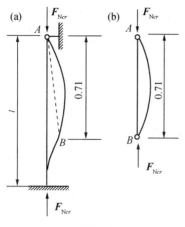

图 11-7

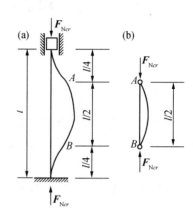

图 11-8

如图 11-8 所示，两端固定的细长压杆的挠曲线形状，其中有部分长度为 $0.5l$ 的挠曲线形状，是一半波正弦曲线，即当将其原长度乘以 0.5 的长度系数后，就与长度为 $0.5l$ 的两端铰支压杆相同。所以，两端固定的细长压杆的长度系数等于 0.5。

如图 11-9 所示，一端固定一端自由的细长压杆的挠曲线形状，其长度为 $2l$ 的挠曲线形状，形成一半波正弦曲线，即当将其原长度乘以 2 的长度系数后，就与长度为 $2l$ 的两端铰支压杆相同。所以，一端固定一端自由的细长压杆的长度系数等于 2。

几种不同杆端约束情况下的长度系数 μ 值列于表 11-1 中。

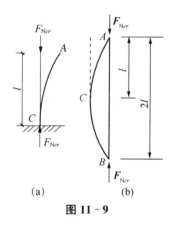

图 11-9

表 11-1 压杆长度系数

支承情况	两端铰支	一端固定一端铰支	两端固定	一端固定一端自由
μ 值	1.0	0.7	0.5	2
挠曲线形状				

例 11 - 1　如图 11 - 10 所示,一端固定另一端自由的细长压杆,其杆长 $l=2$ m,截面形状为矩形,$b=20$ mm、$h=45$ mm,材料的弹性模量 $E=200$ GPa。试计算该压杆的临界力。若把截面改为 $b=h=30$ mm,而保持长度不变,则该压杆的临界力又为多大?

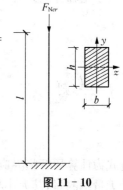

图 11 - 10

解:(1) 计算截面的惯性矩

由前述可知,该压杆必在 xy 平面内失稳,故计算惯性矩

$$I_y = \frac{hb^3}{12} = \left(\frac{45 \times 20^3}{12}\right) \text{ mm}^4 = 3.0 \times 10^4 \text{ mm}^4$$

(2) 计算临界力

查表 11 - 1 得 $\mu=2$,因此临界力为

$$F_{cr} = \frac{\pi^2 EI}{(\mu l)^2} = \left[\frac{\pi^2 \times 200 \times 10^9 \times 3 \times 10^{-8}}{(2 \times 2)^2}\right] \text{N} = 3\ 701 \text{ N} = 3.70 \text{ kN}$$

(3) 当截面改为 $b=h=30$ mm 时

压杆的惯性矩为

$$I_y = I_z = \frac{b h^3}{12} = \left(\frac{30^4}{12}\right) \text{ mm}^4 = 6.75 \times 10^4 \text{ mm}^4$$

代入欧拉公式,可得

$$F_{cr} = \frac{\pi^2 EI}{(\mu l)^2} = \left[\frac{\pi^2 \times 200 \times 10^9 \times 6.75 \times 10^{-8}}{(2 \times 2)^2}\right] \text{N} = 8\ 330 \text{ N} = 8.33 \text{ kN}$$

从以上两种情况分析,其横截面面积相等,支承条件也相同,但是,计算得到的临界压力后者比前者大许多。可见在材料用量相同的条件下,选择恰当的截面形式可以提高细长压杆的临界力。

二、欧拉公式的适用范围

1. 临界应力和柔度

前面导出了计算压杆临界力的欧拉公式,当压杆在临界力 $\boldsymbol{F}_{\text{Ncr}}$ 作用下处于直线状态的平衡时,其横截面上的压应力等于临界力 F_{Ncr} 除以横截面面积 A,称为临界应力,用 σ_{cr} 表示,即

$$\sigma_{cr} = \frac{F_{\text{Ncr}}}{A}$$

将式(11 - 2)代入上式,得

$$\sigma_{cr} = \frac{\pi^2 EI}{(\mu l)^2 A}$$

若将压杆的惯性矩 I 写成

$$I = i^2 A \text{ 或 } i = \sqrt{\frac{I}{A}}$$

式中 i 为压杆横截面的惯性半径。

于是临界应力可写为

$$\sigma_{cr} = \frac{\pi^2 E i^2}{(\mu l)^2} = \frac{\pi^2 E}{\left(\frac{\mu l}{i}\right)^2}$$

令 $\lambda = \frac{\mu l}{i}$，则

$$\sigma_{cr} = \frac{\pi^2 E}{\lambda^2} \qquad (11-3)$$

上式为计算压杆临界应力的欧拉公式，式中 λ 称为压杆的**柔度**（也称**长细比**）。柔度 λ 是一个无量纲的量，其大小与压杆的长度系数 μ、杆长 l 及惯性半径 i 有关。由于压杆的长度系数 μ 决定于压杆的支承情况，惯性半径 i 决定于截面的形状与尺寸，所以，从物理意义上看，**柔度 λ 综合地反映了压杆的长度、截面的形状与尺寸以及支承情况对临界力的影响**。从式 (11-3) 还可以看出，如果压杆的柔度值越大，则其临界应力越小，压杆就越容易失稳。

2. 欧拉公式的适用范围

欧拉公式是根据挠曲线近似微分方程导出的，而应用此微分方程时，材料必须服从胡克定律。因此，欧拉公式的适用范围应当是压杆的临界应力 σ_{cr} 不超过材料的比例极限 σ_p，即

$$\sigma_{cr} = \frac{\pi^2 E}{\lambda^2} \leqslant \sigma_p$$

有

$$\lambda \geqslant \pi \sqrt{\frac{E}{\sigma_p}}$$

若设 λ_P 为压杆的临界应力达到材料的比例极限时的柔度值，即

$$\lambda_P = \pi \sqrt{\frac{E}{\sigma_p}} \qquad (11-4)$$

则欧拉公式的适用范围为

$$\lambda \geqslant \lambda_P \qquad (11-5)$$

上式表明，当压杆的柔度不小于 λ_P 时，才可以应用欧拉公式计算临界力或临界应力。这类压杆称为**大柔度杆**或**细长杆**，欧拉公式只适用于较细长的大柔度杆。从式 (11-4) 可知，λ_P 的值取决于材料性质，不同的材料都有自己的 E 值和 σ_p 值，所以，不同材料制成的压杆，其 λ_P 也不同。例如 Q235 钢，$\sigma_p = 200\,\text{MPa}$，$E = 200\,\text{GPa}$，由式 (11-4) 即可求得，$\lambda_P = 100$。

三、中长杆的临界力计算——经验公式、临界应力总图

1. 中长杆的临界力计算——经验公式

上面指出，欧拉公式只适用于较细长的大柔度杆，即临界应力不超过材料的比例极限（处于弹性稳定状态）。当临界应力超过比例极限时，材料处于弹塑性阶段，此类压杆的稳定属于弹塑性稳定（非弹性稳定）问题，此时，欧拉公式不再适用。对这类压杆各国大都采用经验公式计算临界力或者临界应力，经验公式是在试验和实践资料的基础上，经过分析、归纳

而得到的。各国采用的经验公式多以本国的试验为依据,因此计算不尽相同。我国比较常用的经验公式有直线公式和抛物线公式等,本书只介绍直线公式,其表达式为

$$\sigma_{cr} = a - b\lambda \tag{11-6}$$

式中 a 和 b 是与材料有关的常数,其单位为 MPa。一些常用材料的 a、b 值如表 11-2 所示。

表 11-2 几种常用材料的 a、b 值

材料	a /MPa	b /MPa	λ_P	λ_s
Q235 钢 $\sigma_s = 235$ MPa	304	1.12	100	62
硅钢 $\sigma_s = 353$ MPa $\sigma_b \geqslant 510$ MPa	577	3.74	100	60
铬钼钢	980	5.29	55	0
硬铝	372	2.14	50	0
铸铁	331.9	1.453	—	—
松木	39.2	0.199	59	0

应当指出,经验公式(11-6)也有其适用范围,它要求临界应力不超过材料的受压极限应力。这是因为当临界应力达到材料的受压极限应力时,压杆已因为强度不足而破坏。因此,对于由塑性材料制成的压杆,其临界应力不允许超过材料的屈服应力 σ_s,即

$$\sigma_{cr} = a - b\lambda \leqslant \sigma_s$$

或

$$\lambda \geqslant \frac{a - \sigma_s}{b}$$

令

$$\lambda_s = \frac{a - \sigma_s}{b} \tag{11-7}$$

得

$$\lambda \geqslant \lambda_s$$

式中 λ_s 表示当临界应力等于材料的屈服应力 σ_s 时压杆的柔度值。与 λ_P 一样,它也是一个与材料的性质有关的常数。因此,**直线经验公式的适用范围为**

$$\lambda_s \leqslant \lambda < \lambda_P \tag{11-8}$$

计算时,一般把柔度值介于 λ_s 与 λ_P 之间的压杆称为**中长杆**或**中柔度杆**,而把柔度小于 λ_s 的压杆称为**短粗杆**或**小柔度杆**。对于柔度小于 λ_s 的短粗杆或小柔度杆,其破坏则是因为材料的抗压强度不足而造成的,如果将这类压杆也按照稳定问题进行处理,则对塑性材料制成的压杆来说,可取临界应力 $\sigma_{cr} = \sigma_s$。

2. 临界应力总图

综上所述,压杆按照其柔度的不同,可以分为三类,并分别由不同的计算公式计算其临界应力。当 $\lambda \geqslant \lambda_P$ 时,压杆为细长杆(大柔度杆),其临界应力用欧拉公式(11-3)来计算;当 $\lambda_s \leqslant \lambda < \lambda_P$ 时,压杆为中长杆(中柔度杆),其临界应力用经验公式(11-6)来计算;$\lambda < \lambda_s$ 时,压杆为短粗杆(小柔度杆),其临界应力等于杆受压时的极限应力。如果把压杆的临界应力根据其柔度不同而分别计算的情况,用一个简图来表示,该图形就称为压杆的临界应力

总图。图 11 - 11 即为某塑性材料的临界应力总图。

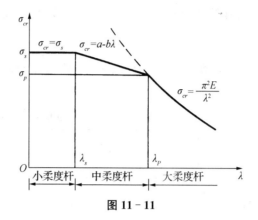

图 11 - 11

例 11 - 2 如图 11 - 12 所示为两端铰支的圆形截面受压杆,用 Q235 钢制成,材料的弹性模量 $E = 200\ \text{Gpa}$,屈服点应力 $\sigma_s = 235\ \text{MPa}$,直径 $d = 40\ \text{mm}$,试分别计算下面三种情况下压杆的临界力:(1)杆长 $l = 1.2\ \text{m}$;(2)杆长 $l = 0.8\ \text{m}$;(3)杆长 $l = 0.5\ \text{m}$。

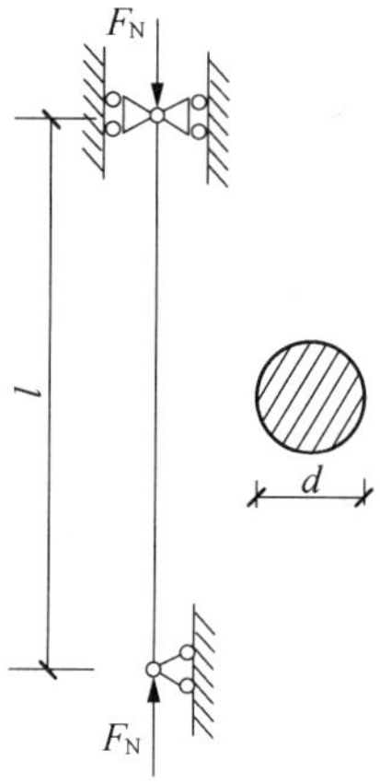

解 (1)计算杆长 $l = 1.2\ \text{m}$ 时的临界力。压杆两端铰支,因此 $\mu = 1$
惯性半径为

$$i = \sqrt{\frac{I}{A}} = \sqrt{\frac{\dfrac{\pi d^4}{64}}{\dfrac{\pi d^2}{4}}} = \frac{d}{4} = \left(\frac{40}{4}\right)\ \text{mm} = 10\ \text{mm} = 0.01\ \text{m}$$

图 11 - 12

柔度　　　　　$\lambda = \dfrac{\mu l}{i} = \dfrac{1 \times 1.2}{0.01} = 120 > \lambda_P = 100$

所以是大柔度杆,应用欧拉公式计算临界力

$$F_{Ncr} = \sigma_{cr} A = \frac{\pi^2 E}{\lambda^2} \times \frac{\pi d^2}{4} = \left(\frac{\pi^3 \times 200 \times 10^9 \times 0.04^2}{4 \times 120^2}\right)\ \text{N} = 172\ \text{kN}$$

(2)计算杆长 $l = 0.8\ \text{m}$ 时的临界力

$$\mu = 1,\ i = 0.01\ \text{m}$$

$$\lambda = \frac{\mu l}{i} = \frac{1 \times 0.8}{0.01} = 80$$

查表 11 - 2 可得 $\lambda_s = 62$。

因此 $\lambda_s < \lambda < \lambda_P$ 该杆为中长杆,应用直线经验公式计算临界力

$$F_{Ncr} = \sigma_{cr} A = (a - b\lambda)\frac{\pi d^2}{4} = \left[(304 \times 10^6 - 1.12 \times 10^6 \times 80) \times \frac{\pi \times 0.04^2}{4}\right]\ \text{N} = 269\ \text{kN}$$

(3)计算杆长 $l = 0.5\ \text{m}$ 时的临界力

$$\mu = 1,\ i = 0.01\ \text{m}$$

$$\lambda = \frac{\mu l}{i} = \frac{1 \times 0.5}{0.01} = 50 < \lambda_s = 62$$

压杆为短粗杆(小柔度杆),其临界力为

$$F_{Ncr} = \sigma_s A = \left(235 \times 10^6 \times \frac{\pi \times 0.04^2}{4} \right) N = 295 \text{ kN}$$

11.3　压杆的稳定计算

当压杆中的应力达到(或超过)其临界应力时,压杆会丧失稳定。所以,正常工作的压杆,其横截面上的应力应小于临界应力。在工程中,为了保证压杆具有足够的稳定性,还必须考虑一定的安全储备,这就要求横截面上的应力,不能超过压杆的临界应力的许用值 $[\sigma_{cr}]$,即

$$\frac{F_N}{A} \leqslant [\sigma_{cr}] \tag{a}$$

$[\sigma_{cr}]$ 为临界应力的许用值,其值为

$$[\sigma_{cr}] = \frac{\sigma_{cr}}{n_{st}} \tag{b}$$

式中 n_{st} 为稳定安全系数。

稳定安全系数一般都大于强度计算时的安全系数,这是因为在确定稳定安全系数时,除了应遵循确定安全系数的一般原则以外,还必须考虑实际压杆并非理想的轴向压杆这一情况。例如,在制造过程中,杆件不可避免地存在微小的弯曲(即存在初曲率);另外,外力的作用线也不可能绝对准确地与杆件的轴线相重合(即存在初偏心)等等,这些因素都应在稳定安全系数中加以考虑。

为了计算上的方便,将临界应力的允许值,写成如下形式

$$[\sigma_{cr}] = \frac{\sigma_{cr}}{n_{st}} = \varphi[\sigma] \tag{c}$$

从上式可知,φ 值为

$$\varphi = \frac{\sigma_{cr}}{n_{st}[\sigma]} \tag{d}$$

式中 $[\sigma]$ 为强度计算时的许用应力,而 φ 称为折减系数,其值小于1。

由式(d)可知,当 $[\sigma]$ 一定时,φ 取决于 σ_{cr} 与 n_{st}。由于临界应力 σ_{cr} 值随压杆的长细比而改变,而不同长细比的压杆一般又规定不同的稳定安全系数,所以折减系数 φ 是长细比 λ 的函数。当材料一定时,φ 值取决于长细比 λ 的值。表 11-3 即列出了 Q235 钢、16 锰钢和木材的折减系数 φ 值。

应当明白,$[\sigma_{cr}]$ 与 $[\sigma]$ 虽然都是"许用应力",但两者却有很大的不同。$[\sigma]$ 只与材料有

关,当材料一定时,其值为定值;而$[\sigma_{cr}]$除了与材料有关以外,还与压杆的长细比有关,所以,相同材料制成的不同长细比的压杆,其$[\sigma_{cr}]$值是不同的。

将(c)式代入(a)式,可得

$$\frac{F_N}{A} \leqslant \varphi[\sigma] \text{ 或} \frac{F_N}{A\varphi} \leqslant [\sigma] \tag{11-9}$$

上式即为压杆需要满足的稳定条件。由于折减系数φ可按λ的值直接从表11-3中查到,因此,按式(11-9)的稳定条件进行压杆的稳定计算,十分方便。因此,该方法也称为**实用计算方法。**

应当指出,在稳定计算中,压杆的横截面面积A均采用毛截面面积计算,即当压杆在局部有横截面削弱(如钻孔、开口等)时,可不予考虑。因为**压杆的稳定性取决于整个杆件的弯曲刚度**,而局部的截面削弱对整个杆件的整体刚度来说,影响甚微。但是,对截面的削弱处,应当进行强度验算。

表 11-3 折减系数表

λ	φ			λ	φ		
	Q235 钢	16 锰钢	木材		Q235 钢	16 锰钢	木材
0	1.000	1.000	1.000	110	0.536	0.384	0.248
10	0.995	0.993	0.971	120	0.466	0.325	0.208
20	0.981	0.973	0.932	130	0.401	0.279	0.178
30	0.958	0.940	0.883	140	0.349	0.242	0.153
40	0.927	0.895	0.822	150	0.306	0.213	0.133
50	0.888	0.840	0.751	160	0.272	0.188	0.117
60	0.842	0.776	0.668	170	0.243	0.168	0.104
70	0.789	0.705	0.575	180	0.218	0.151	0.093
80	0.731	0.627	0.470	190	0.197	0.136	0.083
90	0.669	0.546	0.370	200	0.180	0.124	0.075
100	0.604	0.462	0.300				

应用压杆的稳定条件,可以对压杆的三个方面的问题进行计算:

(1)稳定校核

即已知压杆的几何尺寸、所用材料、支承条件以及承受的压力,验算是否满足式(11-9)的稳定条件。

这类问题,一般应首先计算出压杆的长细比λ,根据λ查出相应的折减系数φ,再按照公式(11-9)进行校核。

(2)计算稳定时的许用荷载

即已知压杆的几何尺寸、所用材料及支承条件,按稳定条件计算其能够承受的许用荷载F值。

这类问题,一般也要首先计算出压杆的长细比λ,根据λ查出相应的折减系数φ,再按照下式

$$F_N \leqslant A\varphi[\sigma]$$

进行计算。

（3）进行截面设计

即已知压杆的长度、所用材料、支承条件以及承受的压力 $\boldsymbol{F}$，按照稳定条件计算压杆所需的截面尺寸。

这类问题，一般采用**"试算法"**。这是因为在稳定条件式(11-9)中，折减系数 φ 是根据压杆的长细比 λ 查表得到的，而在压杆的截面尺寸尚未确定之前，压杆的长细比 λ 不能确定，所以也就不能确定折减系数 φ。因此，只能采用试算法，首先假定一折减系数 φ 值(0 与 1 之间，一般可取为 0.5 左右)，由稳定条件计算所需要的截面面积 A，然后计算出压杆的长细比 λ，根据压杆的长细比 λ 查表得到折减系数 φ，再按照式(11-9)验算是否满足稳定条件。如果不满足稳定条件，则应重新假定折减系数 φ 值，重复上述过程，直到满足稳定条件为止。

例 11-3　如图 11-13 所示，构架由两根直径相同的圆杆构成，杆的材料为 Q235 钢，直径 $d=20\,\mathrm{mm}$，材料的许用应力 $[\sigma]=170\,\mathrm{MPa}$，已知 $h=0.4\,\mathrm{m}$，作用力 $F_N=15\,\mathrm{kN}$。试在计算平面内校核二杆的稳定。

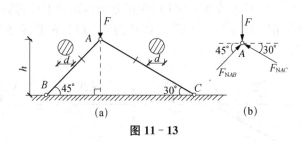

图 11-13

解　（1）计算各杆承受的压力

取结点 A 为研究对象[图 11-13(b)]，根据平衡条件列方程

由 $\sum F_x=0$，得

$$F_{NAB}\times\cos 45°-F_{NAC}\times\cos 30°=0$$

由 $\sum F_y=0$，得

$$F_{NAB}\times\sin 45°+F_{NAC}\times\sin 30°-F=0$$

解得二杆承受的压力分别为

AB 杆　　　　　　　　　$F_{NAB}=0.896F=13.44\,\mathrm{kN}$

AC 杆　　　　　　　　　$F_{NAC}=0.732F=10.98\,\mathrm{kN}$

（2）计算二杆的长细比

各杆的长度分别为

$$l_{AB}=\sqrt{2}\,h=(\sqrt{2}\times 0.4)\mathrm{m}=0.566\,\mathrm{m}$$

$$l_{AC}=2h=(2\times 0.4)\mathrm{m}=0.8\,\mathrm{m}$$

则二杆的长细比分别为

$$\lambda_{AB}=\frac{\mu l_{AB}}{i}=\frac{\mu l_{AB}}{\dfrac{d}{4}}=\frac{4\times 1\times 0.566}{0.02}=113$$

$$\lambda_{AC} = \frac{\mu l_{AC}}{i} = \frac{\mu l_{AC}}{\frac{d}{4}} = \frac{4 \times 1 \times 0.8}{0.02} = 160$$

（3）根据长细比查折减系数得

$$\varphi_{AB} = 0.515, \quad \varphi_{AC} = 0.272$$

（4）按照稳定条件进行验算

AB 杆 $\quad \dfrac{F_{NAB}}{A\varphi_{AB}} = \left[\dfrac{13.44 \times 10^3}{\pi \left(\dfrac{0.02}{2}\right)^2 \times 0.515}\right] \text{Pa} = 83 \times 10^6 \text{ Pa} = 83 \text{ MPa} < [\sigma]$

AC 杆 $\quad \dfrac{F_{NAC}}{A\varphi_{AC}} = \left[\dfrac{10.98 \times 10^3}{\pi \left(\dfrac{0.02}{2}\right)^2 \times 0.272}\right] \text{Pa} = 128 \times 10^6 \text{ Pa} = 128 \text{ MPa} < [\sigma]$

因此，二杆都满足稳定条件，构架稳定。

例 11 - 4 如图 11 - 14 所示支架，BD 杆为正方形截面的木杆，其长度 $l = 2$ m，截面边长 $a = 0.1$ m，木材的许用应力 $[\sigma] = 10$ MPa，试从满足 BD 杆的稳定条件考虑，计算该支架能承受的最大荷载 $F_{N\max}$。

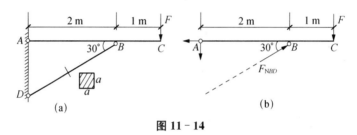

图 11 - 14

解 （1）计算 BD 杆的长细比

$$l_{BD} = \frac{l}{\cos 30°} = \left(\frac{2}{\frac{\sqrt{3}}{2}}\right) \text{ m} = 2.31 \text{ m}$$

则 $\quad \lambda_{BD} = \dfrac{\mu l_{BD}}{i} = \dfrac{\mu l_{BD}}{\sqrt{\dfrac{I}{A}}} = \dfrac{\mu l_{BD}}{a\sqrt{\dfrac{1}{12}}} = \dfrac{1 \times 2.31}{0.1 \times \sqrt{\dfrac{1}{12}}} = 80$

（2）求 BD 杆能承受的最大压力

根据长细比 λ_{BD} 查表，得 $\varphi_{BD} = 0.470$，则 BD 杆能承受的最大压力为

$$F_{NBD\max} = A\varphi[\sigma] = (0.1^2 \times 0.470 \times 10 \times 10^6) \text{N} = 47.1 \times 10^3 \text{ N} = 47.1 \text{ kN}$$

（3）根据外力 F_N 与 BD 杆所承受压力之间的关系，求出该支架能承受的最大荷载 $F_{N\max}$

研究 AC 的平衡，可得

$$\sum M_A = 0, \qquad F_{NBD} \cdot \frac{l}{2} - F_N \cdot \frac{3}{2}l = 0$$

从而可求得

$$F_N = \frac{1}{3} F_{NBD}$$

因此,该支架能承受的最大荷载 F_{Nmax} 为

$$F_{Nmax} = \frac{1}{3} F_{NBDmax} = \left(\frac{1}{3} \times 47.1 \right) kN = 15.7 \ kN$$

11.4 提高压杆稳定性的措施

要提高压杆的稳定性,关键在于提高压杆的临界力或临界应力。根据欧拉公式可知,压杆的临界力和临界应力,与压杆的长度、横截面形状及大小、支承条件以及压杆所用材料等有关。因此,可以从以下几个方面考虑提高压杆的稳定性:

一、合理选择材料

欧拉公式告诉我们,大柔度杆的临界应力与材料的弹性模量成正比。所以选择弹性模量较高的材料,就可以提高大柔度杆的临界应力,也就提高了其稳定性。但是,对于钢材而言,各种钢的弹性模量大致相同,所以,选用高强度钢并不能明显提高大柔度杆的稳定性。而中、小柔度杆的临界应力则与材料的强度有关,采用高强度钢材,可以提高这类压杆抵抗失稳的能力。

二、选择合理的截面形状

增大截面的惯性矩,可以增大截面的惯性半径,降低压杆的柔度,从而可以提高压杆的稳定性。在压杆的横截面面积相同的条件下,应尽可能使材料远离截面形心轴,以取得较大的轴惯性矩,从这个角度出发,空心截面要比实心截面合理,如图 11－15 所示。在工程实际中,若压杆的截面是用两根槽钢组成的,则应采用如图 11－16 所示的布置方式,可以取得较大的惯性矩或惯性半径。

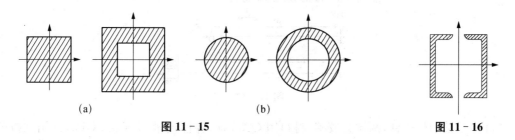

图 11－15   图 11－16

另外,由于压杆总是在柔度较大(临界力较小)的纵向平面内首先失稳,所以应注意尽可能使压杆在各个纵向平面内的柔度都相同,以充分发挥压杆的稳定承载力。

三、改善约束条件、减小压杆长度

根据欧拉公式可知,压杆的临界力与其计算长度的平方成反比,而压杆的计算长度又与其约束条件有关。因此,改善约束条件,可以减小压杆的长度系数和计算长度,从而增大临界力。在相同条件下,从表11-1可知,自由支座最不利,铰支座次之,固定支座最有利。

减小压杆长度的另一方法是在压杆的中间增加支承,把一根杆变为两根甚至几根。

【小　结】

1. 压杆的平衡可以分为稳定的平衡、不稳定的平衡以及临界平衡三种。压杆由稳定的平衡转变为不稳定的平衡,这种现象称为压杆丧失稳定性或者压杆失稳。压杆是否失稳取决于轴向压力的数值。

2. 细长压杆的临界压力根据欧拉公式计算,不同的约束条件采用不同的长度系数。

3. 根据压杆的柔度即长细比的大小,压杆可以分为大柔度杆、中柔度杆与小柔度杆。不同柔度的杆,其临界应力计算方法相应采用不同的方法。

4. 压杆的稳定条件,采用实用计算方法。

5. 为了提高压杆的稳定性,可以考虑合理选择材料、选择合理的截面形状、改善约束条件、减小压杆长度等方法。

【思考题与习题】

11-1. 如何区别压杆的稳定平衡与不稳定平衡?

11-2. 什么叫临界力? 两端铰支的细长杆计算临界力的欧拉公式的应用条件是什么?

11-3. 由塑性材料制成的中、小柔度压杆,在临界力作用下是否仍处于弹性状态?

11-4. 实心截面改为空心截面能增大截面的惯性矩从而能提高压杆的稳定性,是否可以把材料无限制地加工使远离截面形心,以提高压杆的稳定性?

11-5. 只要保证压杆的稳定就能够保证其承载能力,这种说法是否正确?

11-6. 如图11-17所示压杆,截面形状都为圆形,直径 $d=160\,\text{mm}$,材料为Q235钢,弹性模量 $E=200\,\text{GPa}$。试按欧拉公式分别计算各杆的临界力。

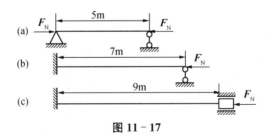

图 11-17

11-7. 某细长压杆,两端为铰支,材料用 Q235 钢,弹性模量 $E=200\,\text{GPa}$,试用欧拉公式分别计算下列三种情况的临界力:

(1) 圆形截面,直径 $d=25\,\text{mm}$,$l=1\,\text{m}$;

(2) 矩形截面,$h=2b=40\,\text{mm}$,$l=1\,\text{m}$;

(3) №16 工字钢,$l=2\,\text{m}$。

11-8. 如图 11-18 所示某连杆,材料为 Q235 钢,弹性模量 $E=200\,\mathrm{Gpa}$,横截面面积 $A=44\,\mathrm{cm}^2$,惯性矩 $I_y=120\times10^4\,\mathrm{mm}^4$,$I_z=797\times10^4\,\mathrm{mm}^4$,在 xy 平面内,长度系数 $\mu_z=1$;在 xz 平面内,长度系数 $\mu_y=0.5$。试计算其临界力和临界应力。

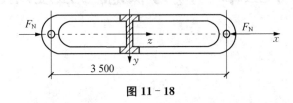

图 11-18

11-9. 某千斤顶,已知丝杆长度 $l=375\,\mathrm{mm}$,内径 $d=40\,\mathrm{mm}$,材料为 45 号钢($a=589\,\mathrm{MPa}$,$b=3.82\,\mathrm{MPa}$,$\lambda_P=100$,$\lambda_s=60$),最大起顶重量 $F_N=80\,\mathrm{kN}$,规定的安全系数 $n_{st}=4$。试校核其稳定性。

11-10. 如图 11-19 所示梁柱结构,横梁 AB 的截面为矩形,$b\times h=40\times60\,\mathrm{mm}^2$;竖柱 CD 的截面为圆形,直径 $d=20\,\mathrm{mm}$。在 C 处用铰链连接。材料为 Q235 钢,规定安全系数 $n_{st}=3$。若现在 AB 梁上最大弯曲应力 $\sigma=140\,\mathrm{MPa}$,试校核 CD 杆的稳定性。

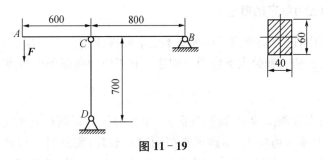

图 11-19

11-11. 机构的某连杆如图 11-20 所示,其截面问工字形,材料为 Q235 钢。连杆承受的最大轴向压力为 465 kN,连杆在 xy 平面内发生弯曲时,两端可视为铰支;在 xz 平面内发生弯曲时,两端可视为固定。试计算其工作安全系数。

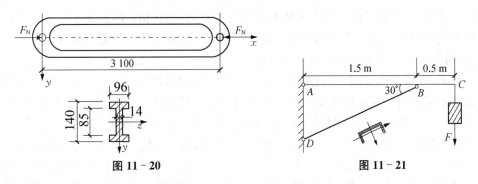

图 11-20　　　　　　　　　　图 11-21

答案扫一扫

11-12. 简易起重机如图 11-21 所示,压杆 BD 为№20 槽钢,材料为 Q235。起重机的最大起吊重量 $F_N=40\,\mathrm{kN}$,若规定的安全系数 $n_{st}=4$,试校核 BD 杆的稳定性。

第十二章　应力状态与强度理论

【学习目标】

理解一点处应力状态的概念;掌握平面应力状态分析,掌握主平面的确定与主应力的计算,掌握最大剪应力的计算;理解四个强度理论的破坏条件及其强度条件。

12.1　一点处应力状态的概念

一、一点处的应力状态的概念

在前面各章节中,已分别介绍了四种基本变形时横截面上的应力分布规律和计算,并根据横截面上的最大正应力和最大剪应力分别建立起正应力强度条件与剪应力强度条件,即:

$$\sigma_{max} \leqslant [\sigma]; \quad \tau_{max} \leqslant [\tau]$$

在对材料的力学性能试验中,我们观察到,塑性材料低碳钢在受轴向拉伸时,其破坏是因为在 45°斜截面有最大剪应力,而造成斜截面剪切破坏;脆性材料铸铁在受轴向压缩时,其破坏也是因为在 45°斜截面有最大剪应力,而造成斜截面剪切破坏;又如塑性材料低碳钢在受扭转时,其破坏沿横截面平整地切断,而脆性材料铸铁在受扭转时,其破坏却是沿 45°呈螺旋状,因为是在 45°斜截面有最大拉应力。就是说材料在受拉伸时的破坏,不一定是拉伸破坏,受压缩时的破坏不一定是压缩破坏,受扭转时的破坏也不一定是扭转破坏。而在工程实际问题中,许多构件的危险点上既有正应力又有剪应力,构件的破坏不是单一因为正应力强度不足或剪应力强度不足而造成。这就需要进一步研究构件内各点在各个方向的应力情况,并对强度计算的理论做进一步的讨论。

一般地,在受力构件内,在通过同一点的不同方位的截面上,应力的大小和方向是随截面的方位不同而按一定的规律变化的。为了研究受力构件内一点处的应力状态,通常是围绕该点取出一个极其微小的正六面体,称为**单元体**,其上各个斜截面上的应力情况,称为该点处的**应力状态**。单元体的边长取成无穷小的量,因此可以认为,作用在单元体的各个面上的应力都是均匀分布的;在任意一对平行平面上的应力是相等的,且代表着通过所研究的点并与上述平面平行的面上的应力。因此单元体的三对平行平面上的应力就代表通过所研究的点的三个互相垂直截面上的应力,只要知道了这三个面上的应力,则其他任意斜截面上的应力都可以通过计算求得,这样,该点处的应力状态就完全确定了。因此,可用单元体的三个互相垂直平面上的应力来表示一点处的应力状态。

如图 12-1(a)所示,在轴向拉伸的杆件内,假想围绕 K 点用一对垂直于杆轴的横截面、一对平行于杆轴的水平面和一对平行于纵向对称面的平面截出单元体,在该单元体的上、下、前、后四个面上没有应力存在,横截面上有正应力 $\sigma = \dfrac{F}{A}$。受拉杆件内的单元体如图 12-1(b) 所示,如果画成平面图,则如图 12-1(c) 所示。

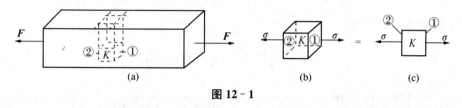

图 12-1

单元体上的平面,是构件对应截面上的一微小部分。在图 12-1 的单元体中,平面①和②分别是构件横截面的一微小部分;单元体的其他各平面则是构件中相应纵向截面的一部分。单元体各平面上的应力,就是构件对应截面在该点的应力。

在如图 12-2(a)所示的梁内,围绕某点 A 也可以取出单元体,如图 12-2(b)所示。如果取梁的左半部为隔离体,如图 12-2(c)所示,可先算出 1-1 截面上的弯矩 M 和剪力 F_s,再计算出 A 点的正应力 σ 和剪应力 τ。若取梁的右半部为隔离体,同理也可以算出 1-1 截面上 A 点正应力 σ 和剪应力 τ。由于平面 1-1 与 1'-1'无限接近,在这一对平面上的应力是相等的。在梁的上、下两个水平的纵向平面上,根据剪应力互等定理,也存在剪应力 τ',其方向如图 12-2(b)所示。在 A 点的前、后两个纵向平面上没有应力存在。过 A 点的任意斜截面 2-2 上的应力,表示在如图 12-2(e)所示的单元体上。其计算方法将在下一节讨论。

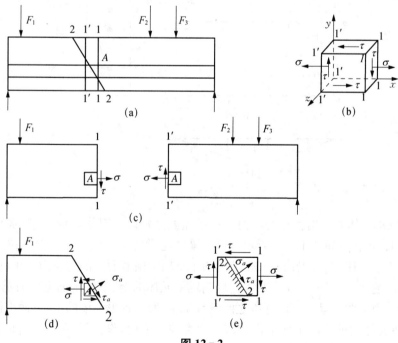

图 12-2

例 12-1　绘出如图 12-3(a)所示梁 $m-m$ 截面上 a、b、c、d、e 各点处单元体上的应力单元体。

解　(1) 绘出 F_s 图[图 12-3(b)]和 M 图[图 12-3(c)]，$m-m$ 截面上的内力为

$$F_s = 10\ \text{kN} \qquad M = 10\ \text{kN} \cdot \text{m}$$

(2) 计算各点的应力

$$I_z = \frac{0.1 \times 0.12^3}{12} = 1.44 \times 10^{-5}\ \text{m}^4$$

a 点：$\sigma = \dfrac{My}{I_z} = \dfrac{10 \times 10^3 \times 0.06}{1.44 \times 10^{-5}} = 41.7 \times 10^6\ \text{N/m}^2 = 41.7\ \text{MPa}$（压）

$\qquad \tau = 0$

b 点：$\sigma = \dfrac{My}{I_z} = \dfrac{10 \times 10^3 \times 0.03}{1.44 \times 10^{-5}} = 20.8 \times 10^6\ \text{N/m}^2 = 20.8\ \text{MPa}$（压）

$\qquad \tau = \dfrac{F_s S_z^*}{I_z b} = \dfrac{10 \times 10^3 \times 0.1 \times 0.03 \times 0.045}{1.44 \times 10^{-5} \times 0.1} = 0.94 \times 10^6\ \text{N/m}^2 = 0.94\ \text{MPa}$

c 点：$\sigma = 0$

$\qquad \tau = 1.5\,\dfrac{F_s}{A} = 1.5 \times \dfrac{10 \times 10^3}{0.1 \times 0.12} = 1.25 \times 10^6\ \text{N/m}^2 = 1.25\ \text{Mpa}$

点 d、e 点的应力分别与 b、a 点的应力大小相同，但是正应力为拉应力。

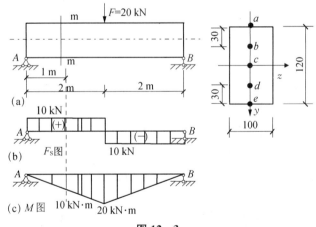

图 12-3

(3) 截取单元体并标出各点的应力。在各点处分别以一对横截面、一对水平面及一对纵向平面截取单元体，如图 12-4 所示。根据梁的变形情况及该点在梁上的位置判断其正应力是拉应力还是压应力；根据 $m-m$ 剪力的正负判定横截面上的剪应力为正（使单元体有顺时针转动的趋势）。根据剪应力互等定理确定单元体的上、下两平面上也有剪应力 τ'，方向如图所示。由于假设梁的纵向纤维之间没有挤压，所以各单元体的上、下两平面上没有正应力，同理单元体的前后两平面上也没有应力存在。据此，作出梁 $m-m$ 截面上 a、b、c、d、e 各点处单元体上的应力单元体如图 12-4 所示。

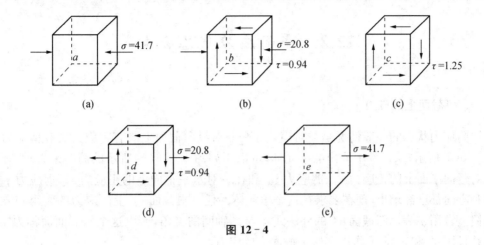

图 12 - 4

二、主应力、主平面

单元体中剪应力等于 0 的平面称为主平面。例如图 12 - 4 中 a、e 两点的单元体的各个面都是主平面；b、c、d 三点的单元体的前后面也是主平面。**主平面上的正应力叫主应力。**构件内任意一点，总可以找到三对相互垂直的平面，其上的剪应力都等于 0，称为过该点的单元体的主平面。这三对主平面上的三个主应力，通常按它们的代数值的大小顺序排列，用 σ_1、σ_2、σ_3 表示。σ_1 称为最大主应力；σ_2 称为中间主应力；σ_3 称为最小主应力。例如当三个主应力的数值为 100 MPa、50 MPa、-100 MPa 时，则按照此规定应该有 $\sigma_1 = 100$ MPa，$\sigma_2 = 50$ MPa，$\sigma_3 = -100$ MPa。**由主应力围成的单元体称为主应力单元体。**

实际上，在受力杆件内所取出的应力单元体上，不一定在每个主平面上都存在有主应力，因此，应力状态可以分为三种：

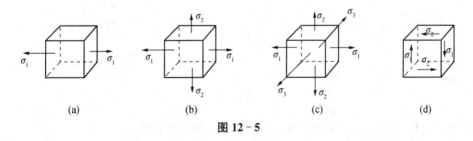

图 12 - 5

（1）单向应力状态，三个主应力中只有一个主应力不等于零。如图 12 - 5(a) 所示的应力状态属于单向应力状态。

（2）二向应力状态（平面应力状态），三个主应力中有两个主应力不等于零。如图 12 - 5(b) 所示的应力状态属于二向应力状态。

（3）三向应力状态（空间应力状态），三个主应力都不等于零。如图 12 - 5(c) 所示的应力状态属于三向应力状态。

特殊情况下，如果平面应力状态的单元体，正应力都等于 0，仅存在剪应力，则称为纯剪切应力状态，如图 12 - 5(d) 即为纯剪切应力状态。

工程实际中多为平面应力状态问题，因此，本章主要研究平面应力状态问题。

12.2 平面应力状态分析

一、斜截面上的应力

二向应力状态的一般情况是一对横截面和一对纵向截面上既有正应力又有剪应力,如图 12-6(a)所示,从杆件中取出的单元体,可以用如图 12-6(b)所示的简图来表示。假定在一对竖向平面上的正应力 σ_x、剪应力 τ_x 和在一对水平平面上的正应力 σ_y、剪应力 τ_y 的大小和方向都已经求出,现在要求在这个单元体的任一斜截面 ef 上的应力的大小和方向。在习惯上常用 α 表示斜截面 ef 的外法线 n 与 x 轴间的夹角,所以这个斜截面简称为"α 截面",并且用 σ_α 和 τ_α 表示作用在这个截面上的应力。

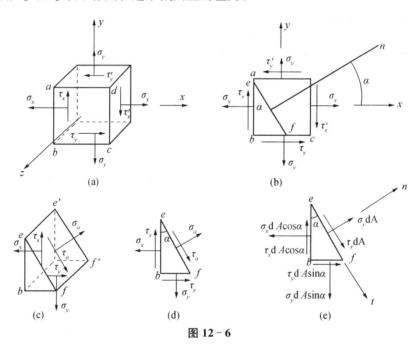

图 12-6

对正应力 σ、剪应力 τ 和斜截面角度 α 的正负号,作如下规定:

(1)正应力 σ 以拉应力为正,压应力为负。

(2)剪应力 τ 以相对于单元体内的任一点顺时针转向时为正,逆时针转向时为负(这种规定与第九章中对剪力所作的规定是一致的)。

(3)角度 α 以从 x 轴出发,按捷径转到截面的外法线 n 时,以逆时针转时为正,顺时针转时为负,α 的大小为 $-90° < \alpha \leqslant 90°$。

按照上述正负号的规定可以判断,在图 12-6 中的 σ_x、σ_y 是正值,τ_x 是正值,τ_y 是负值,α 是正值。

当杆件处于静力平衡状态时,从其中截取出来的任一单元体也必然处于静力平衡状态,因此,仍然可以用截面法来计算单元体任一斜截面 ef 上的应力。

取 bef 为隔离体如图 12-6(c)所示。对于斜截面 ef 上的所求未知应力 σ_a 和 τ_a,可以先假定它们都是正值。图 12-6(d)为隔离体 bef 的平面图及其上的应力作用情况。设斜截面 ef 的面积为 dA,则截面 eb 的面积是 $dA\cos\alpha$,截面 bf 的面积是 $dA\sin\alpha$,隔离体 bef 的受力情况如图 12-6(e)所示。

取 n 轴和 t 轴如图 12-6(e)所示,则可以列出脱离体的静力平衡方程如下:

由 $\sum F_n = 0$,得

$$\sigma_a dA + \tau_x dA\cos\alpha\sin\alpha - \alpha_x dA\cos\alpha\cos\alpha + \tau_y dA\sin\alpha\cos\alpha - \sigma_y dA\sin\alpha\sin\alpha = 0$$

由 $\sum F_t = 0$,得

$$\tau_a dA - \tau_x dA\cos\alpha\cos\alpha - \alpha_x dA\cos\alpha\sin\alpha + \tau_y dA\sin\alpha\sin\alpha + \sigma_y dA\sin\alpha\cos\alpha = 0$$

根据剪应力互等定理,$\tau_x = \tau_y$

再代入以下的三角函数关系:

$$\cos^2\alpha = \frac{1+\cos 2\alpha}{2}$$

$$\sin^2\alpha = \frac{1-\cos 2\alpha}{2}$$

$$\sin 2\alpha = 2\sin\alpha\cos\alpha$$

于是可得到

$$\sigma_a = \frac{\sigma_x + \sigma_y}{2} + \frac{\sigma_x - \sigma_y}{2}\cos 2\alpha - \tau_x\sin 2\alpha \qquad (12-1)$$

$$\tau_a = \frac{\sigma_x - \sigma_y}{2}\sin 2\alpha + \tau_x\cos 2\alpha \qquad (12-2)$$

式(12-1)和(12-2)就是对处于二向应力状态下的单元体,在已知 σ_x、σ_y 和 τ_x 时计算 α 斜截面上的正应力 σ_a 和剪应力 τ_a 的解析法公式。

例 12-2 一平面应力状态如图 12-7 所示,试求其外法线与 x 轴成 30°角斜截面上的应力。

解 根据正应力、剪应力和 α 角的正负规定,有 $\sigma_x = 10\,\text{MPa}$, $\tau_x = -20\,\text{MPa}$, $\sigma_y = -20\,\text{MPa}$, $\alpha = 30°$,将各数据代入式(12-1)和(12-2)得

$$\sigma_{30°} = \frac{10-20}{2} + \frac{10+20}{2}\cos 60° + 20\sin 60° = 19.82\,\text{MPa}$$

$$\tau_{30°} = \frac{10+20}{2}\sin 60° - 20\cos 60° = 2.99\,\text{MPa}$$

结果为正,表示实际应力的方向与图中假设方向一致,如图 12-7(b)所示。

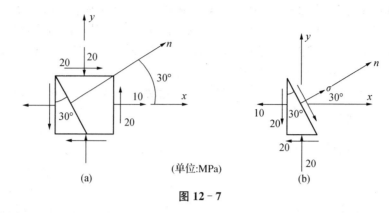

(单位:MPa)

图 12-7

例 12-3 试计算如图 12-8(a)所示的矩形截面简支梁在点 K 处 $\alpha=-30°$ 斜截面上的应力的大小和方向。

解 (1)计算截面 $m-m$ 上的内力。作内力图如图 12-8(b)所示,截面 $m-m$ 上的内力为:

$$M=3\ \text{kN}\cdot\text{m}$$
$$F_S=10\ \text{kN}$$

(2)计算截面 $m-m$ 上点 K 处的正应力 σ_x、σ_y 和剪应力 τ_x、τ_y。

$$I=\frac{bh^3}{12}=\left(\frac{80\times160^3}{12}\right)\text{mm}=27\ 300\ 000\ \text{mm}=27.3\times10^{-6}\text{m}^4$$

$$\sigma_x=\frac{My}{I}=\left(\frac{3\times10^3\times20\times10^{-3}}{27.3\times10^{-6}}\right)\text{N/m}^2=2.2\times10^6\ \text{N/m}^2=2.2\ \text{MPa}$$

根据梁受纯弯曲时纵向各层纤维之间互不挤压的假定,可以判定

$$\sigma_y=0$$

计算 τ_x 和 τ_y:

$$\tau_x=\frac{F_S S^*}{Ib}=\frac{10\times10^3\times(60\times80\times50\times10^{-9})}{27.3\times10^{-6}\times80\times10^{-3}}=1.1\times10^6\ \text{N/m}^2=1.1\ \text{MPa}$$

$$\tau_y=-\tau_x=-1.1\ \text{MPa}$$

在点 K 处取出单元体,并且将 σ_x、σ_y、τ_x、τ_y 的值表示在单元体上,如图 12-8(c)所示。

(3)计算点 K 处 $\alpha=-30°$ 的斜截面上的应力。

将上面已求出的 σ_x、σ_y、τ_x、τ_y 的代数值和 $\alpha=-30°$ 代入式(12-1)和(12-2)得

$$\sigma_\alpha=\frac{2.2}{2}+\frac{2.2}{2}\cos[2\times(-30°)]-1.1\sin[2\times(-30°)]=2.60\ \text{MPa}$$

$$\tau_\alpha=\frac{2.2}{2}\sin[2\times(-30°)]+1.1\cos[2\times(-30°)]=-0.40\ \text{MPa}$$

将求得的 σ_α 和 τ_α 表示在单元体上,如图 12-8(c)所示。

将图 12-8(c)所表示的单元体上的应力情况反映到梁 AB 上,则得如图 12-8(d)所示。仔细观察图 12-8(c)和(d)的对应关系,可以加深我们对应力状态概念的理解。

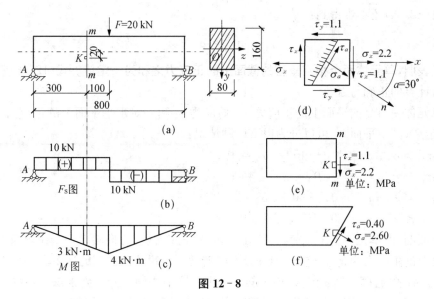

图 12-8

二、主应力的计算和主平面确定

根据上面导出的斜截面上的正应力和剪应力的计算公式,还可确定这些应力的最大值和最小值,即计算单元体的主应力,确定主平面。

将式(12-1)对 α 取导数,可得:

$$\frac{\mathrm{d}\sigma_\alpha}{\mathrm{d}\alpha} = -2\left(\frac{\sigma_x - \sigma_y}{2}\sin 2\alpha + \tau_x \cos 2\alpha\right)$$

令此导数等于零,可求得 σ_α 达到极值时的 α 值,以 α_0 表示,即有

$$\frac{\sigma_x - \sigma_y}{2}\sin 2\alpha_0 + \tau_x \cos 2\alpha_0 = 0$$

化简,得

$$\tan 2\alpha_0 = -\frac{2\tau_x}{\sigma_x - \sigma_y} \tag{12-3}$$

或

$$2\alpha_0 = \arctan\frac{-2\tau_x}{\sigma_x - \sigma_y} \tag{12-4}$$

由此可求出 α_0 的相差 90° 的两个解,也就是说有相互垂直的两个面,其中一个面上作用的正应力是极大值,用 $\sigma_{\max}$ 表示,称为最大正应力;另一个面上作用的正应力是极小值,用 $\sigma_{\min}$ 表示,称为最小正应力。它们的值分别为

$$\sigma_{\min}^{\max} = \frac{\sigma_x + \sigma_y}{2} \pm \sqrt{\left(\frac{\sigma_x - \sigma_y}{2}\right)^2 + \tau_x^2} \tag{12-5}$$

若将 α_0 代入式(12-2),则 $\tau_{\alpha0}$ 为零。也就是说,在正应力为最大或最小所在的平面,即为主平面。因此,**主应力就是最大或最小的正应力。**

从式(12-5)还不难得到:

$$\sigma_{\max} + \sigma_{\min} = \sigma_x + \sigma_y \qquad (12-6)$$

上式表明,**单元体两个相互垂直的截面上的正应力之和为一定值。**式(12-6)常用来校验主应力计算的正确与否。

在单元体一对竖向平面上的正应力 σ_x、剪应力 τ_x 和一对水平平面上的正应力 σ_y、剪应力 τ_y 确定后,其主平面 α_0 可以分为以下四种情况:

(1) $\sigma_x > \sigma_y$、$\tau_x > 0$,$-45° < \alpha_0 < 0°$;

(2) $\sigma_x > \sigma_y$、$\tau_x < 0$,$0° < \alpha_0 < 45°$;

(3) $\sigma_x < \sigma_y$、$\tau_x > 0$,$-90° < \alpha_0 < -45°$;

(4) $\sigma_x < \sigma_y$、$\tau_x < 0$,$45° < \alpha_0 < 90°$。

可以证明,由单元体上 τ_x(或 τ_y)所在平面,顺 τ_x(或 τ_y)方向转动一个锐角而得到的那个主平面上的主应力为 $\sigma_{\max}$;逆 τ_x(或 τ_y)方向转动一个锐角而得到的那个主平面上的主应力为 $\sigma_{\min}$。简述为:**顺 τ 转 σ 最大,逆 τ 转 σ 最小。**这个法则称为 τ **判别法。**在确定了两个主平面和主应力后,利用这个法则可以解决主应力与主平面之间的对应关系。

三、最大剪应力与最大剪应力平面

将式(12-2)对 α 取导数,可得:

$$\frac{d\tau_\alpha}{d\alpha} = (\sigma_x - \sigma_y)\cos 2\alpha - 2\tau_x \sin 2\alpha$$

令此导数等于零,可求得 τ_α 达到极值时的 α 值,以 α_0' 表示,即有

$$(\sigma_x - \sigma_y)\cos 2\alpha_0' - 2\tau_x \sin 2\alpha_0' = 0$$

化简,得

$$\tan 2\alpha_0' = \frac{\sigma_x - \sigma_y}{2\tau_x} \qquad (12-7)$$

由此也可求出 α_0' 的相差 $90°$ 的两个根,也就是说有相互垂直的两个面,其中一个面上作用的剪应力是极大值,用 $\tau_{\max}$ 表示,称为最大剪应力,另一个面上的是极小值,用 $\tau_{\min}$ 表示,称为最小剪应力。它们的值分别为

$$\tau_{\min}^{\max} = \pm\sqrt{\left(\frac{\sigma_x - \sigma_y}{2}\right)^2 + \tau_x^2} \qquad (12-8)$$

比较式(12-3)和(12-7),可得

$$\tan 2\alpha_0 \cdot \tan 2\alpha_0' = -1 \qquad (12-9)$$

因此,$2\alpha_0$ 和 $2\alpha_0'$ 相差 $90°$,α_0 和 α_0' 相差 $45°$,即最大正应力的作用面和最大剪应力作用面的夹角为 $45°$。

从式(12-5)还可得到

$$\frac{\sigma_{\max} - \sigma_{\min}}{2} = \sqrt{\left(\frac{\sigma_x - \sigma_y}{2}\right)^2 + \tau_x^2} = \tau_{\max} \tag{12-10}$$

即最大剪应力等于两个主应力之差的一半。

例12-4 如图12-9(a)所示矩形简支梁,已知其横截面 m-m 上点 B[图12-9(b)] 的正应力和切应力分别为 $\sigma = -60\,\text{MPa}$,$\tau = 40\,\text{MPa}$。求点 B 的主应力和主平面,并讨论同一截面上其他点处的主应力和主平面。

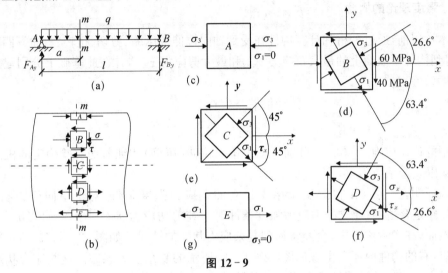

图 12-9

解 画出 B 点处单元体应力状态如图12-9(c)所示,单元体各个面上的应力为

$$\sigma_x = -60\,\text{MPa},\ \sigma_y = 0,\ \tau_x = 40\,\text{MPa}$$

由式(12-5),得

$$\left.\begin{array}{c}\sigma_{\max}\\ \sigma_{\min}\end{array}\right\} = \frac{\sigma_x + \sigma_y}{2} \pm \sqrt{\left(\frac{\sigma_x - \sigma_y}{2}\right)^2 + \tau_x^2} = \begin{array}{c}20\,\text{MPa}\\ -80\,\text{MPa}\end{array}$$

故 B 点处的主应力为

$$\sigma_1 = 20\,\text{MPa},\ \sigma_2 = 0,\ \sigma_3 = -80\,\text{MPa}$$

由式(12-4),得

$$\tan 2\alpha_0 = -\frac{2\tau_x}{\sigma_x - \sigma_y} = 1.333$$

由于 $\sigma_x < \sigma_y$、$\tau_x > 0$,所以 $-90° < \alpha_0 < -45°$
故主平面位置为

$$2\alpha_0 = 53.2° - 180°,\ \alpha_0 = 26.6° - 90° = -63.4°$$
$$\alpha_0' = \alpha_0 + 90° = -63.4° + 90° = 26.6°$$

第三对主平面与纸面平行。主平面、主应力以及两者之间的对应关系如图12-9(c)所示,其中最大正应力(主应力)σ_1 的方向为从 x 轴正向按照顺时针转 $63.4°$ 得到。

根据横截面 $m-m$ 上其他点处的应力状态[图 12-9(b)],可以用同样的方法求出这些点处的主应力和主平面,图 12-9(d)是 A 点的应力状态图,图 12-9(e)为定性画出 C、D、E 点的应力状态图。

拓展学习

莫尔应力圆

12.3 强度理论与强度条件

一、强度理论的概念

在本章以前,通过分析和计算构件在受到轴向拉伸或压缩、剪切、扭转、弯曲等四种基本变形,得到构件横截面上的最大正应力 σ_{max} 和最大剪应力 τ_{max},并在此基础上分别建立这方面的强度条件:

$$\sigma_{max} \leqslant [\sigma]$$
$$\tau_{max} \leqslant [\tau]$$

式中的许用应力$[\sigma]$和$[\tau]$分别等于由单向拉伸(压缩)和纯剪切实验确定的极限应力 σ_0、τ_0 除以安全系数 K。

实验证明,上述直接根据实验结果建立的正应力强度条件,对于单向应力状态[图 12-10(a)]是合适的;建立的剪应力强度条件对于纯剪切应力状态[图 12-10(b)]也是适用的。然而,在实际构件中,会经常遇到复杂应力状态的情况。如图 12-11(a)所示梁内的应力状态,有的构件内还会出现如图 12-11(b)所示的复杂应力状态。这些应力状态的主应力和最大剪应力的计算已经介绍。问题是对于这样的复杂应力状态应该怎样建立强度条件。显然,不能完全以上述分别建立的正应力和剪应力强度条件为依据,因为单元体的强度与各个面上的正应力和剪应力有关,必须根据不同情况区别对待。

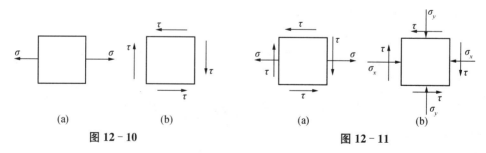

图 12-10   图 12-11

要想直接通过试验确定材料在各种复杂应力状态下的极限应力,也是很困难的。因为各主应力的相互比值有多种,不可能对每一种比值一一通过试验测定其极限应力。

尽管应力状态各种各样,但构件破坏的形式却是有规律的。研究表明,构件破坏的形式可以分为两类:**一类是有明显塑性变形的屈服或剪断;另一类是没有明显塑性变形的"脆性断裂"**。于是,人们进一步认识到,同一类破坏形式可能存在着导致破坏的共同因素。如果找出引起破坏的主要的共同因素,就可以由引起破坏的同一因素用单向应力状态的实验结果,建立复杂应力状态的强度条件。

对于两类破坏形式,起决定性破坏因素是什么呢? 长期以来人们对两类破坏的主要因素提出了各种假说,并根据这些假说建立了强度条件。这些**关于引起材料破坏的决定性因素的假说,称为强度理论。**

二、常用的四种强度理论

材料的破坏现象有两类,一类为断裂破坏,一类为剪断破坏。引起断裂破坏的主要因素有最大拉应力和伸长线应变,因此建立了两个解释断裂破坏的强度理论。引起剪断破坏的主要因素有最大剪应力和形状改变比能,这又建立了两个解释剪断破坏的强度理论。下面分别介绍这四种强度理论。

1. 最大拉应力理论(第一强度理论)

这个理论是**假设最大拉应力是使材料到达极限状态的决定性因素,**也就是说,复杂应力状态下三个主应力中最大拉应力 σ_1 达到单向拉伸试验时的极限应力 σ_{jx} 时,则材料产生脆性断裂破坏。根据这个理论写出危险条件是

$$\sigma_1 = \sigma_{jx}$$

将上式右边的极限应力除以安全系数,则得到按第一强度理论所建立的强度条件为

$$\sigma_1 \leqslant [\sigma] \tag{12-11}$$

式中, σ_1 为构件在复杂应力状态下的最大拉应力; $[\sigma]$ 为材料在单向拉伸时的许用应力。

实践证明,**第一强度理论与脆性材料在受拉断裂破坏的试验结果基本一致,**而对于塑性材料的试验结果并不相符。所以这一理论主要适用于脆性材料。但这一理论没有考虑其他两个主应力对材料断裂破坏的影响,而且对于有压应力没有拉应力的应力状态也无法应用。

2. 最大拉应变理论(第二强度理论)

这个理论**假设最大伸长线应变是使材料到达危险状态的决定因素,**也就是说:当单元体三个方向的线应变中最大的伸长线应变 ε_1 达到了在单向拉伸试验中的极限值 ε_{jx} 时,则材料就会发生脆性断裂破坏。根据这个理论写出的危险条件是

$$\varepsilon_1 = \varepsilon_{jx}$$

如果材料直到发生脆性断裂破坏时都在线弹性范围内工作,则可运用单向拉伸或压缩下的胡克定律以及复杂应力状态下的广义胡克定律,将上式所表示的危险条件可改写为

$$\frac{1}{E}[\sigma_1 - \mu(\sigma_2 + \sigma_3)] = \frac{1}{E}\sigma_{jx}$$

即
$$\sigma_1 - \mu(\sigma_2 + \sigma_3) = \sigma_{jx}$$

将上式右边的 σ_{jx} 除以安全系数后,则得到按第二强度理论建立的强度条件

$$\sigma_{r2} = \sigma_1 - \mu(\sigma_2 + \sigma_3) \leqslant [\sigma] \tag{12-12}$$

式中 σ_{r2} 称为**折算应力。**

从上述的危险条件可以看出,第二强度理论比第一强度理论优越的地方,首先在于它考虑到材料到达危险状态是三个主应力 σ_1、σ_2、σ_3 综合影响的结果,许多脆性材料的试验结果也符合这个理论,因此,它曾在较长的时间内得到广泛的采用,但是,这个理论也有一定的

局限性和缺点。例如,对第一理论所不能解释的三向均匀受压材料不易破坏的现象,第二理论同样不能说明。

又如,材料在二向拉伸时的危险条件是

$$\sigma_1 - \mu\sigma_2 = \sigma_{jx}$$

而材料在单向拉伸时的危险条件是

$$\sigma_1 = \sigma_{jx}$$

将二者进行比较,似乎二向拉伸反比单向拉伸还要安全,这和实验结果并不完全符合。

3. 最大剪应力理论(第三强度理论)

第三强度理论假设最大剪应力是使材料达到危险状态的决定性因素,也就是说,对于处在复杂应力状态下的材料,当它的最大剪应力达到了材料在单向应力状态下开始破坏时的剪应力 τ_{jx} 时,材料就会发生屈服破坏。根据这个理论建立的危险条件是

$$\tau_{\max} = \tau_{jx}$$

由材料的力学性质可知 $\tau_{jx} = \dfrac{\sigma_{jx}}{2}$,已知 $\tau_{\max} = \dfrac{\sigma_1 - \sigma_3}{2}$,所以上式又可写成:

$$\frac{\sigma_1 - \sigma_3}{2} = \frac{\sigma_{jx}}{2}$$

或
$$\sigma_{r3} = \sigma_1 - \sigma_3 = \sigma_{jx}$$

式中,σ_{r3} 为按照第三强度理论计算得到的折算应力。

由上式可知,按照第三强度理论所建立的强度条件应该是

$$\sigma_{r3} = \sigma_1 - \sigma_3 \leqslant [\sigma] \tag{12-13}$$

这个强度理论曾被许多塑性材料的试验所证实,并且稍稍偏于安全,加上这个理论提供的计算式比较简单,因此它在工程设计中曾得到广泛的采用。

但是,不少事实表明,这个理论仍旧有许多缺点。例如,按照这个理论,材料受三向均匀拉伸时也应该不易破坏,但这点并没有由试验所证明,同时也是很难想象的。

4. 形状改变比能理论(第四强度理论)

构件在外力作用下发生变形的同时,其内部也积储了能量,称为变形能。例如用手拧紧钟表的发条,发条在变形的同时积储了能量,带动指针转动。比能可分为两部分,与体积的改变对应的比能即**体积改变比能**,与形状的改变对应的比能即**形状改变比能**。所谓**形状改变比能 u_x 是材料在受力变形过程中单位体积内所储存的一种由变形而产生的能量**。

形状改变比能理论认为,**形状改变比能是引起材料流动破坏的主要因素**。即认为无论材料处于何种应力状态,只要构件内危险点处的形状改变比能达到材料在单向拉伸时发生塑性屈服即材料流动破坏的极限形状改变比能,材料就会发生塑性屈服破坏。

可以证明,根据这一理论建立的强度条件为

$$\sqrt{\frac{1}{2}\left[(\sigma_1 - \sigma_2)^2 + (\sigma_2 - \sigma_3)^2 + (\sigma_3 - \sigma_1)^2\right]} \leqslant [\sigma] \tag{12-14}$$

形状改变比能理论与许多塑性材料的试验结果相吻合。由于这一强度理论比最大剪应

力理论更符合实际,而且按此强度理论所设计的构件尺寸要比按最大切应力理论所设计的小,因此在工程中被广泛地采用。

三、强度理论的选择及应用

通过以上的讨论知道,材料的破坏具有两类不同的形式,一类是脆性的断裂破坏;一类是塑性的剪切破坏。在一般情况下,脆性材料的破坏多表现为断裂破坏,因此,可采用最大拉应力理论(第一强度理论);塑性材料的破坏多表现为塑性的剪断或屈服,因此,可采用最大剪应力理论(第三强度理论)或形状改变比能理论(第四强度理论)。

必须指出,材料破坏的形式虽然主要取决于材料的性质(塑性材料还是脆性材料),但这并不是绝对的。材料的破坏形式还与材料所处的条件和应力状态有关。例如,脆性材料处于单向压缩或三向压缩状态时,材料会出现剪切破坏,塑性材料处于三向拉伸应力状态时会出现断裂破坏。

将以上四个强度理论的强度条件可统一写成下面的表达形式:

$$\sigma_r \leqslant [\sigma] \tag{12-15}$$

式中:σ_r——**折算应力**,它是主应力的某种组合;

[σ]——材料的许用应力。

四个强度理论的折算应力分别为

$$\sigma_{r1} = \sigma_1$$
$$\sigma_{r2} = \sigma_1 - \mu(\sigma_2 + \sigma_3)$$
$$\sigma_{r3} = \sigma_1 - \sigma_3$$
$$\sigma_{r4} = \sqrt{\frac{1}{2}[(\sigma_1 - \sigma_2)^2 + (\sigma_2 - \sigma_3)^2 + (\sigma_3 - \sigma_1)^2]}$$

以上各强度理论在运用于实际时,一定要注意它们的适用范围。一般地,像铸铁、石料、混凝土、玻璃和陶瓷等脆性材料通常产生脆性断裂破坏,宜采用第一和第二强度理论;像碳钢、铅、铜等塑性材料通常产生塑性屈服破坏,宜采用第三和第四强度理论。

工程上最重要的**梁**,其内任一点的应力状态通常为如图 12-12 所示的平面应力状态,梁的主应力可按下式计算:

$$\sigma_3^1 = \frac{\sigma}{2} \pm \sqrt{\left(\frac{\sigma}{2}\right)^2 + \tau^2};$$
$$\sigma_2 = 0$$

将这三个主应力分别代入第三强度理论和第四强度理论的强度条件中,得到

$$\sigma_{r3} = \sqrt{\sigma^2 + 4\tau^2} \leqslant [\sigma] \tag{12-16}$$
$$\sigma_{r4} = \sqrt{\sigma^2 + 3\tau^2} \leqslant [\sigma] \tag{12-17}$$

式中 σ_{r3} 与 σ_{r4} 分别为**梁**按照第三强度理论与第四强度理论计算得到的折算应力。以后对梁进行强度校核时,可以直接利用以上两个强度表达式。

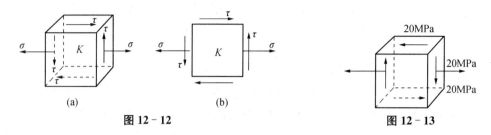

图 12 − 12   图 12 − 13

例 12 − 5 某构件用铸铁制成,其危险点处的应力状态如图 12 − 13 所示。已知 $\sigma_x = 20\ \text{MPa}$,$\tau_x = 20\ \text{MPa}$,材料的许用拉应力为 $[\sigma] = 35\ \text{MPa}$。试校核此构件的强度。

解 (1)计算主应力

$$\sigma_3^1 = \frac{\sigma}{2} \pm \sqrt{\left(\frac{\sigma}{2}\right)^2 + \tau^2} = \left[\frac{20}{2} \pm \sqrt{\left(\frac{20}{2}\right)^2 + 20^2}\right]\text{MPa} = {}^{+32.4}_{-12.4}\ \text{MPa}$$

(2)用第一强度理论校核

$$\sigma_{r1} = \sigma_1 = 32.4\ \text{MPa} < [\sigma] = 35\ \text{MPa}$$

该铸铁构件是安全的。

例 12 − 6 某焊接工字形截面钢梁如图 12 − 14(a)、(b)所示,已知梁的许用应力 $[\sigma] = 150\ \text{MPa}$,$[\tau] = 100\ \text{MPa}$,试对梁进行全面的强度校核。

解 (1)确定危险截面

绘出梁的剪力图和弯曲图,如图 12 − 14(c)所示。由图可见,最大剪力和最大弯矩发生在 C 左侧或 D 右侧截面上,其值为

$$F_{SCA} = |F_{SDB}| = F_{Smax} = 200\ \text{kN}$$

$$M_C = M_D = M_{max} = 80\ \text{kN} \cdot \text{m}$$

该两截面为危险截面。

(2)确定危险点

绘出危险截面上正应力和剪应力的分布图,如图 12 − 14(d)所示。最大正应力发生在上、下边缘处,例如 a 点或 e 点,该点处于单向应力状态。最大剪应力发生在中性轴上,例如 c 点,该点处于纯剪切应力状态。在腹板与翼缘的交界点,例如 d 点或 b 点处的正应力和剪应力都比较大,该点处于平面应力状态。上述各点都是危险点,应分别对它们进行强度计算。

(3)校核正应力强度和剪应力强度

相关的截面几何参数为

$$I_z = \frac{120 \times 300^3}{12}\ \text{mm}^4 - \frac{\dfrac{120 - 9}{2} \times 270^3}{12} \times 2\ \text{mm}^4$$

$$= 270 \times 10^6\ \text{mm}^4 - 182 \times 10^6\ \text{mm}^4$$

$$= 88 \times 10^6\ \text{mm}^4 = 88 \times 10^{-6}\ \text{m}^4$$

$$S_{zc}^* = 120 \times 15 \times \left(135 + \frac{15}{2}\right) \text{mm}^3 + 135 \times 9 \times \frac{135}{2} \text{mm}^3$$

$$= 256.5 \times 10^3 \text{ mm}^3 + 82 \times 10^3 \text{ mm}^3 = 338.5 \times 10^3 \text{ mm}^3$$

$$= 338.5 \times 10^{-6} \text{ m}^3$$

$$S_{zd}^* = 120 \times 15 \times \left(135 + \frac{15}{2}\right) \text{mm}^3$$

$$= 256.5 \times 10^3 \text{ mm}^3$$

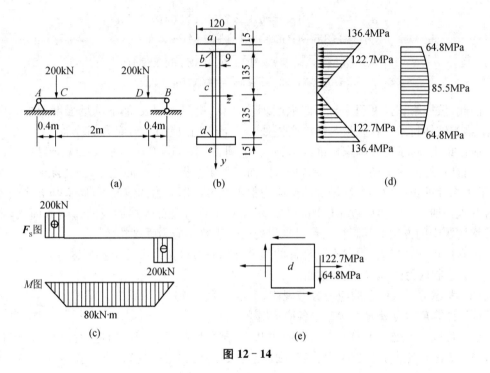

图 12 - 14

梁内最大正应力为

$$\sigma_{\max} = \sigma_e = \frac{M_{\max} y_e}{I_z} = \frac{80 \times 10^3 \text{ N} \cdot \text{m} \times (135 + 15) \times 10^{-3} \text{ m}}{88 \times 10^{-6} \text{ m}^4}$$

$$= 136.4 \times 10^6 \text{ Pa} = 136.4 \text{ MPa} < [\sigma]$$

可见梁的正应力强度足够。

梁内最大剪应力为

$$\tau_{\max} = \tau_c = \frac{F_{S\max} S_{zc}}{I_z b} = \frac{200 \times 10^3 \text{ N} \times 338.5 \times 10^{-6} \text{ m}^3}{88 \times 10^{-6} \text{ m}^4 \times 9 \times 10^{-3} \text{ m}}$$

$$= 85.5 \times 10^6 \text{ Pa} = 85.5 \text{ MPa} < [\tau] = 100 \text{ MPa}$$

可见梁的剪应力强度也足够。

（4）校核主应力强度

腹板与翼板交界点 d 处的正应力和剪应力分别为

$$\sigma_d = \frac{M_{\max} y_d}{I_z b} = \frac{80 \times 10^3 \text{ N} \cdot \text{m} \times 135 \times 10^{-3} \text{ m}}{88 \times 10^{-6} \text{ m}^4}$$

$$= 122.7 \times 10^6 \text{ Pa} = 122.7 \text{ MPa}$$

$$\tau_d = \frac{F_{S\max} S_{zd}}{I_z b} = \frac{200 \times 10^3 \text{ N} \times 256.5 \times 10^{-6} \text{ m}^3}{88 \times 10^{-6} \text{ m}^4 \times 9 \times 10^{-3} \text{ m}}$$

$$= 64.8 \times 10^6 \text{ Pa} = 64.8 \text{ MPa}$$

在 d 点处取出的单元体如图 12-14(e)所示。利用式(12-16)和(12-17)得

$$\sigma_{r3} = \sqrt{\sigma^2 + 4\tau^2} = \sqrt{122.7^2 + 4 \times 64.8^2} \text{ MPa}$$

$$= 178.5 \text{ MPa} > [\sigma] = 150 \text{ MPa}$$

$$\sigma_{r4} = \sqrt{\sigma^2 + 3\tau^2} = \sqrt{122.7^2 + 3 \times 64.8^2} \text{ MPa}$$

$$= 166.3 \text{ MPa} > [\sigma] = 150 \text{ MPa}$$

因此,按照第三强度理论与第四强度理论计算,交界点 d 处都不满足强度要求。由此可见,梁的破坏将发生在腹板与翼缘交界处 d 点,该处正应力和剪应力都较大。

应该指出,对于符合国家标准的型钢(工字钢、槽钢),由于其腹板与翼缘交界处不仅有圆弧,而且翼缘的内侧还有 1:6 的斜度,因而增加了交界处的截面宽度,这就保证了在截面上、下边缘处的正应力和中性轴处的剪应力都不超过许用应力的情况下,腹板与翼缘交界处附近各点一般不会发生强度不够的问题。但是对于自行设计焊接而成的薄腹截面梁,则必须按本例题中的方法对其腹板与翼缘交界处的点进行主应力强度校核。

由本例可知,复杂应力状态下杆件的强度计算一般可按以下几个步骤进行:

(1) 绘制内力图,确定危险截面。

(2) 考虑危险截面上的应力分布规律,确定危险点及其应力状态。

(3) 计算危险点处应力状态中各应力分量。

(4) 若危险点处于单向或纯剪切应力状态,则分别按正应力或剪应力强度条件进行强度计算;若危险点处于复杂应力状态,则应选择合适的强度理论,计算折算应力,进行强度计算。

综上所述,本章以前介绍的按梁的最大正应力进行正应力强度计算,按最大剪应力进行剪应力强度校核,都是十分重要的,而且必须首先进行。当梁上存在弯矩和剪力都较大的截面,而且在该截面上存在正应力和剪应力都较大的点时,则需用强度理论进一步进行强度校核。在建筑工程中,当梁的截面为工字形、槽形等有翼缘的薄壁截面时,在腹板和翼缘的交界处的点,通常正应力和剪应力都较大,应引起充分重视。

【小　结】

1. 单元体其上各个斜截面上的应力情况,称为该点处的应力状态。单元体的应力状态可以分为单向应力状态、二向应力状态与三向应力状态。

2. 在平面应力状态分析中,剪应力为 0 的面称为主平面,主平面上的应力称为主应力。

3. 关于引起材料破坏的决定性因素的假说,称为强度理论。强度理论共有四个。

【思考题与习题】

12-1. 一点处的应力状态可分为哪几种?

12－2. 斜截面是如何定义的?

12－3. 材料在外力作用下的破坏形式可分为哪几种?

12－4. 四个强度理论各如何假设材料的破坏原因? 其各自的破坏条件是什么?

12－5. 已知应力状态如图 12－15 所示(应力单位 MPa),试计算图中指定截面上的正应力和剪应力。

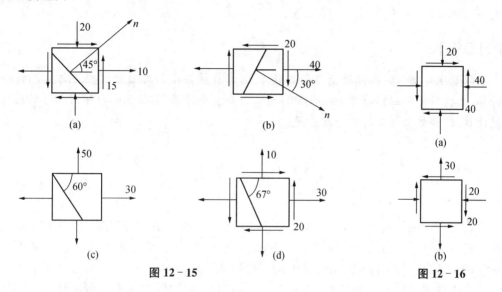

图 12－15　　　　　　　　　　　　　　　图 12－16

12－6. 单元体如图 12－16 所示(应力单位 MPa),试计算其主应力大小及所在截面的方位,并画出主应力单元体。

12－7. 某构件中三个点上的应力状态如图 12－17 所示(应力单位 MPa)。试按第一、第三两种强度理论分别判别哪一点是危险点。

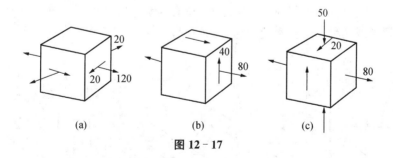

图 12－17

答案扫一扫

12－8. 试按照四个强度理论分别建立纯剪切应力状态的强度条件,并建立剪切许用应力与拉伸许用应力之间的关系。

12－9. 一脆性材料制成的圆管如图 12－18 所示,内径 $d = 0.1$ m,外径 $D = 0.15$ m,承受扭矩 $T = 70$ kN·m,轴力 F_N。如材料的拉伸强度极限为 100 MPa,压缩强度极限为 250 MPa,试用第一强度理论计算圆管破坏时的最大压力 F_N。

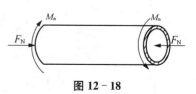

图 12－18

第十三章 组合变形

【学习目标】

了解受组合变形时构件的受力和变形特点,掌握构件受斜弯曲时的应力与变形的分析与计算,掌握拉伸(压缩)与弯曲组合变形的应力与强度计算,掌握偏心拉压时构件的应力与强度计算,理解截面核心的概念及应用。

13.1 概 述

组合变形是两种或两种以上的基本变形的组合。分析组合变形问题的关键在于根据叠加原理将外力进行适当的分解与简化。只要能将组合变形分解成几种基本变形,便可应用叠加原理来解决这类构件在组合变形时的强度计算问题。

前文中分别讨论了杆件在基本变形(拉、压、扭转、弯曲)时的强度和刚度计算。实际工程中不少构件同时产生两种或两种以上的基本变形。例如图 13-1(a)所示为工业厂房的立柱,由于偏心外力不通过立柱的轴线,产生偏心弯矩,所以立柱的变形既有压缩变形,又有弯曲变形;如图 13-1(b)所示屋架上的檩条受铅直方向荷载作用,由于荷载不是作用在檩条的两个纵向对称平面上,所以使檩条会在 y 和 z 两个方向产生弯曲变形;再如图 13-1(c)所示的烟囱,除由自重引起的轴向压缩外,还有因水平方向的风力作用而产生的弯曲变形。这类由两种或两种以上基本变形组合的情况,称为组合变形。

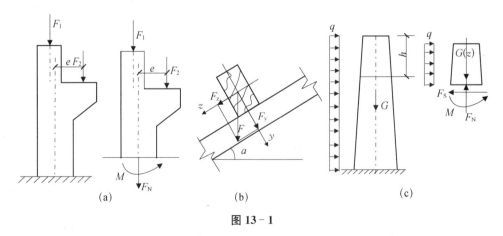

图 13-1

分析组合变形时,假设构件的变形在弹性范围内、小变形条件下,可以认为组合变形中的每一种基本变形都是相互独立、互不影响的,所以构件可按其原始形状和尺寸进行计算。

计算时,先将外力进行分解或简化,使每一种荷载只对应着一种基本变形。分别计算每一种基本变形下发生的内力、应力和变形,然后根据各基本变形单独作用时引起的应力与变形,利用叠加原理、强度理论进行组合与叠加,最后进行强度、刚度计算。如果构件的变形超出了线弹性范围,或虽未超出弹性范围但变形过大,而不能按其原始尺寸和形状进行计算,这时由于各基本变形之间相互影响,叠加原理不能使用。对于这类问题本教材不做讨论,读者可参阅有关资料。

13.2　斜弯曲

第九章中曾介绍,如果构件有一纵向对称平面,当横向外力作用于这一对称面内时,构件在纵向对称平面内发生平面弯曲。但是,在实际工程结构中,作用于梁上的横向力有时并不在梁的纵向对称面内。例如,屋面桁条倾斜地放置于屋顶桁架上[图 13-1(b)],所受**外力不在纵向对称面内**,此时构件就要发生斜弯曲。

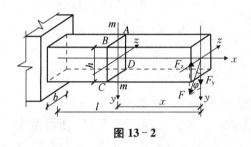

图 13-2

为了说明问题,以矩形截面悬臂梁为例,介绍斜弯曲的应力和变形的分析方法。设外力 F 作用于梁自由端,过形心且与 y 轴夹角为 φ。取 $Oxyz$ 坐标系如图 13-2 所示。

将 F 向两个形心主轴方向分解,其分量分别为

$$F_y = F\cos\varphi, \quad F_z = F\sin\varphi$$

由图 13-3 知,F_y 将使梁在 xy 面内发生平面弯曲;而 F_z 则使梁在 xz 面内发生平面弯曲。所以,构件在 F 作用下,将产生两个平面弯曲的组合变形。

一、内力的换算

在距自由端为 x 的横截面 $m-m$ 上,两个分力 F_y 和 F_z 所引起的弯矩值分别为

$$\left.\begin{aligned}
M_z &= F_y \cdot x = F\cos\varphi \cdot x = M\cos\varphi \\
M_y &= F_z \cdot x = F\sin\varphi \cdot x = M\sin\varphi
\end{aligned}\right\} \tag{13-1}$$

其中 $M = F \cdot x$,它表示力 F 对截面 $m-m$ 所引起的总弯矩。

二、应力分析

如图 13-3(a)、(b)所示,距自由端为 x 的横截面 $m-m$ 上任意点处(坐标为 y、z),由 M_z 和 M_y 所引起的正应力分别为

$$\sigma' = \pm\frac{M_z y}{I_z} = \pm\frac{My\cos\varphi}{I_z}$$

$$\sigma'' = \pm\frac{M_y z}{I_y} = \pm\frac{Mz\sin\varphi}{I_y}$$

它们在截面上的分布如图 13-3(a)、(b)所示。σ'、σ'' 在截面上各区间的正负号如图 13-3(c)所示。

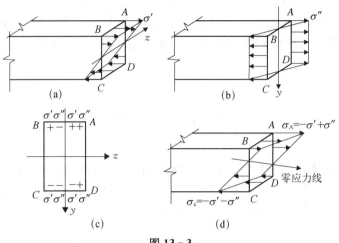

图 13-3

由叠加原理可知 $m-m$ 截面上任意点处的总应力应是 σ' 和 σ'' 叠加,即

$$\sigma = \sigma' + \sigma'' = \pm \frac{M_z y}{I_z} \pm \frac{M_y z}{I_y} = \pm M \left(\frac{\cos\varphi}{I_z} y + \frac{\sin\varphi}{I_y} z \right) \tag{13-2}$$

式中 I_y、I_z 分别为横截面对形心主轴 y 和 z 的惯性矩;y、z 则表示计算截面上任一点的坐标值。应用上式计算任意一点处的应力时,应将该点的坐标,连同符号代入,便可得该点应力的代数值。也可通过平面弯曲的变形情况直接判断正应力 σ 的正负号。正值和负值分别表示拉应力和压应力。

由式(13-2)可见,应力 σ 是坐标 y、z 的线性函数,所以它是一个**平面方程**。正应力 σ 在横截面上的分布规律可用一倾斜平面表示[如图 13-3(d)所示]。斜平面与横截面的交线就是**中性轴**,它是横截面上**正应力等于零的各点的连线**,这条连线也称为**零线**。零线在危险截面上的位置可由应力 $\sigma=0$ 的条件确定,即

$$\sigma = \pm \left(\frac{M_z y_0}{I_z} + \frac{M_y z_0}{I_y} \right) = 0$$

即

$$\sigma = \pm M \left(\frac{\cos\varphi}{I_z} y_0 + \frac{\sin\varphi}{I_y} z_0 \right) = 0$$

$$\frac{\cos\varphi}{I_z} y_0 + \frac{\sin\varphi}{I_y} z_0 = 0$$

式中的 y_0、z_0 为中性轴上任一点的坐标。当 $y_0=0$、$z_0=0$ 代入时,方程可以满足,由此可知,零线是一条过坐标原点的直线。它与 z 轴的夹角(图 13-4)为

$$\tan\alpha = \frac{y_0}{z_0} = -\frac{I_z}{I_y} \tan\varphi$$

只有当 $I_z = I_y$,$\tan\alpha = -\tan\varphi$。可见,零线与力的作用线不垂直。

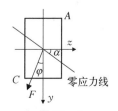

图 13-4

为了进行强度计算,必须找出构件上的危险截面和危险点。可见,对如图 13-2 所示悬臂梁,固定端就是危险截面,对应于点 A 和 C 就是危险点(图 13-4)。其中 A 有最大拉应力,C 有最大压应力。其应力的绝对值为

$$|\sigma_{max}| = \left| M_{max} \left(\frac{\cos \varphi}{I_z} y_{max} + \frac{\sin \varphi}{I_y} z_{max} \right) \right|$$

斜弯曲时,梁内剪应力很小,通常不予计算。

三、强度条件

进行强度计算,首先要确定危险截面和危险点的位置。对于如图 13-3 所示的悬臂梁,固定端截面的弯矩值最大,是危险截面。对矩形、工字形等具有两个对称轴及棱角的截面,最大正应力必定发生在角点上[图 13-4(d)]。将角点坐标代入式(13-2)便可求得任意截面上的最大正应力值。

若材料的抗拉和抗压强度相等,则斜弯曲的强度条件为

$$\sigma_{max} = \frac{M_{z max}}{W_z} + \frac{M_{y max}}{W_y} \leqslant [\sigma] \tag{13-3}$$

根据这一强度条件,同样可以进行强度校核、截面设计和确定许可荷载。但是,在设计截面尺寸时,要遇到 W_z 和 W_y 两个未知量,此时可以先假设一个 $\frac{W_z}{W_y}$ 的比值,再根据强度条件式(13-3)计算出杆件所需的 W_z 值,从而确定截面的尺寸及计算出 W_y 值,再按式(13-3)进行强度校核。

通常对矩形截面取 $\frac{W_z}{W_y} = \frac{h}{b} = 1.2 \sim 2$,对工字形截面取 $\frac{W_z}{W_y} = 8 \sim 10$,对槽形截面取 $\frac{W_z}{W_y} = 6 \sim 8$。

四、变形的分析

自由端因 F_y 所引起的挠度为 $\quad f_y = \dfrac{F_y l^3}{3EI_z} = \dfrac{Fl^3 \cos \varphi}{3EI_z}$

因 F_z 所引起的挠度为 $\quad f_z = \dfrac{F_z l^3}{3EI_y} = \dfrac{Fl^3 \sin \varphi}{3EI_y}$

由叠加原理,自由端的总挠度是两个方向挠度的矢量和[图 13-5(a)],即

$$f = \sqrt{f_y^2 + f_z^2} \tag{13-4}$$

若总挠度 f 与 y 轴的夹角为 β,则

$$\tan \beta = \frac{f_z}{f_y} = \frac{I_z}{I_y} \tan \varphi \tag{13-5}$$

从上式可见,对于 $I_y \neq I_z$ 的截面,$\beta \neq \varphi$。这说明变形后梁的挠曲线与集中力 $\boldsymbol{F}$ 不在同一纵向平面内,故称为**斜弯曲**,如图 13-5(b)所示。

有些截面,如圆形或方形截面,其 $I_y = I_z$,则有 $\beta = \varphi$,表明挠曲线与集中力 F 仍在同一纵向平面内,仍然是平面弯曲。

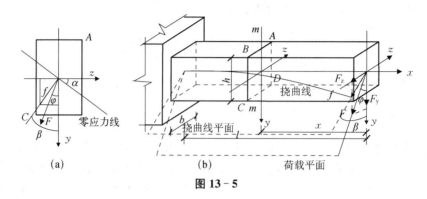

图 13-5

例 13-1 如图 13-6(c)所示,屋架上的木檩条采用 $100\text{ mm} \times 140\text{ mm}$ 的矩形截面,跨度 $l = 4\text{ m}$,简支在屋架上,承受屋面荷载 $q = 1\text{ kN/m}$(包括檩条自重)。木材的许用拉应力 $[\sigma] = 10\text{ MPa}$,试验算檩条强度。

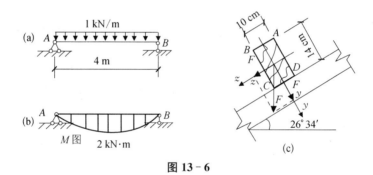

图 13-6

解 据题意将檩条简化为一简支梁,并作弯矩图如图 13-6(a)、(b),其最大弯矩发生在跨中点截面:

$$M_{max} = \frac{1}{8}ql^2 = \frac{1}{8} \times 1 \times 4^2 = 2\text{ kN} \cdot \text{m}$$

由截面尺寸算得

$$W_z = \frac{bh^2}{6} = \frac{0.1 \times 0.14^2}{6}\text{ m}^3 = 327 \times 10^{-6}\text{ m}^3$$

$$W_y = \frac{b^2 h}{6} = \frac{0.1^2 \times 0.14}{6}\text{ m}^3 = 233 \times 10^{-6}\text{ m}^3$$

由 M_{max} 的方向可判别出,截面下边缘的 C 点处拉应力最大

$$\sigma_{max} = \sigma_c = M_{max}\left(\frac{\cos\varphi}{W_z} + \frac{\sin\varphi}{W_y}\right)$$

$$= 2 \times 10^3 \times \left(\frac{\cos 26°34'}{327 \times 10^{-6}} + \frac{\sin 26°34'}{233 \times 10^{-6}}\right)\text{ Pa}$$

$$= 9.31 \times 10^6 \, \text{Pa}$$

$$= 9.31 \, \text{MPa} < [\sigma]$$

所以檩条满足强度要求。

例 13-2 如图 13-7 所示吊车梁由工字钢制成,材料的许用应力 $[\sigma] = 160 \, \text{MPa}$, $l = 4 \, \text{m}$, $F = 30 \, \text{kN}$,现因某种原因使 F 偏离纵向对称面,与 y 轴的夹角 $\varphi = 5°$。试选择工字钢的型号。

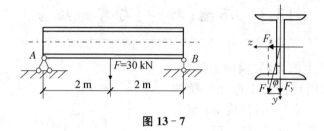

图 13-7

解 (1)荷载分解和内力计算

吊车荷载 F 位于梁的跨中时,吊车梁处于最不利的受力状态,梁的跨中截面弯矩最大,是危险截面。

先将荷载 F 沿 y、z 轴分解,得

$$F_y = F \cos \varphi = 30 \, \text{kN} \times 0.996 = 29.9 \, \text{kN}$$

$$F_z = F \sin \varphi = 30 \, \text{kN} \times 0.087\,2 = 2.62 \, \text{kN}$$

由 $\boldsymbol{F}_y$ 引起在 Oxy 平面内的平面弯曲,中性轴为 z 轴。跨中的最大弯矩为

$$M_{z\max} = \frac{F_y l}{4} = \frac{29.9 \times 4}{4} \, \text{kN} \cdot \text{m} = 29.9 \, \text{kN} \cdot \text{m}$$

由 $\boldsymbol{F}_z$ 引起在 Oxz 平面内的平面弯曲,中性轴为 y 轴,跨中的最大弯矩为

$$M_{y\max} = \frac{F_z l}{4} = \frac{2.62 \times 4}{4} \, \text{kN} \cdot \text{m} = 2.62 \, \text{kN} \cdot \text{m}$$

(2)选择截面

先设 $\dfrac{W_z}{W_y} = 8$,将强度条件式(13-3)变换为

$$\frac{1}{W_z} \left(M_{z\max} + M_{y\max} \frac{W_z}{W_y} \right) \leqslant [\sigma]$$

所以

$$W_z \geqslant \frac{M_{z\max} + M_{y\max} \cdot \dfrac{W_z}{W_y}}{[\sigma]} = \frac{29.9 \times 10^6 + 2.62 \times 10^6 \times 8}{160} \, \text{mm}^3 = 318 \times 10^3 \, \text{mm}^3$$

查型钢表,选取用 22b 工字钢,$W_z = 325 \, \text{cm}^3 = 325 \times 10^3 \, \text{mm}^3$,

$$W_y = 42.7 \, \text{cm}^3 = 42.7 \times 10^3 \, \text{mm}^3。$$

（3）强度校核

按选用的型号，根据强度条件式（13-3）进行校核。

$$\sigma_{\max}=\frac{M_{z\max}}{W_z}+\frac{M_{y\max}}{W_y}=\left(\frac{29.9\times10^6}{325\times10^3}+\frac{2.62\times10^6}{42.7\times10^3}\right)\text{MPa}=153.4\,\text{MPa}<[\sigma]$$

所以选用 22b 工字钢是合适的。

13.3 压缩（拉伸）与弯曲组合

如果作用在杆上的力，除横向力外，还有轴向拉（压）力，则杆将发生弯曲与拉伸（压缩）的组合变形。对于弯曲刚度 EI 较大的杆，可不考虑轴向力对于弯曲变形的影响。因而拉伸（压缩）和弯曲两个基本变形是各自独立的，可以应用叠加原理。

如图 13-8（a）所示为在自重和土压力作用下的石墩，显然它同时受压缩变形和弯曲变形，所以是压缩与弯曲组合变形。现以此例说明拉（压）弯组合变形时的强度计算。

设自重沿轴向分布，自重集度沿石墩中心轴线 x 方向分布的大小是 q_1，土压力垂直于石墩中心轴线 x 方向的荷载集度是

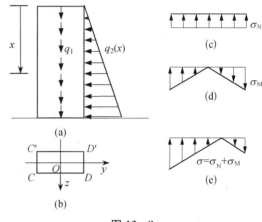

图 13-8

$q_2(x)$。由截面法易于求得任意截面上的轴力 $F_N(x)$ 与弯矩 $M(x)$。

与轴力 $F_N(x)$ 对应的正应力为

$$\sigma_N=-\frac{F_N(x)}{A}$$

与 $M(x)$ 对应的弯曲正应力为

$$\sigma_M=\pm\frac{M(x)y}{I_z}$$

叠加后得总应力 σ，即

$$\sigma=\sigma_N+\sigma_M=-\frac{F_N(x)}{A}\pm\frac{M(x)y}{I_z} \tag{13-6}$$

叠加后的应力分布如图 13-8（d）所示。显然，最大拉应力发生在 DD' 边，最大压应力发生在 CC' 边。对于抗拉（压）强度不同的材料可分别建立强度条件。

$$\sigma_{\max}^+\leqslant[\sigma_t],\ \sigma_{\max}^-\leqslant[\sigma_c] \tag{13-7}$$

拉伸与弯曲的组合与压缩与弯曲组合一样，可应用叠加原理计算。

例 13 - 3　如图 13 - 9 所示为一悬臂起重架,杆 AC 是一根 16 号工字钢,长度 $l = 2$ m, $\theta = 30°$。荷载 $F = 20$ kN 作用在 AC 的中点 D,若 $[\sigma] = 100$ MPa。试校核 AC 梁的强度。

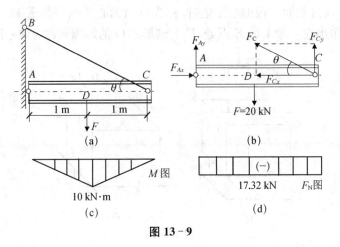

图 13 - 9

解: AC 梁的受力简图如图 13 - 9(b)所示。

根据平衡方程 $\sum M_A = 0$,得

$$F_C \times 2\sin 30° - 20 \times 1 = 0, \quad F_C = 20 \text{ kN}$$

把 $\boldsymbol{F}_C$ 分解为沿 AC 梁轴线的分量 $\boldsymbol{F}_{Cx}$ 和垂直于 AC 梁轴线的分量 $\boldsymbol{F}_{Cy}$,可见 AC 梁是压缩与弯曲的组合变形。

$$F_{Cx} = F_C \cos 30° = 17.3 \text{ kN}$$
$$F_{Cy} = F_C \sin 30° = 10 \text{ kN}$$

作 AC 梁的弯矩图和轴力图如图 13 - 9(c)、(d)所示。从图中看出,在 D 截面上弯矩为最大值,而轴力与其他截面相同,故 D 为危险截面。

查型钢表,对于 16 号工字钢,其 $W = 141$ cm³, $A = 26.131$ cm²。同时考虑轴力及弯矩的影响,进行强度校核。在危险截面 D 的上边缘各点上发生最大压应力。且为

$$|\sigma_{\max}| = \left| \frac{F_N}{A} + \frac{M_{\max}}{W} \right| = \left| -\frac{17.3 \times 10^3 \text{ N}}{26.131 \times 10^2 \text{ mm}^2} - \frac{10 \times 10^6 \text{ N} \cdot \text{mm}}{141 \times 10^3 \text{ mm}^3} \right|$$
$$= |-6.62 - 70.92| \text{ MPa} = 77.54 \text{ MPa} < [\sigma]$$

故 AC 梁满足强度条件。

13.4　偏心压缩与截面核心

作用在杆件上的外力,当其作用线与杆的轴线平行但不重合时,杆件就受到偏心压缩(或拉伸)。偏心压拉是轴向拉伸(压缩)与弯曲的组合变形,是工程实际中常见的组合变形。现以矩形截面梁为例说明其应力分析的方法。

一、单向偏心压缩(拉伸)

当偏心力 F 通过截面一根形心主轴时,称为单向偏心压缩。如图 13-10(a)所示矩形截面杆,压力 F 作用在 y 轴上的 E 点处,E 点到形心 O 的距离 e 称为**偏心距**。

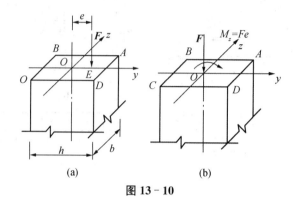

图 13-10

1. 荷载简化和内力计算

首先将偏心力 F 向截面形心平移,得到一个通过形心的轴向压力 F 和一个力偶矩为 Fe 的力偶[图 13-10(b)]。

运用截面法可求得任意横截面上的内力为:轴力 $F_N=F$ 和弯矩 $M_z=Fe$。

2. 应力计算和强度条件

偏心受压杆截面中任意一点处的应力,可以由两种基本变形各自在该点产生的应力叠加求得。

轴向压缩时,截面上各点处的应力均相同[图 13-11(a)],其值为

$$\sigma'=-\frac{F}{A}$$

平面弯曲时,截面上任意点处的应力为[图 13-11(b)]

$$\sigma''=\pm\frac{M_z y}{I_z}$$

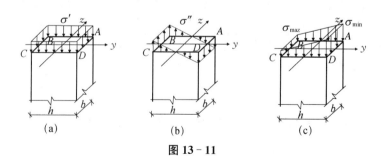

图 13-11

截面上各点处的总应力为 $\sigma=\sigma'+\sigma''$ [图 13-11(c)]

即

$$\sigma=-\frac{F}{A}\pm\frac{M_z y}{I_z} \tag{13-8}$$

式中：A 为横截面面积；I_z 为截面对 z 轴的惯性矩；y 为所求点的坐标,应连同符号代入公式。

应用式(13-8)计算正应力时,F、M_z、y 都可用绝对值代入,式中弯曲正应力的正负号可由观察变形情况来判定。当点处于弯曲变形的受压区时取负号;处于受拉区时取正号。

截面上最大正应力和最小正应力(即最大压应力)分别发生在 BC 边缘及 AD 边缘上的各点处,其值为

$$\left.\begin{array}{l}\sigma_{max}=\sigma_{max}^{+}=-\dfrac{F}{A}+\dfrac{M_z}{W_z}\\[3mm]\sigma_{min}=\sigma_{min}^{-}=-\dfrac{F}{A}-\dfrac{M_z}{W_z}\end{array}\right\} \tag{13-9}$$

截面上各点均处于单向应力状态,强度条件为

$$\left.\begin{array}{l}\sigma_{max}=-\dfrac{F}{A}+\dfrac{M_z}{W_z}\leqslant[\sigma_t]\\[3mm]\sigma_{min}=\left|-\dfrac{F}{A}-\dfrac{M_z}{W_z}\right|\leqslant[\sigma_c]\end{array}\right\} \tag{13-10}$$

3. 讨论

当偏心受压柱是矩形截面[图 13-12(a)、(b)]时,$A=bh$, $W_z=\dfrac{bh^2}{6}$, $M_z=Fe$,将各值代入式(13-9),得

$$\sigma_{max}=-\dfrac{F}{bh}+\dfrac{Fe}{\dfrac{bh^2}{6}}=-\dfrac{F}{bh}\left(1-\dfrac{6e}{h}\right) \tag{13-11}$$

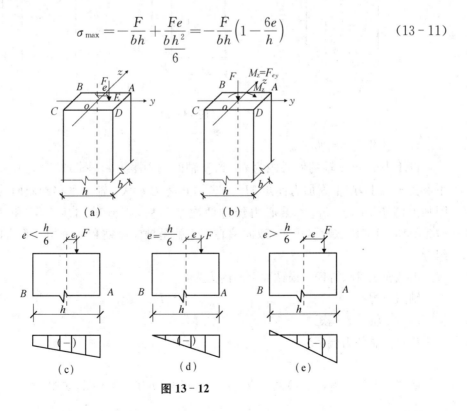

图 13-12

边缘 A-A 上的正应力 $\sigma_{\max}$ 的正负号,由上式中 $\left(1 - \dfrac{6e}{h}\right)$ 的符号决定,可能出现三种情况:

当 $e < \dfrac{h}{6}$ 时,$\sigma_{\max}$ 为压应力。截面全部受压,如图 13-12(c) 所示。

当 $e = \dfrac{h}{6}$ 时,$\sigma_{\max}$ 为零。截面上应力分布如图 13-12(d) 所示,整个截面受压,而边缘 A-A 正应力恰好为零。

当 $e > \dfrac{h}{6}$ 时,$\sigma_{\max}$ 为拉应力。截面部分受拉,部分受压。应力分布如图 13-12(e) 所示。

可见,截面上应力分布情况随偏心距 e 变化而变化,与偏心力 F 的大小无关。当偏心距 $e > \dfrac{h}{6}$ 时,截面上出现受拉区;当偏心距 $e \leqslant \dfrac{h}{6}$ 时,截面全部受压。

二、双向偏心压缩(拉伸)

当偏心压力 F 的作用线与柱轴线平行,但不通过截面任一形心主轴时,称为双向偏心压缩,如图 13-13 所示。

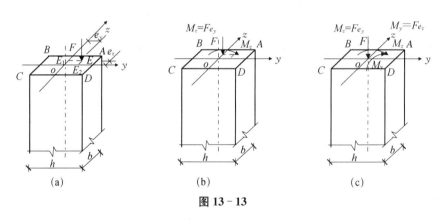

(a)   (b)   (c)

图 13-13

1. 荷载简化和内力计算

设压力 F 至 z 轴的偏心距为 e_y,到 y 轴的偏心距为 e_z[图 13-13(a)]。先将压力 F 平移到 z 轴上,产生附加力偶矩 $M_z = F e_y$,再将力 F 从 z 轴上平移到截面的形心,又产生附加力偶矩 $M_y = F e_z$。偏心力经过两次平移后,得到轴向压力 F 和两个力偶 M_z、M_y[图13-13(b)、(c)],可见,双向偏心压缩就是轴向压缩和两个相互垂直的平面弯曲的组合。

由截面法可求得任一横截面上的内力为:

轴向压力 $\qquad\qquad\qquad\qquad\qquad F_N = F$;

F 对 z 轴的力偶矩 $\qquad\qquad\qquad M_z = F e_y$;

F 对 y 轴的力偶矩 $\qquad\qquad\qquad M_y = F e_z$。

2. 应力计算和强度条件

横截面上任一点(y、z)处的应力应为三部分应力的叠加图,如图 13-14 所示。

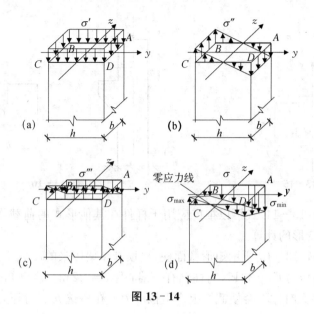

图 13 - 14

轴向压力 $\boldsymbol{F}$ 引起的应力[图 13 - 14(a)]为 $\qquad \sigma' = -\dfrac{F}{A}$

M_z 引起的应力[图 13 - 14(b)]为 $\qquad \sigma'' = \pm \dfrac{M_z y}{I_z}$

M_y 引起的应力[图 13 - 14(c)]为 $\qquad \sigma''' = \pm \dfrac{M_y z}{I_y}$

叠加以上结果可得截面上任一点处的应力为

$$\sigma = \sigma' + \sigma'' + \sigma'''$$

即 $\qquad\qquad \sigma = -\dfrac{F}{A} \pm \dfrac{M_z \cdot y}{I_z} \pm \dfrac{M_y \cdot z}{I_y} \qquad\qquad (13 - 12)$

弯矩引起的应力 σ'' 及 σ''' 的正负,仍然可根据 M_z 及 M_y 的转向和所求点的位置决定。截面上应力的正负情况如图 13 - 15 所示。计算时,y,z 应代入绝对值。最大正应力在 A 点处,最小正应力在 C 点处,其值为

$$\begin{matrix} \sigma_{\max} \\ \sigma_{\min} \end{matrix} = -\dfrac{F}{A} \pm \dfrac{M_z}{W_z} \pm \dfrac{M_y}{W_y} \qquad\qquad (13 - 13)$$

危险点 A、C 都处于单向应力状态,所以强度条件为

$$\left. \begin{aligned} \sigma_{\max} &= -\dfrac{F}{A} + \dfrac{M_z}{W_z} + \dfrac{M_y}{W_y} \leqslant [\sigma_t] \\ \sigma_{\min} &= \left| -\dfrac{F}{A} - \dfrac{M_z}{W_z} - \dfrac{M_y}{W_y} \right| \leqslant [\sigma_c] \end{aligned} \right\} \qquad (13 - 14)$$

前面所得的式(13 - 9)、(13 - 10)实际上是式(13 - 13)及式(13 - 14)的特殊情况:压力作用在端截面的一根形心主轴上,其中一个偏心距为零。

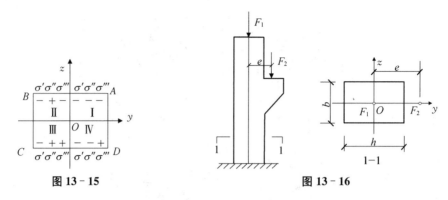

图 13 - 15　　　　　　　　　　　　　图 13 - 16

式(13-13)及(13-14)式可以推广应用于杆件在其他形式的荷载作用下产生压缩(或拉伸)和弯曲组合变形的计算。

例 13 - 4　如图 13 - 16 所示矩形截面柱,柱顶有屋架传来的压力 $F_1 = 100$ kN,牛腿上承受吊车梁传来的压力 $F_2 = 30$ kN 与柱轴有一偏心距 $e = 0.2$ m。现已知柱宽 $b = 180$ mm,试问截面高度 h 为多大时才不会使截面上产生拉应力?在所选 h 尺寸下,柱截面中的最大压应力为多少?

解　将作用力向截面形心 O 简化,得轴向力 $F = F_1 + F_2 = 130$ kN,对 z 轴的力偶矩 $M_z = F_2 e = 30$ kN $\times$ 0.2 m $= 6$ kN $\cdot$ m。要使截面上不产生拉应力,应满足

$$\sigma_{\max} = -\frac{F}{A} + \frac{M_z}{W_z} \leqslant 0$$

即

$$-\frac{130 \times 10^3}{0.18h} + \frac{6 \times 10^3}{\dfrac{0.18h^2}{6}} \leqslant 0$$

解得

$$h \geqslant 0.28 \text{ m}$$

此时截面中的最大压应力为

$$\sigma_{\min} = -\frac{F}{A} - \frac{M_z}{W_z} = \left(-\frac{130 \times 10^3}{0.18 \times 0.28} - \frac{6 \times 10^3}{\dfrac{0.18 \times 0.28^2}{6}} \right) \text{Pa} = -5.13 \times 10^6 \text{ Pa} = -5.13 \text{ MPa}$$

例 13 - 5　挡土墙的横截面形状和尺寸如图 13 - 17 如示,C 点为其形心。土壤对墙的侧压力每米长为 $F = 30$ kN,作用在离底面 $\dfrac{h}{3}$ 处,方向水平向左。挡土墙材料的密度 ρ 为 2.3×10^3 kg/m³。试画出基础面 m - n 上的应力分布图。

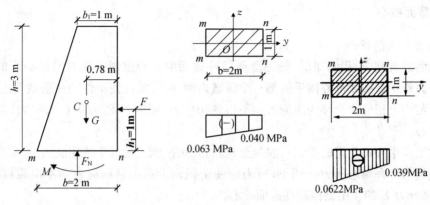

图 13 - 17

解 （1）内力计算

挡土墙很长，且是等截面的，通常取 1 m 长度来计算。每 1 m 长墙自重为

$$G = \frac{1}{2}(b_1 + b_2)h\rho g = \left[\frac{1}{2}(1+2) \times 3 \times 2.3 \times 9.8\right] kN = 101.43 \ kN$$

土壤侧压力为

$$F = 30 \ kN$$

用截面法求得基础面的内力为

$$F_N = G = 101.43 \ kN$$

弯矩 $M_z = F \times \dfrac{h}{3} - Ge = \left[30 \times \dfrac{3}{3} - 101.43 \times (1 - 0.78)\right] kN \cdot m = 7.69 \ kN \cdot m$

（2）应力计算

基础底面的面积 $A = b_2 \times 1 \ m = 2 \ m \times 1 \ m = 2 \ m^2 = 2 \times 10^6 \ mm^2$

抗弯截面系数

$$W_z = \frac{1}{6} \times 1 \times 10^3 \ mm \times b_2^2 = \frac{1}{6} \times 10^3 \ mm \times (2 \times 10^3 \ mm)^2 = 667 \times 10^6 \ mm^3$$

基础面 m-m 边上的应力为

$$\sigma_n = -\frac{F_N}{A} - \frac{M_z}{W_z} = \left(-\frac{101.43 \times 10^3}{2 \times 10^6} - \frac{7.69 \times 10^6}{667 \times 10^6}\right) MPa = -0.062 \ 2 \ MPa$$

n-n 边上的应力为

$$\sigma_n = -\frac{F_N}{A} + \frac{M_z}{W_z} = (-0.051 \ 8 + 0.010 \ 8) MPa = -0.039 \ MPa$$

（3）画出基础面的正应力分布图（图 13 - 17）

三、截面核心

1. 截面核心的概念

在前面的研究中,我们知道,偏心受压杆件截面中是否出现拉应力与偏心距的大小有关。**当外力作用在截面形心附近的某一个区域内时,**可以实现使中性轴在横截面边缘以外,杆件整个截面上正应力全部为压应力而不出现拉应力,则形心附近的这个外力作用区域称**为截面核心。**

土建工程中大量使用的砖、石、混凝土材料,其抗拉能力远低于抗压能力,主要用作承压构件。这类构件在偏心压力作用下,应力应使全截面上只出现压应力而不出现拉应力,为此,就需将外力 **F** 的作用点控制在截面核心内。

2. 截面核心的确定

我们知道,中性轴将截面分为两个区域:一边是拉应力区,一边是压应力区。倘若中性轴位置正好与截面的轮廓线相重合,则截面全部处在中性轴一边,整个截面上只有一种符号的应力。据此,可用以确定截面核心的位置。

若设中性轴上点的坐标为 y_0、z_0,由偏心受压时截面上任意点处的应力计算式:

$$\sigma = -\frac{F}{A} \pm \frac{M_z y}{I_z} \pm \frac{M_y z}{I_y}$$

有

$$-\frac{F}{A} \pm \frac{M_z}{I_z} y_0 \pm \frac{M_y}{I_y} z_0 = -\frac{F}{A} \pm \frac{F e_y}{I_z} y_0 \pm \frac{F e_z}{I_y} z_0 = 0$$

在上式中,e_y、$y_0(e_z$、$z_0)$ 同号时,应力为负,所以中性轴与偏心距一定处于形心的两侧,而且**中性轴的位置与外力大小无关,只与力作用点的位置及截面形状、尺寸有关。**因此有

$$-\frac{F}{A}\left(1 + \frac{e_y}{i_z^2} y_0 + \frac{e_z}{i_y^2} z_0\right) = 0$$

由此得中性轴方程

$$1 + \frac{e_y}{i_z^2} y_0 + \frac{e_z}{i_y^2} z_0 = 0 \qquad (13-15)$$

式(13-15)是一个直线的截距式方程,表明中性轴是一根不通过形心的直线。在形心主轴 z 及 y 上的截距分别为

$$z_0 = -\frac{i_y^2}{e_z}$$

$$y_0 = -\frac{i_z^2}{e_y} \qquad (13-16)$$

如果让中性轴与截面的某条轮廓线相重合,使截面内只产生一种符号的应力,由(13-16)式可以确定此时外力作用点的位置(即偏心距)为

$$e_z = -\frac{i_y^2}{z_0}$$

$$(13-17)$$

$$e_y = -\frac{i_z^2}{y_0}$$

再让中性轴与截面各条轮廓线一一重合,便可得到截面上只产生一种符号的应力时外力作用点的轨迹,即截面核心的轮廓。

例 13-6 求图 13-18 示矩形截面的截面核心。

解 (1) 计算有关参数

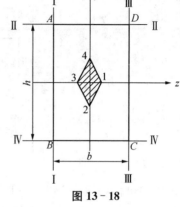

图 13-18

$$i_z^2 = \frac{I_z}{A} = \frac{\dfrac{bh^3}{12}}{bh} = \frac{h^2}{12}$$

$$i_y^2 = \frac{I_y}{A} = \frac{\dfrac{b^3h}{12}}{bh} = \frac{b^2}{12}$$

(2) 将 AB 边作为中性轴 I-I,从图中可得,其截距为

$$z_{01} = -\frac{b}{2}$$

$$y_{01} = \infty$$

代入式(13-17),得到力的作用点 1 的坐标为

$$e_{z1} = -\frac{i_y^2}{z_0} = \frac{-\dfrac{b^2}{12}}{-\dfrac{b}{2}} = \frac{b}{6}$$

$$e_{y1} = -\frac{i_z^2}{y_0} = -\frac{\dfrac{h^2}{12}}{\infty} = 0$$

从而可在截面上定出点 1 位置。再以 AD 边作为中性轴 II-II,其截距为 $z_{02} = \infty$,$y_{02} = \dfrac{h}{2}$,代入式(13-17),得到力的作用点 2 的坐标为

$$e_{z2} = 0$$

$$e_{y2} = -\frac{h}{6}$$

类似地以 CD、BC 为中性轴,可分别得 3、4 点坐标。

$$\begin{cases} e_{z3} = -\dfrac{b}{6} \\ e_{y3} = 0 \end{cases} \qquad \begin{cases} e_{z4} = 0 \\ e_{y4} = \dfrac{h}{6} \end{cases}$$

中性轴由 I-I 绕 A 点顺时针旋转到 II-II 时,力的作用点将沿直线从 1 点移到 2 点。

这可以从中性轴方程式(13-15)看出：当中性轴绕 A 点旋转时，各条中性轴上都含 A 点坐标 $(y_0 = y_A, z_0 = z_A)$，将它代入式(13-16)，得到力作用点(e_y, e_z)的变化规律为

$$1 + \frac{e_y}{i_z^2}y_A + \frac{e_z}{i_y^2}z_A = 0$$

式中 y_A、z_A 为不变量，所以 e_y 与 e_z 间成线性关系。

因此，将前面所得各点间依次联成直线，便得整个矩形截面核心的图形，如图 13-18 中间的菱形阴影部分图形。

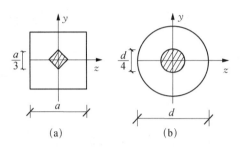

图 13-19

同理可以推导，得到正方形与圆形截面的截面核心形状，分别如图 13-19(a)、(b)所示。

图 13-20 所示为工程中常用的工字钢与槽钢截面的截面核心的形状尺寸。

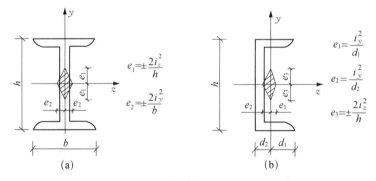

图 13-20

确定截面核心的步骤如下：

(1) 以截面外凸边界为作中性轴，将截距代入(13-17)式，求得截面核心图形的角点；

(2) 连接相邻角点，便得截面核心图形。

另外，在确定截面核心时须注意，对周边有凹进部分的截面，如工字形、槽形、T 形等，不能将凹进部分的边界取作中性轴，因为这种线穿过截面，将截面分为拉、压两个区域。

13.5 弯曲与扭转组合

弯曲与扭转的组合变形是机械工程中最常见的情况。机器中的大多数转轴都是以弯曲

与扭转组合的方式工作的。现以图 13－21(a)所示曲拐中的 AB 段圆杆为例,介绍弯曲与扭转组合时的强度计算方法。

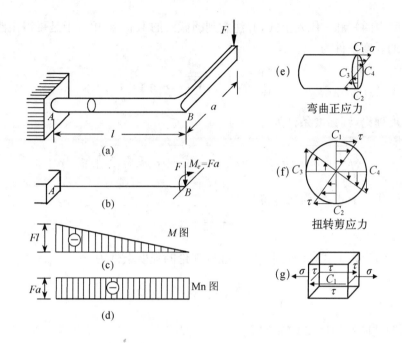

图 13－21

将外力 F 向截面 B 形心简化,得 AB 段计算简图如图 13－21(b)所示。横向力 F 使轴发生平面弯曲,而力偶 $M_e = Fa$ 使轴发生扭转。其弯矩图和扭矩图如图 13－21(c)、(d) 所示。可见,危险截面在固定端 A,其上的内力为

$$M = Fl, \quad M_n = M_e = Fa$$

根据前面章节的讨论,截面 A 的弯曲正应力和扭转剪应力的分布图如图 13－21(e)、(f)所示,可以看出,点 C_1 和 C_2 为危险点,点 C_1 的单元体如图 13－21(g)所示,由应力计算公式得点 C_1 的正应力与剪应力为

$$\sigma = \frac{M}{W_z}, \quad \tau = \frac{M_n}{W_P} \tag{13-18}$$

式中,$W_z = \pi d^3/32$,$W_P = \pi d^3/16$ 分别是圆轴的抗弯和抗扭截面系数。危险点 C_1 或 C_2 处于二向应力状态,其主应力为

$$\left.\begin{array}{c} \sigma_1 \\ \sigma_3 \end{array}\right\} = \frac{\sigma}{2} \pm \sqrt{\left(\frac{\sigma}{2}\right)^2 + \tau^2} \left.\phantom{\begin{array}{c}\\\\\end{array}}\right\} \tag{13-19}$$
$$\sigma_2 = 0$$

对塑性材料,采用第三或第四强理论。按第三强度理论,强度条件为

$$\sigma_1 - \sigma_3 \leqslant [\sigma]$$

将式(13-19)代入上式,得

$$\sqrt{\sigma^2 + 4\tau^2} \leqslant [\sigma] \qquad (13-20)$$

将式(13-18)中的 σ 和 τ 代入上式,并注意到圆截面的 $W_P = 2W_z$,于是可得出圆杆的弯扭组合变形下的强度条件为

$$\frac{1}{W_z}\sqrt{M^2 + M_n^2} \leqslant [\sigma] \qquad (13-21)$$

若按第四强度理论,其强度条件为

$$\sqrt{\frac{1}{2}\left[(\sigma_1 - \sigma_2)^2 + (\sigma_2 - \sigma_3)^2 + (\sigma_3 - \sigma_1)^2\right]} \leqslant [\sigma]$$

将式(13-19)代入上式,经简化后得

$$\sqrt{\sigma^2 + 3\tau^2} \leqslant [\sigma] \qquad (13-22)$$

再以式(13-18)代入上式,即得到按第四强度理论的强度条件为

$$\frac{1}{W_z}\sqrt{M^2 + 0.75M_n^2} \leqslant [\sigma] \qquad (13-23)$$

式中,W_z 为圆截面杆的抗弯截面系数。

例 13-7 如图 13-22 所示为一钢制实心圆轴,轴上齿轮的受力如图所示。齿轮 C 的节圆直径 $d_C = 500 \, \text{mm}$,齿轮 D 的节圆直径 $d_D = 300 \, \text{mm}$。许用应力 $[\sigma] = 100 \, \text{Mpa}$,试按第四强度理论求轴的直径。

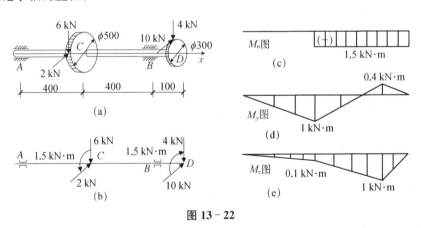

图 13-22

解 先将齿轮上的外力向 AB 的轴线简化,得到如图 13-22(b)所示的计算简图。根据轴的计算简图,分别作出轴的扭矩图[图 13-22(c)],垂直平面内的弯矩 M_y 图和水平面内的弯矩 M_z 图[图 13-22(d)、(e)]。

对于圆轴,因为通过圆心的任何直径都是形心主轴,所以圆轴在两个方向弯曲时可以直接求其合成弯矩,即

$$M = \sqrt{M_y^2 + M_z^2}$$

对于 C 截面　　　　　　$M_C = \sqrt{1^2 + 0.1^2} = 1.005 \text{ kN} \cdot \text{m}$

对于 B 截面　　　　　　$M_B = \sqrt{1^2 + 0.4^2} = 1.077 \text{ kN} \cdot \text{m}$

由于 BCD 段轴上的扭矩相同,所以截面 B 是危险截面。

由第四强度理论的强度条件式(13-23)可知

$$\sigma_{r4} = \frac{1}{W_z}\sqrt{M_B^2 + 0.75 M_{nB}^2} = \frac{1}{W_z}\sqrt{1.077^2 \times 1\,000^2 + 0.75 \times 1\,500^2} = \frac{1\,687}{W_z} \leqslant [\sigma]$$

将 $W_z = \pi d^3/32$ 代入上式,得

$$d \geqslant \sqrt[3]{\frac{32 \times 1\,687}{\pi \times 100 \times 10^6}} = 0.056 \text{ m} = 56.0 \text{ mm}$$

注:从该例可知,对于弯曲与扭转组合变形的杆件,在进行强度计算时,可以直接用式(13-21)和(13-23),即主要工作量是确定各截面上的弯矩和扭矩。

【小　结】

1. 叠加原理成立的条件:

(1) 材料的应力-应变之间保持线性关系。

(2) 构件必须是小变形,且每一种荷载作用下杆件的变形不会影响其他荷载作用下杆件所产生的内力。

2. 构件受组合变形时,其强度问题的解决步骤是:

(1) 将外力向截面形心简化,分解为几种基本变形。

(2) 根据所给各基本变形的内力图,判断可能的危险截面,并确定危险截面上的内力分量。

(3) 根据危险截面上各内力分量对应的应力分布,判断危险点的位置。

(4) 计算危险点处各基本变形产生的应力,如为单向应力状态即进行叠加,如为复杂应力状态则应按照强度理论建立强度条件。

3. 熟练掌握杆件在拉(压)弯组合与偏心压缩情况下的应力分析及强度计算,由于危险点处于单向应力状态,所以可使用单向拉(压)时的强度条件。即

$$\sigma_{\max} \leqslant [\sigma]$$

4. 圆轴受弯曲、扭转组合变形时,危险点处于复杂应力状态,故强度条件(塑性材料)为

$$\sigma_{r3} = \sigma_1 - \sigma_3 = \sqrt{\sigma^2 + 4\tau^2} = \frac{1}{W}\sqrt{M^2 + M_n^2} \leqslant [\sigma]$$

或

$$\sigma_{r1} = \sqrt{\frac{1}{2}\left[(\sigma_1 - \sigma_2)^2 + (\sigma_2 - \sigma_3)^2 + (\sigma_3 - \sigma_1)^2\right]} = \sqrt{\sigma^2 + 3\tau^2} = \frac{1}{W}\sqrt{M^2 + 0.75 M_n^2} \leqslant [\sigma]$$

应注意以上三种形式的强度条件,其适用范围的区别。

【思考题与习题】

13-1. 如图 13-23 所示各杆的 AB、BC、CD(或 BD)各段横截面上有哪些内力,各段

产生什么组合变形?

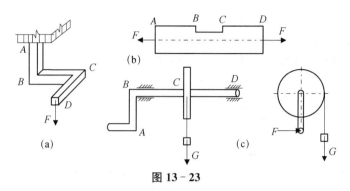

图 13 - 23

13 - 2. 如图 13 - 24 所示各杆的组合变形是由哪些基本变形组合成的? 判定在各基本变形情况下 A、B、C、D 各点处正应力的正负号。

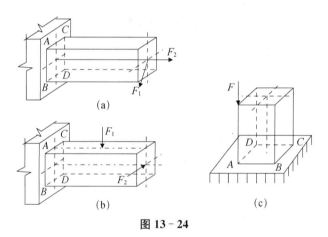

图 13 - 24

13 - 3. 如图 13 - 25 所示三根短柱受压力 F 作用,图 13 - 25(b)、(c)的柱各挖去一部分。试判断在 a、b、c 三种情况下,短柱中的最大压应力的位置并计算最大压应力的大小。

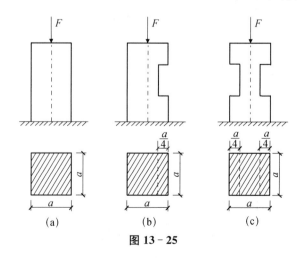

图 13 - 25

13-4. 截面核心的意义是什么？试结合图 13-11 的应力分布图说明矩形截面的截面核心。

13-5. 悬臂木梁受力如图 13-26 所示，$F_1 = 8$ kN，$F_2 = 16$ kN，矩形截面 $b \times h = 15 \times 130$ mm^2。试求梁的最大拉应力和最大压应力，并指出各发生在何处？

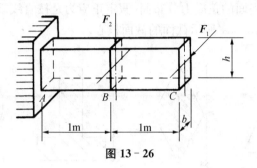

图 13-26

13-6. 如图 13-27 所示檩条两端简支于屋架上，檩条的跨度 $l = 3.6$ m，承受均布荷载 $q = 3$ kN/m，矩形截面 $\dfrac{b}{h} = \dfrac{3}{4}$，木材的许用应力 $[\sigma] = 10$ MPa。试选择檩条的截面尺寸。

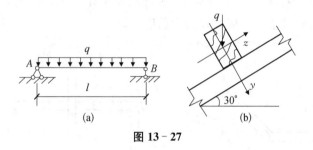

(a)　　　　　　　(b)

图 13-27

13-7. 如图 13-28 所示水塔盛满水时连同基础总重为 $G = 5\,000$ kN，在离地面 $H = 15$ m 处受水平风力的合力 $F = 60$ kN 作用。圆形基础的直径 $d = 6$ m，埋置深度 $h = 3$ m，若地基土壤的许用承载力 $[\sigma] = 0.3$ MPa，试校核地基土壤的强度。

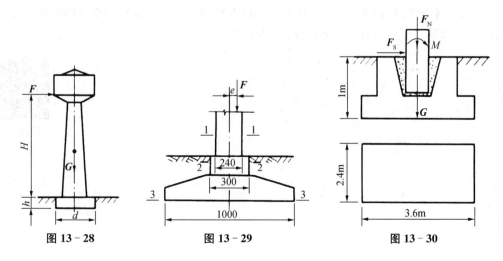

图 13-28　　　　　图 13-29　　　　　图 13-30

13-8. 砖墙和基础如图 13-29 所示。设在 1 m 长的墙上有偏心力 $F=40$ kN 的作用，偏心距 $e=0.05$ m。试画出 1-1、2-2、3-3 截面上正应力分布图。

13-9. 如图 13-30 所示为一柱的基础。已知在它的顶面上受到柱子传来的弯矩 $M=110$ kN·m，轴力 $F_N=980$ kN，水平剪力 $F_S=60$ kN，基础的自重及基础上的土重总共为 $G=173$ kN。试作基础底面的正应力分布面（假定正应力是按直线规律分布的）。

13-10. 试求如图 13-31 所示截面的截面核心。

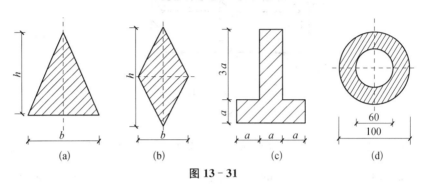

图 13-31

13-11. 曲拐受力如图 13-32 所示，其圆杆部分的直径 $d=50$ mm。试画出表示点 A 处应力状态的单元体，并求其主应力及最大剪应力。

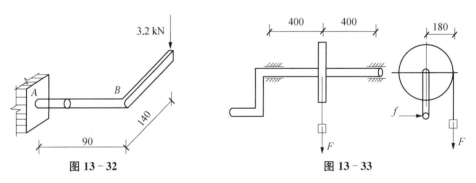

图 13-32   图 13-33

13-12. 手摇绞车如图 13-33 所示，轴的直径 $d=30$ mm，材料为 Q235 钢，$[\sigma]=80$ MP。试按第三强度理论，求绞车的最大起吊重量 F。

答案扫一扫

第十四章　平面杆件体系的几何组成分析

【学习目标】

了解三种不同的体系,理解进行体系几何组成分析的目的;理解体系自由度的概念与意义,熟练掌握利用几何不变体系的组成规则对简单杆件体系进行几何组成分析的方法;理解静定结构与超静定结构的异同点。

14.1　概　述

杆件结构都是由若干杆件按一定规律互相连接在一起而组成,用来承受荷载,起骨架作用的体系。但是并不是所有的杆件体系都能够用来承受荷载、起骨架作用,有些杆件体系是不能作为结构使用的。例如,建筑工地上常见的扣件式钢管脚手架,一般都需要搭成如图 14-1(a)所示的形式,即脚手架不但要有竖直杆和水平杆,还必须要有一些斜杆(剪刀撑)才能稳当可靠。如果将架子搭成如图 14-1(b)所示的形式,则会很容易倒塌。

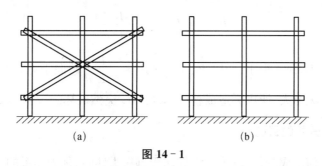

(a)　　　　　　　　　　(b)

图 14-1

一、三种不同的体系

在各种杆件系中,存在三种不同的形式,即几何不变体系、几何可变体系、几何瞬变体系。

1. 几何不变体系

结构受荷载作用时,构件内部会产生内力,弹塑性材料制成的构件会因此产生弹性变形,从而结构也就会产生变形。但是这种变形一般是很小的,在几何组成分析中,我们不考虑这种由于构件的内力所产生的弹性小变形。在不考虑材料弹性小变形的条件下,如果体系的位置和形状是不能改变的,这样的体系称为几何不变体系。如图 14-2(a)所示的体系,即为几何不变体系。

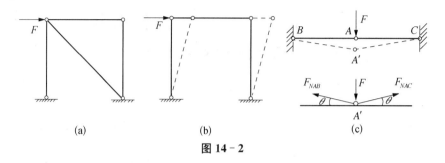

图 14 - 2

2. 几何可变体系

有的体系,在荷载作用下,即使在不考虑材料弹性小变形的条件下,体系的位置和形状仍然是可以改变的,这样的体系称为**几何可变体系**。如图 14 - 2(b)所示的体系,只要受微小的水平力作用,就可以产生图示变形,所以是几何可变体系。

3. 几何瞬变体系

有的体系,在荷载作用下,一开始能产生瞬间微小的几何变形(非弹性小变形),然后体系的位置和形状就保持不变,这样的体系,称为几何瞬变体系。如图 14 - 2(c)所示两根水平杆 AB、AC 组成的体系,只要受微小的竖向力 F 作用,就可以使两根杆件运动(转动),产生图示微小的变形。产生了这个小变形以后,体系就变成了几何不变体系。

应注意,**几何瞬变体系是危险体系**。在图 14 - 2(c)中,由于 A 点产生位移移动到 A' 点,若杆 AB、AC 长度相同,则该两杆产生相同的转角 θ,研究 A' 点的平衡可知,AB、AC 两杆均受拉,轴力为:

$$F_{NAB} = F_{NAC} = \frac{F}{2\sin\theta}$$

由于变形很微小,即 θ 很小,所以 $F_{NAB} = F_{NAC} = \dfrac{F}{2\sin\theta}$ 趋向于无穷大,使杆件 AB、AC 内的应力亦趋向于无穷大,所以会造成杆件 AB、AC 突然破坏。

二、几何组成分析的目的

对体系进行几何组成分析,以确定它们属于哪一类体系,称为体系的几何组成分析。作这种分析的目的在于:

(1) 判别某一体系是否几何不变,以保证所设计的结构是几何不变的,从而决定它能否作为结构。**工程结构必须都是几何不变的。**

(2) 研究几何不变体系的组成规则,保证设计体系组成的合理性。

(3) 正确区分静定结构和超静定结构,为结构的内力计算打下必要的基础。

对体系进行几何组成分析,一般可以分为计算体系的自由度以及根据几何不变体系的组成规则进行分析。

14.2 体系的自由度

一、自由度的概念

在没有受到约束之前，所有的像平面内的点、杆件、刚片（即平面内的刚体）等，都是可以自由运动的。**当点（或刚片、体系）在平面内运动时，为确定其运动位置所需的独立坐标的数目，称为点（或刚片、体系）在平面内的自由度。**

1. 点在平面内的自由度

如图 14-3(a)所示，一个点 A 在平面内运动时，为确定其运动位置，需要用两个坐标 x 和 y，**因此平面内一个点的自由度等于 2。**

2. 刚片在平面内的自由度

如图 14-3(b)所示，一个刚

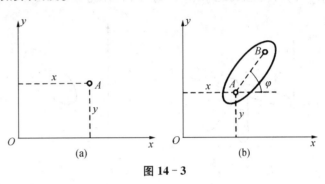

图 14-3

片在平面内运动时，为确定其运动位置，需要用它上面的任一点 A 的坐标 x、y 和过点 A 的任一直线 AB 的倾角 φ 来确定，**因此平面内一个刚片的自由度等于 3。**

二、约束的作用

能够使体系的自由度减少的装置统称为约束。平面杆件体系中的杆件，总是用各种不同的约束连接在一起，工程实际中的约束，形式各异，但是经过分析，主要可以归纳为以下几种。

1. 链杆

两端是铰链连接，中间不受力的杆件称为**链杆**。链杆主要为直杆，少数也可以为折杆或曲杆。如图 14-4(a)所示，两个刚片原来各有 3 个自由度共有 6 个自由度。用一根链杆相连接以后，要确定其位置，左面刚片 Ⅰ 需要确定 3 个参数即点 A 的坐标 x、y 和过点 A 的任一直线 AB 的倾角 α 即可，再确定链杆与直线的夹角 β 以及右边刚片上的直线与链杆的夹角 γ，一共 5 个参数。可见**一根链杆可减少一个自由度。**

2. 单铰及其作用

联结两个刚片的铰称为单铰，如图 14-4(b)所示，两刚片之间用单铰相连，在连接之前，两个刚片原来各有 3 个自由度共有 6 个自由度，用单铰联结后，左面刚片 Ⅰ 需要确定 3 个参数，即点 A 的坐标 x、y 和过点 A 的任一直线 AB 的倾角 α，确定刚片 Ⅱ 的位置

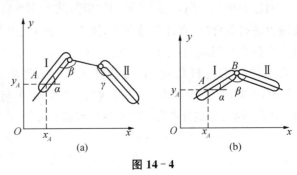

图 14-4

只需要一个独立坐标 β 即可，一共 4 个参数，与原来无铰连接时相比减少了 **2 个自由度**。可见**一个单铰可减少** 2 **个自由度**。

3. 复铰及其作用

在进行几何组成分析时，还会遇到同一个铰同时连接多个刚片的情形，如图 14 - 5 所示。我们把同时连接两个刚片以上的铰称为复铰。复铰可以这样形成：在刚片 Ⅰ 上设一个铰 A，不会改变其自由度，在铰以外依次连接刚片 Ⅱ、刚片 Ⅲ……每增加一个刚片，这个刚片的自由度比起与铰 A 连接前的情形减少 2 个自由度，若增至第 n 个刚片，它们的总自由度比没有与铰 A 存在的情形减少了 $2(n-1)$ 个。因此**一个连接** n **个刚片的复铰相当于** $(n-1)$ **个单铰**，减少 $2(n-1)$ **个自由度**。

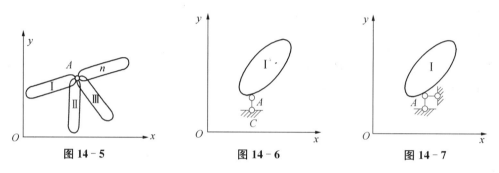

图 14 - 5   图 14 - 6   图 14 - 7

4. 支座的作用

体系要维持几何不变，必须用支座与地基基础相连，如可动铰支座（即链杆支座）、固定铰支座、固定支座等。这些不同的支座，限制运动以及减少自由度的个数各不相同。

如图 14 - 6 所示，如果用一个可动铰支座将刚片与基础相连接，则刚片在链杆方向的运动将被限制，但此时刚片仍可进行两种独立的运动，即链杆 AC 绕 C 点的转动以及刚片绕 A 点的转动。所以，**一个可动铰支座减少** 1 **个自由度**。我们将它用支座链杆的根数来体现，即一个可动铰支座有一根支座链杆，减少 1 个自由度。

再如图 14 - 7 所示，如果用一个固定铰支座将刚片与基础相连接，则刚片的任何移动都受到限制，刚片只能绕 A 点转动。所以，**一个固定铰支座减少** 2 **个自由度**。我们同样将它用支座链杆的根数来体现，即一个固定铰支座有 2 根支座链杆，减少 2 个自由度。

同样地分析可知，**一个固定支座应有** 3 **根支座链杆，减少** 3 **个自由度**。

三、关于多余约束

通过上面的介绍，我们了解到约束是减少体系自由度的装置。但是，**约束使体系的自由度减少是有条件的**，在许多情况下，体系中有的约束并不能起到减少自由度的作用，这种约束称为**多余约束**或无效约束。如图 14 - 8(a)所示，平面内一个点 A 有两个自由度，如果用两根不共线的链杆将点 A 与基础相连接，则点 A 减少两个自由度，即被固定；在图 14 - 8(b) 中，如果再增加一根不共线的链杆将点 A 与基础相连接，实际上仍只减少两个自由度。因此，**这三根链杆中有一根是多余约束**。又如，在图 14 - 9(a) 中，刚片 Ⅰ 通过两根竖直的链杆 1 和 2 与地基连接后，仍能在水平方向发生移动，体系的自由度为 1；在图 14 - 9(b) 中，如果在体系中再加进一根竖直的链杆 3，刚片仍能发生水平移动，体系的自由度仍为 1。因此,链杆 1、链杆 2 或链杆 3 三根链杆之中,有一根是多余约束。

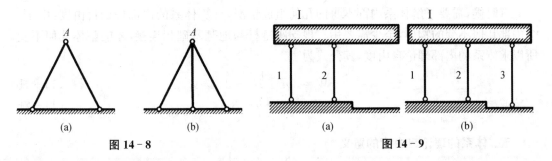

图 14-8　　　　　　　　　　　图 14-9

四、体系的理论自由度

一个一般的平面杆件体系,通常都是由若干刚片相互用铰相连并用支座链杆与基础相连组成的。设其刚片数(地基基础不计入)为 m,单铰数为 h,支座链杆数为 r,则其理论自由度 W 为

$$W = 3m - 2h - r \qquad (14-1a)$$

式中:h 是单铰总数目,如果是复铰,应把它们折算成相应的单铰,代入公式计算。在折算成单铰时,应正确识别该复铰所联结的刚片数。如图 14-10 所示几种情形,铰分别连接 4 个刚片、3 个刚片、2 个刚片,所以其相应的折算单铰数应分别为 3、2、1。

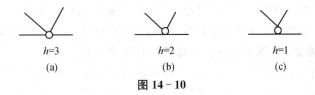

$h=3$　　　　$h=2$　　　　$h=1$
(a)　　　　　(b)　　　　　(c)
图 14-10

r 是支座链杆总数目,对不同的支座,应把它们折算成相应的支座链杆,代入公式计算。

还有一些平面杆件体系,都是在两端用铰联结的杆件所组成的体系,称为铰接链杆体系。这类体系的理论自由度,除可用式(14-1a)计算外,还可采用较为简便的公式进行计算。设以 j 表示结点数,b 表示杆件数,r 表示支座链杆数,则体系的理论自由度为

$$W = 2j - b - r \qquad (14-2a)$$

例 14-1　试求如图 14-11 所示体系的理论自由度。

解　若将体系视为一般体系,则可数得:

刚片数 $m=13$,换算后的单铰总数 $h=18$,换算后的支座链杆 $r=3$,代入公式,可得

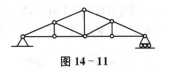

图 14-11

$$W = 3m - 2h - r$$
$$= 3 \times 13 - 2 \times 18 - 3 = 0$$

若将体系按照链杆体系计算,则可数得:

结点数 $j=8$,杆件数 $b=13$,换算后的支座链杆 $r=3$,代入公式,仍可得

$$W = 2j - b - r = 2 \times 8 - 13 - 3 = 0$$

有时候,需要了解体系内部本身的几何组成情况,计算体系的内部理论自由度,由于一个内部几何不变的物体,至少需要用三根支座链杆与地基基础相连接,才能整体几何不变。所以求体系的内部理论自由度,其公式为

$$W = 3m - 2h - 3 \tag{14-1b}$$

或

$$W = 2j - b - 3 \tag{14-2b}$$

五、体系的理论自由度的意义

在对体系的理论自由度进行计算后,一般可能有以下三种结果:

1. 理论自由度 $W > 0$,表示体系尚需要添加约束条件,才能几何不变。所以理论自由度 $W > 0$ 的体系是几何可变体系。

2. 理论自由度 $W = 0$,表示体系已经具备几何不变的必要条件,可能为几何不变,但是不一定就是几何不变。因为即使体系的理论自由度 $W = 0$,如果其组成不合理,仍然可能是几何可变的。

3. 理论自由度 $W < 0$,表示体系已经具备几何不变的必要条件,且存在多余约束,体系可能为几何不变,但仍然不一定就是几何不变。因为即使体系的理论自由度 $W < 0$,如果其组成不合理,仍然可能是几何可变的。

因此,**体系的理论自由度 $W \leqslant 0$,是体系几何不变的必要条件**,不是充分条件。在这里,有必要再讨论一下多余约束,上面已经提到,体系中有的约束并不能起到减少自由度的作用,这种约束称为多余约束,但是在求杆件体系的理论自由度时,会得出理论自由度 $W < 0$ 的情况,这表明,**多余约束,事实上减少了体系的理论自由度。**

在上面体系的自由度计算中,如果求得体系的理论自由度 $W \geqslant 0$,则体系的实际自由度和体系的理论自由度在数值上一般是相等的;如果求得体系的理论自由度 $W < 0$,则体系的实际自由度和体系的计算自由度是不相等的,一般地,这个负值数就是多余约束的数目。

14.3　几何不变体系的组成规则

通过上一节的讨论,了解了体系的自由度的概念与体系的理论自由度的求解。但是知道了体系的理论自由度,并不能判定体系是否几何不变。所以必须要研究几何不变体系的组成规则,下面进行研究。

一、两个重要的概念

1. 虚铰

如图 14-12 所示,刚片 Ⅰ 和刚片 Ⅱ 之间由两根链杆连接,两根链杆的延长线交于 O 点。当暂设刚片 Ⅱ 静止不动时,刚片 Ⅰ 相对于刚片 Ⅱ 可以产生运动。但是,刚片 Ⅰ 上的 A 点只能绕着点 C 在与 AC 垂直的方向上发生运动;同样的分析可知刚片 Ⅰ 上的 B 点将绕着点 D 在与 BD 垂直的方向上发生运动。由于 A、B 两点同在刚片 Ⅰ 上,因此,刚片 Ⅰ 只能以

O 为瞬时转动中心进行转动,它只有 1 个自由度。经过一微小位移后,AC 和 BD 延长线的交点 O 的位置也就发生了改变,O 点事实上起到了一个铰的作用,而其运动是对瞬时而言的,所以把这种铰称为**虚铰**或**瞬铰**。虚铰只是相当于实铰而言,其对物体限制运动方面的作用,与实铰是相当的。

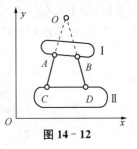

图 14－12

当刚片Ⅰ和刚片Ⅱ之间连接的两根链杆位置发生变化时,虚铰还有另外三种情况,如图 14－3(a)、(b)、(c)所示。

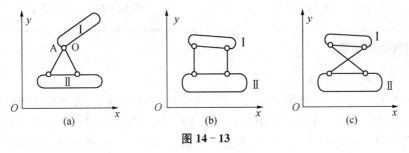

图 14－13

其中图 14－3(a)两根链杆直接相连接,虚铰变成了**实铰** O;图 14－3(b)两根链杆互相平行,虚铰的位置位于无穷远处;图 14－3(c)两根链杆交叉但不相连,虚铰的位置在交叉点上。

2.二元体

如图 14－14 所示,在某物体 W(几何不变或者几何可变)上,**用不在一条直线上的两根链杆连接一个新结点的装置,称为二元体**。在这里,要强调两根链杆不在一条直线上。

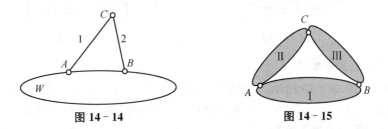

图 14－14　　　　　　　　图 14－15

二、几何不变体系的组成规则

1.三刚片规则

如图 14－15 所示,**平面内三刚片用不在同一直线上的三个铰两两相连,组成的体系几何不变,且无多余约束**。

2.两刚片规则

如图 14－16 所示,**平面内两刚片用一根链杆及一个不在链杆延长线上的铰相连接,组成的体系几何不变,且无多余约束**。

3.二元体规则

如图 14－14 所示,如果下部的物体 W 原来是几何不变的,则不论在其上面增加一个二元体,或者撤除一个二元体,都仍然是几何不变的。反过来,如果下部的物体 W 原来是几何可变的,则不论在其上面增加一个二元体,或者撤除一个二元体,都仍然是几何可变的。归纳起来,二元体规则可以表述为:**增减二元体,不会改变原体系的几何组成特性。**

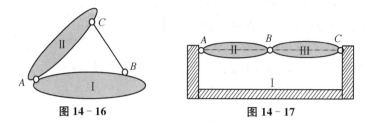

图 14-16　　　　　　　　　图 14-17

三、对规则的解读

1. 对三刚片规则的解读

(1) 如图 14-17 所示,**如果连接三个刚片的铰在一条直线上,体系为几何瞬变体系。**

(2) 由于虚铰对物体在限制运动方面的作用相当于实铰,所以在三刚片规则中,可以用虚铰来替代实铰。如图 14-18 所示,**平面内三刚片用不在同一直线上的三个虚铰两两相连,组成的体系几何不变,且无多余约束。**在这里,替代的虚铰也可以是一个或者两个,只要保证三个铰不在同一条直线上即可。

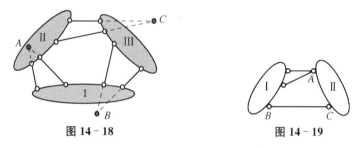

图 14-18　　　　　　　　　图 14-19

2. 对二刚片规则的解读

同理可得,如图 14-19 所示,如果用两根链杆构成的虚铰来替代不在链杆延长线上的铰,规则应该仍然成立。但是,为了使两根链杆构成的虚铰不在链杆的延长线上,应保证**三根链杆不完全交于一点也不完全平行。**

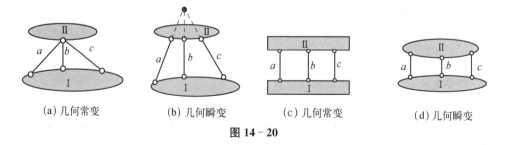

(a) 几何常变　　　(b) 几何瞬变　　　(c) 几何常变　　　(d) 几何瞬变

图 14-20

如图 14-20(a)、(b)所示,三根链杆(或链杆的延长线)完全交于一点,体系为几何可变,其中图 14-20(a)为几何常变,图 14-20(b)为几何瞬变;如图 14-20(c)、(d)所示,三根链杆完全平行,体系为几何可变,其中图 14-20(c)为几何常变,图 14-20(d)为几何瞬变。

所以,两刚片规则又可以描述为,**平面内两刚片用不完全交于一点也不完全平行的三根链杆相连接,组成的体系几何不变,且无多余约束。**

3. 对三刚片规则的再解读

在平面内三刚片用虚铰代替实铰的连接中,由于虚铰可能出现由平行链杆所构成而位置在无穷远处的情况,所以又可以有三种演变。

(1) 一个虚铰由平行链杆所构成,位置在无穷远处

如图 14 - 21 所示,刚片Ⅰ、刚片Ⅱ、刚片Ⅲ三个刚片用三个铰两两相连接。其中一个铰为由平行链杆所构成的虚铰,为了方便判别,另外两个铰为实铰。对该体系,只需要将刚片Ⅰ用一根链杆来替代,就将三刚片体系演变为两刚片体系,显然,**如果替代的链杆与上面构成虚铰的平行链杆不平行**,如图 14 - 21(a)所示,**体系(满足两刚片规则)是几何不变的;**反过来,**如果替代的链杆与上面构成虚铰的平行链杆也平行**,如图 14 - 21(b)所示,**则体系(不满足两刚片规则)是几何可变的。**

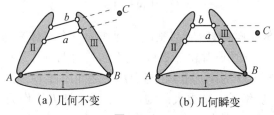

(a) 几何不变 　　　　(b) 几何瞬变

图 14 - 21

(2) 两个虚铰由平行链杆所构成,位置在无穷远处

如图 14 - 22 所示,刚片Ⅰ、刚片Ⅱ、刚片Ⅲ三个刚片用三个铰两两相连接。其中两个铰为由平行链杆所构成的虚铰,为了方便判别,另外一个铰为实铰。此时,我们只需对比构成虚铰的两对平行链杆之间的关系,如果两对平行链杆之间互不平行,如图 14 - 22(a)所示,体系是几何不变的;如果两对平行链杆之间互相平行,如图 14 - 22(b)所示,体系是几何可变的。

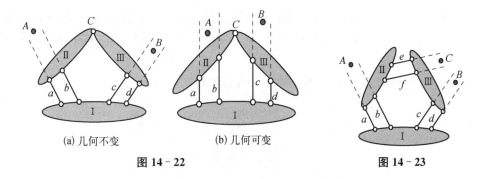

(a) 几何不变 　　　(b) 几何可变

图 14 - 22 　　　　　图 14 - 23

(3) 三个虚铰由平行链杆所构成,位置都在无穷远处

如图 14 - 23 所示,刚片Ⅰ、刚片Ⅱ、刚片Ⅲ三个刚片用三个位置都在无穷远处的虚铰两两相连接,此时,直接判定体系为几何可变。

14.4　应用几何不变体系的组成规则分析示例

应用几何不变体系的组成规则对一般几何组成进行分析,其主要步骤为:

1. 刚片的命名:可以将体系中的一根杆件、铰接、某一不变部分等设为刚片。

2. 寻找刚片之间的联系:两个刚片或者三个刚片之间是用哪个铰、哪些链杆连接的。

3. 对照规则进行判断:满足哪个规则或是符合规则的特殊情况。

例 14 - 2　试对如图 14 - 24 所示体系进行几何组成分析。

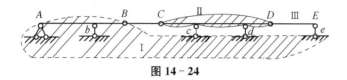

图 14 - 24

分析:本体系有六根支座链杆,应与基础一起作为一个整体来考虑。先选取基础为刚片,杆 AB 作为另一刚片,该两刚片由三根链杆相连,符合两刚片连接规则,组成一个大的刚片,称为刚片Ⅰ。再取杆 CD 为刚片Ⅱ,它与刚片Ⅰ之间用杆 BC(链杆)和两根支座链杆相连,符合两刚片连接规则,组成一个更大的刚片。最后将杆 DE 作为一个刚片Ⅲ,则刚片Ⅲ与上面的大刚片用铰 D 和 E 处的一根支座链杆相连,满足两刚片规则,组成整个体系。因此,整个体系是无多余约束的几何不变体系。

例 14 - 3　试对如图 14 - 25 所示体系进行几何组成分析。

分析:该体系与基础用不全交于一点也不全平行的三根链杆相连,符合两刚片连接规则,可先撤去这些支座链杆,只分析体系内部的几何组成。任选铰接三角形,例如 ABC 作为刚片,依次增加二元体 B - D - C、B - E - D、

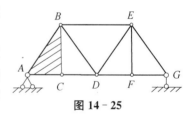

图 14 - 25

D - F - E 和 E - G - F,根据二元体规则,上部体系是几何不变的,不变的上部体系与基础用不全交于一点也不全平行的三根链杆相连,符合两刚片连接规则,所以整个体系几何不变,且无多余约束。

例 14 - 4　试对如图 14 - 26 所示体系进行几何组成分析。

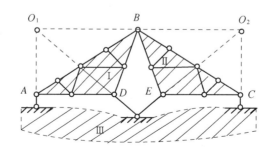

图 14 - 26

分析:该体系有四根支座链杆,所以应从基础开始进行分析。根据加减二元体规则,仿照例 14-3 的分析方法,可将左半部的 ABD 部分作为刚片Ⅰ,右半部的 BCE 部分作为刚片Ⅱ,再将基础作为刚片Ⅲ。则刚片Ⅰ与刚片Ⅱ由实铰 B 相连,刚片Ⅰ与刚片Ⅲ由两根链杆(组成虚铰 O_1)相连,刚片Ⅱ与刚片Ⅲ由两根链杆(组成虚铰 O_2)相连。由于三个铰 B、O_1、O_2 恰在同一直线上,故体系为瞬变体系。如果三个铰 B、O_1、O_2 不在同一直线上,则体系为无多余约束的几何不变体系。

例 14-5　试对如图 14-27 所示体系进行几何组成分析。

分析:该体系有四根支座链杆,应先从基础开始进行分析。以基础为刚片,杆 AB 为另一刚片,该二刚片由 A 处固定铰支座的两根链杆和 B 处可动铰支座的一根链杆共三根链杆相连,符合二刚片连接规则,组成一个大的刚片。然后增加由杆 AD 和 D 处支座链杆组成的二元体,再增加由杆 CD 和杆 CB 组成的二元体,这样就形成一个更大的刚片,设为刚片Ⅰ。再选取铰接三角形 EFG 为刚片,增加由杆 EH 和杆 GH 组成的二元体,形成刚片Ⅱ。刚片Ⅰ与刚片Ⅱ之间由四根链杆相连,但不管选择其中哪三根链杆,它们都相交于一点 O,因此该**体系虽然多余一根链杆约束,但是由于内部杆件组成不合理,仍然为几何瞬变体系。**

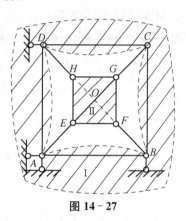

图 14-27

例 14-6　试对如图 14-28 所示体系进行几何组成分析。

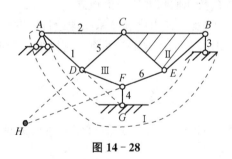

图 14-28

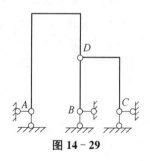

图 14-29

分析:该体系将地基(包括固定铰支座 A)看成刚片Ⅰ,△CBE 和链杆 DF 分别看成刚片Ⅱ和刚片Ⅲ。刚片Ⅰ和Ⅱ之间的链杆 2 和 3 延长相交可构成铰 B,Ⅰ和Ⅲ之间的链杆 1 和 4 延长相交可构成铰 G,Ⅱ和Ⅲ之间的链杆 5 和 6 延长相交可构成铰 H。B、G、H 三铰不共线。因此,该体系为几何不变体系,且无多余约束。

例 14-7　试对如图 14-29 所示体系进行几何组成分析。

分析:该体系有六根支座链杆,应从基础开始进行组成分析。先选取基础为一刚片,杆 AD 和杆 BD 为另两个刚片,此三个刚片由铰 A、B、D 相连,符合三刚片连接规则,使该局部为几何不变,可作为刚片Ⅰ;再选取杆 CD 为刚片Ⅱ,则刚片Ⅰ和刚片Ⅱ之间由铰 D 和 C 处一根支座链杆相连,就可以满足两刚片连接规则,而 C 处有两根支座链杆,尚多余一根链杆。故整个体系为几何不变体系,且有一个多余约束。

14.5 静定结构与超静定结构

通过前面介绍,体系有几何不变体系、几何可变体系及几何瞬变体系三种,而几何不变体系又可以分为有多余约束的几何不变体系和无多余约束的几何不变体系两种。在工程上,只有几何不变体系才能用作结构。如图 14 - 30 所示,当无多余约束的几何不变体系作为结构时就是**静定结构**;再如图 14 - 31 所示,当有多余约束的体系作为结构时就是**超静定结构**,其中多余约束的数目称为**超静定次数**。

图 14 - 30　　　　　　　　　　图 14 - 31

静定结构与超静定结构有很大的区别。对静定结构进行受力计算时,只用静力平衡条件就可以求得全部未知力;而对超静定结构进行受力计算时,要求得全部未知力,不但要考虑静力平衡条件,还需考虑变形协调条件(或位移条件)。对体系进行几何组成分析,有助于正确区分静定结构和超静定结构,以便选择恰当的结构受力计算方法。

【小　结】

1. 正确理解几何不变体系、几何可变体系及几何瞬变体系的概念。
2. 理解多余约束、虚铰的概念,区分体系的实际自由度和体系的理论自由度。
3. 熟悉几何不变体系的三个组成规则,理解三刚片规则与两刚片规则的特殊情况。
4. 正确区分静定结构与超静定结构。

【思考题与习题】

14 - 1. 何谓几何不变体系、几何可变体系和瞬变体系? 几何可变体系和瞬变体系为什么不能作为结构?

14 - 2. 何谓单铰、复铰和虚铰? 如图 14 - 32 所示复铰各应折算为几个单铰?

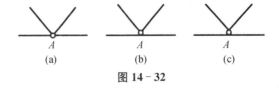

图 14 - 32

14 - 3. 何谓多余约束? 如何确定多余约束的个数?

14 - 4. 二刚片连接规则中有哪些限制条件? 三刚片连接规则中有什么限制条件?

14 - 5. 何谓二元体? 如图 14 - 33 所示的 $B - A - C$ 能否都可看成为二元体?

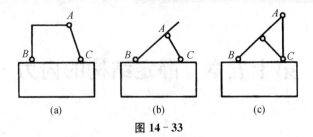

图 14 - 33

14 - 6. 何谓静定结构和超静定结构？这两类结构有什么区别？

14 - 7. 对如图 14 - 34 所示体系,试完成:(1) 计算体系的理论自由度;(2) 试对图示体系进行几何组成分析。

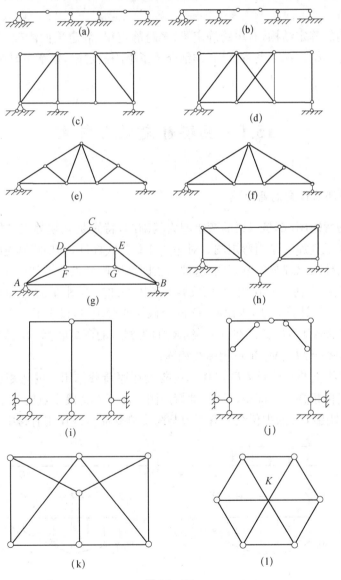

图 14 - 34

第十五章 静定结构的内力

扫码查看
本章微课

【学习目标】

掌握多跨静定梁的内力计算与内力图绘制,熟练掌握静定平面刚架的内力计算与内力图绘制,掌握简单桁架的内力计算,了解三铰拱及静定组合结构的计算,理解静定结构的特性。

工程中常用的静定结构,有单跨静定梁、多跨静定梁、静定平面刚架、静定平面桁架、三铰拱及静定组合结构。在第九章,已经详细介绍了单跨静定梁,本章主要讨论其他静定结构的内力。

15.1 多跨静定梁与斜梁

一、区段叠加法作梁的弯矩图

所有结构的弯矩图,都是以梁的弯矩图为基础的,特别是画超静定结构的弯矩图,必须要熟练掌握用区段叠加法绘制弯矩图。对一根任意梁式杆件,如果将其进行分段,然后在每一个区段上利用叠加原理画出弯矩图,这种方法即为区段叠加法。如图 15-1(a)所示的梁上某杆端 CD,受均布荷载 q 作用,在该段梁上利用叠加法画图,其过程如下:

(1) 按照弯矩的计算方法,求出 C、D 两个截面的弯矩(),设为下侧受拉;

(2) 将求得的弯矩 M_C、M_D 在梁上表示(画)为相应的弯矩竖标 M_C、M_D;

(3) 将弯矩竖标 M_C、M_D 顶点用虚线相连;

(4) 在该虚线上叠加将该 CD 段作为简支梁在原荷载作用下的弯矩图(注意叠加是对应截面的弯矩竖标相叠加),即得该区段的弯矩图。注意 CD 段中点的弯矩值为两项弯矩值(竖标)的叠加,即由梯形的中位线的弯矩值与简支梁受原荷载作用时跨中弯矩值进行叠加。

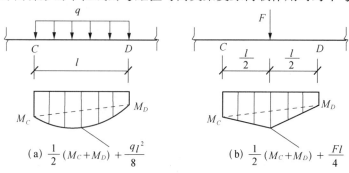

图 15-1

若 *CD* 段上的荷载是在其中点的一个集中力,则在虚线上叠加简支梁在集中力作用下的弯矩图,如图 15 - 1(b)所示。

二、多跨静定梁

1. 多跨静定梁的概念

多跨静定梁是由若干单跨静定梁用铰连接而成的静定结构。它是房屋工程及桥梁工程中广泛使用的一种结构形式,一般要跨越几个相连的跨度。如图 15 - 2(a)所示为房屋中的檩条梁,该梁的特点是第一跨无中间铰,其余各跨各有一个中间铰,在几何组成上,第一根梁用支座与基础连接后,是几何不变的,以后都用一个铰和一根支座链杆增加一根一根的梁,其计算简图如图 15 - 2(b)所示。

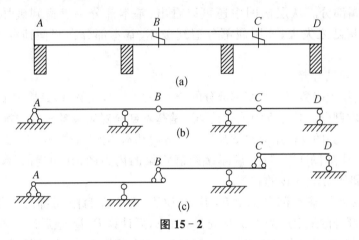

图 15 - 2

如图 15 - 3(a)所示为常见的公路桥梁,该梁的特点是无铰跨和双铰跨交替出现,在几何组成上,无铰跨可以认为是几何不变的,其计算简图如图 15 - 3(b)所示。

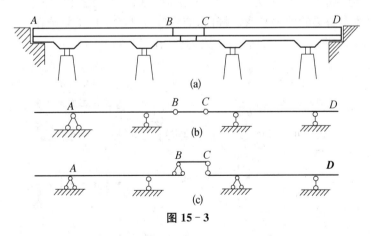

图 15 - 3

2. 多跨静定梁的组成

在构造上,多跨静定梁由基本部分和附属部分组成。在多跨静定梁中,凡是**本身为几何不变体系,能独立承受荷载的部分**,称为**基本部分**,在图 15 - 2(b)中,*AB* 梁用一个固定铰支座及一个链杆支座与基础相连接,组成几何不变,在竖向荷载作用下能独立维持平衡,故在竖向荷载作用下 AB 梁可看作基本部分。而像 BC 梁,本身不是几何不变,只有依靠基本部分 AB 梁的支承才能保持几何不变,才能承受荷载并维持平衡,CD 梁必须依靠 BC 梁的支承才能承受荷载并维持平衡,这些都称为附属部分。在图 15-3(b)中,AB 梁为几何不变,而 CD 梁由于有 A 支座的约束,不会产生水平运动,所以也可以视为几何不变,即也是基本部分,而 BC 梁,则是附属部分。

3. 层次图

为清晰表达基本部分与附属部分的传力关系,可将它们相互之间的支承及传力关系用**层次图**表达。如图 15-2(c)和图 15-3(c)所示。有了层次图,我们可以想象**将荷载视为"流水"**,将水倒在梁上,则倒在上层(附属部分)的水必然要向下流,即**附属部分的荷载必然会传给基本部分**;而倒在下层(基本部分)的水不会向上流,即**基本部分的荷载不会传给附属部分**。从层次图中还可以看出:基本部分一旦遭到破坏,附属部分的几何不变性也将随之失去;而附属部分遭到破坏,基本部分在竖向荷载作用下仍可维持平衡。

4. 多跨静定梁的计算

从多跨静定梁上附属部分与基本部分的传力关系可得,显然,**多跨静定梁应先计算附属部分,再计算基本部分**。其计算的关键是**弄清楚基本部分对附属部分的支撑力**的大小与方向;反过来,该支撑力的反作用力也就是附属部分向基本部分传递的作用力。

例 15-1 作如图 15-4(a)所示多跨静定梁的内力图,其中逆时针转力偶矩等于 8 kN·m 的力偶作用在 B 铰的右侧。

解 (1)该梁的基本部分为 AB,其余 BCD、DE 都为附属部分。作层次图如图 15-4(b)。附属部分的最上层为 DE,应先计算 DE,后计算 BCD,最后计算 AB。

(2)为计算方便,再将层次图拆分为分解图。在分解图上,求出了附属部分的支反力,标出了附属部分与基本部分之间的传力关系,如图 15-4(c)所示。

(3)按照单跨静定梁求作内力图的方法,作最后总的剪力图和弯矩图。作最后内力图时,为了比较整体多跨梁的剪力与弯矩峰值,应将拆分开的梁再重新画在一起。

该梁的弯矩图如图 15-4(d)所示;该梁的剪力图如图 15-4(e)所示。

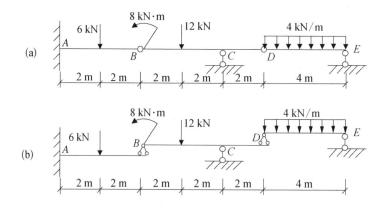

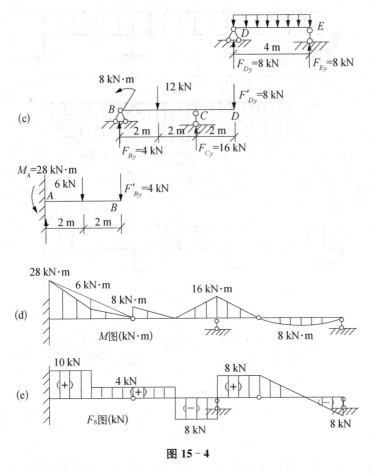

图 15 - 4

在上面的计算过程中,逆时针转力偶矩等于 8 kN·m 的力偶是作用在 B 铰的右侧的,如果计算时将其误移动到 B 铰的左侧,则最后得到的剪力图与弯矩图将会发生较大的改变。读者可以自行体会。

工程实践中的多跨静定梁,如果各段梁之间联系的铰其位置设置合理,将能够使梁的弯矩峰值从附属部分到基本部分一点点变小,反过来,如果改变每一段梁左右两边的长度比例(使外伸部分较长支撑部分较短),则会使梁的弯矩峰值从附属部分到基本部分不断变大,应当引起充分的注意。

通过将承受相同荷载的独立系列简支梁与多跨静定梁进行比较,可以理解多跨静定梁的优点。如图 15 - 5(a)所示的是一多跨相互独立的系列简支梁,受均布荷载 q 作用,其弯矩图如图 15 - 5(b)所示;图 15 - 6(a)是与独立的系列简支梁相同跨度、相同荷载作用下的多跨静定梁,其弯矩图如图 15 - 6(b)所示。比较两个弯矩图可以看出,系列简支梁的最大弯矩峰值大于多跨静定梁的最大弯矩峰值。因而,系列简支梁虽然结构较简单,但多跨静定梁的承载能力比系列简支梁大,在荷载相同的情况下可节省材料。

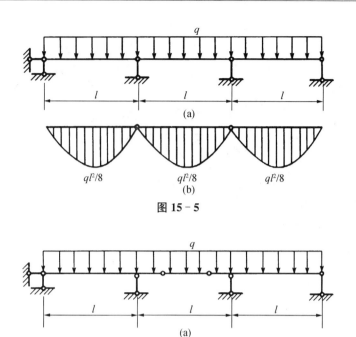

图 15 - 5

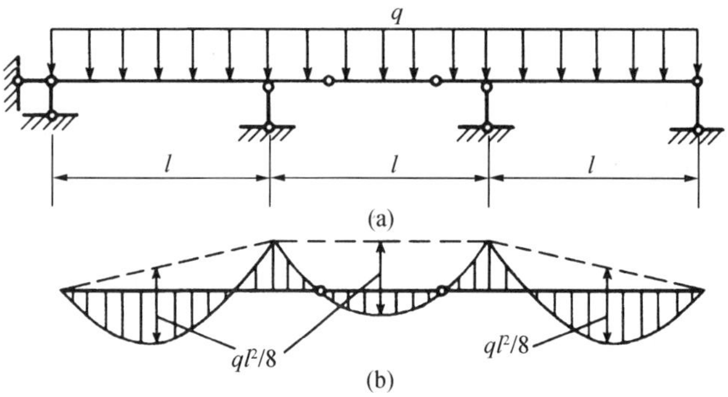

图 15 - 6

三、斜梁

在建筑工程中,经常会遇到杆轴线倾斜的梁,称为**斜梁**。常见的斜梁有楼梯、锯齿形楼盖和火车站雨篷等。计算斜梁的内力仍采用截面法,内力图的绘制也与水平梁类似。但应注意斜梁的轴线与水平方向有一个角度,所以在竖向荷载作用下,斜梁的横截面上,不但有剪力与弯矩,另外还有轴力。其中**剪力与弯矩的正负规定以及作图规定与平梁相同,轴力规定以使梁受拉为正,轴力图的绘制与轴向拉压杆相同。**下面举例加以说明。

例 15 - 2 如图 15 - 7(a)所示楼梯斜梁,荷载有两项:一项是楼梯上的行人荷载 q_1,沿水平方向均匀分布;另一项是楼梯的自重荷载 q_2,沿楼梯梁轴线方向均匀分布,试作其内力图。

解 (1)荷载换算:由于斜梁上作用有分布方式不一的荷载,为了计算上的方便,通常将沿楼梯轴线方向均布的自重荷载 q_2 换算成沿水平方向均布的荷载 q_0,如图 15 - 7(b)所示。换算时可以根据在同一微段上合力相等的原则进行,即

$$q_0 \mathrm{d}x = q_2 \mathrm{d}s$$

所以有

$$q_0 = \frac{q_2 \mathrm{d}s}{\mathrm{d}x} = \frac{q_2}{\cos \alpha}$$

因此,沿水平方向总的均布荷载为

$$q = q_1 + q_0$$

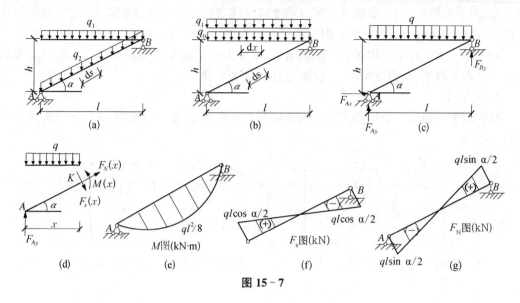

图 15-7

如图 15-7(c)所示。

(2) 求如图 15-7(c)所示斜梁支座反力。取斜梁为研究对象,根据平衡方程求得支座反力为

$$F_{Ax} = 0, \qquad F_{Ay} = F_{By} = \frac{1}{2}ql$$

(3) 计算斜梁上任一截面 K 上的内力,即求斜梁的弯矩方程、剪力方程与轴力方程。取如图 15-7(c)所示的 AK 梁段为隔离体,根据平衡方程,求得内力方程为

$$M(x) = F_{Ay}x - \frac{1}{2}qx^2 = \frac{1}{2}qlx - \frac{1}{2}qx^2$$

$$F_S(x) = F_{Ay}\cos\alpha - qx\cos\alpha = \left(\frac{1}{2}ql - qx\right)\cos\alpha$$

$$F_N(x) = -F_{Ay}\sin\alpha + qx\sin\alpha = -\left(\frac{1}{2}ql - qx\right)\sin\alpha$$

(4) 根据内力方程绘制内力图,如图 15-7(d)、(e)、(f)所示。

15.2 静定平面刚架

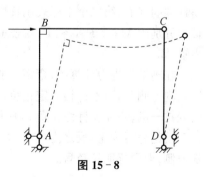

图 15-8

一、刚架的概念

刚架是**由直杆组成的具有刚结点**(允许同时有铰结点)**的结构**。在刚架中的刚结点处,刚结在一起的各杆不能发生相对移动和转动,变形前后各杆的夹角保持不变,如图 15-8 所示刚架,刚结点 B 处所连接的杆端,在受力变形时,仍保持与变形前相同

的夹角(图中虚线所示)。**故刚结点可以承受和传递弯矩。**由于存在刚结点,使刚架中的杆件较少,内部空间较大,比较容易制作,所以在工程中得到广泛应用。

刚架是土木工程中应用极为广泛的结构,可分为静定刚架和超静定刚架。静定刚架的常见类型有悬臂刚架、简支刚架、三铰刚架及组合刚架等。

1. 悬臂刚架

悬臂刚架一般由一个构件用固定端支座与基础连接而成。例如图 15 - 9(a)所示站台雨篷。

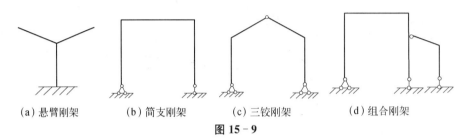

(a)悬臂刚架   (b)简支刚架   (c)三铰刚架   (d)组合刚架

图 15 - 9

2. 简支刚架

简支刚架一般由一个构件用固定铰支座和可动铰支座与基础连接,也可用三根既不全平行、又不全交于一点的链杆与基础连接而成。如图 15 - 9(b)所示。

3. 三铰刚架

三铰刚架一般由两个构件用铰连接,底部用两个固定铰支座与基础连接而成。例如图 15 - 9(c)所示三铰屋架。

4. 组合刚架

组合刚架通常是由上述三种刚架中的某一种作为基本部分,再按几何不变体系的组成规则连接相应的附属部分组合而成,如图 15 - 9(d)所示。

二、静定平面刚架的内力

1. 刚架内力的符号规定

在一般情况下,刚架中各杆的内力有弯矩、剪力和轴力。

由于刚架中有横向放置的杆件(梁),也有竖向放置的杆件(柱),为了使杆件内力表达得清晰,在内力符号的右下方以两个下标注明内力所属的截面,其中第一个下标表示该内力所属杆端的截面,第二个下标表示杆段的另一端截面。例如,杆段 AB 的 A 端的弯矩、剪力和轴力分别用 M_{AB}、F_{SAB} 和 F_{NAB} 表示;而 B 端的弯矩、剪力和轴力分别用 M_{BA}、F_{SBA} 和 F_{NBA} 表示。

在刚架的内力计算中,弯矩一般规定以使刚架内侧纤维受拉的为正,当杆件无法判断纤维的内外侧时,可不严格规定正负,但必须明确使杆件的哪一侧受拉;**弯矩图一律画在杆件的受拉一侧**,不需要标注正负。剪力和轴力的正负号规定同前,即剪力以使隔离体产生顺时针转动趋势时为正,反之为负;轴力以拉力为正,压力为负。**剪力图和轴力图可绘在杆件的任一侧**,但须标明正负号。

2. 截面法计算刚架的内力

刚架的内力计算,其基本方法仍然是截面法,下面举例说明。

例 15 - 3 图 15 - 10(a)所示的简支刚架,求横梁中点 E 的左截面上的三项内力。

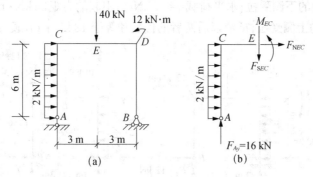

图 15 - 10

解 (1)根据平衡条件求出支座反力

由 $\sum M_A = 0$,得:$F_{By} \times 6 + 12 - 2 \times 6 \times 3 - 40 \times 3 = 0$,

解得 $F_{By} = 24$ kN(向上)

由 $\sum F_y = 0$,得:$F_{Ay} + F_{By} - 40 = 0$,

解得 $F_{Ay} = 16$ kN(向上)

由 $\sum F_x = 0$,得:$-F_{Bx} + 2 \times 6 = 0$,

解得 $F_{Bx} = 12$ kN(向左)

(2)在横梁中点 E 偏左处用一个假想的截面将杆截断,取左半为隔离体进行研究,画出受力图如图 15 - 10(b)所示。注意由于作用在横梁中点的集中力位于截面右边,没有作用在研究对象上,所以不在受力图中出现。在受力图中,截面上所求的三项未知内力,先全部设为正向。

(3)根据平衡条件求出所求的内力。

由 $\sum M_E = 0$,得:$M_{EC} + 2 \times 6 \times 3 - 16 \times 3 = 0$,

解得 $M_{EC} = 12$ kN·m(正弯矩,下侧或内侧受拉)

由 $\sum F_y = 0$,得:$F_{SEC} - 16 = 0$,

解得 $F_{SEC} = 16$ kN(正剪力)

由 $\sum F_x = 0$,得:$F_{NEC} + 2 \times 6 = 0$,

解得 $F_{Bx} = -12$kN(轴力为负,说明是压力)

3. 刚架内力的计算规律

利用截面法,可得到刚架内力计算的如下规律:

(1)刚架任一横截面上的弯矩,其数值等于该截面任一侧刚架上所有外力(包括外力偶矩及反力)对该截面形心之矩的代数和。对弯矩,一要算清楚其大小,更**要清楚使杆件的哪一侧受拉**,因为刚架的**弯矩图必须画在杆件受拉一侧**。

如图 15 - 11(a)所示刚架,求得支座反力后,横杆中点 E 的弯矩,若从 **E 截面左侧**进行计算,如图 15 - 11(b)所示,有两项力对 E 点有力矩作用,一项力是竖向反力 $F_{Ay} = 16$ kN,对 E 点的力矩是**顺时针**的,一项力是水平荷载 $q = 2$ kN/m,对 E 点的力矩是**逆时针**的,分别将左侧两项力产生的力矩画在左侧：其中竖向反力 $F_{Ay} = 16\,kN$ 引起的力矩 $48\,kN \cdot m$ 是**顺时针**的，其箭尾在下，使 E 截面的**下侧受拉**；水平荷载 $q = 2\,kN/m$ 引起的力矩 $36\,kN \cdot m$ 是**逆时针**的，其箭尾在上，使 E 截面的**上侧受拉**；抵消以后两者的代数和等于 $12\,kN \cdot m$，**顺时针转下侧受拉**。

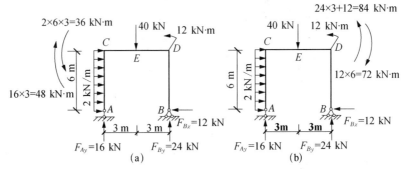

图 15 - 11

若从 E 截面右侧进行计算，如图 15 - 11(b)所示，则有三项力对 E 点有力矩作用，分别将右侧三项力产生的力矩画在右侧：其中竖向反力 $F_{By} = 24\,kN$ 和力偶矩等于 $12\,kN \cdot m$ 集中力偶引起的力矩 $84\,kN \cdot m$ 是**逆时针**的箭尾在下，使 E 截面的**下侧受拉**；水平反力 $F_{Bx} = 12\,kN$ 引起的力矩 $72\,kN \cdot m$ 是**顺时针**的箭尾在上，使 E 截面的**上侧受拉**；抵消以后两者的代数和仍然等于 $12\,kN \cdot m$，**逆时针转下侧受拉**。可见不论从左侧或是从右侧计算，结果必然是一致的。

(2) 刚架任一横截面上的剪力，其数值等于该截面任一侧刚架上所有外力在该截面方向上投影的代数和。外力**相对于截面顺时针时为正**，逆时针时为负。

(3) 刚架任一横截面上的轴力，其数值等于该截面任一侧刚架上所有外力在该截面的外法线方向上投影的代数和。**外力的方向背离截面时为正**，指向截面时为负。

4. 刚架内力图的绘制

绘制静定平面刚架内力图的步骤一般如下：

(1) 由整体或部分的平衡条件，求出支座反力和铰结点处的约束力。

(2) 选取刚架上的外力不连续点（如集中力作用点、集中力偶作用点、分布荷载作用的起点和终点等）和杆件的连接点作为控制截面，按刚架内力计算规律，计算各控制截面上的内力值。

(3) 按单跨静定梁的内力图的绘制方法，逐杆绘制内力图，即**用区段叠加法绘制弯矩图，根据外力与内力的对应关系绘制剪力图和轴力图；最后将各杆的内力图连在一起，即得整个刚架的内力图。**

例 15 - 4 作图 15 - 12 所示刚架的内力图。

解 (1) 求支座反力：研究刚架的整体平衡，先求出各支座反力：

由 $\sum M_A = 0$，得：$F_{Dy} \times 4 - 10 \times 2 - 4 \times 4 \times 2 = 0$，

解得 $F_{Dy} = 13\,kN$（向上）

由 $\sum F_y = 0$，得：$F_{Ay} + F_{Dy} - 4 \times 4 = 0$，

解得 $F_{Ay} = 3\,kN$（向上）

由 $\sum F_x = 0$，得：$-F_{Ax} + 10 = 0$

解得 $F_{Ax} = 10\,kN$（向左）

（2）绘制内力图

① 弯矩图

根据各杆的荷载情况进行分段绘图，即对于无荷载区段，只须定出两控制截面的弯矩值，即可连成直线图形；对于承受荷载的区段，则可利用区段叠加法画图。弯矩图绘在纤维受拉的一边。

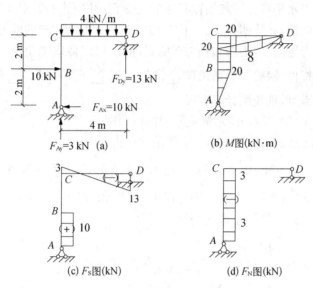

图 15-12

由图 15-12 所示刚架的荷载情况，将刚架分为 AB、BC、CD 三段，则 AB、BC 两段杆件上无荷载，弯矩图均为直线；而 CD 段受向下的均布荷载作用，弯矩图均为下凸的抛物线。线求出 A、B、C、D 截面的弯矩即可连线作图。其中：

A 端、D 端为铰，所以：$M_{AB}=0$，$M_{DC}=0$；

从 C 点的右侧计算 C 点的弯矩，可得 $M_{CD}=13\times4-4\times4\times2=20$ kN·m（下侧受拉）

从 C 点的下侧计算 C 点的弯矩，可得 $M_{CB}=10\times4-10\times2=20$ kN·m（右侧受拉）

从 B 点的下侧计算 B 点的弯矩，可得

$$M_{BA}=M_{BC}=10\times2=20 \text{ kN·m（右侧受拉）}$$

由上述控制截面的弯矩值，即可画出弯矩图如图 15-12(b)所示。

② 剪力图

剪力仍规定以使隔离体有顺时针方向转动趋势的为正。将刚架分为 AB、BC、CD 三段以后，由于 AB、BC 两个区段都为无荷载区段，故这两段的剪力分别为一常数，只须求出每个区段中某一截面的切力；而 CD 受向下的均布荷载作用，剪力图为一段下斜的直线，求出其两端的剪力值即可作出剪力图。正号的剪力对于水平杆件一般绘在杆轴的上侧，并注明正号。对于竖杆和斜杆，正、负剪力可分绘于杆件两侧，并注明符号。

从 AB 杆的下侧，可求得　$F_{SBA}=10$ kN

从 CB 杆的下侧，可求得　$F_{SCB}=0$

对 CD 杆，可求得　$F_{SCD}=3$ kN，$F_{SDC}=-13$ kN

画出剪力图为图 15-12(c)所示。

③ 轴力图

一般规定轴力以拉力为正。本例中两杆的轴力都为常数

从 AC 杆的下侧,可求得 $F_{NCB} = F_{NBA} = -3$ kN

从 CD 杆的右侧,可求得 $F_{NCD} = 0$

正号的轴力对于水平杆件一般绘在杆件的上侧,并注明正号。对于竖杆和斜杆,正、负轴力可分绘于杆件两侧,并注明符号。图 15-12(d)所示即为刚架的轴力图。

为了校核所作弯矩图、剪力图和轴力图的正确性,可以截取刚架任一部分,一般可选择刚结点或任意一根杆件,检验其平衡条件 $\sum M_O = 0$、$\sum F_x = 0$ 和 $\sum F_y = 0$ 是否得到满足。若有一项不能满足,则说明计算有误。

例 15-5 作图 15-13(a)所示简支刚架的内力图。

解 (1)前面已经根据刚架整体的平衡条件求出支座反力为

$$F_A = 16 \text{ kN (向上)}, F_{Bx} = 12 \text{ kN (向左)}, F_{By} = 24 \text{ kN (向上)}$$

(2)画弯矩图:将刚架分为 AC、CD 和 DB 三段,取每段杆的两端为控制截面,用区段叠加法画弯矩图。各杆两端控制截面上的弯矩为

$$M_{AC} = 0$$
$$M_{CA} = 2 \times 6 \times 3 = 36 \text{ kN} \cdot \text{m(左侧受拉)}$$
$$M_{CD} = 36 \text{ kN} \cdot \text{m 上侧受拉)}$$
$$M_{DC} = -12 \times 6 + 12 = -60 \text{ kN} \cdot \text{m(上侧受拉)}$$
$$M_{DB} = 12 \times 6 = 72 \text{ kN} \cdot \text{m(右侧受拉)}$$
$$M_{BD} = 0$$

据此,用区段叠加法作出弯矩图如图 15-13(b)所示。

(3)画剪力图:将刚架分为 AC、CE、CD 和 DB 四段,四段杆件中只有 AC 段承受均布荷载,使剪力图为斜直线,需求两端的剪力值连直线;而其它各段均无荷载作用,剪力图均为平直线。

$$F_{SAC} = 0$$
$$F_{SCA} = -2 \times 6 = -12 \text{ kN}$$
$$F_{SCE} = F_{SEC} = 16 \text{ kN}$$
$$F_{SED} = F_{SDE} = -24 \text{ kN}$$
$$F_{SDB} = F_{SBD} = 12 \text{ kN}$$

据此,作刚架的剪力图如图 15-13(c)所示。

(4)画轴力图:将刚架分为 AC、CD 和 DB 三段,每段的轴力只需要求一个值,即可作出轴力图。

$$F_{NAC} = F_{NCA} = -16 \text{ kN}$$
$$F_{NCD} = F_{NDC} = -12 \text{ kN}$$
$$F_{NDB} = F_{NBD} = -24 \text{ kN}$$

据此,作刚架的轴力图如图 15－13(d)所示。

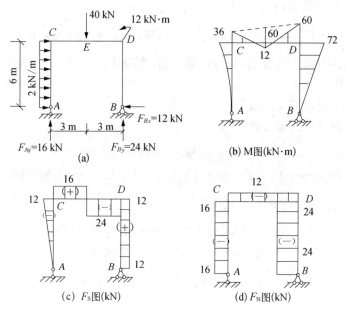

图 15－13

例 15－6 作如图 15－14(a)所示悬臂刚架的内力图。

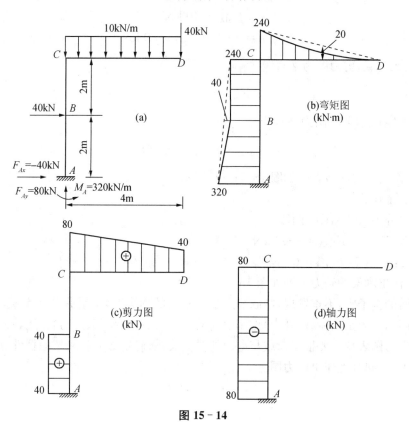

图 15－14

解 （1）求支座反力

由刚架整体的平衡方程，求出支座 A 处的反力为

$$F_{Ax} = -40 \text{ kN}, \quad F_{Ay} = 80 \text{ kN}, \quad M_A = 320 \text{ kN} \cdot \text{m}$$

对悬臂刚架也可不计算支座反力，从悬臂端开始，直接计算内力。

（2）作弯矩图

将刚架分为 AC 和 CD 两段，

CD 段承受向下的均布荷载

$$M_{DC} = 0$$
$$M_{CD} = -40 \times 4 - 10 \times 4 \times 2 = -240 \text{ kN} \cdot \text{m（上侧受拉）}$$

AC 段在中间承受水平向右的集中力

$$M_{CA} = M_{CD} = -240 \text{ kN} \cdot \text{m（左侧受拉）}$$
$$M_{AC} = -320 \text{ kN} \cdot \text{m（左侧受拉）}$$

据此，用区段叠加法作出刚架的弯矩图如图 15-14(b) 所示。

（3）作剪力图

将刚架分为 AB、BC 和 CD 三段

CD 段承受向下的均布荷载，剪力图为斜直线

$$F_{SDC} = 40 \text{ kN}$$
$$F_{SCD} = 40 + 10 \times 4 = 80 \text{ kN}$$

BC 段无荷载，剪力图为平直线

$$F_{SCB} = F_{SBC} = 0$$

AB 段无荷载，剪力图为平直线

$$F_{SAB} = F_{SBA} = 40 \text{ kN}$$

据此，作出刚架的剪力图如图 15-14(c) 所示。

（4）作轴力图

将刚架分为 AC 和 CD 两段

AC 段：$F_{NAC} = F_{NCA} = -80 \text{ kN}$

CD 段：$F_{NDC} = F_{NCD} = 0$

据此，作出刚架的轴力图如图 15-14(d) 所示。

从上面的例子中，不难发现，绘制静定平面刚架的内力图，关键是熟悉荷载与内力的对应关系。因为内力是由荷载（外力）作用引起的，有什么样的荷载（外力）作用，必然会有相应的内力及内力图表现。要根据荷载与内力的对应关系，确定如何将刚架的杆件分段，求出控制截面的内力，熟练地作出内力图。

15.3　静定平面桁架

一、桁架的概念

1. 屋架与桁架

如图 15 - 15(a)所示,在许多的民用房屋和工业厂房工程中,屋顶经常采用屋架结构; 在桥梁工程上,也经常采用类似于屋架的结构,如图 15 - 15(b)所示。

为了便于计算,通常将工程实际中的屋架简化为桁架,作如下假设:

(1) 连接桁架杆件的结点都是光滑的理想铰。

(2) 各杆的轴线都是直线,且在同一平面内,并通过铰的中心。

(3) 荷载和支座反力都作用于结点上,并位于桁架的平面内。

符合上述假设的桁架称为**理想桁架**,理想桁架中各杆的**内力只有轴力**。应注意工程实际中的桁架与理想桁架有着较大的差别。例如,如图 15 - 16(a)所示的钢屋架,其计算简图为图 15 - 16(b)。而实际屋架的各杆是通过焊接、铆接而连接在一起的,结点具有很大的刚性,与理想铰的假设不完全符合。此外,各杆的轴线不可能绝对平直,各杆的轴线也不可能完全交于一点,荷载也不可能绝对地作用于结点上,等等。因此,实际桁架中的各杆除了承受轴力,还将受弯曲与剪切。通常把根据计算简图求出的内力称为**主内力**,把由于实际情况与理想情况不完全相符而产生的附加内力称为**次内力**。理论分析和实测表明,在一般情况下,次内力产生的影响可忽略不计。本书只讨论主内力的计算。

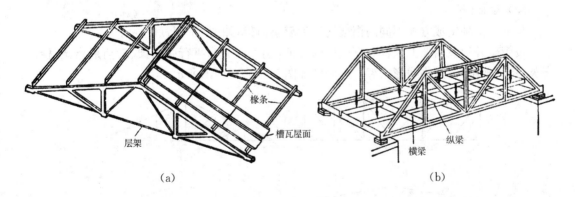

(a) 屋架 椽条 槽瓦屋面　　　(b) 横梁 纵梁

图 15 - 15

在图 15 - 16(a)、(b)中,桁架上、下边缘的杆件分别称为**上弦杆**和**下弦杆**,上、下弦杆之间的杆件称为**腹杆**,腹杆又可分为**竖腹杆**和**斜腹杆**。弦杆相邻两结点之间的水平距离 d 称为**节间长度**,两支座之间的水平距离 l 称为**跨度**,桁架最高点至支座连线的垂直距离 h 称为**桁高**,桁架高度与跨度的比值称为高跨比。

2. 桁架的分类

按桁架的几何组成特点,可把平面静定桁架分为以下三类:

（1）简单桁架

由基础或一个铰接三角形开始，依次增加二元体而组成的桁架称为简单桁架，如图 15－17(a～d)所示。

（2）联合桁架

由几个简单桁架按照几何不变体系的组成规则，联合组成的桁架称为**联合桁架**，如图 15－17(e)所示。

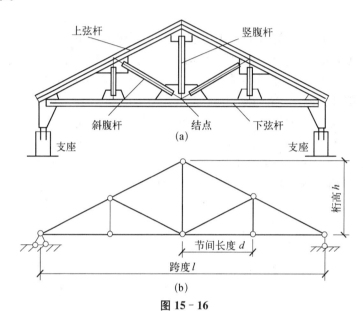

图 15－16

（3）复杂桁架

与上述两种组成方式不同的桁架均称为**复杂桁架**，如图 15－17(f)所示。

按桁架外形及桁架上弦杆和下弦杆的特征，还可以分为**平行弦桁架、三角形桁架、梯形桁架、折线形桁架（抛物线形桁架）**等，分别如图 15－17(a～d)所示。

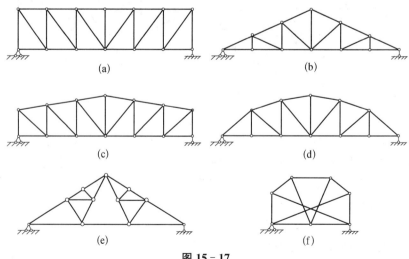

图 15－17

二、静定平面桁架的内力分析

根据桁架的假设,静定平面桁架的杆件内,**只有轴力而无其他内力**。在计算中,杆件的未知轴力,一般先假设为正(即假设杆件受拉),若计算的结果为正值,说明该杆的轴力就是拉力;反过来,若计算的结果为负值,则该杆的轴力为压力。平面静定桁架的内力计算方法通常有**结点法**和**截面法**。

1. 结点法

(1) 结点法的概念

结点法是截取桁架的一个结点为隔离体,利用该结点的静力平衡方程来计算截断杆的轴力。由于作用于桁架任一结点上的各力(包括荷载、支座反力和杆件的轴力)构成了一个平面汇交力系,而该力系只能列出两个独立的平衡方程,因此所取结点的未知力数目不能超过两个。结点法适用于简单桁架的内力计算。一般先从未知力不超过两个的结点开始,依次计算,就可以求出桁架中各杆的轴力。

(2) 结点法中的零杆判别

桁架中有时会出现轴力为零的杆件,称为**零杆**。在计算内力之前,如果能把零杆找出,将会使计算得到大大简化。在结点法计算桁架的内力时,经常有受力比较简单的结点,杆件的轴力可以直接进行判别。下列几种情况中,对一些杆件的内力,可以直接判定:

① 如图 15-18 (a)所示,不共线的两杆组成的结点上无荷载作用时,该两杆均为零杆。

② 如图 15-18(b)所示,不共线的两杆组成的结点上有荷载作用时,若荷载与其中一杆共线,则另一杆必为零杆,而与外力共线杆的内力与外力相等。

③ 如图 15-18(c)所示,三杆组成的结点上无荷载作用时,若其中有两杆共线,则另一杆必为零杆,且共线的两杆内力相等。

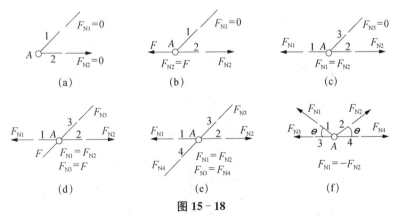

图 15-18

④ 如图 15-18(d)所示,三杆组成的结点,其中有两杆共线,若荷载作用与另一杆共线,则该杆的轴力与荷载相等,即 $F_{N1}=F$,共线的两杆内力也相等,即 $F_{N2}=F_{N3}$。

⑤ 如图 15-18(e)所示,四杆组成的结点,其中杆件两两共线,若结点无荷载作用,则轴力两两相等,即 $F_{N1}=F_{N2}$,$F_{N3}=F_{N4}$。

⑥ 如图 15－18(f)所示,四杆组成的结点,其中两根杆件共线,另外两根杆件的夹角相等,若结点无荷载作用,则必有 $F_{N1} = -F_{N2}$，F_{N1} 与 F_{N2} 还可能等于零。

在这里要强调,零杆虽然其轴力等于零,但是在几何组成上不能将之去除,否则,体系将变成为几何可变体系。

例 15－7 试判断如图 15－19 所示桁架中的零杆。

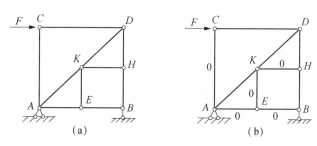

图 15－19

解 根据对结点 B、E、H、C 的分析可知,杆件 BE、EA、EK、HK、CA 的轴力等于零,为零杆。桁架只有杆件 CD、DK、KA、DH、HB 五根杆的轴力不等于零,如图 15－19(b)所示。

例 15－8 求如图 15－20(a)所示桁架各杆的轴力。

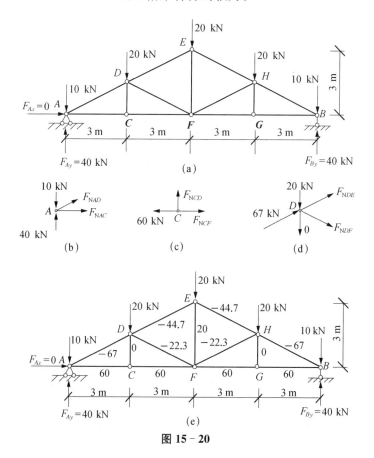

图 15－20

解　(1) 求支座反力

由整体的平衡方程,可得支座反力为

$$F_{Ax} = 0, \quad F_{Ay} = 40 \text{ kN(向上)}, \quad F_B = 40 \text{ kN(向上)}$$

(2) 求各杆的内力

由对结点 C、G 的分析,可知杆 CD、GH 为零杆。

由于桁架和荷载对称,只需要计算其中一半杆件的内力,现计算左半部分。从只包含两个未知力的结点 A 开始,按顺序取结点 C、D、E 为隔离体进行计算。

结点 A:取 A 点为隔离体画受力图如图 15 - 20(b)所示

根据 $\sum F_y = 0$,可得:$F_{NAD} \times \dfrac{1.5}{\sqrt{3^2 + 1.5^2}} + 40 - 10 = 0$

解得:$F_{NAD} = -67$ kN(压力);

根据 $\sum F_x = 0$,可得:$F_{NAC} + F_{NAD} \times \dfrac{3}{\sqrt{3^2 + 1.5^2}} = 0$

解得:$F_{NAC} = 60$ kN(拉力)。

结点 C:取 C 点为隔离体画受力图如图 15 - 20(c)所示

已知 CD 为零杆,根据 $\sum F_x = 0$,可得:$F_{NCF} = F_{NAC} = 60$ kN(拉力)。

结点 D:取 D 点为隔离体画受力图如图 15 - 20(d)所示

根据 $\sum F_x = 0$,可得:$(F_{NDE} + F_{NDF} - F_{NAD}) \times \dfrac{3}{\sqrt{3^2 + 1.5^2}} = 0$　　　　(a)

根据 $\sum F_y = 0$,可得:$(F_{NDE} - F_{NAD} - F_{NDF}) \times \dfrac{1.5}{\sqrt{3^2 + 1.5^2}} - 20 = 0$　　　　(b)

联立(a)、(b)可解得:$F_{NDE} = -44.7$ kN(压力),$F_{NDF} = -22.3$ kN(压力)。

同理,研究 E 点,可解得:$F_{NEF} = 20$ kN(拉力)

为了便于将各杆的轴力进行研究比较,将杆件的轴力示于如图 15 - 21 (a)所示的桁架计算简图的各杆旁。

2. 截面法

(1) 截面法的概念

截面法是用一假想的截面(平面或曲面)截取桁架的某一部分(至少包含两个结点以上)为隔离体,利用该部分的静力平衡条件来计算被截断杆的轴力。隔离体所受的力通常构成平面一般力系,由于一个平面一般力系只能列出三个独立的平衡方程,因此用截面法计算桁架杆件的内力,被截断的未知内力的杆件数目一般不应超过三根,如果被截断的未知内力的杆件数目超过三根,则不能完全求解,但是当符合一定条件时,可以求解出特殊杆件的内力。截面法适用于求桁架中某些指定杆件的轴力。另外,联合桁架必须先用截面法求出联系杆的轴力,然后与简单桁架一样用结点法求各杆的轴力。另外,在桁架的内力计算中,可以将结点法和截面法联合加以应用,即联合法计算,经常能起到事半功倍的效果。

例 15 - 9　用截面法求图 15 - 21(a)所示桁架中1、2、3 杆的内力。

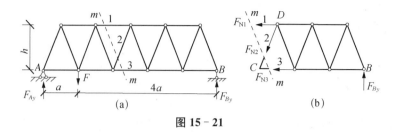

图 15 - 21

解 （1）考虑整个桁架的平衡，求出支座反力。

$$F_{Ay} = \frac{4}{5}F(\text{向上}), \quad F_{By} = \frac{1}{5}F(\text{向上})$$

（2）用截面 $m-m$ 将桁架截成两部分，取右边部分来研究其平衡，如图 15-21(b)所示。这部分桁架在反力 F_{By} 及内力 F_{N1}、F_{N2}、F_{N3} 作用下保持平衡。

根据 $\sum F_y = 0$，可得 $F_{By} - \dfrac{h}{\sqrt{h^2 + \left(\dfrac{a}{2}\right)^2}}F_{N2} = 0$

解得：$F_{N2} = \dfrac{\sqrt{4h^2 + a^2}}{10h}F(\text{受拉})$

根据 $\sum M_C = 0$，可得 $F_{By} \cdot 3a + F_{N1}h = 0$

解得：$F_1 = -\dfrac{3a}{h}F_{By} = -\dfrac{3aF}{5h}(\text{受压})$

根据 $\sum M_D = 0$，可得 $F_{By} \cdot 2.5a - F_{N3}h = 0$

解得：$F_{N3} = \dfrac{5a}{2h}F_{By} = \dfrac{aF}{2h}(\text{受拉})$

在本例中，用一个截面，即解得了三根杆件的未知力。

例 15 - 10 用截面法求如图 15-22(a)所示的悬臂桁架中杆 DG、HE 的内力。

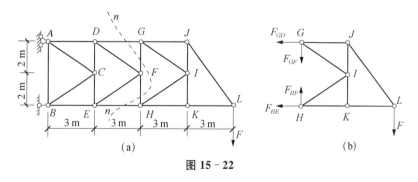

图 15 - 22

解 这是一个悬臂桁架，可以不必先求反力，而可以用截面 $n-n$ 将 DG 及 GF、HF、HE 各杆截断，取右边部分作为研究对象，如图 15-25(b)所示。在这里，虽然出现 4 个未知内力，但 $\boldsymbol{F}_{GF}$、$\boldsymbol{F}_{HF}$、$\boldsymbol{F}_{HE}$ 相交于 H 点，$\boldsymbol{F}_{GF}$、$\boldsymbol{F}_{HF}$、$\boldsymbol{F}_{GD}$ 相交于 G 点。因此，以 H 点为矩心，可直接求得 $\boldsymbol{F}_{GD}$；以 G 点为矩心，可直接求得 $\boldsymbol{F}_{HE}$。于是有：

$$\sum M_H = 0, \ 4F_{GD} - 6F = 0, 解得：F_{GD} = 1.5F(拉力)$$

$$\sum F_x = 0, \ -F_{GD} - F_{HE} = 0, 解得：F_{HE} = -1.5F(压力)$$

（2）截面法的两种特殊情况：如图 15-23(a) 所示的桁架，在荷载作用下，需求杆 CB 的轴力。在求出支座反力后，无论怎样作截面，要将杆 CB 截断，至少截断四根或以上杆件。如果作图 15-23(a) 所示一曲折的截面 I-I，取隔离体如图 15-23(b) 所示，虽然截断了内力未知的五根杆件，但是其中的 EC、CF、GD、DB 四根杆的延长线交于 A 点，若取 A 点为矩心建立力矩方程，则可一次解得杆 CB 的轴力。

研究图 15-23(b) 中间实线部分的平衡，根据 $\sum M_A = 0$，

可得 $-F_{Na} \times \frac{1}{\sqrt{5}} \times 2d - F_{Na} \times \frac{2}{\sqrt{5}} \times 2d - F \times 2d = 0$

解得：$F_{N1} = -\frac{\sqrt{5}}{3}F$（受压）。

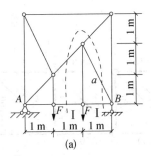 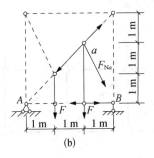

图 15-23

又如图 15-24(a) 所示的桁架，在荷载作用下，需求杆 a 的轴力。可以求得两个支座的反力分别为 $F_{Ay} = 14$ kN，$F_{By} = 10$ kN，在求出支座反力后，无论怎样作截面，要将杆 a 截断，至少截断四根或以上杆件。作截面 I-I，虽然截断了内力未知的四根杆件，但是其中有三根杆件互相平行，取隔离体如图 15-24(b) 所示，并选择图示坐标系，则建立相应的平衡方程，可一次就解得杆 a 的轴力 F_{Na}。

根据 $\sum F_x = 0, F_{By}\sin 45° - F_{Na}\cos 45° = 0$，解得 $F_{Na} = F_{By} = 10$ kN

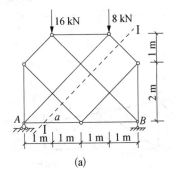 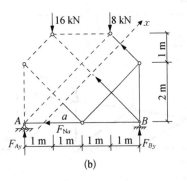

图 15-24

三、梁式桁架受力性能的比较

在竖向荷载作用下,支座处不产生水平反力的桁架称为**梁式桁架**。常见的梁式桁架有平行弦桁架、三角形桁架、梯形桁架、抛物线形桁架和折线形桁架等。桁架的外形对桁架中各杆的受力情况有很大的影响。为了便于比较,如图 15 - 25 所示给出了同跨度、同荷载的五种常见桁架的内力数值。下面对这几种桁架的受力性能进行简单的对比分析,以便合理选用。

1. 平行弦桁架

如图 15 - 25 (a)所示,平行弦桁架的内力分布不均匀,**弦杆的轴力由两端向中间递增,腹杆的轴力则由两端向中间递减**。因此,为节省材料,各节间的杆件应该采用与其轴力相应的不同的截面,但这样将会增加各结点拼接的困难。在实用上,平行弦桁架通常仍采用相同的截面,主要用于轻型桁架,如厂房中跨度在 12 m 以上的吊车梁,此时材料的浪费不至太大。另外,平行弦桁架的优点是杆件与结点的构造基本相同,有利于标准化制作和施工,尤其在铁路桥梁中常被采用。

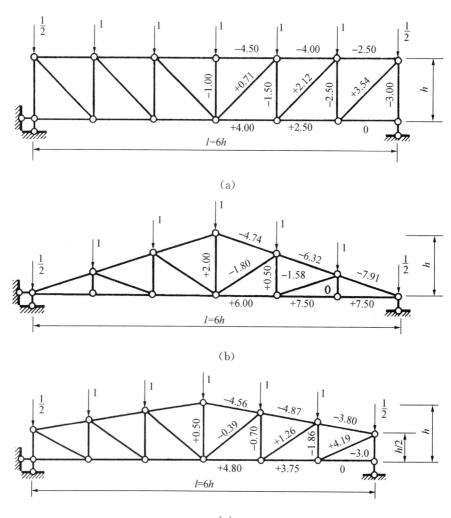

（a）

（b）

（c）

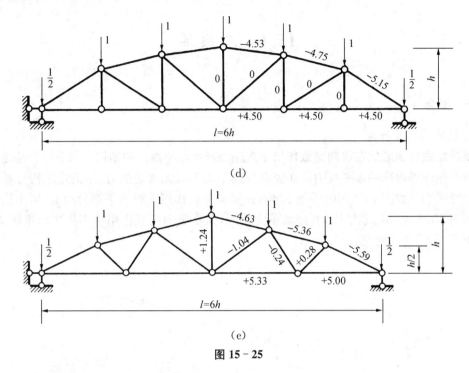

图 15 - 25

2. 三角形桁架

如图 15 - 25（b）所示，三角形桁架的内力分布也不均匀，**弦杆的轴力由两端向中间递减，腹杆的轴力则由两端向中间递增**。三角形桁架两端结点处弦杆的轴力最大，而夹角又较小，给施工制作带来困难。但由于其两斜面外形符合屋顶构造的要求，故三角形桁架经常在屋盖结构中采用。

3. 梯形桁架

如图 15 - 25（c）所示，梯形桁架的受力性能介于平行弦桁架和三角形桁架之间，**弦杆的轴力变化不大，腹杆的轴力由两端向中间递减**。梯形桁架的构造较简单，施工也较方便，常用于钢结构厂房的屋盖。

4. 抛物线形桁架

抛物线形桁架是指桁架的上弦结点在同一条抛物线上，如图 15 - 25(d)所示，抛物线形桁架的内力分布比较均匀，**上、下弦杆的轴力几乎相等，腹杆的轴力等于零**。抛物线形桁架的受力性能较好，但这种桁架的上弦杆在每一结点处均需转折，结点构造复杂，施工麻烦，因此只有在大跨度结构中才会被采用，如跨度在 24 m～30 m 的屋架和 100 m～300 m 的桥梁。

5. 折线形桁架

折线形桁架是抛物线形桁架的改进型，如图 15 - 25(e)所示，**其受力性能与抛物线形桁架相类似**，而制作、施工比抛物线形桁架方便得多，它是目前钢筋混凝土屋架中经常采用的一种形式，在中等跨度(18 m～24 m)的厂房屋架中使用得最多。

15.4 三铰拱

一、概念

1. 拱的构造及特点

拱是由曲杆组成的在竖向荷载作用下支座处产生水平推力的结构。水平推力是指拱两个支座处指向拱内部的水平反力。在竖向荷载作用下有无水平推力,是拱式结构和梁式结构的主要区别。如图 15-26(a)所示结构,在竖向荷载作用下有水平推力产生,属于拱式结构。而图 15-26(b)所示结构,其杆轴虽为曲线,但在竖向荷载作用下不产生水平推力,故不属于拱,该结构为曲梁。

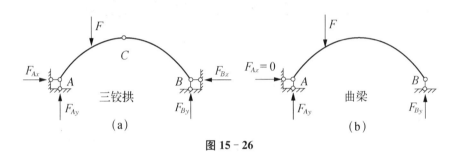

图 15-26

在拱结构中,由于**水平推力的存在,拱横截面上的弯矩比相应简支梁对应截面上的弯矩小得多,**并且可使拱横截面上的内力以轴向压力为主。这样,拱可以用抗压强度较高而抗拉强度较低的砖、石和混凝土等材料来制造。因此,拱结构在房屋建筑、桥梁建筑和水利建筑工程中得到广泛应用。然而,在拱结构中,由于水平推力的存在,使得拱对其基础的要求较高,为避免基础不能承受水平推力,可用一根拉杆来代替水平支座链杆承受拱的推力,如图 15-27(a)所示为屋面承重结构。图 15-27(b)是它的计算简图。这种拱称为拉杆拱。为增加拱下的净空,拉杆拱的拉杆位置可适当提高,如图 15-28(a)所示;也可以将拉杆做成折线形,并用吊杆悬挂,如图 15-28(b)所示。

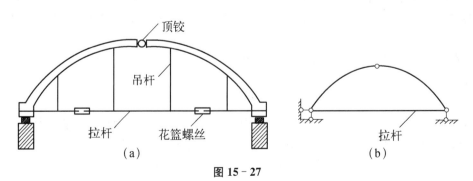

图 15-27

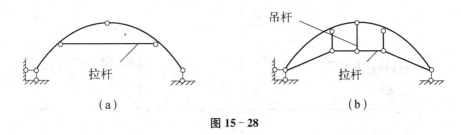

图 15 - 28

2. 拱的分类

如图 15 - 29 所示,按照拱结构中铰的多少,拱可以分为**无铰拱**[图 15 - 29(a)]、**两铰拱**[图 15 - 29 (b)]、**三铰拱**[图 15 - 29 (c)]以及拉杆拱[图 15 - 27 (b)]。无铰拱和两铰拱属超静定结构,三铰拱属静定结构。按拱轴线的曲线形状,拱又可以分为**抛物线拱**、**圆弧拱**和**悬链线拱**等。

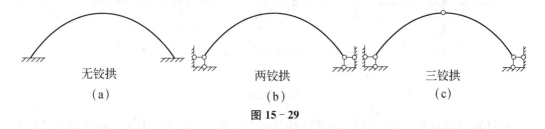

图 15 - 29

3. 拱结构各部分的名称

如图 15 - 30 所示,拱与基础的连接处称为**拱趾**,或称**拱脚**,拱轴线的最高点称为**拱顶**,拱顶到两拱趾连线的高度 f 称为**拱高**,两个拱趾间的水平距离 l 称为**跨度**。拱高与拱跨的比值 f/l 称为**高跨比**,高跨比是影响拱的受力性能的重要的几何参数。

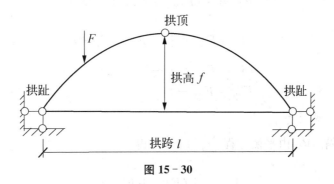

图 15 - 30

二、三铰拱的内力计算

现以如图 15 - 31 (a)所示三铰拱为例说明内力计算过程。该拱的两支座在同一水平线上,且只承受竖向荷载。

1. 三铰拱的相应简支梁

在计算三铰拱时,常将其与相同跨度、受相同竖向荷载作用的简支梁相比较,这一简支梁称为三铰拱的相应简支梁。

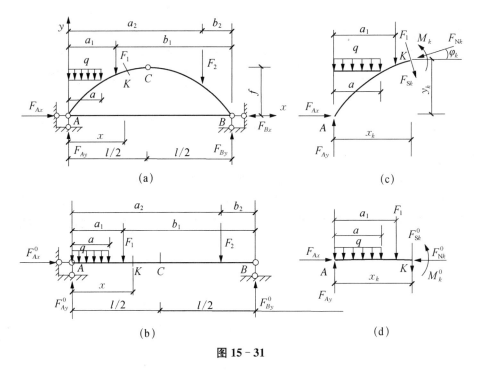

图 15 - 31

通过研究如图 15 - 31(b)所示的相应简支梁以及如图 15 - 31(d)所示的该梁的 AK 段隔离体,可知相应简支梁的支座反力及有关内力分别为:

$$F_{Ay}^0 = \frac{1}{l}(F_1 b_1 + F_2 b_2)$$

$$F_{By}^0 = \frac{1}{l}(F_1 a_1 + F_2 a_2)$$

$$M_C^0 = F_{Ay}^0 \times \frac{l}{2} - F_1 \times (\frac{l}{2} - a_1)$$

$$M_K^0 = F_{Ay}^0 \times x - F_1 \times (x - a_1)$$

$$F_{SK}^0 = F_{Ay}^0 - F_1$$

2. 三铰拱的支座反力

取拱整体为隔离体,由平衡方程 $\sum M_B = 0$,得

$$F_{Ay} = \frac{1}{l}(F_1 b_1 + F_2 b_2) \tag{a}$$

由 $\sum M_A = 0$,得

$$F_{By} = \frac{1}{l}(F_1 a_1 + F_2 a_2) \tag{b}$$

由 $\sum F_x = 0$,得

$$F_{Ax} = F_{Bx} = F_x (方向相反)$$

再取左半个拱为隔离体，由平衡方程 $\sum M_C = 0$，得

$$F_{Ax} = \frac{1}{f}\left[F_{Ay} \times \frac{l}{2} - F_1 \times \left(\frac{l}{2} - a_1\right)\right]$$

所以　　　　$$F_x = F_{Ax} = F_{Bx} = \frac{1}{f}\left[F_{Ay} \times \frac{l}{2} - F_1 \times \left(\frac{l}{2} - a_1\right)\right] \qquad (c)$$

将(a)、(b)、(c)三式与相应简支梁的数据比较，不难得到：

$$\left.\begin{array}{l} F_{Ay} = F_{Ay}^0 \\ F_{By} = F_{By}^0 \\ F_{Ax} = F_{Bx} = F_x = \dfrac{M_C^0}{f} \end{array}\right\} \qquad (15-1)$$

3. 三铰拱的内力

求得支座反力后，用截面法就可求出任一横截面的内力。

仍然以如图 15-31(a)所示拱为例，取任一截面 K 左边部分为隔离体[图 15-31(c)]，该截面形心的坐标分别用 x_K、y_K 表示。截面形心处拱轴切线的倾角以 φ_K 表示。K 截面上的内力有弯矩 M_K、剪力 $\boldsymbol{F}_{SK}$ 和轴力 $\boldsymbol{F}_{NK}$。规定**弯矩以使拱内侧纤维受拉为正**，反之为负；**剪力以使隔离体产生顺时针转动趋势时为正**，反之为负；**轴力以压力为正**，拉力为负(在如图 15-31(c)所示的隔离体图上将内力均按正向画出)。对如图 15-31(c)所示的隔离体利用平衡条件建立平衡方程，可以求出拱的任意截面 K 上的内力为

$$\left.\begin{array}{l} M_K = [F_{Ay} x_K - F_1(x_K - a_1)] - F_x y_K \\ F_{SK} = (F_{Ay} - F_1)\cos\varphi_K - F_x\sin\varphi_K \\ F_{NK} = (F_{Ay} - F_1)\sin\varphi_K + F_x\cos\varphi_K \end{array}\right\} \qquad (d)$$

将式(d)与相应简支梁的数据比较，不难得到：

$$\left.\begin{array}{l} M_K = M_K^0 - F_x y_K \\ F_{SK} = F_{SK}^0\cos\varphi_K - F_x\sin\varphi_K \\ F_{NK} = F_{SK}^0\sin\varphi_K + F_x\cos\varphi_K \end{array}\right\} \qquad (15-2)$$

式(15-2)即为三铰拱任意截面 K 上的内力计算公式。计算时要注意内力的正负号规定。

由式(15-2)可以看出，由于水平支座反力 $\boldsymbol{F}_x$ 的存在，三铰拱任意截面 K 上的弯矩和剪力均小于其相应简支梁的弯矩和剪力，并且存在着使截面受压的轴力。在许多情况下，三铰拱的轴力较大，为其主要内力。

4. 三铰拱的内力图

一般情况下，三铰拱的三项内力图均为曲线图形。为了简便起见，在绘制三铰拱的内力图时，通常沿水平投影长将三铰拱若干等分(8、10、12 或 16 等分)，以每个等分点再加上集中力作用点所在的截面作为控制截面，求出各个截面的三项内力值。然后以拱轴线的水平投影为基线，在基线上把所求截面上的内力值按比例标出，用曲线相连，逐一绘出内力图。

例 15-11 求如图 15-32(a)所示三铰拱，已知拱轴线方程为 $y = \dfrac{4f}{l^2}x(l-x)$，试求拱上截面 D 和 E 的内力。

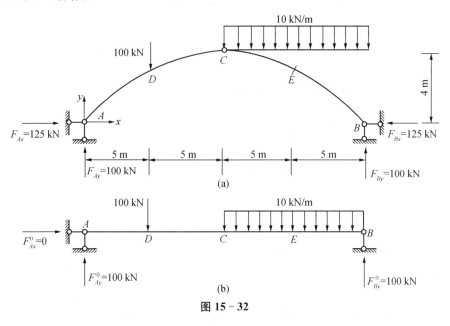

图 15-32

解 （1）计算三铰拱的支座反力。三铰拱的相应简支梁如图 15-32(b)所示。其支座反力

$$F_{Ax}^0 = 0$$
$$F_{Ay}^0 = F_{By}^0 = 100 \text{ kN}$$

求得相应简支梁截面 C 处的弯矩为 $\qquad M_C^0 = 500 \text{ kN} \cdot \text{m}$

所以，三铰拱的支座反力为

$$F_{Ay} = F_{Ay}^0 = 100 \text{ kN}$$
$$F_{By} = F_{By}^0 = 100 \text{ kN}$$
$$F_{Ax} = F_{Bx} = F_x = \frac{M_C^0}{f} = 125 \text{ kN}$$

（2）计算 D 截面上的内力。计算三铰拱及相应简支梁所需有关数据

$$x_D = 5 \text{ m}, \quad y_D = \frac{4f}{l^2}x_D(l-x_D) = 3 \text{ m}$$

$$\tan \varphi_D = \frac{\mathrm{d}y}{\mathrm{d}x}\bigg|_{x=5\text{m}} = 0.400, \quad \sin \varphi_D = 0.371, \quad \cos \varphi_D = 0.928$$

$$F_{SDA}^0 = 100 \text{ kN}, \quad F_{SDC}^0 = 0, \quad M_D^0 = 500 \text{ kN} \cdot \text{m}$$

根据式（15-2）可以求得三铰拱 D 截面上的内力为

$$M_D = M_D^0 - F_x y_D = 125 \text{ kN} \cdot \text{m}$$
$$F_{SDA} = F_{SDA}^0 \cos \varphi_D - F_x \sin \varphi_D = 46.4 \text{ kN}$$
$$F_{SDC} = F_{SDC}^0 \cos \varphi_D - F_x \sin \varphi_D = -46.4 \text{ kN}$$

$$F_{NDA} = F_{SDA}^0 \sin \varphi_D + F_x \cos \varphi_D = 153 \text{ kN}$$

$$F_{NDC} = F_{SDC}^0 \sin \varphi_D + F_x \cos \varphi_D = 116 \text{ kN}$$

在这里,由于截面 D 处受集中荷载作用,所以该处左、右两侧截面上的剪力和轴力不同,应分别加以计算。

(3) 计算 E 截面上的内力。计算所需有关数据

$$x_E = 15 \text{ m}, \quad y_E = \frac{4f}{l^2} x_E (l - x_E) = 3 \text{ m}$$

$$\tan \varphi_E = \frac{dy}{dx} \bigg|_{x=15m} = -0.400, \quad \sin \varphi_E = -0.371, \quad \cos \varphi_E = 0.928,$$

$$F_{SE}^0 = -50 \text{ kN}, \quad M_E^0 = 375 \text{ kN} \cdot \text{m}$$

根据式(15-2)可以求得三铰拱 E 截面上的内力为

$$M_E = M_E^0 - F_x y_E = 0$$

$$F_{SE} = F_{SE}^0 \cos \varphi_E - F_x \sin \varphi_E = -0.025 \text{ kN} \approx 0$$

$$F_{NE} = F_{SE}^0 \sin \varphi_E + F_x \cos \varphi_E = 134 \text{ kN}$$

三、三铰拱的合力拱轴

对于高度与跨度均确定的三铰拱,在已知荷载作用下,如所选择的拱轴线能使所有截面上的弯矩均等于零,则此拱轴称为三铰拱的**合理轴线**。如果拱轴线为合理轴线,则各截面均处于均匀受压状态,材料能得到充分利用,相应的拱截面尺寸是最小的,即最经济的。

下面介绍用解析法求合理拱轴线的方程。

根据式(15-2),有

$$M = M^0 - F_x y$$

当拱轴线为合理轴线时,应有

$$M^0 - F_x y = 0$$

即

$$y = \frac{M^0}{F_x} \tag{15-3}$$

由上式可知:合理拱轴线的纵坐标 y 与相应简支梁的弯矩图成比例。当拱上作用的荷载已知时,仅需求出相应简支梁的弯矩方程,再除以水平推力 F_x,便可以得到合理轴线的方程。

例 15-12 如图 15-33(a)所示三铰拱受均布荷载 q 作用,求其在均布荷载 q 作用下的合理轴线方程。

解 取其相应简支梁[图 15-33(b)],则其弯矩方程为

$$M^0(x) = \frac{1}{2} qlx - \frac{1}{2} qx^2 = \frac{1}{2} qx(l - x)$$

再由式(15-2)求得水平推力为

$$F_x = \frac{M_C^0}{f} = \frac{ql^2}{8f}$$

将 $M^0(x)$ 与 F_x 代入式(15-3)后,得拱的合理轴线方程为

$$y = \frac{M^0}{F_x} = \frac{4f}{l^2}(l-x)x$$

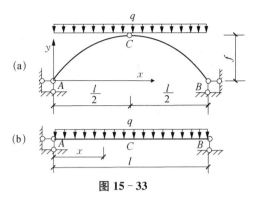

图 15-33

由上可见,在竖向均布荷载作用下,三铰拱的合理拱轴线是抛物线。

必须指出,三铰拱的合理拱轴线只适应于某一种特定荷载情况。当荷载的布置及其性质发生变化时,拱的合理拱轴线也将随之改变。

15.5 组合结构

一、组合结构的概念

组合结构是由桁架和梁或是由桁架和刚架共同组成的结构。即组合结构是由只承受轴力的二力杆和承受弯矩、剪力、轴力的梁式杆共同组成的。如图 15-34(a)所示为下撑式屋架,其上弦杆为钢筋混凝土斜梁,竖杆和下弦杆用型钢制成,计算简图如图 15-34(b)所示。用承受拉力的悬索和加劲梁构成的悬吊式结构也可归入组合结构一类。如图 15-35 所示为一悬吊式桥梁计算简图,柔性悬索和吊杆为链杆,桥面加劲梁则具有相当的截面抗弯刚度。如图 15-36 所示的为施工时采用的临门架,也是组合结构。

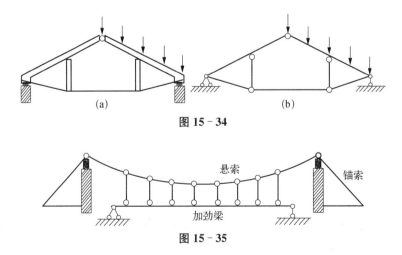

图 15-34

图 15-35

组合结构由于在梁式杆上装置了若干个二力杆,故可使梁式杆的支点间距减小或产生负弯矩,使梁式杆的弯矩减小,改善了受弯杆件的工作状态,从而达到节约材料及增加刚度的目的。梁式杆及二力杆还可用不同的制作材料,如梁式杆用钢筋混凝土制作,二力杆用钢

材制作。当跨度大时,加劲梁还可改用加劲桁架。

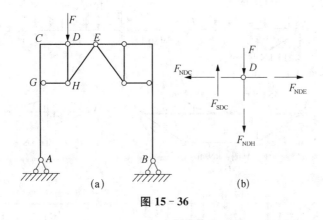

图 15 - 36

二、组合结构的计算

在组合结构中,存在两种杆件,一种是只承受轴力的二力杆,另一种是承受了弯矩、剪力与轴力的梁式杆,分析计算组合结构的受力,应先求出全部二力杆的轴力,并将其作用于梁式杆上,再计算梁式杆的弯矩、剪力与轴力,最后绘制梁式杆的内力图。计算二力杆的内力与分析桁架的内力一样,可以用结点法及截面法。但需注意,如果二力杆的一端是与梁式杆相联结,则不能按照桁架计算时的特殊结点情况,判定二力杆的内力。如图 15 - 36 所示组合结构的结点 D,由于 CD 不是二力杆,所以不能直接判断 DH 杆的内力大小就等于 F。

例 15 - 13　静定组合结构如图 15 - 37(a)所示,试计算二力杆的轴力并绘出梁式杆的弯矩图。

解　(1)求支座反力

$$F_{Ax} = 0, \ F_{Ay} = F_{By} = 60 \text{ kN}$$

(2)计算二力杆轴力

由于 $F_{Ax} = 0$,所以可利用结构及受力情况的对称性质,只计算左半结构的内力。截取左半部分为隔离体,如图 15 - 37(b) 所示,以铰 C 为矩心建立力矩平衡方程

由 $\sum M_C = 0$,得:$F_{NDE} \times 1.2 - 60 \times 6 + 10 \times 6 \times 3 = 0$

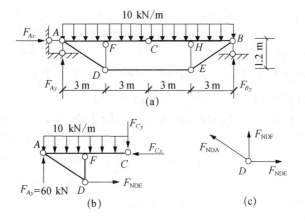

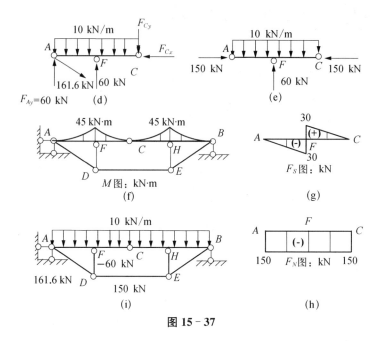

图 15 - 37

解得：$F_{NDE} = 150\ \text{kN}(拉力)$

由 $\sum F_x = 0$，可得 $F_{Cx} = 150\ \text{kN}(向左)$

由 $\sum F_y = 0$，可得 $F_{Cy} = 0$

以结点 D 为隔离体，如图 15 - 37(c)所示，根据平衡条件建立平衡方程由 $\sum F_x = 0$，

得：$F_{NDE} - \dfrac{3}{\sqrt{3^2 + 1.2^2}} F_{NAD} = 0$

解得：$F_{NAD} = \dfrac{\sqrt{3^2 + 1.2^2}}{3} F_{NDE} = \dfrac{\sqrt{3^2 + 1.2^2}}{3} \times 150 = 161.6\ \text{kN}(拉力)$

由 $\sum F_y = 0$，得：$F_{NDF} + F_{NAD} \dfrac{1.2}{\sqrt{3^2 + 1.2^2}} = 0$

解得：$F_{NFD} = -\dfrac{\sqrt{3^2 + 1.2^2}}{1.2} F_{NAD} = -\dfrac{\sqrt{3^2 + 1.2^2}}{1.2} \times 161.6 = -60\ \text{kN}(压力)$

由于对称性，可知：$F_{NHE} = F_{NFD} = -60\ \text{kN}(压力)$

$$F_{NEB} = F_{NAD} = 161.6\ \text{kN}(拉力)$$

（3）绘制梁式杆的受力图

为了便于弄清梁式杆的受力情况，将梁式杆的受力情况示于图 15 - 37(d)、(e)。

（4）根据梁式杆的受力情况，绘制梁式杆的弯矩图如图 15 - 37(f)所示。在弯矩图中可以观察到，图形左右是对称的，因此，作剪力图与轴力图，可以只绘制一半即可，分别如图 15 - 37(g)、(h)所示。最后，将各二力杆的轴力标注在各杆的边侧如图 15 - 37(i)所示。

从弯矩图看到，本例的梁式杆只承受负弯矩且沿杆长分布不均匀。如果将二力杆 FD、HE 的位置分别向节点 C 移动，例如 1.5 m，则弯矩图的形状会如何变化？这时的梁式杆上的弯矩分布是否会比较均匀？读者可以自行分析。

15.6　静定结构的特性

静定结构包括静定梁、静定刚架、静定桁架、静定组合结构和三铰拱等,虽然这些结构的形式各异,但都具有共同的特性。主要有以下几点:

1. 静定结构求解的唯一性

静定结构是无多余约束的几何不变体系。由于没有多余约束,其所有的支座反力和内力都可以由静力平衡方程完全确定,并且解答只与荷载及结构的几何形状、尺寸有关,而与构件所用的材料及构件截面的形状、尺寸无关,因此,当静定结构和荷载一定时,其反力和内力的解答是唯一的确定值。

2. 支座移动对静定结构的影响

当静定结构的支座由于各种因素发生移动时,只能使静定结构产生刚体位移,不产生支座反力和内力,也不产生变形。例如图 15-38(a)所示的简支梁 AB,在支座 B 发生下沉 Δ_B时,梁仅产生绕 A 点的转动,而不产生反力和内力,也没有产生变形。

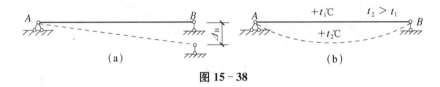

图 15-38

3. 温度改变对静定结构的影响

当静定结构受到温度改变因素作用时,只能使静定结构产生位移及变形,不产生支座反力和内力。如图 15-38(b)所示简支梁 AB 在温度改变时,仅产生了如图中虚线所示的形状改变,而不产生反力和内力。

4. 荷载等效变换对静定结构的影响

对静定结构的一个内部几何不变部分上的荷载进行等效变换时,其余部分的内力和反力不变。如图 15-39 (a、b)所示的简支梁在两组等效荷载的作用下,除 CD 部分的内力有所变化外,其余部分的内力和支座反力均保持不变。

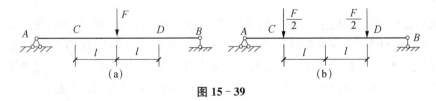

图 15-39

5. 静定结构的局部平衡性

当静定结构受平衡力系作用,平衡力系的影响范围只限于受该力系作用的**最小几何不变部分**,而不影响到此范围以外。即仅在该部分产生内力,其余部分均不产生内力和反力。例如图 15-40 所示的受平衡力系作用的桁架,仅在粗线表示的(梯形范围内)杆件中产生内力,而其他杆件的内力以及支座反力都为零。

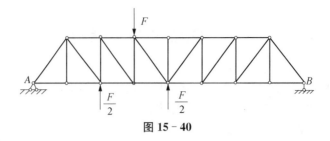

图 15 - 40

6. 构造变换对静定结构的影响

如图 15 - 41(a)、(b)所示,当对静定结构的一个内部几何不变部分进行几何构造变换时,只会使该部分的受力发生变化,而其余部分的受力不变。

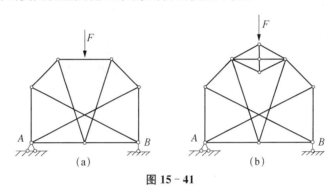

图 15 - 41

【小　结】

1. 多跨静定梁由基本部分与附属部分组成,能独立承受荷载的部分称为基本部分;依靠基本部分的支承才能承受荷载并维持平衡的部分,称为附属部分。它们之间支承的关系可以用层次图表示。多跨静定梁的计算一般要先绘出其层次图,弄清楚基本部分与附属部分的传力关系。计算顺序是先计算附属部分,再计算基本部分。当求出每一段梁的约束力后,其内力计算和内力图的绘制就与单跨静定梁一样,最后将各段梁的内力图连在一起即为多跨静定梁的内力图。多跨静定梁的承载能力大于相同荷载作用下的系列简支梁,因而可节省材料。

2. 刚架是由直杆组成的具有刚结点的结构。由于刚结点可以承受和传递弯矩,因此刚结点的存在,可使刚架中的杆件较少,内部空间较大,所以在工程中得到广泛应用。刚架任一横截面上的弯矩,其数值等于该截面任一侧刚架上所有外力对该截面形心之矩的代数和。刚架的弯矩图一律画在杆件的受拉一侧。所以对刚架杆件的弯矩,除了要正确计算出大小,还必须要弄清楚使杆件的哪侧纤维受拉。刚架任一横截面上的剪力,其数值等于该截面任一边刚架上所有外力在该截面方向上投影的代数和。外力使隔离体顺时针转为正。刚架任一横截面上的轴力,其数值等于该截面任一边刚架上所有外力在该截面的轴线方向上投影的代数和。外力背离截面时为正。

绘制刚架的内力图,一般先由整体或部分的平衡条件,求出支座反力和铰结点处的约束力。再选取刚架上的外力不连续点(如集中力作用点、集中力偶作用点、分布荷载作用的起点和终点等)和杆件的连接点作为控制截面,按刚架内力计算规律,计算各控制截面上的内力值。最后按单跨静定梁的内力图的绘制方法,逐杆绘制内力图,即用区段叠加法绘制弯矩图,由外力与内力对应规律绘制剪力图和轴力图;最后将各杆的内力图连在一起,即得整个刚架的内力图。

3. 桁架是由直杆组成,全部通过铰结点连接而成的结构。在结点荷载作用下,桁架各杆的内力只有轴力,截面上受力分布是均匀的,充分发挥了材料的作用。同时,减轻了结构的自重。桁架内力计算的方法通常有结点法和截面法。

结点法是截取桁架的一个结点为隔离体,利用该结点的静力平衡方程来计算截断杆的轴力。结点法适用于简单桁架的内力计算。一般先从未知力不超过两个的结点开始,依次计算,就可以求出桁架中各杆的轴力。截面法是用一截面(平面或曲面)截取桁架的某一部分(两个结点以上)为隔离体,利用该部分的静力平衡方程来计算截断杆的轴力。截面法适用于求桁架中某些指定杆件的轴力。一般地,在桁架的内力计算中,往往是结点法和截面法联合加以应用。

4. 拱是由曲杆组成的在竖向荷载作用下支座处产生水平推力的结构。在拱结构中,由于水平推力的存在,拱横截面上的弯矩比相应简支梁对应截面上的弯矩小得多,并且可使拱横截面上的内力以轴向压力为主。这样,拱可以用抗压强度较高而抗拉强度较低的砖、石和混凝土等材料来制造。因此,拱结构在房屋建筑、桥梁建筑和水利建筑工程中得到广泛应用。三铰拱的支座反力和内力的计算公式都是通过相应简支梁的支座反力和内力来表达的。

若三铰拱的所有截面上的弯矩都为零,则这样的拱轴线就称为在该荷载作用下的合理拱轴。对称三铰拱在满跨的竖向均布荷载作用下的合理拱轴为二次抛物线,在径向均布荷载作用下的合理拱轴为圆弧线,在拱上填土(填土表面为水平)的重力作用下的合理拱轴为悬链线。

5. 由二力杆和梁式杆混合组成的结构称为组合结构。在组合结构中,利用二力杆的受力特点,能较充分地利用材料,同时也改善了梁式杆的受力状态,因此组合结构广泛应用于较大跨度的建筑物。组合结构的内力计算,一般是在求出支座反力后,先计算二力杆的轴力,其计算方法与平面桁架内力计算相似;然后再计算梁式杆的内力,其计算方法与梁、刚架内力计算相似;最后绘制结构的内力图。

【思考题与习题】

15-1. 如何区分多跨静定梁的基本部分和附属部分? 多跨静定梁的约束反力计算顺序为什么是先计算附属部分后计算基本部分?

15-2. 多跨静定梁和与之相应的系列多跨简支梁在受力性能上有什么差别?

15-3. 刚结点和铰结点在受力和变形方面各有什么特点?

15-4. 桁架中的零杆是否可以拆除不要? 为什么?

15-5. 用截面法计算桁架的内力时,为什么截断的杆件一般不应超过三根? 什么情况下可以例外?

15-6. 为什么三铰拱可以用砖、石、混凝土等抗拉性能差而抗压性能好的材料建造? 而梁却很少单独用这类材料建造?

15 - 7. 静定结构有哪些主要特性?

15 - 8. 如图 15 - 42 所示静定平面刚架的弯矩图中的是否有错误? 若有错误,请加以改正。

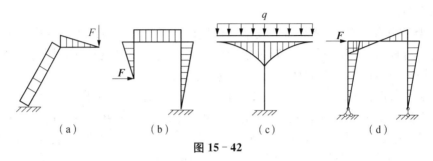

（a）　　　　　　（b）　　　　　　（c）　　　　　　（d）

图 15 - 42

15 - 9. 绘制如图 15 - 43 所示多跨静定梁的内力图。

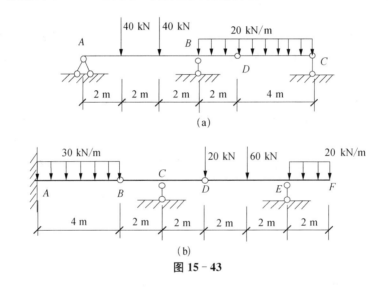

(a)

(b)

图 15 - 43

15 - 10. 绘制如图 15 - 44 所示静定平面刚架的内力图。

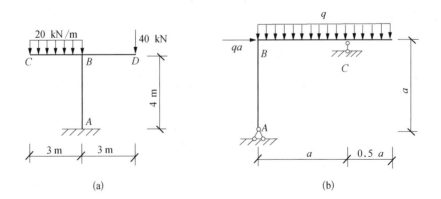

(a)　　　　　　　　　　　　　　　　　　　　　　(b)

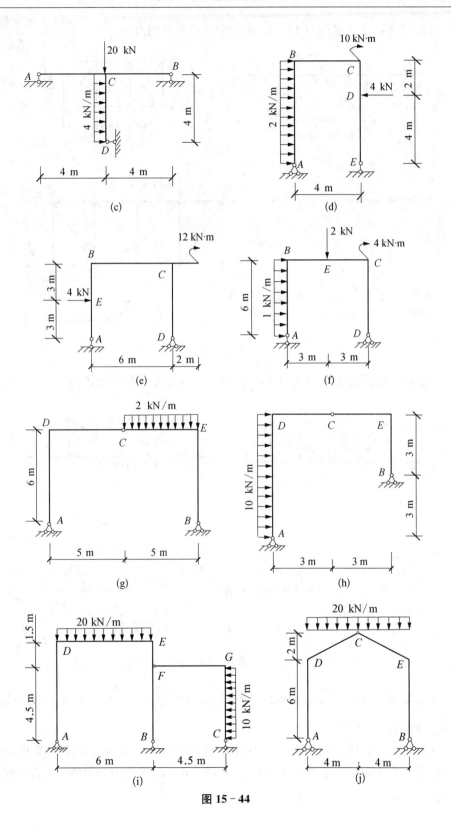

图 15 - 44

15-11. 试用结点法求如图 15-45 所示桁架中各杆的内力。

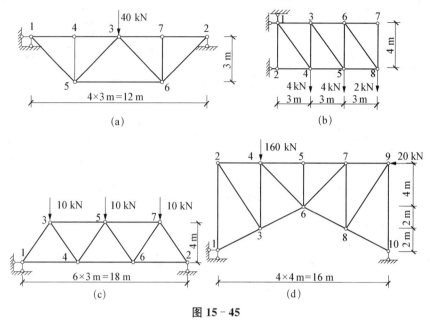

图 15-45

15-12. 试用恰当的方法求如图 15-46 所示桁架中指定杆件的内力。

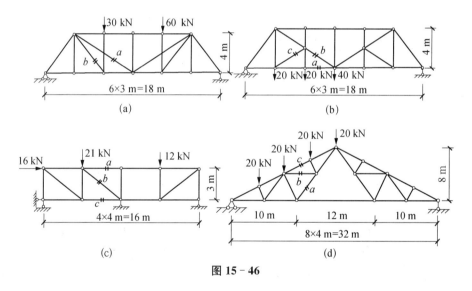

图 15-46

15-13. 如图 15-47 所示,抛物线三铰拱轴线方程为 $y = \dfrac{4f}{l^2}(l-x)x$。试计算截面 K 的 M、F_S、F_N 值。

15-14. 已知三铰拱如图 15-48 所示,跨度 $L = 12$ m。在左半拱上有集中荷载 $F = 100$ kN,在右半拱上,作用有均布荷载 $q = 20$ kN/m。设拱轴为一抛物线,其方程为 $y = \dfrac{4f}{l^2}(l-x)x$。试求支座反力,并绘出内力图。

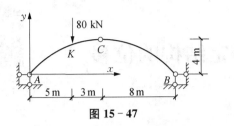

图 15-47

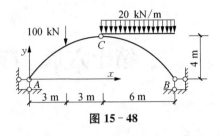

图 15-48

15-15. 试计算如图 15-49 所示组合结构二力杆的内力,绘制梁式杆的内力图。

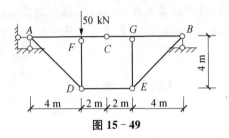

图 15-49

15-16. 试计算如图 15-50 所示组合结构二力杆的内力,绘制梁式杆的内力图。

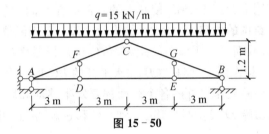

图 15-50

答案扫一扫

扫码查看
本章微课

第十六章　静定结构的位移

【学习目标】

理解虚功与虚功原理,理解单位荷载法。熟练掌握用图乘法计算梁与刚架的位移,理解静定结构位移计算的一般公式,了解线弹性系统的互等定理。

16.1　概　述

一、位移的概念

工程结构在荷载作用下会产生变形,使其上的各截面在空间的位置发生变化。我们把截面位置的变化统称为**结构的位移**。一般地,结构的位移可以用**线位移**和**角位移**(也称为转角)来度量。线位移是指截面形心所移动的距离,角位移是指截面转动的角度。如图16-1所示的悬臂式刚架,在荷载作用下,竖杆 AB 和水平杆的 BC 段会发生弯曲变形、剪切变形及拉压变形;相应地,结构除支座以外的各个截面都要发生移动和转动,分别称为线位移和角位移。例如刚架的自由端 D 发生线位移 Δ_D 和角位移 φ_D,Δ_D 还可以分解为水平线位移 Δ_{Dx} 和竖直线位移 Δ_{Dy}。

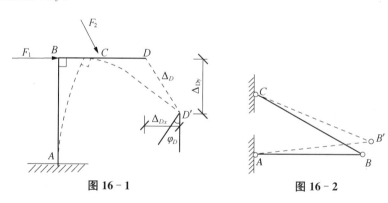

图 16-1　　　　　　　　　图 16-2

除荷载外,还有其他一些因素如支座移动、温度改变、制造误差等,也会使结构产生位移。如图 16-2 所示桁架,杆件 AB 因为温度升高而伸长,使桁架的形状发生了改变,其变形后的情况分别如图中的虚线所示,结点 B 因此也产生了位移。

上述线位移和角位移称为**绝对位移**。此外,在计算中还将涉及另一种位移,即**相对位移**。例如图 16-3 所示简支刚架,在荷载作用下 A 点移至 A_1,B 点移至 B_1,点 A 的水平位

移为 Δ_{AH}，点 B 的水平位移为 Δ_{BH}，这两个水平位移之和称为点 A、B 沿水平方向的相对线位移，并用符号 Δ_{ABH} 表示。

即 $\Delta_{ABH} = \Delta_{AH} + \Delta_{BH}$

同样，截面 C 的角位移 α 与截面 D 的角位移 β 之和称为两个截面的**相对角位移**，并表示为 φ_{CD}，则有：

$$\varphi_{CD} = \alpha + \beta$$

为了方便，我们将绝对位移和相对位移统称为**广义位移**。

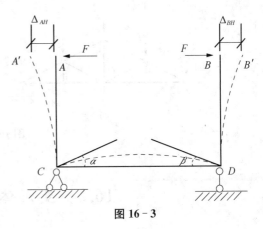

图 16-3

二、计算位移的目的

在工程设计和施工过程中，结构的位移计算是很重要的，主要有以下三方面的目的：

1. 验算结构的刚度

进行结构设计，首先必须满足一定的强度和稳定性要求，以保证结构能够安全使用。但如果结构的刚度不满足要求，结构还是不能正常使用。例如，房屋建筑的楼板或梁的挠度过大，即使结构并没有破坏，也会导致结构表面粉刷层的开裂甚至脱落；桥梁或工业厂房的吊车梁挠度过大，车辆或吊车的行驶就不平稳，并且会对结构产生振动、冲击等不利影响。为此，各类结构设计规范都对结构的变形作出了明确的限制，例如，规定吊车梁的最大挠度不得超过其跨度的 $l/600$。另外，在施工过程中有时也要对结构的位移实施分阶段监控。结构位移计算的最直接的目的，就是为了验算结构的刚度。

2. 为超静定结构的内力计算打下基础

位移计算的另一个目的，是为超静定结构的内力计算打下基础。由于超静定结构的未知力数目超过平衡方程数目，因而在其反力和内力的计算中，不仅要考虑静力平衡条件，而且还必须考虑位移方面的条件，补充变形协调方程。因此，位移计算是分析超静定结构的基础。从这个意义上理解，位移计算是在静定结构的内力计算和超静定结构的内力计算之间架起的一座"桥梁"。

3. 施工措施方面的需要

在结构的制作、架设与养护等过程中，经常需要预先知道结构变形后的位置，以便采取相应的施工措施。例如图 16-4(a) 所示的屋架，在屋盖的自重作用下，下弦各点将产生虚线所示的竖向位移，其中结点 C 的竖向位移最大。为了减少屋架在使用阶段下弦各结点的竖向位移，制作时通常将各下弦杆的实际下料长度做得比设计长度短些，以使屋架拼装后，结点 C 位于 C' 的位置，如图 16-4(b) 所示。这样在屋盖系统施工完毕后，在自重及荷载作用下，屋架的下弦各杆能接近于原设计的水平位置，这种做法称为**建筑起拱**。欲知道点 C 的竖向位移及各下弦杆的实际下料长度，就必须研究屋架的变形和各点位移间的关系。

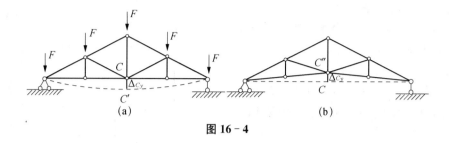

图 16 - 4

16.2 变形体的虚功原理

一、实功与虚功

1. 功、广义功

如图 16 - 5 所示,物体 M 在力 $\boldsymbol{F}$ 在作用下,沿直线产生位移 Δ。从物理学的知识知道,作用于物体 M 上的力 $\boldsymbol{F}$ 在位移 Δ 上所作的功 T 为

$$T = F\Delta\cos\alpha$$

功是标量,它可以为正、为负或为零,根据力与位移的相互关系而定。

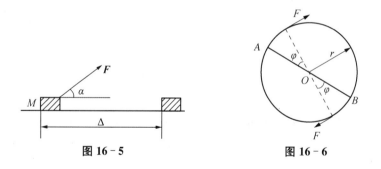

图 16 - 5   图 16 - 6

又如图 16 - 6 所示,若一对大小相等、方向相反的力 $\boldsymbol{F}$ 作用于圆盘的 A、B 两点上,设圆盘转动时,力 $\boldsymbol{F}$ 的大小不变而方向始终垂直于直径 AB,则当圆盘转过一角度 φ 时,两力所作的功为

$$T = 2Fr\varphi = M\varphi$$

式中:$M = 2Fr$,为由大小相等、方向相反的一对力 $\boldsymbol{F}$ 组成的力偶的力偶矩。因此力偶所作的功等于力偶矩与角位移的乘积。

由上可知,功包含了两个因素,即力和位移。若用 $\boldsymbol{F}$ 表示广义力,用 Δ 表示**广义位移**,则**广义功**等于 $\boldsymbol{F}$ 与 Δ 的点积,即

$$T = F \cdot \Delta \tag{16 - 1}$$

广义力可以有不同的量纲,相应地广义位移也可以有不同的量纲,但作功时其乘积恒具有功的量纲。

2. 外力实功

如图 16 - 7(a)所示简支梁,在梁上的 1 点,作用一个**静力荷载** F_1,当力 F_1 从 0 增大到最后值时,梁的形状变为图示位置,而梁上 1 点的位移,也从一开始的 0 增大到最后的 Δ_{11} 值。这里位移 Δ_{11} 的两个脚标,其中第一个脚标表示位移产生的地点与方向,即 1 点沿着 F_1 作用的方向;第二个脚标表示位移产生的原因,即是由于 F_1 作用而引起的。根据胡克定律,位移 Δ_{11} 与力 F_1 在弹性范围内成正比关系,如图 16 - 7(b)所示,即有:

$$\Delta_{11} = kF_1$$

式中 k 为弹性系数。若在某 t 时刻,力增大到 F_t,位移增大到 Δ_t,当力再增加一个微量时,位移亦增加一个微量,所以在 F_1 从 0 增大到最后值的加载过程中,F_1 作的功为:

$$T_{11} = \int_O^\Delta F_t \mathrm{d}\Delta_t = \int_0^\Delta \frac{\Delta_t}{k} \mathrm{d}\Delta_t = \frac{\Delta^2}{2k}$$

所以
$$T_{11} = \frac{F_1 \Delta_{11}}{2} \tag{16-2}$$

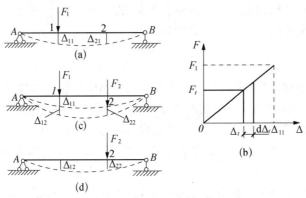

图 16 - 7

上面功 T_{11} 的两个脚标,其中第一个脚标表示作功的力,即由 F_1 作功;第二个脚标表示位移产生的原因,即位移也是由 F_1 作用而引起。

我们将由于外力**自身作用而引起的位移**称为**实位移**,外力在由于自身作用而引起的实位移上所作的功,称为**外力实功**。外力实功由于是**变力作的功**,所以有**系数 $\frac{1}{2}$**,同时,由于实位移是由作功的力本身作用引起,其方向总是与作功的力相同,所以**外力实功恒为正**。

3. 外力虚功

对如图 16 - 7(a)所示简支梁,在梁上的静力荷载 F_1 作用达到平衡以后,再在梁上的 2 点作用另一静力荷载 F_2,则在 F_2 从 0 增大到最后值时,梁的形状再次改变,成如图 16 - 7 (c)所示位置,而梁上 1 点,在原来位移 Δ_{11} 的基础上,又增加了新的位移 Δ_{12}。对有力 F_1 作用的 1 点来说,Δ_{12} 是由于**其他荷载(原因)作用所引起的位移**,称为**虚位移**。在 F_2 作用产生

虚位移 Δ_{12} 时，由于 F_1 已经作用在梁上的 1 点(并且从静力荷载变成为恒载)，因此外力 F_1 将在虚位移 Δ_{12} 上再次作功，我们将**外力在由其他原因引起的位移上所作的功**称为**外力虚功**，其值为：

$$T_{12} = F_1 \Delta_{12} \qquad\qquad (16-3)$$

在这里，要理解外力虚功与外力实功的区别，作外力虚功的力是恒力，所以没有**系数** $\frac{1}{2}$；又由于该力与虚位移是无关的，所以外力虚功可以为正、为负或为零。

应注意，所谓虚功并非不存在，只是强调作功过程中力与位移彼此无关。因为在虚功中作功的力和相应的位移是彼此独立无关的两个因素，所以可将二者看成是同一体系的两种彼此无关的状态，其中力系所属的状态称为**力状态**，如图 16-7(a)所示，位移所属的状态称为**位移状态**，如图 16-7(d)所示。则外力虚功即是力状态的外力在位移状态的虚位移上所作的功。

二、变形体的虚功原理

变形体在外力的作用下会产生相应的内力，同时还会发生变形。对于变形体系，如果力状态中的力系满足平衡条件，位移状态中的位移和变形彼此协调、并与约束几何相容，则体系中力状态的外力在位移状态相应的虚位移上所作的外力虚功，等于体系中力状态的内力在位移状态相应的虚变形上所作的内力虚功，即

$$T_{12} = W_{12} \qquad\qquad (16-4)$$

式中：T_{12}——外力虚功，即力状态中的外力在位移状态中的相应虚位移上所作的虚功总和；

W_{12}——内力虚功，即力状态中的内力在位移状态中的相应虚变形上所作的虚功总和。

式(16-4)称为**变形体的虚功方程**。当结构为刚体时，虚变形等于零，则 $W_{12}=0$，于是变形体的虚功方程变为 $T_{12}=0$，即为**刚体的虚功方程**。因此，**刚体的虚功原理**是变形体虚功原理的一个特例。

由于在虚功原理中有两种彼此独立的状态，即力状态和位移状态，因此在应用虚功原理时，可根据不同的需要，将其中的一个状态看作是虚拟的，而另一个状态则是问题的实际状态。因此，虚功原理有两种表述形式，用以解决两类问题。

(1) 虚拟力状态，求未知位移

此时力状态是虚拟的，位移状态是实际给定的，在虚拟力状态和给定的实际位移状态之间应用虚功原理，这种形式的虚功原理又称为**虚力原理**。虚力原理主要用于**求解给定实际位移状态时的指定位移**。

(2) 虚拟位移状态，求未知力

此时位移状态是虚拟的，力状态是实际给定的，在虚拟位移状态和给定的实际力状态之间应用虚功原理，这种形式的虚功原理又称为虚位移原理。虚位移原理主要用于**求解给定实际力状态时的指定力**。

下面我们应用虚力原理推导平面杆件结构位移计算公式和计算方法。

16.3 静定结构在荷载作用下的位移

一、静定结构在荷载作用下的位移计算公式

从前述可知,静定结构在荷载作用下会产生变形,使其上的各截面产生不同的位移。现以如图 16 - 8(a)所示刚架为例来建立静定结构在荷载作用下的位移计算公式。设刚架由于荷载发生如图中虚线所示的变形,这是结构的实际位移状态。现要求该状态中结构上 K 点沿 K - K 方向的位移 Δ_K。应用虚力原理,在所求位移点沿着所求位移的方向,作用一个单位虚拟荷载,即在 K 点沿 K - K 方向施加一个虚拟单位荷载 $\overline{F_K} = 1$(在力的符号上面加一杠以表示虚拟),如图 16 - 8(b) 所示。在该虚拟单位荷载作用下,结构将产生虚拟反力 $\overline{F_R}$(即固定端处的三个反力分量,在图中未画出)和虚拟内力 $\overline{F_N}$、$\overline{F_S}$、$\overline{M}$(在内力的符号上面加一杠同样表示虚拟的内力),它们构成一个虚拟力系,这就是虚拟的力状态。

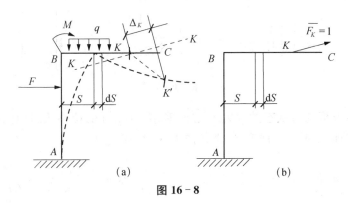

图 16 - 8

根据虚功原理,虚拟的力状态的外力 $\overline{F_K} = 1$ 在实际的位移状态的虚位移 Δ_K 上作外力虚功,其值为:

$$T_{12} = \overline{F_K} \times \Delta_K = \Delta_K$$

在如图 16 - 8(b)所示的受虚拟单位荷载作用的力状态中,取出一微段 ds,如图 16 - 9(a)所示,在该微段上有内力为 $\overline{F_N}$、$\overline{F_S}$ 和 $\overline{M}$。在如图 16 - 8(a)所示的实际位移中的同一位置,也取出同一微段 ds,该微段在实际状态的内力 $\boldsymbol{F}_N$、$\boldsymbol{F}_S$ 及 M 作用下,产生如图 16 - 9(b)所示的变形,其中:

轴向变形为 $\varepsilon \, ds = \dfrac{F_N}{EA} ds$,剪切变形为 $\gamma \, ds = k \dfrac{F_S}{GA} ds$,弯曲变形为 $d\varphi = \dfrac{ds}{\rho} = \dfrac{M}{EI} ds$。其中 k 为剪应力不均匀系数,是与截面形状有关的因数,对于矩形截面,$k = 1.2$;对于圆形截面,$k = \dfrac{10}{9}$;对于薄壁圆环形截面,$k = 2$;对于工字型截面,$k = \dfrac{A}{A_1}$(A_1 为腹板面积)。

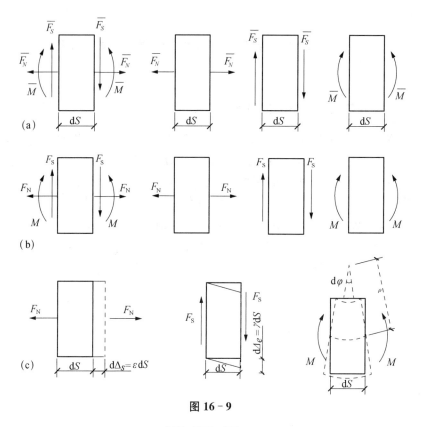

图 16 - 9

于是微段中虚拟的力状态的内力 $\overline{F_N}$、$\overline{F_S}$ 和 $\overline{M}$,在实际的位移状态相应的虚变形(即上面的轴向变形、剪切变形与弯曲变形)上作内力虚功,其值为:

$$dW_{12} = \overline{F_N}\varepsilon ds + \overline{F_S}\gamma ds + \overline{M}\frac{ds}{\rho} = \frac{\overline{F_N}F_N}{EA}ds + k\frac{\overline{F_S}F_S}{GA}ds + \frac{\overline{M}M}{EI}ds$$

结构的总内力虚功为:

$$W_{12} = \sum\int_l \overline{F_N}\varepsilon ds + \sum\int_l \overline{F_S}\gamma ds + \sum\int_l \overline{M}\frac{ds}{\rho} = \sum\int_l \frac{\overline{F_N}F_N}{EA}ds + \sum\int_l k\frac{\overline{F_S}F_S}{GA}ds + \sum\int_l \frac{\overline{M}M}{EI}ds$$

根据虚功原理,有式(16 - 4) $\qquad T_{12} = W_{12}$

所以静定结构在荷载单独作用下,其位移计算公式为:

$$\Delta_K = \sum\int_l \frac{\overline{F_N}F_N}{EA}ds + \sum\int_l k\frac{\overline{F_S}F_S}{GA}ds + \sum\int_l \frac{\overline{M}M}{EI}ds \qquad (16 - 5)$$

式中:$\overline{F_N}$、$\overline{F_S}$、$\overline{M}$——在虚拟状态中由单位虚拟荷载作用引起的虚拟内力;

$\quad$ F_N、F_S、M——原结构由实际荷载作用引起的内力;

$\quad$ EA、GA、EI——杆件的抗拉压刚度、抗剪切刚度、抗弯曲刚度。

式(16 - 5)不仅可用于计算结构的线位移,也可以用来计算结构任何性质的位移(例如角位移和相对线位移等),只是要求所设单位虚拟荷载必须与所求的位移相对应,具体可能的情况如下：

（1）若计算的位移是结构上某一点沿某一方向的线位移，则应在该点沿该方向施加一个单位集中力，如图 16-10(a)所示。

（2）若计算的位移是结构上某一截面的角位移，则应在该截面上施加一个单位集中力偶，如图 16-10(b)所示。

（3）若计算的是桁架中某一杆件的角位移，则应在该杆件的两端施加一对与杆轴垂直的反向平行集中力使其构成一个单位力偶，每个集中力的大小等于杆长的倒数，如图 16-10(c)所示。

（4）若计算的位移是结构上某两点沿指定方向的相对线位移，则应在该两点沿指定方向施加一对反向共线的单位集中力，如图 16-10(d)所示。

（5）若计算的位移是结构上某两个截面的相对角位移，则应在这两个截面上施加一对反向单位集中力偶，如图 16-10(e)所示。

（6）若计算的是桁架中某两杆的相对角位移，则应在该两杆上施加两个方向相反的单位力偶，如图 16-10(f)所示。

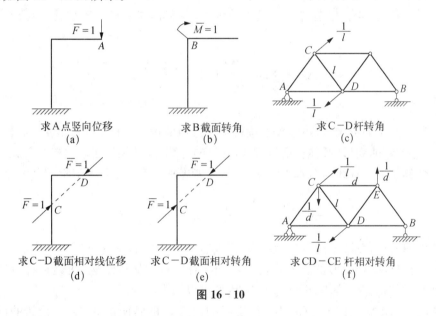

图 16-10

总之，建立虚拟状态时，必须在相应结构的所求位移点沿着所求位移的方向，作用一个与所求位移对应的广义单位虚拟荷载。在这里还应注意，虚拟单位荷载的指向可以任意假设，因此按式(16-5)计算出来的结果若是为正，说明内力虚功为正，所以外力虚功也为正，因此实际位移的方向与虚拟单位荷载的方向相同，若为负，则表示实际位移的方向与虚拟单位荷载的方向相反。

二、几种典型的静定结构在荷载作用下的位移计算公式

分析式(16-5)右边的三项，可以发现，它们依次分别表示轴向变形、剪切变形和弯曲变形对结构位移的影响。计算表明，对不同形式的结构，这三项的影响量是不同的。对一具体结构而言，某一项（或两项）的影响是显著的，其余项的影响则可以忽略不计。因此，在结构位移计算中,对不同形式的结构可分别采用不同的简化计算公式。

1. 梁和刚架

在一般情况下,对梁和刚架而言,弯曲变形是主要的变形,而轴向变形和剪切变形的影响量很小,可以忽略不计。因此式(16-5)简化为

$$\Delta_K = \sum \int_l \frac{\overline{M}M}{EI} \mathrm{d}s \tag{16-6}$$

2. 桁架

桁架中各杆只有轴向变形,且每一杆件的轴力和截面面积沿杆长不变,于是式(16-5)简化为

$$\Delta_K = \sum \frac{\overline{F}_N F_N l}{EA} \tag{16-7}$$

3. 组合结构

在组合结构中,梁式杆件主要承受弯矩,其变形主要是弯曲变形,在梁式杆中可只考虑弯曲变形对位移的影响;但是二力杆只承受轴力,只有轴向变形。于是其位移计算公式简化为

$$\Delta_K = \sum \int_l \frac{\overline{M}M}{EI} \mathrm{d}s + \sum \frac{\overline{F}_N F_N l}{EA} \tag{16-8}$$

4. 三铰拱

当不考虑曲率的影响时,拱结构的位移可以近似的按式(16-6)来计算。而且,通常情况下,只需考虑弯曲变形的影响,所以按式(16-6)计算,其结果已足够精确。仅在计算扁平拱的水平位移或者拱轴线与合理轴线接近时,才考虑轴向变形的影响,即

$$\Delta_K = \sum \int_l \frac{\overline{M}M}{EI} \mathrm{d}s + \sum \int_l \frac{\overline{F}_N F_N}{EA} \mathrm{d}s \tag{16-9}$$

需要说明的是,在以上的位移计算中,都没有考虑杆件的曲率对变形的影响,这对直杆是正确的,对曲杆则是近似的。但是,在常用的结构中,例如拱结构、曲梁和有曲杆的刚架等,构件的曲率对变形的影响相对都很小,因此可以略去不计。

例 16-1 求如图 16-11(a)所示简支梁的中点 C 的竖向位移 Δ_{CV}。设梁的抗弯刚度 EI 为常数。

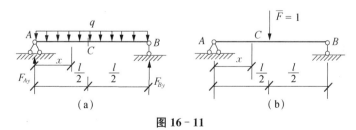

图 16-11

解 (1)建立虚拟力状态。为求点 C 的竖向位移 Δ_{CV},可在点 C 沿竖向加虚拟单位力 $\overline{F} = 1$,得到如图 16-11(b)所示的虚拟力状态。

（2）对实际状态与虚拟状态建立合理的坐标系。应注意两个状态的坐标系是对应的。

（3）分别求出在虚拟力状态和实际位移状态中梁的弯矩（方程）。当 $0 \leqslant x \leqslant \dfrac{l}{2}$ 时，有

$$\overline{M} = \frac{1}{2}x, \quad M = \frac{q}{2}(lx - x^2)$$

（4）应用公式计算位移。由于左右对称，可以利用对称性，由式（16-6）得

$$\Delta_{CV} = 2 \int_0^{\frac{l}{2}} \frac{1}{EI} \times \frac{x}{2} \times \frac{q}{2}(lx - x^2)\mathrm{d}x = \frac{5ql^4}{384EI}(\downarrow)$$

计算结果为正，说明 Δ_{CV} 的方向与所设单位力的方向相同，即 Δ_{CV} 向下。

例 16-2　求如图 16-12(a)所示刚架中 C 点的竖向位移，并比较弯矩、轴力和剪力对位移的影响。设刚架各杆的截面均为相同的矩形。

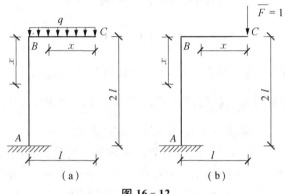

图 16-12

解　（1）为求点 C 的竖向位移 Δ_{CV}，将原荷载作用状态作为位移状态，补充建立虚拟力状态。应在点 C 沿竖向加单位虚拟力 $\overline{F}=1$，得到如图 16-12(b)所示的虚拟力状态。

（2）在 CB 杆和 AB 杆上分别建立坐标系 x，如图 16-12(a)所示。在这样的坐标系下，各杆由于实际荷载和虚拟单位荷载产生的内力如表 16-1 所示。

表 16-1　刚架杆件内力表

杆件	弯矩	轴力	剪力
CB	$\overline{M} = x$ $M = qx^2/2$	$\overline{F}_N = 0$ $F_{NP} = 0$	$\overline{F}_S = 1$ $F_{SP} = qx$
AB	$\overline{M} = l$ $M = ql^2/2$	$\overline{F}_N = -1$ $F_{NP} = -ql$	$\overline{F}_S = 0$ $F_{SP} = 0$

下面分别计算弯矩、轴力和剪力对所求位移的影响。

弯矩的影响为

$$\Delta_M = \sum \int \frac{\overline{M}M}{EI}\mathrm{d}s = \int_0^l \frac{x \cdot qx^2/2}{EI}\mathrm{d}x + \int_0^{2l} \frac{l \cdot ql^2/2}{EI}\mathrm{d}x = \frac{9ql^4}{8EI}$$

轴力的影响为

$$\Delta_{F\mathrm{N}} = \sum \int \frac{\overline{F}_{\mathrm{N}} F_{\mathrm{N}}}{EA} \mathrm{d}s = \int_0^{2l} \frac{(-1) \cdot (-ql)}{EA} \mathrm{d}y = \frac{2ql^2}{EA}$$

剪力的影响为(对矩形截面,$k = 1.2$)

$$\Delta_{F\mathrm{S}} = \sum \int k \frac{\overline{F}_{\mathrm{S}} F_{\mathrm{S}}}{GA} \mathrm{d}s = \int_0^l 1.2 \times \frac{1 \times qx}{GA} \mathrm{d}x = \frac{0.6ql^2}{GA}$$

将以上三项相加,得 C 点的竖向位移为

$$\Delta_{Cv} = \Delta_M + \Delta_{F\mathrm{N}} + \Delta_{F\mathrm{S}} = \frac{9ql^4}{8EI} + \frac{2ql^2}{EA} + \frac{0.6ql^2}{GA} (\downarrow)$$

设材料的泊桑比为 $\mu = 0.3$,矩形截面的高和宽分别为 h 和 b,从而 $E/G = 2(1+\mu) = 2.6$,$I/A = h^2/12$。于是可得三种内力对位移的影响的比为

$$\Delta_M : \Delta_{\mathrm{N}} : \Delta_{\mathrm{S}} = 1 : 0.15\left(\frac{h}{l}\right)^2 : 0.12\left(\frac{h}{l}\right)^2$$

可见轴力和剪力的影响与截面高度对结构几何尺寸之比的平方成正比。如果 $h/l = \frac{1}{10}$,则两者的影响分别只有弯矩影响的 0.15% 和 0.12%。因此,对于由细长杆件组成的梁和刚架结构,计算位移时忽略轴力和剪力的影响是完全可以的。

例 16-3 已知如图 16-13(a)所示桁架各杆的弹性模量和横截面面积为:上弦杆,$E = 3.0 \times 10^4$ MPa,$A = 360$ cm²;下弦杆,$E = 2.0 \times 10^5$ MPa,$A = 7.6$ cm²;斜腹杆(GE、EH),$E = 3.0 \times 10^4$ MPa,$A = 270$ cm²;竖腹杆,$E = 2.0 \times 10^5$ MPa,$A = 3.8$ cm²。求下弦中点 E 的竖向位移。

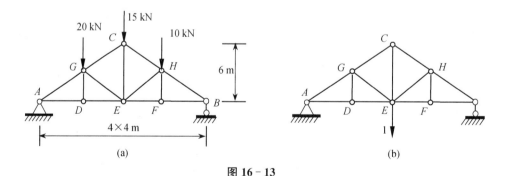

图 16-13

解 在 E 点施加竖向单位荷载,如图 16-13(b)所示。分别计算桁架在实际荷载和单位荷载作用下的内力,按式(16-7)计算 E 点的竖向位移。为使计算条理化和避免出错,对于杆件较多的桁架,计算一般列表进行,如表 16-2 所示。表中的最后一行即为最后的计算结果,即

$$\Delta_{Ey} = 0.38 \text{ cm} (\downarrow)$$

表 16 - 2(桁架位移计算表)

杆件		$EA(\text{kN})$	$l(\text{m})$	$F_N(\text{kN})$	$\overline{F}_N$	$\overline{F}_N F_N l/(EA)(\text{mm})$
上弦杆	AG	1.08×10^6	5.0	-41.67	-0.83	0.160
	GC			-25.00	-0.83	0.096
	CH			-25.00	-0.83	0.096
	HB			-33.33	-0.83	0.128
斜腹杆	GE	0.81×10^6	5.0	-16.67	0	0
	EH			-8.33	0	0
下弦杆	AD	1.52×10^5	4.0	33.33	0.67	0.588
	DE			33.33	0.67	0.588
	EF			26.67	0.67	0.470
	FB			26.67	0.67	0.470
直腹杆	DG	0.76×10^5	3.0	0	0	0
	EC		6.0	15.00	1.00	1.184
	FH		3.0	0	0	0
					Σ	3.78

例 16 - 4 组合结构如图 16 - 14(a)所示。其中 CD、BD 为二力杆,其拉压刚度为 EA;AC 为梁式杆,其弯曲刚度为 EI。在 D 点有集中荷载 F 作用。求 D 点的竖向位移 Δ_{DV}。

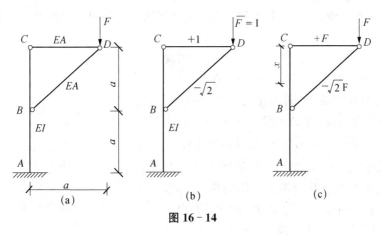

图 16 - 14

解 (1) 建立虚拟力状态。为求点 D 的竖向位移 Δ_{DV},可在点 D 沿竖向施加单位力 $\overline{F} = 1$,得到如图 16 - 14(b) 所示的虚拟力状态。

(2) 分别求出在虚拟力状态和实际位移状态中各杆的内力。计算虚拟力状态和实际位移状态中二力杆的轴力分别如图 16 - 14(b)、(c)所示。梁式杆的弯矩为

$$BC \text{ 杆}: \overline{M} = x, \ M = Fx$$
$$AB \text{ 杆}: \overline{M} = a, \ M = Fa$$

（3）应用公式计算位移。由组合结构位移计算式(16-8)求 D 点的竖向位移为

$$\Delta_{DV} = \sum \frac{\overline{F_N} F_N}{EA} l + \sum \int_l \frac{\overline{M} M}{EI} dx$$

$$= \frac{1}{EA}(1 \times F \times a + \sqrt{2} \times \sqrt{2} F \times \sqrt{2} a) + \int_0^a \frac{F x^2}{EI} dx + \int_a^{2a} \frac{F a^2}{EI} dx$$

$$= \frac{(1+2\sqrt{2})Fa}{EA} + \frac{4Fa^3}{3EI} (\downarrow)$$

计算结果为正,说明 Δ_{DV} 的方向与所设单位力的方向相同,即 Δ_{DV} 向下。

16.4 图 乘 法

在例 16-1 和例 16-2 中,为了计算位移,我们通过下列形式的积分计算结构的位移:

$$\int \frac{\overline{M} M}{EI} ds \qquad (a)$$

其中 $\overline{M}$ 和 M 分别是虚拟状态与实际状态的弯矩方程,以函数形式表达。对于梁和刚架以及组合结构中的梁式杆,这种形式的积分计算常可利用本节将要介绍的图乘法得到简化。

1. 图乘法的条件

应用图乘法的条件是:

（1）杆件的轴线为直线;

（2）杆件的截面不变,EI 为常数;

（3）实际状态的弯矩 M 图和虚拟状态的弯矩 $\overline{M}$ 图的两个图形中至少有一个为直线。

2. 图乘法的公式

如图 16-15 所示,设 AB 为结构中满足图乘法三个条件的相应于式(a)的积分区间的直杆段,其中实际状态的弯矩图 M 图为任意形状,虚拟状态的弯矩图 $\overline{M}$ 图为直线;在 AB 段,M 图的形心为 C,面积为 ω_F;$\overline{M}$ 图中对应于 C 点的纵坐标为 $\overline{y_C}$。

设坐标系如图 16-15 所示,取 $\overline{M}$ 图直线与 x 轴的交点 O 为坐标原点并设该直线的倾角为 α,则 $\overline{M}(x) = x \tan \alpha$,这里 $\tan \alpha$ 为常数。由于 EI 均为常数,故都可以提到积分号前面去。于是

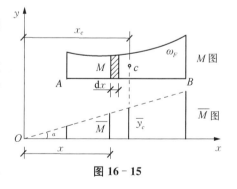

图 16-15

$$\int_A^B \frac{\overline{M} M}{EI} ds = \int_A^B \frac{x \tan \alpha M}{EI} dx = \frac{\tan \alpha}{EI} \int_A^B x M dx \qquad (b)$$

式(b)最右边的积分就是 AB 段 M 图对 y 轴的面积静矩,即

$$\int_A^B x M dx = \omega_F \cdot x_0 \qquad (c)$$

这里 ω_F 和 x_0 分别是 M 图的面积及其形心 C 到 y 轴的距离。将式(c)代入式(b),就得到

$$\int_A^B \frac{\overline{M}M}{EI}\mathrm{d}s = \frac{\tan\alpha}{EI}\int_A^B xM\mathrm{d}x = \frac{\omega_F \cdot x_0\tan\alpha}{EI} = \frac{\omega_F \cdot \overline{y_C}}{EI}$$

由此得到梁与刚架用图乘法求位移的计算公式:

$$\Delta_K = \sum\int_A^B \frac{\overline{M}M}{EI}\mathrm{d}s = \sum\frac{\omega_F \cdot \overline{y_C}}{EI} \qquad (16-10)$$

式中:ω_F 为某一杆段在实际状态荷载作用下的弯矩 M 图的面积,$\overline{y_C}$ 为实际状态荷载作用下的弯矩 M 图的形心所对应的虚拟状态的弯矩图$\overline{M}$图的弯矩竖标值,EI 为杆段的抗弯刚度。

在积分法中,由于是用两个状态的弯矩表达式(方程)进行计算,所以直接有正负结果,而在图乘法中,出现的是弯矩图的面积和竖标相乘,所以应注意**图乘结果的正负。当实际状态荷载作用下的弯矩 M 图与虚拟状态的弯矩图$\overline{M}$图在基线的同一侧时,图乘结果取正**,否则取负。基线一般为杆轴线,或者是区段叠加法作图的起始线。当某杆段的两项弯矩图都是直线图形时,面积与竖标的乘积可以互换,即面积为虚拟状态的弯矩图$\overline{M}$图的面积,竖标为虚拟状态的弯矩图$\overline{M}$图的形心所对的实际状态荷载作用下的弯矩 M 图的竖标。

3. 常用图形的面积及形心位置

直杆弯矩图常常是由一些简单的几何图形组成的。图16-16给出了一些常用图形的面积以及它们的形心的位置。掌握了这些图形的面积及形心位置,才能真正达到应用式(16-10)简化积分计算的目的。

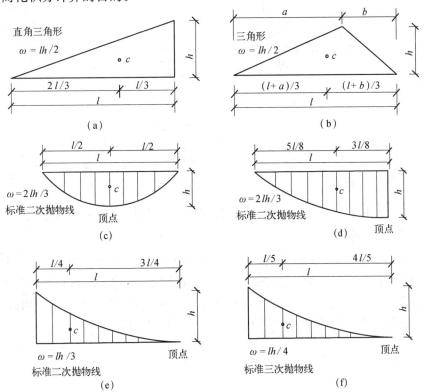

图 16-16

在图 16-16 中,所谓"顶点"指的是抛物线的极值点。顶点处的切线与基线平行。图中的四个抛物线的顶点均位于区间的端点或中点,这样的抛物线与基线围成的图形称为标准抛物线图形。图中的抛物线称为"标准"抛物线正是这个意思。在用图乘法计算位移时,一定要注意标准图形与非标准图形的区别。

4. 应用图乘法计算梁和刚架的位移

用图乘法计算梁和刚架的位移,一般先要对梁和刚架进行分段,**使图乘法的三个条件在每一段上都得到满足**;其次,在分段计算时,如果实际状态的弯矩 M 图的图形不是标准图形,则还要对它应用区段叠加法进行处理,使所得到的每一块图形都是面积已知和形心位置确定的标准图形。例如在图 16-17 中,M 图为二次抛物线却不是标准图形,可将它分为一个三角形和一个抛物线图形,这两个"子图形"都是标准图形,其中抛物线图形以三角形的斜边为基线,抛物线上对应基线中点处的切线平行于基线,因此它的面积和形心可按图 16-16(c)的情况来计算和确定,即 $\omega_2 = 2lh_2/3$,形心 C_2 的水平投影位于杆段的中点。具体的积分计算如下:

$$\int \frac{\overline{M}M}{EI}\mathrm{d}s = \int \frac{\overline{M}(M_1 + M_2)}{EI}\mathrm{d}x = \int \frac{\overline{M}M_1}{EI}\mathrm{d}x + \int \frac{\overline{M}M_2}{EI}\mathrm{d}x = \frac{1}{EI}(\omega_1\overline{y_{C1}} + \omega_2\overline{y_{C2}})$$

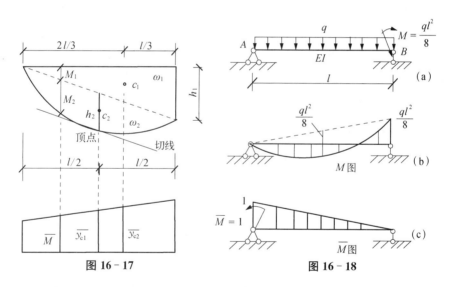

图 16-17　　　　　　　　　　图 16-18

例 16-5　如图 16-18(a)所示的简支梁,承受均布荷载 q 并在 B 端受集中力偶作用,试求 A 端截面的转角 φ_A。

解　在 A 端施加单位力偶作为虚拟状态,分别作 M 图和 $\overline{M}$ 图,如图 16-18(b)、(c)所示。将 M 图分为一个三角形和一个标准二次抛物线图形,其中三角形在基线以上,抛物线图形在基线以下;与它们的形心相应的 $\overline{M}$ 图中的两个纵坐标都在基线以上。因此三角形与相应纵坐标的乘积为正,抛物线图形与相应纵坐标的乘积为负。

$$\varphi_A = \frac{1}{EI}\left[\left(\frac{1}{2} \cdot l \cdot \frac{1}{8}ql^2\right)\frac{1}{3} - \left(\frac{2}{3} \cdot l \cdot \frac{1}{8}ql^2\right)\frac{1}{2}\right] = -\frac{ql^3}{48EI}$$

所得的结果为负,说明 A 端截面得转角 φ_A 为顺时针转。

例 16 - 6 试求如图 16 - 19(a)所示刚架中结点 B 的水平位移 Δ_{Bx}。

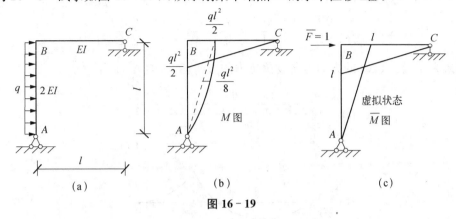

图 16 - 19

解 在结点 B 施加单位水平力作为虚拟状态，分别作 M 图和 $\overline{M}$ 图，如图 16 - 19(b)、(c)所示。在 AB 段，将 M 图分为一个三角形和一个标准二次抛物线图形，这两个图形以及与它们的形心相应的 $\overline{M}$ 图的两个纵坐标都在基线右侧。BC 段两个弯矩图都是直线图形，可以直接计算。所以

$$\Delta_{Bx} = \frac{1}{2EI}\left[\left(\frac{1}{2}\cdot l\cdot\frac{1}{2}ql^2\right)\frac{2l}{3} + \left(\frac{2}{3}\cdot l\cdot\frac{1}{8}ql^2\right)\frac{l}{2}\right] + \frac{1}{EI}\left(\frac{1}{2}\cdot l\cdot\frac{1}{2}ql^2\right)\frac{2l}{3} = \frac{13ql^4}{48EI}(\rightarrow)$$

讨论 在本例如果能够由支座 C 处无水平反力判定出 AB 杆上端的剪力为零，因而弯矩在此处有极值，AB 段的 M 图本来就是一个标准二次抛物线图形，则可以不对 AB 段的 M 图进行分块。上述计算可以简化如下：

$$\Delta_{Bx} = \frac{1}{2EI}\left(\frac{2}{3}\cdot l\cdot\frac{1}{2}ql^2\right)\frac{5l}{8} + \frac{1}{EI}\left(\frac{1}{2}\cdot l\cdot\frac{1}{2}ql^2\right)\frac{2l}{3} = \frac{13ql^4}{48EI}(\rightarrow)$$

比前面计算稍简单些。

例 16 - 7 求如图 16 - 20(a)所示外伸梁上点 C 的竖向位移 Δ_{CV}。设梁的抗弯刚度 EI 为常数。

解 （1）建立虚拟力状态如图 16 - 20(c)所示。

（2）作梁在荷载作用下实际状态和在虚拟力作用下的虚拟状态弯矩图，分别如图 16 - 20(b)、(c)所示。

（3）代入公式计算位移。根据区段叠加法，将 AB 段的 M 图分解为一个三角形与一个标准抛物线图形，其中三角形的面积为 A_1，基线为梁轴线，标准抛物线的面积为 A_2，基线为三角形的虚线斜边；BC 段的 M 图则为一个标准抛物线形。M 图中各分面积与相应的 $\overline{M}$ 图中的竖标分别为

$$A_1 = \frac{1}{2}\times l\times\frac{ql^2}{8} = \frac{ql^3}{16}, \quad y_{C1} = \frac{2}{3}\times\frac{l}{2} = \frac{l}{3}$$

$$A_2 = \frac{2}{3}\times l\times\frac{ql^2}{8} = \frac{ql^3}{12}, \quad y_{C2} = \frac{1}{2}\times\frac{l}{2} = \frac{l}{4}$$

$$A_3 = \frac{1}{3}\times\frac{l}{2}\times\frac{ql^2}{8} = \frac{ql^3}{48}, \quad y_{C3} = \frac{3}{4}\times\frac{l}{2} = \frac{3l}{8}$$

代入图乘公式,得点 C 的竖向位移为

$$\Delta_{CV}=\frac{1}{EI}\left(\frac{ql^3}{16}\times\frac{l}{3}-\frac{ql^3}{12}\times\frac{l}{4}+\frac{ql^3}{48}\times\frac{3l}{8}\right)=\frac{ql^4}{128EI}(\downarrow)$$

计算结果为正,表示 Δ_{CV} 的方向与所设单位力的方向相同,即 Δ_{CV} 向下。

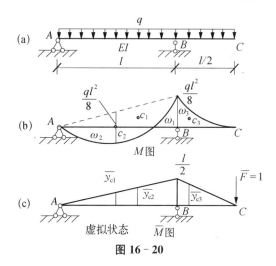

图 16 - 20

16.5 静定结构由于支座移动、温度改变引起的位移计算

一、静定结构由于支座移动的引起的位移

静定结构在支座移动时,只发生刚体的移动或转动,不产生内力和变形,以图 16 - 21 (a)所示静定刚架说明。刚架由于支座 A 的移动只发生图中虚线所示的刚体位移,设欲求刚架上点 K 沿 K - K 方向的位移 Δ_K。为此,仍在点 K 沿 K - K 方向施加一单位虚拟荷载 $\overline{F}=1$ 作为虚拟状态,如图 16 - 21(b) 所示,由于刚架在支座移动时,只发生刚体的移动或转动,不产生内力和变形,所以虚拟的力状态的内力 $\overline{F}_N$、$\overline{F}_S$ 和 $\overline{M}$ 作的内力虚功等于零,虚功原理变成为刚体虚功原理,即有:

$$T_{12}=W_{12}=0$$

即有:$\overline{F_K}\times\Delta_K+\overline{F_{R1}}\times c_1+\overline{F_{R2}}\times c_2+\overline{F_{R3}}\times c_3=0$

得到静定结构在支座移动作用下位移计算公式为

$$\Delta_K=-\sum\overline{F_R}\cdot c \qquad\qquad (16-11)$$

式中:c——实际状态中的支座位移;

$\overline{F_R}$——虚拟状态中与上面的支座位移对应的支座反力;

$\sum F_R\cdot c$——虚拟状态中的支座反力在实际状态中的支座位移上所作虚功之和。

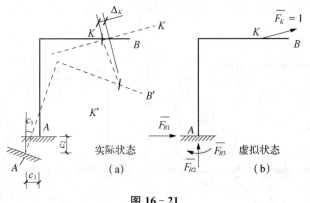

图 16－21

在上式中,乘积 $\overline{F}_R \cdot c$ 其意义是**虚功**,所以正负号规定为:当虚拟状态中的支座反力与实际状态支座位移的方向一致时取正号,相反时取负号。

例 16－8　如图 16－22(a)所示结构,若固定端 A 发生图中所示的支座移动和转动,求结构上点 B 的竖向位移 Δ_{BV} 和水平位移 Δ_{BH}。

解　(1) 求点 B 的竖向位移 Δ_{BV}。在点 B 加一竖向单位力 $\overline{F}=1$,求出结构在 $\overline{F}=1$ 作用下的支座反力,如图 16－22(b)所示。根据式(16－11)可得

$$\Delta_{BV} = -(0\times a - 1\times b - l\times\varphi) = b + l\varphi(\downarrow)$$

(2) 求点 B 的水平位移 Δ_{BH}。在点 B 加一水平单位力 $\overline{F}=1$,求出结构在 $\overline{F}=1$ 作用下的支座反力,如图 16－22(c)所示。根据公式(16－11)可得

$$\Delta_{BH} = -(1\times a + 0\times b - h\times\varphi) = -a + h\varphi$$

当 $a < h\varphi$ 时,所得结果为正,点 B 的水平位移向右;否则向左。

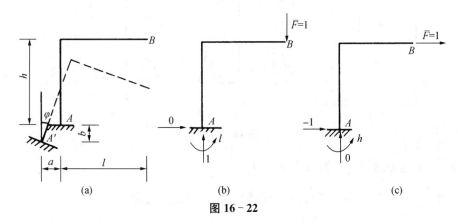

图 16－22

例 16－9　如图 16－23(a)所示三铰刚架的支座 B 有微小的水平位移 a 和竖向位移 b,试求铰 C 的竖向位移 Δ_{Cy}。

解　在铰 C 处加上竖向虚拟单位荷载,并求出相应的支座反力,如图 16－23(b)所示。代入公式,得

$$\Delta_{Cy} = \frac{a}{4} + \frac{b}{2} \; (\downarrow)$$

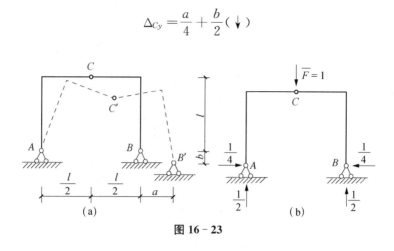

图 16 - 23

二、静定结构由于温度改变引起的位移

工程结构一般都是在一定的温度下建造的。在使用过程中,这些结构所处的环境温度一般都会随季节发生变化,这种温度的改变将会引起构件的变形,从而使结构产生位移。对于静定结构,温度改变在结构中不会引起内力,但由于材料的自由膨胀、收缩,所以将引起结构的变形和位移。

静定结构由于温度改变引起的位移计算公式,仍可根据虚功原理(虚力原理)导出。但应注意,此时微段的变形是由材料的自由膨胀、收缩引起的。

以图 16 - 24(a)所示刚架为例,设外侧温度升高 t_1℃,内侧温度升高 t_2℃,且 t_2℃ $>$ t_1℃,又假定温度变化沿截面的高度 h 方向为线性升高(或降低),如图 16 - 24(b)所示。

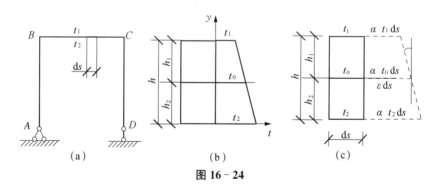

图 16 - 24

(1) 上、下边缘的温度差为 $\Delta t = t_2 - t_1$;

(2) 才图 16 - 24(b)可以推导出,杆件轴线处的温度变化为 $t_0 = \dfrac{h_1 t_2 + h_2 t_1}{h}$。

(3) 如果杆件截面对称于形心轴(即 $h_1 = h_2$),则有 $t_0 = \dfrac{h_1 t_2 + h_2 t_1}{h} = \dfrac{t_1 + t_2}{2}$

由于假定温度变化沿截面的高度 h 方向为线性,则在发生变形后,截面仍满足平面假设。设杆件的横截面高(度)为 h,纵向轴线与外侧的距离为 h_1,与内侧的距离为 h_2,从杆件中取出一微段 ds,设材料的线膨胀系数为 α,则该微段在实际状态的温变作用下,产生如图

16 - 24(c)所示的变形,其中:

轴向变形为 $\varepsilon \mathrm{d}s = \alpha t_0 \mathrm{d}s$,剪切变形为 $\gamma \mathrm{d}s = 0$,弯曲变形为 $\mathrm{d}\varphi = \dfrac{\mathrm{d}s}{\rho} = \dfrac{\alpha \Delta t}{h} \mathrm{d}s$。

若需求某截面在某方向的位移,可与按照前面相同的方法,建立相应的广义虚拟力状态,外力虚功仍为

$$T_{12} = \overline{F_K} \times \Delta_K = \Delta_K$$

而内力虚功为

$$W_{12} = \sum (\pm) \int_l \overline{F}_N \varepsilon \, \mathrm{d}s + \sum (\pm) \int_l \overline{M} \mathrm{d}\varphi = \sum (\pm) \int_l \overline{F}_N \alpha t_0 \mathrm{d}s + \sum (\pm) \int_l \overline{M} \frac{\alpha \Delta t}{h} \mathrm{d}s$$

所以,静定结构在温度改变作用下引起的位移为:

$$\Delta_K = \sum (\pm) \int_l \overline{F}_N \alpha t_0 \mathrm{d}s + \sum (\pm) \int_l \overline{M} \frac{\alpha \Delta t}{h} \mathrm{d}s \qquad (16 - 12)$$

如果 t_0、Δt 和 h 沿每一杆件的全长为常数,则上式可写为

$$\Delta_K = \sum (\pm) \alpha t_0 \omega_{FN} + \sum (\pm) \alpha \frac{\Delta t}{h} \omega_M \qquad (16 - 13)$$

式中:ω_{FN}——虚拟状态的轴力图 $\overline{F}_N$ 图的面积;

ω_M——虚拟状态的弯矩图 $\overline{M}$ 图的面积。

在应用以上两式时,t_0 和 Δt 均取绝对值进行计算,而正负号可比较虚拟状态虚拟内力引起的变形与实际状态由于温度改变引起的变形,按如下的方法确定:

(1)对轴力项,若轴心处温变引起的变形与虚拟轴力相对应(如温度升高对应拉力、温度降低对应压力),乘积为正,反之为负;

(2)对弯矩项,杆件由于内外侧温差引起的变形与虚拟弯矩相对应(如内侧温变较高对应弯矩使内侧受拉、外侧温变较高对应弯矩使外侧受拉),乘积为正,反之为负。

例 16 - 9　求如图 16 - 25 (a)所示刚架点 B 的水平位移 Δ_{Bx}。已知刚架各杆外侧温度升高 $10℃$,内侧温度升高 $20℃$,各杆截面相同且截面关于形心轴对称,线膨胀系数为 α。

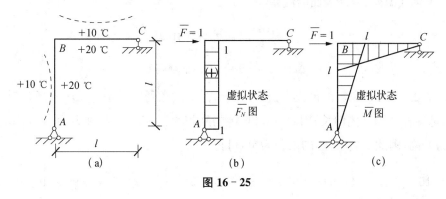

图 16 - 25

解　(1)根据所求位移建立虚拟状态:在点 B 加一水平单位力 $\overline{F} = 1$。

(2)绘出各杆的 $\overline{F}_N$ 图和 $\overline{M}$ 图,分别如图 16 - 25(b)、(c)所示。可以看出,竖杆受拉力,

弯矩使两杆内侧受拉。

(3) 求轴线温变、内外表面的温差

$$t_0 = \frac{h_1 t_2 + h_2 t_1}{h} = \frac{t_1 + t_2}{2} = \frac{10 + 20}{2} = 15\text{℃（升高）}$$

$$\Delta t = t_2 - t_1 = 20 - 10 = 10\text{℃（内侧高）}$$

(4) 代入式(16-13)，计算点 B 的水平位移

$$\Delta_{Bx} = \sum (\pm) \alpha t_0 \omega_{F_N} + \sum (\pm) \alpha \frac{\Delta t}{h} \omega_M$$

$$= \alpha \times 15 \times (1 \times l) + \alpha \times \frac{10}{h} \times \left(\frac{1}{2} \times l \times l + \frac{1}{2} l \times l \right)$$

$$= 15\alpha l + 10\alpha \frac{l^2}{h} (\rightarrow)$$

计算结果为正，表示 Δ_{Bx} 的方向与所设单位力的方向相同，即 Δ_{BH} 向右。

例 16-10 如图 16-26(a)所示刚架，各杆截面均为矩形，$h = 50$ cm，$\alpha = 10^{-5}$。温度变化如图 16-26 所示，试求自由端 C 的竖向位移 Δ_{Cy}。

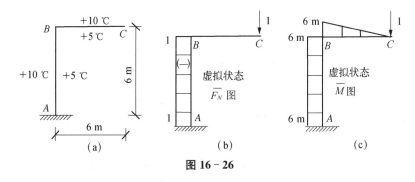

图 16-26

解 (1) 在 C 端施加单位竖向荷载，分别作刚架的 $\overline{F}_N$ 图和 $\overline{M}$ 图，如图 16-26(b)、(c)所示。

(2) 求轴线温变、内外表面的温差

$$t_0 = \frac{10 + 5}{2} = 7.5\text{℃（升高）}$$

$$\Delta t = 10 - 5 = 5\text{℃（外侧高）}$$

(3) 将 Δt、t_0、α 和 h 的值代入公式(16-13)。注意到无论是对 AB 杆还是对 BC 杆，$\overline{M}$ 和 Δt 都使杆的同一侧伸长，因此 ω_M 和 Δt 的乘积为正；AB 杆的轴力为压力，$\omega_{\overline{F}_N}$ 为负，而温变为升高，因此 $\omega_{\overline{F}_N}$ 和 t_0 的乘积为负，可得

$$\Delta_{Cy} = 10^{-5} \times 7.5 \times (-6) + 10^{-5} \times \frac{5}{0.5} \times \left(6 \times 6 + \frac{1}{2} \times 6 \times 6 \right) = 4.95 \times 10^{-3} \text{m}(\downarrow)$$

三、求解静定结构位移的一般公式

当静定结构在荷载、支座移动、温度改变等因素共同作用时,根据叠加原理,其位移为:

$$\Delta_{ki} = \sum \int_l \frac{\overline{F}_N F_N}{EA} ds + \sum \int_l \kappa \frac{\overline{F}_S F_S}{GA} ds + \sum \int_l \frac{\overline{M} M}{EI} ds - \sum \overline{F_R} \cdot c +$$

$$\sum (\pm) \int_l \overline{F}_N \alpha t_0 ds + \sum (\pm) \int_l \overline{M} \frac{\alpha \Delta t}{h} ds \qquad (16-14)$$

16.6　线弹性体系的互等定理

所谓线弹性体系,指的是变形与荷载成比例关系或线性关系的结构体系。线弹性体系必须满足以下两个条件:第一,结构的变形是微小的,因而在考虑力的平衡时可以忽略结构的变形;第二,材料服从胡克定律,应力与应变成正比。这两个条件也是叠加原理成立的条件,因此对线弹性体系总是可以应用叠加原理的。线弹性体系有四个简单的互等定理:功的互等定理、位移互等定理、反力互等定理以及反力与位移的互等定理,其中功的互等定理是基本的互等定理,其他三个互等定理都可以从功的互等定理推导出来。本课程后面的章节中将要用到这些定理。

一、功的互等定理

以如图 16-27 所示的线弹性体系的两种状态进行介绍:

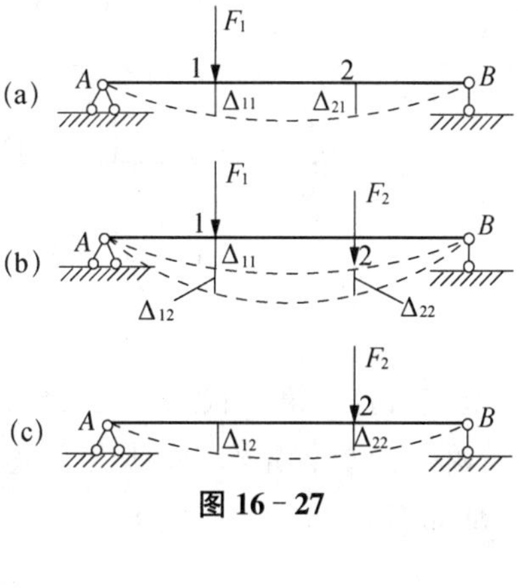

如图 16-27(a)所示简支梁,在梁上的 1 点,作用一个静力荷载 F_1,则梁将产生变形,梁上 1 点产生位移 Δ_{11}。在梁上的静力荷载 F_1 作用达到平衡以后,再在梁上的 2 点作用另一静力荷载 F_2,则梁的形状再次改变,成如图 16-27(b)所示位置,而梁上 1 点,在原来位移 Δ_{11} 的基础上,又增加了新的位移 Δ_{12}。根据本章第二节的介绍,有关系:$T_{12} = W_{12}$。

上面 W_{12} 是第一状态的内力在第二状态的虚变形上所作的内力虚功,其值为

图 16-27

$$W_{12} = \sum \int_l F_{N1} \varepsilon_2 ds + \sum \int_l F_{S1} \gamma_2 ds + \sum \int_l M_1 \frac{ds}{\rho_2} = \sum \int_l \frac{F_{N1} F_{N2}}{EA} ds +$$

$$\sum \int_l k \frac{F_{S1} F_{S2}}{GA} ds + \sum \int_l \frac{M_1 M_2}{EI} ds$$

如果改变上面静力荷载 F_1 与静力荷载 F_2 的加载顺序,即先加载 F_2,再加载 F_1,则同样可以得到关系:$T_{21} = W_{21}$

上面 W_{21} 是第二状态的内力在第一状态的虚变形上所作的内力虚功,其值为

$$W_{21} = \sum \int_l F_{N2} \varepsilon_1 ds + \sum \int_l F_{S2} \gamma_1 ds + \sum \int_l M_2 \frac{ds}{\rho_1} = \sum \int_l \frac{F_{N2} F_{N1}}{EA} ds +$$

$$\sum \int_l k \frac{F_{S2} F_{S1}}{GA} ds + \sum \int_l \frac{M_2 M_1}{EI} ds$$

显然，$W_{12} = W_{21}$

所以有： $$T_{12} = T_{21} \tag{16-15}$$

即：**第一状态的外力在第二状态相应的虚位移上所作的外力虚功，等于第二状态的外力在第一状态相应的虚位移上所作的外力虚功，这就是功的互等定理。**

在这里，应该强调，**第一状态与第二状态是彼此独立无关的**，所以可以将它们分离开来，如图 16-27(a)、(c)所示。另外两个状态的力系中所包含的力，都可以是力、力偶或广义力，与之相应的分别是另一个状态中的线位移、角位移和广义位移。如图 16-28 所示，第一状态作用在 1 点的是一个集中力，而第二状态作用在 2 点的是一个集中力偶，但是应用功的互等定理，仍然有

$$T_{12} = T_{21}$$

即： $$F_1 \Delta_{12} = F_2 \Delta_{21}$$

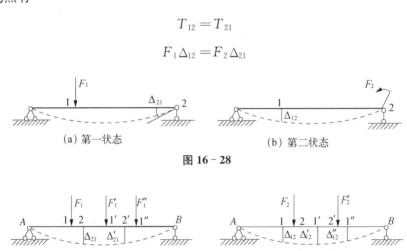

(a) 第一状态　　　　　　　　　　　　(b) 第二状态

图 16-28

(a) 第一状态　　　　　　　　　　　　(b) 第二状态

图 16-29

还应指出，第一状态与第二状态都可以分别是一组荷载作用如图 16-29 所示，但是不管哪一组荷载先作用，其内力虚功总是相等的，所以功的互等定理 $T_{12} = T_{21}$ 仍然成立，从而有：

$$\sum F_1 \Delta_{12} = \sum F_2 \Delta_{21} \tag{16-16}$$

同时，这一定理同样也适用于超静定结构和有支座移动的情况，只要将支座反力也包括在做功的力系之内，见本节后面关于反力互等定理和位移与反力互等定理的内容。

二、位移互等定理

如果使如图 16-27(a)、(c)所示两个状态的作用力都为单位力即等于 1，则得到如图 16-30 所示的变形及位移情况。

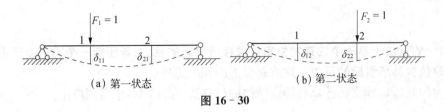

（a）第一状态　　　　　　　　　　（b）第二状态

图 16-30

显然，应用功的互等定理，可得：$F_1\delta_{12} = F_2\delta_{21}$

所以有

$$\delta_{12} = \delta_{21} \tag{16-17}$$

即：第一状态的单位力作用点由于第二状态单位力作用所引起的位移，等于第二状态的单位力作用点由于第一状态单位力作用所引起的位移，这就是位移互等定理。

在这里，两个状态的单位力，也可以是广义单位力，与之相应的则是广义位移。如图 16-31 所示，应用功的互等定理，仍然有 $\delta_{12} = \delta_{21}$

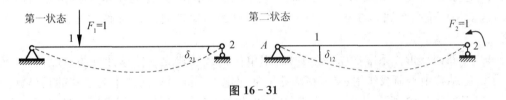

图 16-31

位移互等定理在力法计算超静定结构中被经常用到。

三、反力互等定理

图 16-32 为线弹性体系的两个状态。在第一状态中，支座 A 沿约束 1（转动约束）的方向发生单位位移，并引起了相应的支座反力；在第二状态中，支座 B 沿约束 2 的方向发生单位位移，并引起了相应的支座反力。对这两个状态应用功的互等定理［式（16-16）］，得

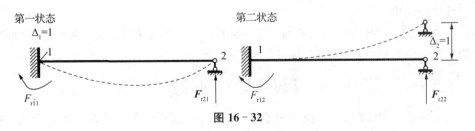

图 16-32

$$F_{r11} \times 0 + F_{r21} \times \Delta_2 = F_{r12} \times \Delta_1 + F_{r22} \times 0$$

其中 F_{r21} 为支座 2 由于支座 1 产生单位位移所引起的反力；F_{r12} 为支座 1 由于支座 2 产生单位位移所引起的反力。F_{r12} 或 F_{r21} 的第一个下标表示与反力相应的支座约束，第二个下标表示引起反力的原因。例如，F_{r12} 为支座 1 由于支座 2 产生单位位移所引起的反力。

由于 $\Delta_1 = \Delta_2 = 1$,所以有

$$F_{r21} = F_{r12} \tag{16-18}$$

即:第二个约束由于第一个约束发生单位位移所引起的反力,等于第一个约束由于第二个约束发生单位位移所引起的反力。这就是反力的互等定理。

反力的互等定理将在计算超静定结构的位移法(第18章)中得到应用。

【小　结】

1. 本章主要介绍用虚功原理求位移,重点是变形体系的虚功原理。刚体或刚体系的虚功原理可以看成是变形体系虚功原理的特例。如果结构的杆件只发生刚体位移(静定结构由于支座位移而发生的位移就属于这种情况),则用刚体或刚体系的虚功原理就可以解决问题;当结构受其他外因作用时,位移总是伴随变形而产生,这时就要用变形体系的虚功原理来计算位移。

2. 虚功原理一般有两种形式:虚位移原理和虚力原理。在位移计算中得到应用的是虚力原理。为了计算简便,计算位移时采用的"虚拟单位力"是与所求位移相应的单位荷载,这就是单位荷载法。在求广义位移时,虚设的荷载应是与广义位移相应的广义单位荷载。

3. 本章以变形体系虚功原理为基础,用单位荷载法建立了位移计算的一般公式,又给出了静定结构由于荷载作用、支座移动和温度变化等不同因素而产生的位移的具体计算公式。对于这些公式,要分清层次,理清它们的"来龙去脉"和各自的适用范围,切忌死记硬背,生搬硬套。

4. 结构同时受到荷载、温度变化和支座移动的作用时,可先分别计算结构由于各种因素单独作用产生的位移,再用叠加原理将所得结果相加,求出它们共同作用所引起的总位移。

5. 在计算结构因荷载而产生的位移时,可用图乘法简化积分运算。在应用图乘法时,一般要"先分段,再分块":先将结构分段,使图乘法的三个条件在每一段上都得到满足;再将弯矩图 M 图分解成若干个标准图形。对于复杂图形的图乘,也可以用积分法公式计算,使计算过程比较简单。

7. 在本章的最后介绍了互等定理,其中功的互等定理是基本的,其余互等定理都可视为它的推论。注意这些互等定理只适用于线弹性体系。

【思考题与习题】

16-1. 什么是虚位移? 实位移和虚位移有何区别? 什么是虚功? 实功和虚功有何区别?

16-2. 用式(16-6)计算梁和刚架的位移,需先写出 $\overline{M}$ 和 M 的表达式。对同一杆段写这两个弯矩表达式时,可否将坐标原点取在不同的位置? 为什么?

16-3. 图乘法的适用条件是什么? 求变截面梁和拱的位移时是否可用图乘法?

16-4. 用式(16-11)计算静定结构在支座移动时的位移,$\overline{F_R}$ 与 c 的乘积在什么情况下取正?

16-5. 用式(16-13)计算静定结构在温变作用时的位移,公式中的正负号如何选用?

16-6. 已知梁的刚度 EI 为常数,如图 16-33 所示荷载即弯矩图,其图乘计算是否正确? 试说明理由。

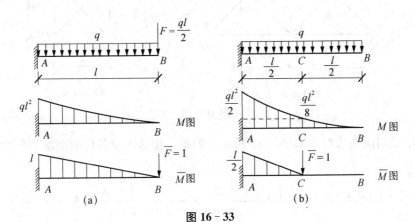

图 16-33

图(a)中: $\Delta_{By} = \dfrac{1}{EI} \times \dfrac{1}{3} \times ql^2 \times l \times \dfrac{3}{4}l$

图(b)中: $\Delta_{Cy} = \dfrac{1}{EI}\left[\dfrac{ql^2}{8} \times \dfrac{l}{2} \times \dfrac{l}{4} + \dfrac{1}{3} \times \left(\dfrac{ql^2}{2} - \dfrac{ql^2}{8}\right) \times \dfrac{l}{2} \times \dfrac{3l}{8}\right]$

16-7. 试用积分法求如图 16-34 所示结构的指定位移。设各杆的刚度 EI 为常数。

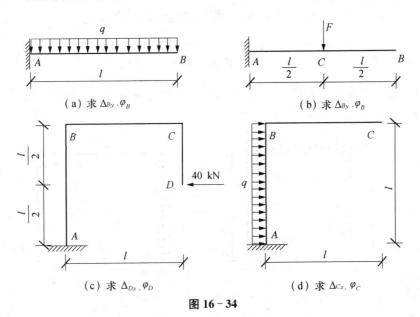

（a）求 Δ_{By}、φ_B　　　　（b）求 Δ_{By}、φ_B

（c）求 Δ_{Dx}、φ_D　　　　（d）求 Δ_{Cx}、φ_C

图 16-34

16-8. 试用单位荷载法求如图 16-35 所示桁架中结点 C 的指定位移。设各杆的刚度 EA 均相同。

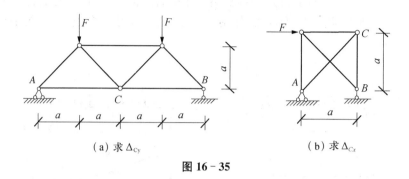

（a）求 Δ_{Cy}　　　　　　　　（b）求 Δ_{Cx}

图 16－35

16－9. 试用图乘法求如图 16－36 所示梁的指定位移。设各杆的刚度 EI 为常数。

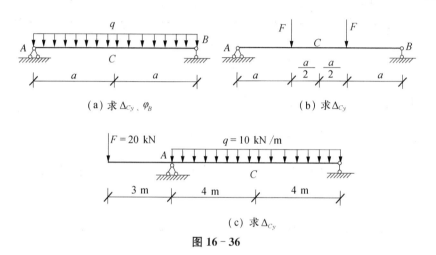

（a）求 Δ_{Cy}、φ_B　　　　　　　（b）求 Δ_{Cy}

（c）求 Δ_{Cy}

图 16－36

16－10. 试用图乘法求如图 16－37 所示刚架的指定位移。设各杆的刚度 EI 为常数。

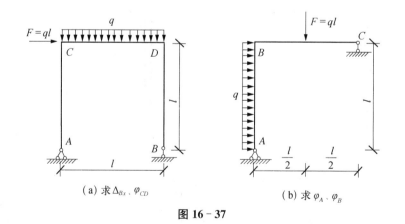

（a）求 Δ_{Bx}、φ_{CD}　　　　　　（b）求 φ_A、φ_B

图 16－37

16－11. 试用图乘法求如图 16－38 所示结构 C 点的水平位移 Δ_{Cx}。

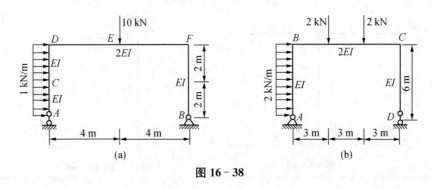

图 16-38

16-12. 试用图乘法求如图 16-39 所示结构 C 点的水平位移 Δ_{Cx}。已知各杆的刚度 EI 为常数。

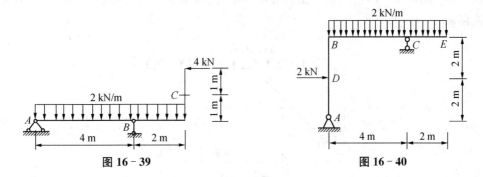

图 16-39　　　　　　图 16-40

16-13. 试用图乘法求如图 16-40 所示结构 D 点的水平位移 Δ_{Dx}。已知各杆的刚度 EI 为常数。

16-14. 结构发生如图 16-41 所示的支座下沉，求结构上点 E 的竖向位移 Δ_{Ey}。

16-15. 如图 16-42 所示结构的支座 A 发生了的移动和转动，求结构上点 B 的水平位移 Δ_{Bx} 和竖向位移 Δ_{By}。

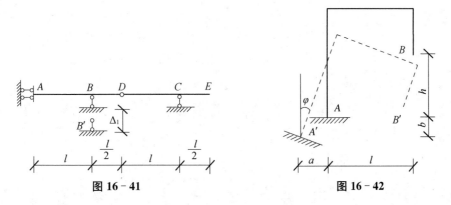

图 16-41　　　　　　图 16-42

16-16. 如图 16-43 所示，刚架中各杆的温度发生了变化，求点 C 的竖向位移 Δ_{Cy}。设各杆均为矩形截面，截面高度为 h，$h/l = 1/10$，材料的线膨胀系数为 α。

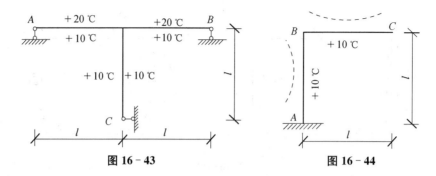

图 16-43 　　　　　　图 16-44

16-17. 如图 16-44 所示,已知刚架内侧的温度升高 10℃,各杆截面相同且截面关于形心轴对称,材料的线膨胀系数为 α。求图示刚架上点 C 的竖向位移 Δ_{Cy}。

16-18. 如图 16-45 所示组合结构如图所示,已知刚度 EI 为常数,$A = 5I$。求 K 截面的角位移 φ_K。

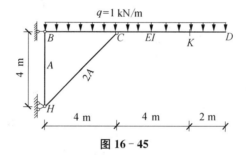

图 16-45

答案扫一扫

第十七章　力　法

【学习目标】

　　充分理解力法基本原理,理解超静定次数的意义及其确定,理解力法典型方程及其应用,熟练掌握用力法计算一般超静定结构,掌握超静定结构的位移计算,理解超静定结构最后内力图的校核,理解超静定结构的特性。

17.1　力法基本原理

一、超静定结构的概述

　　在前面各章节中,介绍了静定结构的内力及变形的计算。从受力分析方面看,静定结构的支座反力及内力可根据静力平衡条件全部确定;从几何组成分析方面来看,静定结构为几何不变体系且无多余约束,如图 17 - 1(a)所示。在实际的工程结构中,还有另外一类结构体系,这类结构从受力分析方面看,其支座反力及内力**不能完全通过静力平衡条件求出**;从几何组成分析角度看,结构虽然也为几何不变体系,**但体系内存在多余约束**,这类结构即为超静定结构,如图 17 - 1(b)所示连续梁即为超静定结构。

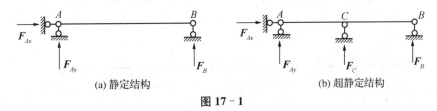

(a) 静定结构	(b) 超静定结构

图 17 - 1

　　内力不能由平衡方程完全确定且结构有多余约束是超静定结构区别于静定结构的基本特征。

　　计算超静定结构最基本的方法有力法和位移法。力法是以多余未知力作为基本未知量,位移法则是以未知的结点位移作为基本未知量。在此基础上,还有由此发展出来的其他方法,如力矩分配法、无剪力分配法等。

二、力法基本原理

　　为了理解力法基本原理,以如图 17 - 2 所示的超静定结构进行介绍。

　　如图 17 - 2(a)所示的超静定梁为一次超静定结构,称为原结构。现将支座 B 处的竖向支座链杆作为多余约束去掉,并以多余未知力 X_1 代替其作用,则原超静定结构就变成了由原荷载及多余未知力共同作用下的一个静定结构,我们将之称为力法求解超静定结构的**基本结构**。这样,原结构的内力计算问题就转变为基本结构在多余未知力 X_1 及荷载 q 共同作用下的内力计算问题了,如图 $17-2$(b)所示。对于基本结构来说,只要**设法求出多余未知力 X_1**,其余的计算就迎刃而解了。因此,**力法计算的基本未知量就是多余未知力**。

分析如图 $17-2$ 所示的基本结构,显然,不论多余未知力 X_1 取任何值,只要梁不被破坏,静力平衡条件都可以满足,因此只依靠静力平衡条件无法求解。但是,取不同的多余未知力 X_1 值,会使 X_1 作用的 B 点,产生不同大小及方向的位移:当 X_1 较小时,B 点产生向下的位移;当 X_1 较大时,B 点产生向上的位移;而原结构的 B 点,由于受到支座的约束,其 y 方向的位移等于零。因为多余未知力 X_1 是代替原结构支座 B 的作用,故基本结构的受力与原结构完全相同,基本结构的变形也应与原结构完全相同。因此只有使 B 点产生的位移等于零的多余未知力 X_1,才是符合条件的多余未知力。即基本结构必须满足的位移(变形协调)条件是:

$$\Delta_1 = \Delta_{By} = 0 \tag{a}$$

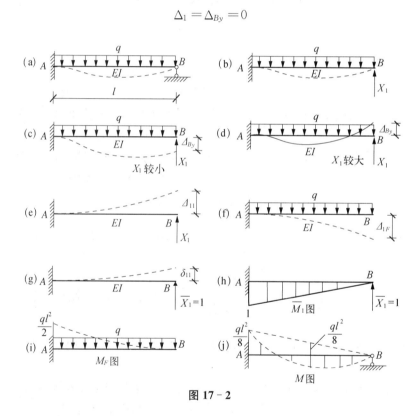

图 17 - 2

图 $17-2$(e)、(f)所示设 Δ_{11} 与 Δ_{1F} 分别表示由于多余未知力 X_1 与荷载 q 各自单独作用于基本结构上时引起的 B 点沿 X_1 方向上的位移。根据叠加原理,有

$$\Delta_1 = \Delta_{11} + \Delta_{1F} = 0 \tag{b}$$

以 δ_{11} 表示 $\overline{X}_1 = 1$ 单独作用于基本结构上时[图$17-2$(e)]引起的 B 点沿 X_1 方向上的位移,根据胡克定律(或叠加原理),有

$$\Delta_{11} = \delta_{11} X_1 \qquad\qquad\qquad\qquad (c)$$

将式(c)代入式(b),有

$$\delta_{11} X_1 + \Delta_{1F} = 0 \qquad\qquad\qquad\qquad (17-1)$$

式(17-1)称为**力法基本方程**。方程中只有 X_1 为未知量,而 δ_{11} 和 Δ_{1F} 可由第十六章所述的位移计算方法求得。因此由力法方程可解出多余未知力 $\boldsymbol{X}_1$。

根据 δ_{11} 和 Δ_{1F} 的物理意义,它们都是静定结构在已知荷载作用下的位移,计算时可采用图乘法。为此,绘出 $\overline{X}_1 = 1$ 和荷载 q 单独作用下的 $\overline{M}_1$ 图和 M_F 图[图 17-2(f)、(g)]。显然,求 δ_{11} 时由 $\overline{M}_1$ 图与 $\overline{M}_1$ 图相乘,称为图形的**"自乘"**;求 Δ_{1F} 时由 $\overline{M}_1$ 图与 M_F 图相乘。因此

$$\delta_{11} = \frac{1}{EI} \times \left(\frac{1}{2} \times l \times l \right) \times \frac{2l}{3} = \frac{l^3}{3EI}$$

$$\Delta_{1F} = -\frac{1}{EI} \times \left(\frac{1}{3} \times l \times \frac{1}{2} q l^2 \right) \times \frac{3}{4} l = -\frac{q l^4}{8EI}$$

将 δ_{11} 和 Δ_{1F} 代入式(17-1),有

$$\frac{l^3}{3EI} X_1 - \frac{q l^4}{8EI} = 0$$

解得

$$X_1 = \frac{3}{8} q l$$

所得未知力 $\boldsymbol{X}_1$ 为正号,表示反力 $\boldsymbol{X}_1$ 的实际方向与所设的方向相同。

当多余未知力 $\boldsymbol{X}_1$ 求出后,其余反力和内力的计算就可以利用静力平衡条件逐一求出,最后绘出原结构的弯矩图,如图 17-2(h)所示。

原结构的最后弯矩图,也可以利用已经绘出的 $\overline{M}_1$ 图和 M_F 图,根据叠加原理由下式求(绘)得。

$$M = M_1 + M_F = \overline{M}_1 X_1 + M_F$$

综上所述,力法是以多余未知力作为基本未知量,以去掉多余约束代之以多余未知力,得到在原有荷载与多余未知力共同作用下的静定结构作为基本结构,根据基本结构在去除多余约束处的位移与原结构完全相同的位移条件建立力法方程,求解多余未知力,从而把超静定结构的计算问题转化为静定结构的计算问题。

17.2 超静定次数的确定

一、超静定次数的概念

从前面力法基本原理的介绍中不难发现,力法求解超静定结构的关键,就是求解多余未

知力。因此,对于超静定结构,首先必须确定其有多少个**多余约束**,引起了多少个**多余未知力**,以及需要补充多少个**位移条件**(或者变形协调条件)。上面这三个概念,称为超静定结构的超静定次数,其数目是相等的。

二、确定超静定次数的方法

确定超静定次数的方法,一般是将原结构中的多余约束去掉,使之变成静定结构,则去掉的多余约束个数即为超静定结构的超静定次数,也将原超静定结构称为几次超静定。

通常,从超静定结构中去掉多余约束的方式有如下几种:

1. 去除一个多余约束的情况

(1) 如图17-3(b)所示,去掉一根支座链杆,相当于于去除一个约束。

(2) 如图17-3(c)所示,将刚性联结变为单铰联结,相当于于去除一个约束。

(3) 如图17-3(d)所示,将固定支座改成固定铰支座,相当于于去除一个约束。

(4) 如图17-3(e)所示,将固定支座改成定向(滑动)支座,相当于于去除一个约束。

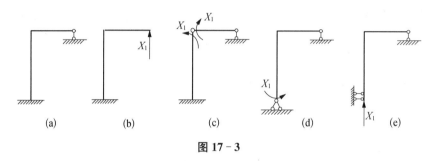

图 17-3

(5) 如图17-4(a)所示,切断一根二力杆,相当于于去除一个约束。应注意此处二力杆只是被切断,但是杆件还在。

(6) 如图17-4(b)所示,将固定铰支座改成可动铰(链杆)支座,相当于于去除一个约束。

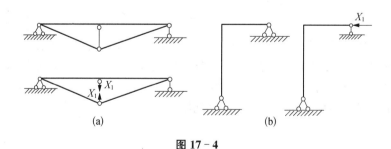

图 17-4

2. 去除两个约束的情况

(1) 如图17-5(a)所示,去掉一个固定铰支座,相当于除两个约束。

(2) 如图17-5(b)所示,去掉一个定向(滑动)支座,相当于去除两个约束。

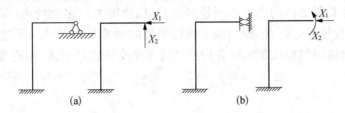

图 17-5

（3）如图 17-6(a)所示,将一个固定支座变为可动铰(链杆)支座,相当于除两个约束。

（4）如图 17-6(b)所示,打开一个中间铰,相当于除两个约束。

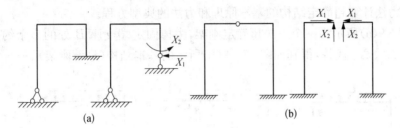

图 17-6

3. 去除三个约束的情况

（1）如图 17-7(b)所示,去掉一个固定支座,相当于去除三个约束。

（2）如图 17-7(c)所示,切断一根梁式杆,相当于去除三个约束。

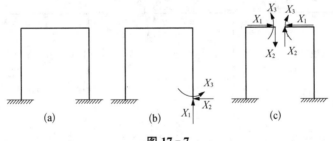

图 17-7

应用上述去掉多余约束的方式,可以确定任何超静定结构的超静定次数。在确定超静定结构的超静定次数时,对于同一个超静定结构,可用各种不同的方式去掉多余约束而得到不同的静定结构。但不论采用哪种方式,所去掉的多余约束的数目必然是相等的。如图 17-8(a)所示连续梁,三根竖向支座链杆只需任意去除一根,就变成图 17-8(b、c、d)所示单跨静定梁。

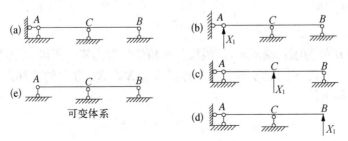

图 17-8

在这里,要注意所去掉的约束必须是多余约束,使得去掉多余约束后,体系成为无多余约束的几何不变体系。因此,原结构中维持平衡的必要约束是绝对不能去掉的。上面图 17-8 中,如果将限制连续梁水平方向移动的水平支座链杆去除,则连续梁将变成为可变体系。

17.3　力法典型方程

前面用一次超静定结构说明了力法计算的基本原理,下面以一个三次超静定结构为例进一步说明力法计算超静定结构的基本原理和力法的典型方程。

如图 17-9(a)所示为一个三次超静定刚架,去掉固定端支座 B 处的多余约束,用多余未知力 $\boldsymbol{X}_1$、$\boldsymbol{X}_2$、$\boldsymbol{X}_3$ 代替,得到如图 17-9(b)所示的基本结构(悬臂刚架)。

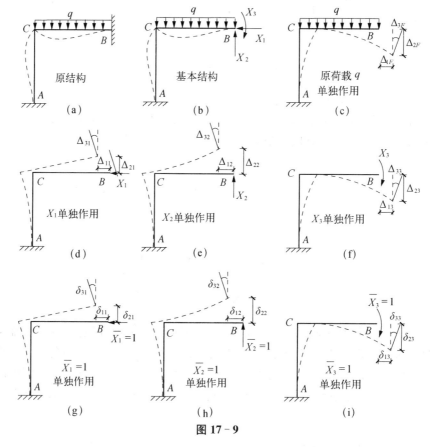

图 17-9

由于原结构 B 处为固定端支座,其线位移和角位移都为零。所以,基本结构在原荷载 q 及多余未知力 $\boldsymbol{X}_1$、$\boldsymbol{X}_2$、$\boldsymbol{X}_3$ 共同作用下,B 点沿 $\boldsymbol{X}_1$、$\boldsymbol{X}_2$、$\boldsymbol{X}_3$ 方向的位移都等于零,即基本结构应满足的位移条件为

$$\Delta_1 = \Delta_{Bx} = 0, \quad \Delta_2 = \Delta_{By} = 0, \quad \Delta_3 = \varphi_B = 0$$

为了分析方便,分别考虑将原荷载及多余未知力 $\boldsymbol{X}_1$、$\boldsymbol{X}_2$、X_3 单独作用于基本结构上的情况,如图 17-8(c)、(d)、(e)、(f)所示。则根据叠加原理,有:

$$\left.\begin{array}{l} \Delta_1 = \Delta_{11} + \Delta_{12} + \Delta_{13} + \Delta_{1F} = 0 \\ \Delta_2 = \Delta_{21} + \Delta_{22} + \Delta_{23} + \Delta_{2F} = 0 \\ \Delta_3 = \Delta_{31} + \Delta_{32} + \Delta_{33} + \Delta_{3F} = 0 \end{array}\right\}$$

上式中:

Δ_{11}、Δ_{12}、Δ_{13}、Δ_{1F}——分别表示基本结构上多余未知力 $\boldsymbol{X}_1$ 作用点沿着 $\boldsymbol{X}_1$ 作用方向由于多余未知力 $\boldsymbol{X}_1$、$\boldsymbol{X}_2$、X_3 及原荷载单独作用所引起的位移;

Δ_{21}、Δ_{22}、Δ_{23}、Δ_{2F}——分别表示基本结构上多余未知力 $\boldsymbol{X}_2$ 作用点沿着 $\boldsymbol{X}_2$ 作用方向由于多余未知力 $\boldsymbol{X}_1$、$\boldsymbol{X}_2$、X_3 及原荷载单独作用所引起的位移;

Δ_{31}、Δ_{32}、Δ_{33}、Δ_{3F}——分别表示基本结构上多余未知力 X_3 作用点沿着 X_3 作用方向由于多余未知力 $\boldsymbol{X}_1$、$\boldsymbol{X}_2$、X_3 及原荷载单独作用所引起的位移。

上面所有的位移,规定与各未知力方向一致为正。

再设在 $\overline{X}_1 = 1$、$\overline{X}_2 = 1$ 和 $\overline{X}_3 = 1$ 单独作用下基本结构的变形分别如图 17-8(g)、(h)、(i) 所示。根据叠加原理,有

$$\Delta_{ij} = \delta_{ij} X_j$$

代入上面的(a)式,可得:

$$\left.\begin{array}{l} \delta_{11} X_1 + \delta_{12} X_2 + \delta_{13} X_3 + \Delta_{1F} = 0 \\ \delta_{21} X_1 + \delta_{22} X_2 + \delta_{23} X_3 + \Delta_{2F} = 0 \\ \delta_{31} X_1 + \delta_{32} X_2 + \delta_{33} X_3 + \Delta_{3F} = 0 \end{array}\right\} \tag{17-2}$$

式(17-2)称为力法典型方程,方程中的符号意义为:

δ_{11}、δ_{12}、δ_{13}——分别表示基本结构上多余未知力 $\boldsymbol{X}_1$ 作用点沿着 $\boldsymbol{X}_1$ 作用方向由于多余未知力 $\overline{X}_1 = 1$、$\overline{X}_2 = 1$ 和 $\overline{X}_3 = 1$ 单独作用所引起的位移;

δ_{21}、δ_{22}、δ_{23}——分别表示基本结构上多余未知力 $\boldsymbol{X}_2$ 作用点沿着 $\boldsymbol{X}_2$ 作用方向由于多余未知力 $\overline{X}_1 = 1$、$\overline{X}_2 = 1$ 和 $\overline{X}_3 = 1$ 单独作用所引起的位移;

δ_{31}、δ_{32}、δ_{33}——分别表示基本结构上多余未知力 X_3 作用点沿着 X_3 作用方向由于多余未知力 $\overline{X}_1 = 1$、$\overline{X}_2 = 1$ 和 $\overline{X}_3 = 1$ 单独作用所引起的位移。

上面所有的位移,仍然规定与各未知力方向一致为正。

对于有 n 个多余约束的 n 次超静定结构,力法的基本未知力是 n 个多余未知力 $\boldsymbol{X}_1$,$\boldsymbol{X}_2$,$\cdots$,$\boldsymbol{X}_n$,力法方程是在 n 个多余约束处的 n 个位移条件——基本结构中沿多余未知力方向的位移与原结构中相应的位移相等。根据叠加原理,n 个变形条件可改写为

$$\left.\begin{array}{l} \delta_{11} X_1 + \delta_{12} X_2 + \cdots + \delta_{1i} X_i + \cdots + \delta_{1n} X_n + \Delta_{1F} = 0 \\ \delta_{21} X_1 + \delta_{22} X_2 + \cdots + \delta_{2i} X_i + \cdots + \delta_{2n} X_n + \Delta_{2F} = 0 \\ \delta_{i1} X_1 + \delta_{i2} X_2 + \cdots + \delta_{ii} X_i + \cdots + \delta_{in} X_n + \Delta_{nF} = 0 \\ \delta_{n1} X_1 + \delta_{n2} X_2 + \cdots + \delta_{ni} X_i + \cdots + \delta_{nn} X_n + \Delta_{nF} = 0 \end{array}\right\} \tag{17-3}$$

这就是 n 次超静定结构在荷载作用下力法方程的一般形式,称为力法一般方程。

在式(17-3)中:

δ_{ii}——称为主系数,表示基本结构由单位力 $\overline{X}_i = 1$ 单独作用时产生的沿 $\boldsymbol{X}_i$ 方向的位移,恒为正;

$\delta_{ij}(i \neq j)$——副系数,表示基本结构由单位力 $\overline{X}_j = 1$ 单独作用时产生的沿 $\boldsymbol{X}_i$ 方向的位移,可能是正值或负值,也可能为零;

Δ_{iF}——自由项,表示基本结构由荷载单独作用时产生的沿 $\boldsymbol{X}_i$ 方向的位移,可能是正值或负值,也可能为零。

根据位移互等定理可知

$$\delta_{ij} = \delta_{ji}$$

力法典型方程中的各系数也称为柔度系数,它们和自由项都是基本结构在已知力作用下的位移,可用第十六章的方法求得。

将求得的系数和自由项代入力法典型方程,可解出 $\boldsymbol{X}_1$,$\boldsymbol{X}_2$,$\cdots$,$\boldsymbol{X}_n$,然后利用平衡条件或叠加原理,计算各截面内力,绘制内力图。按叠加原理计算内力的公式为

$$\left.\begin{aligned}
M &= M_1 + M_2 + M_3 + M_F = \overline{M_1}X_1 + \overline{M_2}X_2 + \overline{M_3}X_3 + M_F \\
F_S &= F_{S1} + F_{S2} + F_{S3} + F_{SF} = \overline{F_{S1}}X_1 + \overline{F_{S2}}X_2 + \overline{F_{S3}}X_3 + F_{SF} \\
F_N &= F_{N1} + F_{N2} + F_{N3} + F_{NF} = \overline{F_{N1}}X_1 + \overline{F_{N2}}X_2 + \overline{F_{N3}}X_3 + F_{NF}
\end{aligned}\right\} \quad (17-4)$$

17.4　力法计算示例

用力法计算超静定结构的步骤可归纳如下:

(1) 选取基本结构。去除多余约束,代之相应的多余未知力,得到一个由原荷载与多余未知力共同作用的静定结构作为基本结构。

(2) 建立力法典型方程。根据基本结构在去除多余约束处的位移与原结构相应的位移一致的条件,建立力法方程。

(3) 计算力法方程中各系数和自由项。一般用图乘法计算,为此,应分别绘制出基本结构在单位多余未知力都等于1作用下的内力图和荷载作用下的内力图;如用积分法计算,则需要写出内力表达式,然后按求静定结构位移的方法计算各系数和自由项。

(4) 解方程求多余未知力。将计算所得各系数和自由项代入力法方程,解出多余未知力。

(5) 绘制原结构的内力图。

一、超静定梁与刚架的计算

用力法计算超静定梁和刚架时,通常忽略轴力和剪力对位移的影响,而只考虑弯矩的影响。因而,力法方程中系数和自由项的表达式为

$$\delta_{ii} = \sum \int_l \frac{\overline{M}_i^2}{EI} ds$$

$$\delta_{ij} = \delta_{ji} = \sum \int_l \frac{\overline{M}_i \overline{M}_j}{EI} ds \qquad (17-5)$$

$$\Delta_{iF} = \sum \int_l \frac{\overline{M}_i M_F}{EI} ds$$

例 17-1 如图 17-10(a)所示为两端固定梁,跨中受集中荷载 F_P 作用,作 M 图和 F_S 图。

解 (1)选取基本结构

这是一个三次超静定梁,撤去 A、B 两端的转动约束和 B 处的水平约束,得到基本结构,即简支梁,如图 17-10(b)所示。

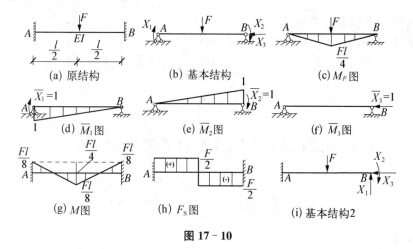

图 17-10

(2)列力法典型方程

基本结构应满足原结构在 A、B 端的转角和 B 端的水平位移分别等于零的变形条件,因此力法方程为

$$\delta_{11}X_1 + \delta_{12}X_2 + \delta_{13}X_3 + \Delta_{1F} = 0$$
$$\delta_{21}X_1 + \delta_{22}X_2 + \delta_{23}X_3 + \Delta_{2F} = 0$$
$$\delta_{31}X_1 + \delta_{32}X_2 + \delta_{33}X_3 + \Delta_{3F} = 0$$

(3)计算系数和自由项

分别绘制基本结构在 $\overline{X}_1 = 1$、$\overline{X}_2 = 1$、$\overline{X}_3 = 1$ 和荷载单独作用下的弯矩图 $\overline{M}_1$、$\overline{M}_2$、$\overline{M}_3$ 和 M_F 图,如图 17-10(c)、(d)、(e)、(f)所示。利用图乘法,得

$$\delta_{11} = \int_l \frac{\overline{M}_1^2}{EI} dx = \frac{1}{EI}\left(\frac{1}{2} \times 1 \times l \times \frac{2}{3} \times 1\right) = \frac{l}{3EI}$$

$$\delta_{22} = \int_l \frac{\overline{M}_1^2}{EI} dx = \frac{1}{EI}\left(\frac{1}{2} \times 1 \times l \times \frac{2}{3} \times 1\right) = \frac{l}{3EI}$$

$$\delta_{12} = \delta_{21} = \int_l \frac{\overline{M}_1 \overline{M}_2}{EI} dx = -\frac{1}{EI}\left(\frac{1}{2} \times 1 \times l \times \frac{1}{3} \times 1\right) = -\frac{l}{6EI}$$

计算 δ_{33} 时，由于 $\overline{M}_3 = 0$，所以

$$\delta_{33} = \int_l \frac{\overline{M}_3^2}{EI} dx + \int_l \frac{\overline{F}_{N3}^2}{EA} dx = 0 + \frac{l}{EA} = \frac{l}{EA} \neq 0$$

$$\delta_{13} = \delta_{31} = \int_l \frac{\overline{M}_1 \overline{M}_3}{EI} dx = 0, \quad \delta_{23} = \delta_{32} = \int_l \frac{\overline{M}_2 \overline{M}_3}{EI} dx = 0$$

$$\Delta_{1F} = \int_l \frac{\overline{M}_1 M_F}{EI} dx = \frac{1}{EI}\left(\frac{1}{2} \times l \times \frac{F_P l}{4} \times \frac{1}{2}\right) = \frac{F_P l^2}{16EI}$$

$$\Delta_{2F} = \int_l \frac{\overline{M}_2 M_F}{EI} dx = -\frac{1}{EI}\left(\frac{1}{2} \times l \times \frac{F_P l}{4} \times \frac{1}{2}\right) = -\frac{F_P l^2}{16EI}$$

$$\Delta_{3F} = \int_l \frac{\overline{M}_3 M_F}{EI} dx + \int_l \frac{\overline{F}_{N3} F_{N3}}{EI} dx = 0$$

（4）解方程求解多余未知力

将系数和自由项代入力法方程，整理后得

$$16X_1 - 8X_2 + 3F_P l = 0$$
$$-8X_1 + 16X_2 - 3F_P l = 0$$
$$X_3 = 0$$

$X_3 = 0$ 表明两端固定梁在垂直于梁轴线的荷载作用下不产生水平反力。联立求解前两式得

$$X_1 = -\frac{F_P l}{8}（逆时针），\quad X_2 = \frac{F_P l}{8}（顺时针），\quad X_3 = 0$$

（5）作内力图

利用基本结构的单位弯矩图 $\overline{M}_1$、$\overline{M}_2$、$\overline{M}_3$ 图和荷载作用下的弯矩图 M_F 图，按叠加公式

$$M = \overline{M}_1 X_1 + \overline{M}_2 X_2 + \overline{M}_3 X_3 + M_F$$

绘出最后弯矩图如图 17-10(g)所示。

利用已知的杆端弯矩，由平衡条件求出杆端剪力，并绘出剪力图，如图 17-9(h)所示。

思考：在本例题中，如图 17-10(i)所示，如果去掉左边或右边固定支座的三个约束，选用悬臂梁作为基本结构，又该如何求解？力法的典型方程、系数和自由项的求解有什么异同点？

例 17-2　计算如图 17-11(a)所示刚架并作内力图。

解　（1）选取基本结构

这是一个两次超静定刚架，撤去刚架 B 处的两根支座链杆，代之以多余未知力 X_1 和 X_2，得到基本结构，如图 17-11(b)所示。

（2）列力法典型方程

基本结构在多余未知力和荷载的共同作用下，B 点的变形应与原结构在 B 处的水平位移及竖向位移为零的变形条件相等，因此力法方程为

$$\delta_{11}X_1 + \delta_{12}X_2 + \Delta_{1F} = 0$$
$$\delta_{21}X_1 + \delta_{22}X_2 + \Delta_{2F} = 0$$

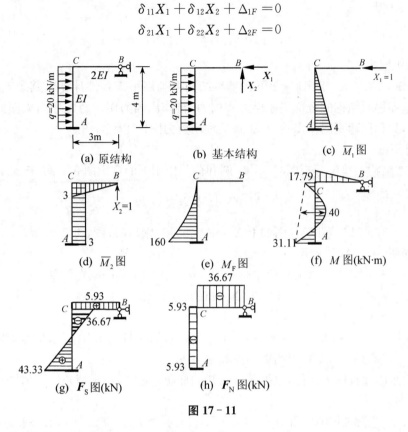

图 17 - 11

（3）计算系数和自由项

分别绘制基本结构在 $\overline{X}_1 = 1$、$\overline{X}_2 = 1$ 和荷载单独作用下的弯矩图 $\overline{M}_1$、$\overline{M}_2$ 和 M_F 图，如图 17 - 11(c)、(d)、(e) 所示。利用图乘法，得

$$\delta_{11} = \int_l \frac{\overline{M}_1^2}{EI} \mathrm{d}x = \frac{1}{EI}\left(\frac{1}{2} \times 4 \times 4 \times \frac{2}{3} \times 4\right) = \frac{64}{3EI}$$

$$\delta_{22} = \int_l \frac{\overline{M}_2^2}{EI} \mathrm{d}x = \frac{1}{2EI}\left(\frac{1}{2} \times 3 \times 3 \times \frac{2}{3} \times 3\right) + \frac{1}{EI}(3 \times 4 \times 3) = \frac{81}{2EI}$$

$$\delta_{12} = \delta_{21} = \int_l \frac{\overline{M}_1 \overline{M}_2}{EI} \mathrm{d}x = \frac{1}{EI}\left(\frac{1}{2} \times 4 \times 4 \times 3\right) = \frac{24}{EI}$$

$$\Delta_{1F} = \int_l \frac{\overline{M}_1 M_F}{EI} \mathrm{d}x = -\frac{1}{EI}\left(\frac{1}{3} \times 4 \times 160 \times \frac{3}{4} \times 4\right) = -\frac{640}{EI}$$

$$\Delta_{2F} = \int_l \frac{\overline{M}_2 M_F}{EI} \mathrm{d}x = -\frac{1}{EI}\left(\frac{1}{3} \times 4 \times 160 \times 3\right) = -\frac{640}{EI}$$

（4）解方程，求解多余未知力

将系数和自由项代入力法方程，整理后得

$$\left.\begin{array}{l} \dfrac{64}{3EI}X_1 + \dfrac{24}{EI}X_2 - \dfrac{640}{EI} = 0 \\[3mm] \dfrac{24}{EI}X_1 + \dfrac{81}{2EI}X_2 - \dfrac{640}{EI} = 0 \end{array}\right\}$$

联立求解,得

$$X_1 = 36.67 \text{ kN}(\leftarrow), \quad X_2 = -5.93 \text{ kN}(\downarrow)$$

(5) 作内力图

多余未知力 X_1、X_2 求出后,便可在基本结构上利用平衡条件计算出其余支座反力和各杆的内力,即得原结构的全部支座反力和内力,再作出内力图。通常作内力图的次序为:先作弯矩图,后利用弯矩图作出剪力图,最后利用剪力图作出轴力图。

① 作弯矩图

利用基本结构的单位弯矩图 $\overline{M}_1$、$\overline{M}_2$ 图和荷载作用下的弯矩图 M_F 图,按叠加公式

$$M = \overline{M}_1 X_1 + \overline{M}_2 X_2 + M_F$$

即将 $X_1 = 36.67 \text{ kN}$ 乘以 $\overline{M}_1$ 图加上 $X_2 = -5.93 \text{ kN}$ 乘以 $\overline{M}_2$ 图,再叠加 M_F 图,得到最后的弯矩图,如图 17 - 11(f) 所示。

如:$M_{AC} = 4 \times 36.67 + 3 \times (-5.93) - 160 = -31.11 \text{ kN} \cdot \text{m}$(左侧受拉)

$\quad M_{CB} = 3 \times (-5.93) = -17.79 \text{ kN} \cdot \text{m}$(上侧受拉)

② 作剪力图和弯矩图

将求得的 $X_1 = 36.67 \text{ kN}$、$X_2 = -5.93 \text{ kN}$,代入到如图 17 - 11(b) 所示基本结构中,求出各杆端的剪力、轴力值后,即可绘制剪力图和轴力图。

另外,也可以逐杆取隔离体,根据各杆已知的杆端弯矩值,由平衡条件求出杆端剪力,然后绘制剪力图。

以杆 AC 为例,隔离体图如图 17 - 12(a) 所示,杆端剪力 $\boldsymbol{F}_{SAC}$、$\boldsymbol{F}_{SCA}$ 可由力矩平衡方程求出。

$$\sum M_A = 0, \quad -20 \times 4 \times 2 - F_{SCA} \times 4 - 17.79 + 31.11 = 0$$

$$F_{SCA} = -36.67 \text{ kN}$$

$$\sum M_C = 0, \quad 20 \times 4 \times 2 - F_{SAC} \times 4 - 17.79 + 31.11 = 0$$

$$F_{SAC} = 43.33 \text{ kN}$$

再取 CB 杆,同理求得 CB 杆两端剪力为

$$\sum M_C = 0, \quad -F_{SBC} \times 3 + 17.79 = 0$$

$$F_{SBC} = 5.93 \text{ kN}, \quad F_{SCB} = F_{SBC} = 5.93 \text{ kN}$$

绘制完成剪力图以后,可以截取每一结点,考虑其平衡。由各杆端的剪力根据平衡条件可求出各杆的轴力。

以结点 C 为例,隔离体图如图 17 - 12(b) 所示,隔离体中作用有已知的杆端剪力 $\boldsymbol{F}_{SCB}$、$\boldsymbol{F}_{SCA}$,杆端轴力 $\boldsymbol{F}_{NCB}$ 和 $\boldsymbol{F}_{NCA}$ 可由投影平衡方程求出

$$\sum F_x = 0, \quad F_{NCB} + 36.67 = 0$$

$$F_{NCB} = -36.67 \text{ kN}(压力)$$

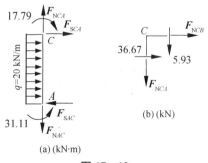

图 17 - 12

$$\sum F_y = 0, \ -F_{NCA} - 5.93 = 0$$

$$F_{NCA} = -5.93 \text{ kN(压力)}$$

特别指出,剪力图和轴力图均要注明正负号。

思考:在本例题中,基本结构的选取还有哪些结构形式,如采用这些作为基本结构,力法求解的典型方程、系数和自由项有什么区别?

二、铰接排架的计算

图 17-13 (a)为单层工业厂房中承重部分的简化示意图,是由屋架(或者屋面大梁)、柱和基础构成的排架。在排架中,通常将柱与基础之间的连接简化为刚性连接,将屋架与柱顶之间的连接简化为铰接。当屋面受竖向荷载时,屋架按两端铰支的桁架计算。当柱受水平荷载和偏心荷载(如风荷载、地震荷载或吊车荷载)作用时,屋架对柱顶只起联系作用。由于屋架本身沿跨度方向的轴向变形很小,故可略去其影响,近似地将屋架简化为轴向拉压刚度无穷大($EA \to \infty$)的链杆。另外,在厂房的柱子上,还需要放置吊车梁,因此常常做成阶梯形变截面柱。对排架进行内力分析,主要是计算排架柱的内力,图 17-13(b)为单跨排架的计算简图。

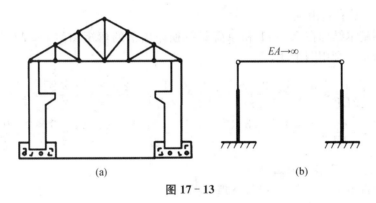

(a)   (b)

图 17-13

铰接排架的超静定次数,在数目上等于排架的跨数。用力法计算时,一般把链杆作为多余约束,切断各链杆代以多余未知力,得到基本结构,再根据切口处两侧截面的轴向相对位移为零的条件,建立力法方程。

因链杆的刚度 $EA \to \infty$,在计算系数和自由项时,忽略链杆轴向变形的影响,只考虑柱子弯矩对变形的影响。因此,系数和自由项的表达式仍为式(17-5)。

例 17-3 如图 17-14 (a)所示为一单跨排架,已知柱上、下段的抗弯刚度分别为 EI 和 $2EI$,排架承受水平风荷载 12 kN/m,试作该单跨排架的弯矩图。

解 (1)选取基本结构

单跨排架为一次超静定结构,将横向链杆切断,代以一对水平多余未知力 X_1,得到基本结构如图 17-14(b)所示。

(2)建立力法典型方程

根据基本结构在多余未知力和荷载的共同作用下,链杆切口处两侧截面的轴向相对水平位移等于零的变形条件,可建立的力法方程为

$$\delta_{11}X_1 + \Delta_{1F} = 0$$

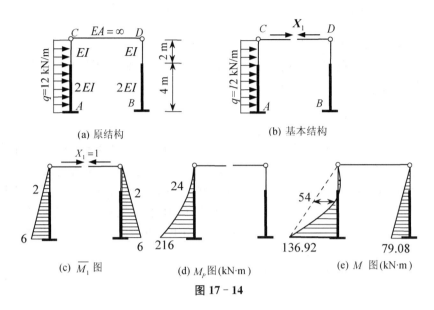

(a) 原结构

(b) 基本结构

(c) $\overline{M_1}$ 图

(d) M_P 图(kN·m)

(e) M 图(kN·m)

图 17 - 14

（3）计算系数和自由项

分别绘制基本结构在 $\overline{X_1} = 1$ 和原荷载单独作用下的弯矩图 $\overline{M_1}$ 和 M_P 图，如图 17 - 14(c)、(d) 所示。利用图乘法，得

$$\delta_{11} = \left[\frac{1}{2EI} \times \frac{6 \times 6}{2} \times \frac{2 \times 6}{3} + \left(\frac{1}{EI} - \frac{1}{2EI}\right) \times \frac{2 \times 2}{2} \times \frac{2 \times 2}{3}\right] \times 2 = \frac{224}{3EI}$$

$$\Delta_{1F} = \frac{1}{2EI} \times \frac{6 \times 216}{3} \times \frac{3 \times 6}{4} + \left(\frac{1}{EI} - \frac{1}{2EI}\right) \times \frac{2 \times 24}{3} \times \frac{3 \times 2}{4} = \frac{984}{EI}$$

（4）解方程，求解多余未知力

将系数和自由项代入力法方程，整理后得

$$\frac{224}{3EI}X_1 + \frac{984}{EI} = 0$$

求解，得

$$X_1 = -13.18 \text{ kN}(压力)$$

（5）作内力图

按叠加公式 $M = \overline{M_1}X_1 + M_P$ 得到最后的弯矩图如图 17 - 14(e) 所示。

三、超静定桁架计算

超静定桁架在结点荷载作用下，杆件内力只有轴力，计算力法方程时的系数和自由项时，只考虑轴力的影响。力法方程中的系数和自由项的表达式为：

$$\left.\begin{array}{l} \delta_{ii} = \sum \dfrac{\overline{F}_{Ni}^2 l}{EA} \\[3mm] \delta_{ij} = \sum \dfrac{\overline{F}_{Ni}\,\overline{F}_{Nj} l}{EA} \\[3mm] \Delta_{iF} = \sum \dfrac{\overline{F}_{Ni} F_{NF} l}{EA} \end{array}\right\} \qquad (17-6)$$

解力法方程,求出未知量后,各杆的轴力可按叠加公式计算

$$F_{N} = \overline{F}_{N1} X_1 + \overline{F}_{N2} X_2 + \cdots + F_{NF} \qquad (17-7)$$

例 17-4 用力法计算如图 17-15(a)所示超静定桁架各杆的轴力,已知各杆 EA 相同。

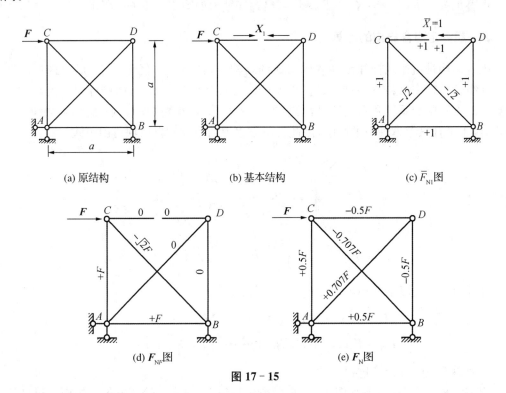

(a) 原结构   (b) 基本结构   (c) $\overline{F}_{N1}$图

(d) F_{NF}图   (e) F_{N}图

图 17-15

解 此桁架为一次超静定结构。支座反力可直接由静力平衡条件求得,其多余约束在体系内部。现切断杆 CD,代之以多余未知力 X_1,得到如图 17-15(b)所示的基本结构。根据原结构中切口两侧截面沿杆轴方向的相对线位移等于零的位移条件,建立力法方程:

$$\delta_{11} X_1 + \Delta_{1F} = 0$$

分别求出基本结构在 $\overline{X}_1 = 1$ 和荷载单独作用下的各杆的轴力 $\overline{F}_{N1}$ 和 F_{NF},如图 17-15(c)、(d) 所示。由式(17-6)计算系数和自由项为

$$\delta_{11} = \sum \frac{\overline{F}_{N1}^2 l}{EA} = \frac{2}{EA}\left[1^2 \times a + 1^2 \times a + (-\sqrt{2})^2 \times \sqrt{2} a\right]$$

$$= \frac{2a}{EA}(2 + 2\sqrt{2})$$

$$\Delta_{1F} = \sum \frac{\overline{F}_{N1} F_{NF}}{EA} l = \frac{1}{EA} \left[1 \times F \times a + 1 \times F \times a + (-\sqrt{2}) \times (-\sqrt{2}F) \times \sqrt{2}a \right]$$

$$= \frac{Fa}{EA}(2 + 2\sqrt{2})$$

将以上系数和自由项代入力法方程,解得

$$X_1 = -\frac{F}{2}$$

负号表示 X_1 的方向与假设方向相反,即 CD 杆的轴力为压力。

由叠加公式 $F_N = \overline{F}_{N1} X_1 + F_{NF}$ 计算出各杆轴力如图 17-15(e) 所示。

四、超静定组合结构的计算

组合结构是由梁式杆和链杆共同组成的结构,这种结构的优点在于节约材料、制造方便。在组合结构中,梁式杆主要承受弯矩,同时也承受剪力和轴力;而链杆只承受轴力。在计算力法方程中的系数和自由项时,对梁式杆一般可只考虑弯矩的影响,忽略轴力和剪力的影响;对于链杆只考虑轴力的影响,因此力法方程中的系数和自由项可由下式计算:

$$\left. \begin{array}{l} \delta_{ii} = \sum \int_l \frac{\overline{M}_i^2}{EI} dx + \sum \frac{\overline{F}_{Ni}^2}{EA} l \\[2mm] \delta_{ij} = \sum \int_l \frac{\overline{M}_i \overline{M}_j}{EI} dx + \sum \frac{\overline{F}_{Ni} \overline{F}_{Nj}}{EA} l \\[2mm] \Delta_{iF} = \sum \int_l \frac{\overline{M}_i M_F}{EI} dx + \sum \frac{\overline{F}_{Ni} F_{NF}}{EA} l \end{array} \right\} \tag{17-8}$$

各杆内力可按以下叠加公式计算:

$$\left. \begin{array}{l} M = \overline{M}_1 X_1 + \overline{M}_2 X_2 + \cdots\cdots + \overline{M}_n X_n + M_F \\[2mm] F_N = \overline{F}_{N1} X_1 + \overline{F}_{N2} X_2 + \cdots\cdots + \overline{F}_{Nn} X_n + F_{NF} \end{array} \right\} \tag{17-9}$$

下面举例说明其计算过程。

例 17-5 用力法计算如图 17-16(a)所示的组合结构,并绘制梁的弯矩图。已知横梁的弯曲刚度 $E_1 I = 1 \times 10^4$ kN·m², 链杆的拉压刚度 $E_2 A = 15 \times 10^4$ kN。

解 组合结构为一次超静定结构。设切断 CD 杆,以多余未知力 X_1 代替其轴力,选取基本结构如 17-16(b)所示。根据切口处两侧截面轴向相对位移为零的条件,建立力法方程为

$$\delta_{11} X_1 + \Delta_{1F} = 0$$

分别绘出基本结构在 $\overline{X}_1 = 1$ 和荷载单独作用下的弯矩图 $\overline{M}_1$ 和 M_F 图,并计算出各链杆的轴力分别如图 17-16(c)、(d) 所示。

由式(17-8)计算系数和自由项为

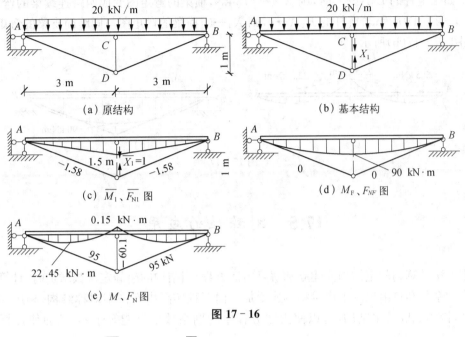

图 17-16

$$\delta_{11} = \int_l \frac{\overline{M}_1^2}{E_1 I} \mathrm{d}x + \sum \frac{\overline{F}_{N1}^2 l}{E_2 A}$$

$$= \frac{2}{1 \times 10^4 \text{ kN} \cdot \text{m}^2} \times \left(\frac{1}{2} \times 1.5 \text{ m} \times 3 \text{ m} \times \frac{2}{3} \times 1.5 \text{ m}\right)$$

$$+ \frac{1}{15 \times 10^4 \text{ kN}} \times (1.58^2 \times 3.16 \text{ m} \times 2 + 1^2 \times 1 \text{ m})$$

$$= 5.618 \times 10^{-4} \text{ m/kN}$$

$$\Delta_{1F} = \int_l \frac{\overline{M}_1 M_F}{E_1 I} \mathrm{d}x + \sum \frac{\overline{F}_{N1} F_{NF}}{E_2 A} l$$

$$= \frac{2}{1 \times 10^4 \text{ kN} \cdot \text{m}^2} \times \frac{2}{3} \times 90 \text{ kN} \cdot \text{m} \times 3 \text{ m} \times \frac{5}{8} \times 1.5 \text{ m} + 0$$

$$= 337.5 \times 10^{-4} \text{ m}$$

将求得的系数和自由项代入力法方程,解得

$$X_1 = -60.07 \text{ kN(压力)}$$

根据叠加公式

$$M = \overline{M}_1 X_1 + M_F$$

$$F_N = \overline{F}_{N1} X_1 + F_{NF}$$

可绘出横梁弯矩图和求出各链杆的轴力,如图 17-16(e)所示。

讨论:由以上计算结果可以看出,因为 $\overline{M}_1 X_1$ 与 M_F 的符号相反,故叠加后横梁的 M 值要比 M_F 值小。这表明由于横梁下部的链杆对梁起加劲作用,使横梁的弯矩峰值大为减小,这种作用随着链杆的截面面积和材料性质的不同而变化,链杆的 $E_2 A$ 值越大,加劲作用也越大。如果链杆的 $E_2 A \rightarrow \infty$ 时,则 $X_1 \rightarrow -75$ kN,横梁的弯矩图变成两跨连续梁的弯矩图,如图 17-17(a)所示;若链杆的 $E_2 A \rightarrow 0$,则 $X_1 \rightarrow 0$,横梁的弯矩图与同跨简支梁的弯矩图相同,如图 17-17(b)所示。

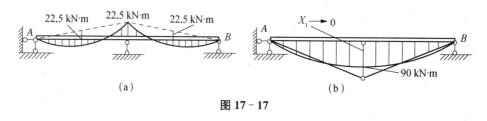

图 17-17

17.5 对称性的应用

用力法计算超静定结构要建立和解算力法方程,当结构的超静定次数增加时,计算力法方程中的系数和自由项的工作量将迅速增加。而工程实际中有许多**对称结构**,利用结构的对称性,恰当选取基本结构,可以使力法方程中的副系数尽可能等于零,从而使计算大为简化。

一、对称结构与对称荷载

1. 对称结构

所谓对称结构必须满足以下两个条件:

(1) 结构的几何形状和支座条件关于某一轴线对称;

(2) 杆件截面和材料性质也关于此轴对称。

如图 17-18(a)、(c)所示刚架具有一根对称轴,如图 17-18(b)所示箱形结构有两根对称轴,它们都是对称结构。

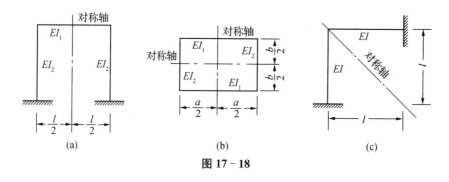

图 17-18

2. 对称荷载

对称荷载包括**正对称荷载**和**反对称荷载**。所谓正对称荷载是指作用在对称结构上的荷载,其对称轴一侧的荷载,绕对称轴转 180°(对折)后,与对称轴另一侧荷载大小相等,作用线和指向完全重合的荷载,如图 17-19(a)所示。若对称轴一侧的荷载,绕对称轴转 180°(对折)后,与对称轴另一侧荷载大小相等,作用线重合,但是指向相反,这种荷载称为反对称荷载,如图 17-19(b)所示。正对称荷载以后常简称为**对称荷载**。另外,还有一些作用在对称结构上的荷载,既不是正对称的荷载,也不是反对称的荷载,称为**非对称荷载**,如图 17-19(c)所示。

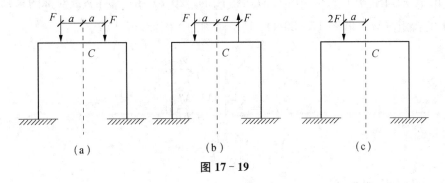

图 17-19

对于作用在对称结构上的非对称荷载,可以根据叠加原理进行对称化处理。处理的方法是,首先将非对称荷载一分为二,然后再在对称位置分别施加正对称荷载及反对称荷载。如图 17-19(c)所示的荷载,可以分解为图 17-19(a)与图 17-19(b)两项荷载的代数和。

二、对称结构的对称性

1. 对称结构的正对称性

如图 17-20(a)所示,对称结构受正对称荷载作用。

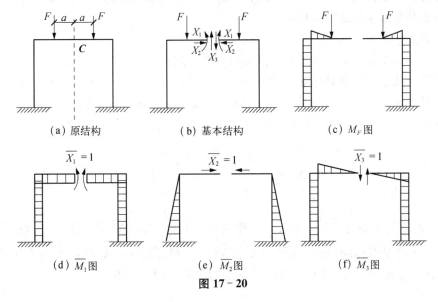

(a) 原结构   (b) 基本结构   (c) M_F 图

(d) $\overline{M}_1$ 图   (e) $\overline{M}_2$ 图   (f) $\overline{M}_3$ 图

图 17-20

将刚架从横梁中点对称轴处切开,选取图 17-20(b)所示的基本结构。横梁的切口两侧有三对大小相等而方向相反的多余未知力,其中 X_1、X_2 为对称的未知力,X_3 为反对称的未知力。根据基本结构在切口处相对位移为零的条件,建立力法方程:

$$\delta_{11}X_1 + \delta_{12}X_2 + \delta_{13}X_3 + \Delta_{1F} = 0$$

$$\delta_{21}X_1 + \delta_{22}X_2 + \delta_{23}X_3 + \Delta_{2F} = 0$$

$$\delta_{31}X_1 + \delta_{32}X_2 + \delta_{33}X_3 + \Delta_{3F} = 0$$

显然,对称的未知力$\overline{X}_1 = 1$、$\overline{X}_2 = 1$和正对称荷载作用所产生的弯矩图$\overline{M}_1$图[图 17-20(d)]、$\overline{M}_2$图[图 17-20(e)]及M_F图[图 17-20(c)]是对称的;反对称的未知力$\overline{X}_3 = 1$所产生的弯矩图$\overline{M}_3$图[图 17-20(f)]是反对称的。因此,可计算求得:

$$\delta_{13} = \delta_{31} = \sum \int_l \frac{\overline{M}_1 \, \overline{M}_3}{EI} \mathrm{d}s = 0$$

$$\delta_{23} = \delta_{32} = \sum \int_l \frac{\overline{M}_2 \, \overline{M}_3}{EI} \mathrm{d}s = 0$$

$$\Delta_{3F} = \sum \int_l \frac{\overline{M}_3 M_F}{EI} \mathrm{d}s = 0$$

代入力法方程,可得:

$$\delta_{11}X_1 + \delta_{12}X_2 + \Delta_{1F} = 0$$
$$\delta_{21}X_1 + \delta_{22}X_2 + \Delta_{2F} = 0$$
$$\delta_{33}X_3 = 0$$

解得:$X_1 \neq 0$, $X_2 \neq 0$, $X_3 = 0$。

在这里,由于多余未知力X_1、X_2及原荷载都是正对称的,因此得出结论:**对称的超静定结构在对称荷载作用下,只存在对称的多余未知力,而反对称的多余未知力必为零,从而结构的内力和变形也都是正对称的。**

2. 对称结构的反对称性

如图 17-21(a)所示,对称结构受反对称荷载作用。

仍将刚架从横梁中点对称轴处切开,选取图 17-21(b)所示的基本结构。横梁的切口两侧有三对大小相等而方向相反的多余未知力,其中X_1、X_2为对称的未知力,X_3为反对称的未知力。根据基本结构在切口处相对位移为零的条件,建立力法方程:

$$\delta_{11}X_1 + \delta_{12}X_2 + \delta_{13}X_3 + \Delta_{1F} = 0$$
$$\delta_{21}X_1 + \delta_{22}X_2 + \delta_{23}X_3 + \Delta_{2F} = 0$$
$$\delta_{31}X_1 + \delta_{32}X_2 + \delta_{33}X_3 + \Delta_{3F} = 0$$

显然,对称的未知力$\overline{X}_1 = 1$和$\overline{X}_2 = 1$作用所产生的弯矩图$\overline{M}_1$图[图 17-21(d)]、$\overline{M}_2$图[图 17-21(e)]是对称的;反对称的未知力$\overline{X}_3 = 1$和反对称荷载所产生的弯矩图$\overline{M}_3$图[图 17-21(f)]及M_F图[图 17-21(c)]是反对称的。同理可求得:

$$\delta_{13} = \delta_{31} = \sum \int_l \frac{\overline{M}_1 \, \overline{M}_3}{EI} \mathrm{d}s = 0$$

$$\delta_{23} = \delta_{32} = \sum \int_l \frac{\overline{M}_2 \, \overline{M}_3}{EI} \mathrm{d}s = 0$$

$$\Delta_{1F} = 0$$

$$\Delta_{2F} = 0$$

代入力法方程,可得:

$$\delta_{11}X_1 + \delta_{12}X_2 = 0$$
$$\delta_{21}X_1 + \delta_{22}X_2 = 0$$
$$\delta_{33}X_3 + \Delta_{3F} = 0$$

解方程,可得

$$X_1 = X_2 = 0$$
$$X_3 \neq 0$$

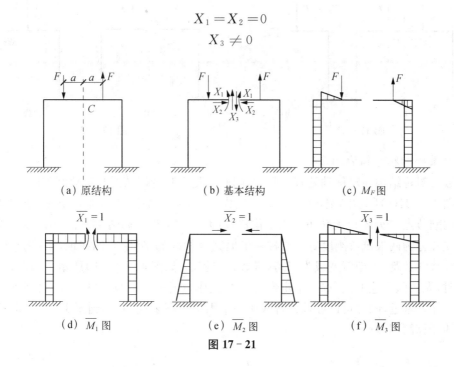

(a) 原结构　　　　　(b) 基本结构　　　　　(c) M_F 图

(d) $\overline{M}_1$ 图　　　　　(e) $\overline{M}_2$ 图　　　　　(f) $\overline{M}_3$ 图

图 17 - 21

在这里,由于多余未知力 X_3 及原荷载都是反对称的,因此得出结论:**对称的超静定结构在反对称荷载作用下,只存在反对称的多余未知力,而正对称的多余未知力必为零,从而使结构的内力和变形也都是反对称的。**

在计算对称结构时,如果将对称结构在对称轴位置进行截开研究,则在对称轴左右(上下)截面内力中,弯矩、轴力为正对称力,剪力为反对称力;在对称轴左右(上下)截面上,截面转角、轴向位移为反对称位移,竖向(水平)位移为正对称位移。

三、应用对称性进行简化计算——半结构法计算对称结构

对称结构在正对称荷载作用下内力和变形都是正对称的;在反对称荷载作用下内力和变形都是反对称的。根据这一特点,可截取整个结构的一半来进行计算,称为**半结构法**。下面分别讨论奇数跨和偶数跨两种对称结构的计算。

1. 奇数跨对称结构的计算

如图 17 - 22(a)所示的刚架,在正对称荷载作用下,只产生正对称的内力和位移,故在对称轴上的截面 C 处只有对称内力——轴力和弯矩,而没有反对称的剪力;截面上不可能发生转角和水平线位移,但有竖向位移。因此,截取半边刚架时,在该截面处可用一个定向支座来代替原有的约束,得到如图17 - 22(b)所示的半边刚架的计算简图。

如图 17-23(a)所示的刚架,在反对称荷载作用下,只产生反对称的内力和位移,故在对称轴上的截面 C 处不可能发生竖向位移,但有转角和水平线位移。从受力情况看,截面上轴力和弯矩均为零,只有反对称内力——剪力。因此,截取半边刚架时,在该截面处可用一个竖向支承链杆来代替原有的约束,得到如图 17-23(b)所示的半边刚架的计算简图。

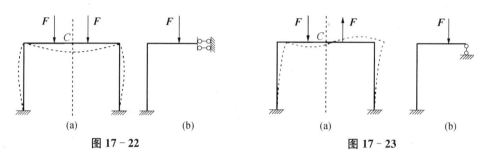

图 17-22　　　　　　　　　　图 17-23

2. 偶数跨对称结构的计算

偶数跨对称结构在对称轴处有一竖柱,因此其受力和变形情况与奇数跨不同。

如图 17-24(a)所示刚架,在正对称荷载作用下,若忽略杆件的轴向变形,则刚架在对称轴上的刚节点 C 处不仅无转角和水平位移,也无竖向位移。如图 17-24(b)所示,设想将中间的立柱分为两根抗弯刚度等于原柱一半但完全相同的半柱,它们在顶端分别与横梁刚接,则两跨(偶数跨)框架就变成为三跨(奇数跨)框架,如图 17-24(b)所示。因此,截取半边刚架时,先按照上述办法,选一个定向(滑动)支座,如图 17-24(c)所示。而该支座距离中间的半柱非常近,因此可以在该处合成用一个固定支座来代替,得到图 17-24(d)所示半边刚架的计算简图。

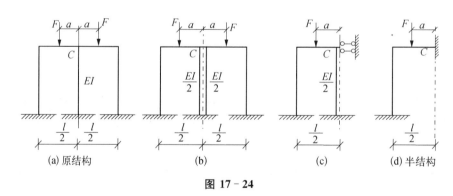

图 17-24

如图 17-25(a)所示刚架,在反对称荷载作用下,同样可将中间柱设想为由两根各具有 $EI/2$ 的竖柱组成,它们在顶端分别与横梁刚接,则两跨(偶数跨)框架就变成为三跨(奇数跨)框架,如图 17-25(b)所示。因此,截取半边刚架时,先按照上述办法,选一个可动铰支座,如图 17-25(c)所示。这个支座与旁边的半柱非常接近,其支反力当不考虑轴向变形时对其它各杆均不产生内力,而只使对称轴两侧的两根竖向半柱产生大小相等而性质相反的轴力,由于原有中间柱的内力是这两根竖柱的内力之和,故对原结构的内力和变形都无影响。于是可将其略去而取一半刚架为计算简图,如图 17-25(d)所示。

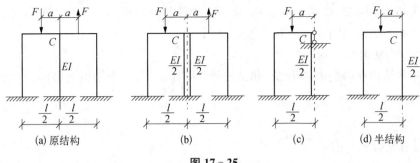

(a) 原结构　　　(b)　　　(c)　　　(d) 半结构

图 17－25

因此,利用对称性进行简化计算的要点如下:

(1) 采用对称的基本结构,将基本未知量分为对称未知力和反对称未知力两组:在正对称荷载作用下,只考虑正对称未知力(反对称未知力等于零);在反对称荷载作用下,只考虑反对称未知力(正对称未知力等于零);非对称荷载可以分解为正对称荷载与反对称荷载的叠加。

(2) 取半边结构进行计算。对称结构可分为奇数跨和偶数跨两种情形,它们在正对称荷载和反对称荷载作用时在对称轴上的变形和内力是不同的。此外,采用半边结构简化计算时,荷载必须是正对称荷载或反对称荷载。如果是非对称荷载,则必须可分解为正对称荷载和反对称荷载两种情形,分别采用半边结构进行计算,然后叠加得到最后的结果。

例 17－6　试作如图 17－26(a)所示刚架在水平力 F 作用下的弯矩图,设各杆的长度都为 l, EI 为常数。

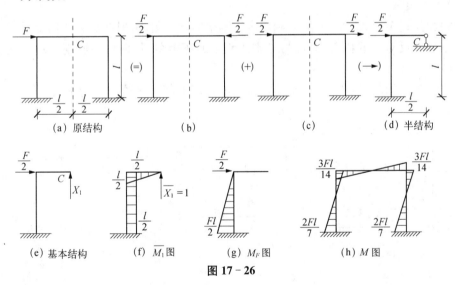

(a) 原结构　　　(b)　　　(c)　　　(d) 半结构

(e) 基本结构　　(f) $\overline{M}_1$ 图　　(g) M_F 图　　(h) M 图

图 17－26

解　此结构为一对称的三次超静定刚架,荷载 F 是非对称荷载。荷载 F 可分为对称荷载和反对称荷载两组,如图 17－26(b)、(c)所示。

在正对称荷载作用下(图 17－26b),如果忽略横梁轴向变形,则横梁只受轴向压力 $F/2$,而其他杆件的内力为零。因此,要作图 17－26(a)所示刚架的弯矩图,只需求作图 17－26(c)中刚架的弯矩图。

(1) 选取基本结构

根据对称结构受反对称荷载作用的受力和变形特点,取其半边结构进行分析。该半边结构为一次超静定刚架,如图 17-26(d)所示。去掉其中一根竖向链杆约束,代以多余未知力 $\boldsymbol{X}_1$,得到基本结构如图 17-26(e)所示。

(2)建立力法典型方程

根据基本结构在多余未知力 $\boldsymbol{X}_1$ 和荷载的共同作用下,多余约束处竖向位移为零,即力法的方程为

$$\delta_{11}X_1 + \Delta_{1F} = 0$$

(3)计算系数和自由项

分别绘基本结构在 $\overline{X}_1 = 1$ 和荷载单独作用下的 $\overline{M}_1$ 图和 M_F 图,如图 17-26(f)、(g)所示。利用图乘法,计算系数和自由项,得

$$\delta_{11} = \frac{1}{EI}\left(\frac{l}{2} \times l \times \frac{l}{2} + \frac{1}{2} \times \frac{l}{2} \times \frac{l}{2} \times \frac{2}{3} \times \frac{l}{2}\right) = \frac{7l^3}{24EI}$$

$$\Delta_{1F} = \frac{1}{EI}\left(\frac{1}{2} \times \frac{Fl}{2} \times l \times \frac{l}{2}\right) = \frac{Fl^3}{8EI}$$

(3)由力法方程求多余未知力

将系数和自由项代入力法方程,得

$$X_1 = -\frac{\Delta_{1F}}{\delta_{11}} = -\frac{3F}{7}$$

(4)作弯矩图

由叠加公式 $M = \overline{M}_1 X_1 + M_F$,画出半边刚架的弯矩图,再根据对称结构受反对称荷载作用弯矩具有反对称的特点,画出另外半边刚架的弯矩图,从而得到原刚架的弯矩图如图 17-26(h)所示。

例 17-7　试作如图 17-27(a)所示刚架的弯矩图,设各杆的 EI 为常数。

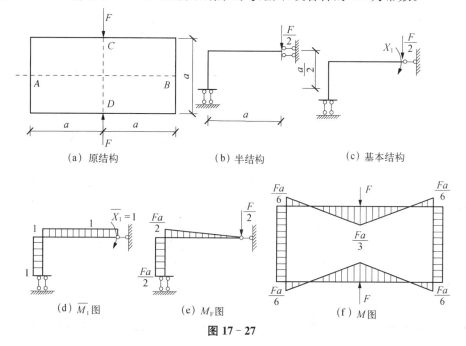

（a）原结构　　　　（b）半结构　　　　（c）基本结构

（d）$\overline{M}_1$ 图　　　　（e）M_F 图　　　　（f）M 图

图 17-27

解 此结构为具有两个对称轴的三次超静定封闭刚架。由于荷载是双轴对称的,根据对称结构在正对称荷载作用下受力和变形特点,可取 1/4 刚架进行计算,如图 17 - 27(b)所示。

(1) 选取基本结构

1/4 刚架为一次超静定结构,若去掉 C 处的转动约束,并代以相应的多余未知力 X_1,定向支座变为链杆支座,基本结构如图 17 - 27(c)所示。

(2) 建立力法方程

根据基本结构在多余未知力 X_1 和荷载的共同作用下,截面 C 处转角为零的条件,建立力法方程为

$$\delta_{11}X_1 + \Delta_{1F} = 0$$

(3) 计算系数和自由项

分别绘制基本结构在 $\overline{X}_1 = 1$ 和荷载单独作用下的 $\overline{M}_1$ 图和 M_F 图,如图 17 - 27(d)、(e)所示。利用图乘法,计算系数和自由项,得

$$\delta_{11} = \frac{1}{EI}\left(a \times 1 \times 1 + \frac{a}{2} \times 1 \times 1\right) = \frac{3a}{2EI}$$

$$\Delta_{1F} = \frac{1}{EI}\left(\frac{1}{2} \times a \times \frac{Fa}{2} \times 1 + \frac{Fa}{2} \times \frac{a}{2} \times 1\right) = \frac{Fa^2}{2EI}$$

(4) 由力法方程求多余未知力

将系数和自由项代入力法方程,得

$$X_1 = -\frac{\Delta_{1F}}{\delta_{11}} = -\frac{Fa}{3}\text{(逆时针方向)}$$

(5) 作弯矩图

由叠加公式 $M = \overline{M}_1 X_1 + M_F$,画出 1/4 刚架的弯矩图,再根据对称结构受正对称荷载作用弯矩具有正对称的特点,画出原刚架的弯矩图,如图 17 - 27(f) 所示。

17.6 支座移动及温度改变时超静定结构的计算

静定结构在支座移动和温度改变时,会产生变形,但不引起内力。而对于超静定结构,由于存在多余约束,所以,即使结构上无荷载作用,一些外部因素(如支座移动、温度改变、材料收缩、制造误差等)的作用,也将使结构产生内力,这是超静定结构的特性之一。

超静定结构在支座移动和温度改变等因素作用下产生的内力,称为自内力。用力法计算自内力时,其基本思路、原理及步骤与荷载作用的情形基本相同,所不同的是力法方程中的自由项计算。

一、支座移动时超静定结构的计算

力法计算超静定结构在支座移动情况下的内力时,力法方程中的自由项是由支座移动引起

的而不是荷载作用产生的,将力法方程中的 Δ_{iF} 改为 Δ_{ic}。Δ_{ic} 可按第十六章介绍的公式计算:

$$\Delta_{ic} = -\sum \overline{F_R} \cdot c$$

例 17-8 如图 17-28(a)所示为 A 端固定、B 端铰支的等截面梁,已知支座 A 发生顺时针转动 φ,支座 B 发生下沉 a,求梁的弯矩图。

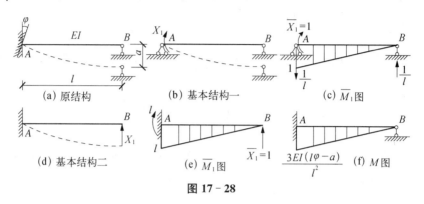

(a) 原结构　　(b) 基本结构一　　(c) $\overline{M}_1$图

(d) 基本结构二　　(e) $\overline{M}_1$图　　(f) M图

图 17-28

解 该梁为一次超静定结构,分别选取两种基本结构计算。

选第一种基本结构:

(1) 选取基本结构

去掉支座 A 处的转动约束,得到的简支梁作为基本结构,并以支座 A 的反力偶作为多余未知力 X_1,基本结构如图 17-28(b)所示。

(2) 建立力法方程

基本结构在多余未知力 X_1 和支座位移共同作用下,A 处转角 Δ_1 应与原结构在支座 A 处的转角 φ 相同,即位移条件为

$$\Delta_1 = \varphi$$

据此建立力法方程为 $\qquad \delta_{11}X_1 + \Delta_{1c} = \varphi$

式中:Δ_{1c}——支座 B 产生竖向位移 a 时在基本结构中产生的沿 X_1 方向的位移。

(3) 计算系数和自由项

绘出基本结构在 $\overline{X}_1 = 1$ 作用下的弯矩图 $\overline{M}_1$ 图,如图 17-28(c)所示。利用图乘法计算系数

$$\delta_{11} = \frac{1}{EI}\left(\frac{1}{2}\times 1 \times l \times \frac{2}{3}\times 1\right) = \frac{l}{3EI}$$

自由项 $\qquad \Delta_{1c} = -\sum \overline{F}_{Ri}c_i = -\left(-\frac{1}{l}\times a\right) = \frac{a}{l}$

(4) 代入力法方程求多余未知力

将系数和自由项代入力法方程,得

$$X_1 = \frac{\varphi - \Delta_{1c}}{\delta_{11}} = \frac{\varphi - \dfrac{a}{l}}{\dfrac{l}{3EI}} = \frac{3EI(l\varphi - a)}{l^2} \text{(顺时针方向)}$$

（5）作最后弯矩图

由于基本结构是静定结构，支座移动对基本结构不产生内力，内力全部由多余未知力引起，故弯矩叠加公式 $M = \overline{M}_1 X_1$，最后弯矩图如图 17-28(f) 所示。

选第二种基本结构：

（1）选取基本结构

去掉支座 B 处的链杆约束，得到的悬臂梁作为基本结构，并代以相应的多余未知力 $\boldsymbol{X}_1$，基本结构如图 17-28(d) 所示。

（2）建立力法方程

根据基本结构在多余未知力 $\boldsymbol{X}_1$ 和支座位移共同作用下，B 处竖向位移 Δ_1 应与原结构在支座 B 处的竖向位移 a 相等，即位移条件为

$$\Delta_1 = -a$$

据此建立力法方程为 $\qquad \delta_{11} X_1 + \Delta_{1c} = -a$

式中：Δ_{1c}——支座 A 产生转角 φ 时在基本结构中产生的沿 $\boldsymbol{X}_1$ 方向的位移。

（3）计算系数和自由项

绘出基本结构在 $\overline{X}_1 = 1$ 作用下的弯矩图 $\overline{M}_1$ 图，如图 17-28(e) 所示。利用图乘法计算系数

$$\delta_{11} = \frac{1}{EI}\left(\frac{1}{2} \times l \times l \times \frac{2}{3} \times l\right) = \frac{l^3}{3EI}$$

自由项 $\qquad \Delta_{1c} = -\sum \overline{F}_{Ri} c_i = -(l \times \varphi) = -l\varphi$

（4）代入力法方程求多余未知力

将系数和自由项代入力法方程，得

$$X_1 = \frac{-a - \Delta_{1c}}{\delta_{11}} = \frac{-a + l\varphi}{\dfrac{l^3}{3EI}} = \frac{3EI(l\varphi - a)}{l^3} (\uparrow)$$

（5）作最后弯矩图

由弯矩叠加公式 $M = \overline{M}_1 X_1$，得到最后的弯矩图与如图 17-28(f) 所示完全相同。

例 17-9　如图 17-29(a) 所示为一单跨超静定梁，支座 A 顺时针转动了角位移 φ。试用力法计算，并绘制内力图。

解　若不计轴向变形，如图 17-29(a) 所示梁为二次超静定结构

（1）取如图 17-29(b) 所示的基本结构。

（2）根据位移条件建立力法方程

基本结构在多余未知力及支座移动共同作用下在 B 支座处引起的位移应与原结构相同，因此力法方程为

$$\delta_{11} X_1 + \delta_{12} X_2 + \Delta_{1c} = 0$$
$$\delta_{21} X_1 + \delta_{22} X_2 + \Delta_{2c} = 0$$

式中：Δ_{1c}、Δ_{2c}——支座移动引起的基本结构上点 B 沿 X_1、$\boldsymbol{X}_2$ 方向上的位移。它们可由第

十六章中式(16-11)计算。

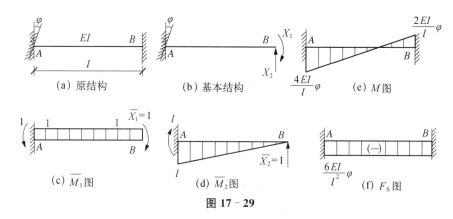

图 17-29

（3）计算方程的系数和自由项

基本结构在 $\overline{X}_1=1$、$\overline{X}_2=1$ 作用下的 $\overline{M}_1$ 图、$\overline{M}_2$ 图以及相应的 A 支座反力分别如图 17-29(c)、(d) 所示。计算系数和自由项为

$$\delta_{11}=\frac{1}{EI}\times 1\times l\times 1=\frac{l}{EI}$$

$$\delta_{12}=\delta_{21}=\frac{1}{EI}\times \frac{1}{2}\times l\times l\times 1=\frac{l^2}{2EI}$$

$$\delta_{22}=\frac{1}{EI}\times \frac{1}{2}\times l\times l\times \frac{2}{3}\times l=\frac{l^3}{3EI}$$

$$\Delta_{1c}=-\sum \overline{F}_{R_i}C_i=-(-1\times \varphi)=\varphi$$

$$\Delta_{2c}=-\sum \overline{R}_{R_i}C_i=-(-l\times \varphi)=l\varphi$$

（4）将以上系数和自由项代入力法方程，可得

$$\frac{l}{EI}X_1+\frac{l^2}{2EI}X_2+\varphi=0$$

$$\frac{l^2}{2EI}X_1+\frac{l^3}{3EI}X_2+l\varphi=0$$

联立解得

$$X_1=\frac{2EI}{l}\varphi$$

$$X_2=-\frac{6EI}{l^2}\varphi$$

根据叠加公式 $M=\overline{M}_1X_1+\overline{M}_2X_2$ 绘出最后弯矩图，如图17-29(e)所示。梁的剪力图如图17-29(f)所示。

由上例计算可以看出，支座移动时超静定结构的内力计算有如下特点：

（1）选取不同的基本结构，力法方程的形式有不同的表现形式。在支座位移影响下，其力法典型方程的右边项可能不为零（等于原来的支座位移）。

（2）力法典型方程的自由项 Δ_{1c} 是支座移动在基本结构中产生的位移,可用静定结构在支座移动时的位移公式计算。当 $\overline{F}_R$ 与 c 方向一致时,取正号;反之取负号。

（3）当无荷载作用时,结构的内力全部是由多余力引起的。

（4）支座移动时,超静定结构的内力与杆件的抗弯刚度 EI 的绝对值成正比。

二、温度改变时超静定结构的计算

超静定结构在温度变化的影响下,不但产生变形而且还会产生内力。用力法计算超静定结构在温度改变情况下的内力时,位移条件仍是:基本结构在多余未知力、温度变化的共同作用下,在多余未知力作用点及其方向上的位移与原结构相应的位移相等。但力法方程中的自由项 Δ_{iF} 改为 Δ_{it},表示温度改变引起的基本结构上 $\overline{X}_i=1$ 作用点沿 X_i 方向上的位移,Δ_{it} 可按第十六章介绍的公式计算:

$$\Delta_{it} = \sum \overline{F}_N \alpha t_0 l + \sum \frac{\alpha \Delta t}{h} \omega_M$$

例 17 - 10 试计算如图 17 - 30(a)所示刚架,并绘制最后的弯矩图。已知刚架外侧温度降低 $5℃$,内部温度升高 $15℃$,线膨胀系数为 α,EI 和 h 都是常数。

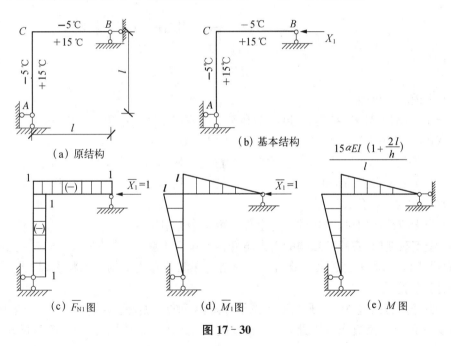

图 17 - 30

解 （1）选取基本结构

此刚架为一次超静定结构,去掉支座 B 处的水平约束并代以相应的水平多余未知力 X_1,得到基本结构如图 17 - 30(b)所示。

（2）建立力法方程

根据基本结构在多余未知力 X_1 和温度改变共同作用下,支座 B 处的水平位移应与原结构在支座 B 处的水平位移相同,建立力法方程为

$$\delta_{11}X_1 + \Delta_{1t} = 0$$

式中：Δ_{1t}——温度改变时在基本结构中产生的沿 $\boldsymbol{X}_1$ 方向的位移。

（3）计算系数和自由项

绘出基本结构分别在 $\overline{X}_1 = 1$ 作用下的轴力图 $\overline{F}_{N1}$ 图和弯矩图 $\overline{M}_1$ 图，如图 17 - 30（c）、（d）所示。利用图乘法计算系数

$$\delta_{11} = \frac{2}{EI}\left(\frac{1}{2}\times l \times l \times \frac{2}{3}\times l\right) = \frac{2l^3}{3EI}$$

自由项

$$\Delta_{1t} = \sum \overline{F}_N \alpha t_0 l + \sum \frac{\alpha \Delta t}{h}\omega_M$$

$$= -1\times \alpha \times \frac{15-5}{2}\times l \times 2 - \alpha \times \frac{15-(-5)}{h}\times \frac{l^2}{2}\times 2$$

$$= -10\alpha l\left(1 + \frac{2l}{h}\right)$$

（4）代入力法方程求解多余未知力

$$X_1 = -\frac{\Delta_{1t}}{\delta_{11}} = \frac{10\alpha l\left(1+\dfrac{2l}{h}\right)}{\dfrac{2l^3}{3EI}} = \frac{15\alpha EI\left(1+\dfrac{2l}{h}\right)}{l^2}$$

（5）作最后弯矩图

由于基本结构是静定结构，温度改变在基本结构中不产生内力，内力均由多余未知力引起。故弯矩叠加公式 $M = \overline{M}_1 X_1$，弯矩图如图 17 - 30（e）所示。

研究本例的计算可以看出，温度改变时超静定结构的内力计算有如下特点：

（1）力法典型方程的自由项 Δ_{1t} 是温度改变时在基本结构中产生的位移，可用静定结构在温度改变时的位移公式计算。

（2）当无荷载作用时，结构的内力全部是由多余力引起的。

（3）**温度改变时，超静定结构的内力与杆件的抗弯刚度 EI 成正比。**在给定的温度条件下，截面尺寸越大，内力也越大。故为了改善结构在温度作用下的受力状态，加大尺寸并不是一个有效的途径。

（4）当杆件有温差 Δ_t 时，最后弯矩图绘在降温面的一侧，使升高温度一面产生压应力，降低温度一面产生拉应力。因此，在钢筋混凝土结构中，要特别注意**因降温可能出现的裂缝。**

17.7　超静定结构的位移计算

超静定结构位移的计算，与静定结构位移计算相同，仍是以虚功原理为基础的单位荷载法。计算超静定结构的位移时，绘制超静定结构在荷载作用下的内力图和虚拟单位力作用

下的内力图,需按力法分两次计算超静定结构的内力图,计算比较麻烦。由于基本结构在荷载和多余未知力共同作用下,其内力和变形均与原结构相同,因此,为了简化计算,可利用这一特点,将原来求超静定结构位移的问题转化为对基本结构(静定结构)的位移计算问题,即在按力法求出原结构的多余未知力后,将它与原有荷载均视为相应基本结构的外载,然后再来计算此基本结构的位移。因此,**计算超静定结构的位移,可以在其基本结构上进行**。由于原超静定结构的内力和位移并不因所取的基本结构不同而改变,所以,在计算超静定结构的位移时,可将虚设的单位力加在任一基本结构(静定结构)上。为使计算简化,通常可选取单位内力图比较简单的基本结构。

所以,计算超静定结构的位移,可按照以下步骤进行:

(1)计算超静定结构在荷载或其他因素影响下的内力,绘制最后内力图。

(2)选取适当的基本结构,在该基本结构上虚设相应的单位力并求解内力,绘制内力图。

(3)用位移计算公式(或图乘法)计算所求位移。

位移计算一般公式:

$$\Delta = \sum \int \frac{\overline{F_N}F_N}{EA}ds + \sum \int \frac{k\,\overline{F_S}F_S}{GA}ds + \sum \int \frac{\overline{M}M}{EI}ds + \sum \int \overline{M}\frac{\alpha \Delta t}{h}ds + \sum \int \overline{F_N}\alpha t_0 ds - \sum \overline{F_R}c$$

例 17-11 试求如图 17-31(a)所示刚架 C 截面的转角 φ_C。

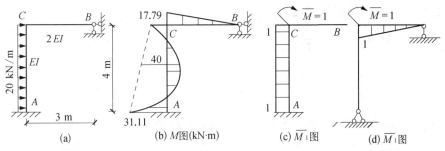

图 17-31

解 如图 17-31(a)所示刚架已在例 17-2 中求解,其弯矩图如图 17-31(b)所示。

(1)选取如图 17-31(c)所示的悬臂刚架作为基本结构

在基本结构的 C 点加一单位力偶 $\overline{M}=1$,并作出单位弯矩图 $\overline{M}_1$ 图如图 17-31(c)所示。应用图乘法计算,C 截面的转角为

$$\varphi_C = \sum \int \frac{\overline{M}M}{EI}ds = \frac{1}{EI}\left[\frac{1}{2}\times(17.79+31.11)\times 4 \times 1 - \frac{2}{3}\times 4 \times 40 \times 1\right] = -\frac{8.9}{EI}$$

结果为负,表示 C 截面的转角为逆时针方向。

(2)选取如图 17-31(d)所示的简支刚架作为基本结构

在基本结构的 C 点加一单位力偶 $\overline{M}=1$,并作出单位弯矩图 $\overline{M}_1$ 如图 17-31(d)所示。应用图乘法计算,C 截面的转角为

$$\varphi_C = \sum \int \frac{\overline{M}M}{EI}ds = -\frac{1}{2EI}\left(\frac{1}{2}\times 17.79 \times 3 \times \frac{2}{3}\times 1\right) = -\frac{8.9}{EI}\text{(意义同前)}$$

显然，选取两种不同的基本结构，所得 C 截面的转角是相同的。

例 17-12 如图 17-32(a)所示为 A 端固定、B 端铰支的等截面梁，已知支座 A 发生顺时针转动 φ，支座 B 发生下沉 a，求梁跨中 C 点的挠度。

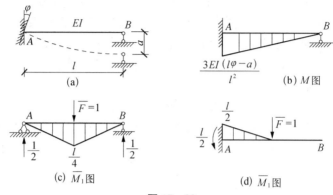

图 17-32

解 如图 17-32(a)所示超静定梁的弯矩图已在例 17-8 中求得，如图 17-32(b)所示。

(1) 选取图 17-32(c)所示的简支梁作为基本结构

在基本结构的 C 点加一竖向单位力 $\overline{F}=1$，并作出单位弯矩图 $\overline{M}_1$ 图如图 17-32(c) 所示。应用图乘法计算，C 点的挠度为

$$\Delta_{CV} = \sum \int \frac{\overline{M}M\,\mathrm{d}s}{EI} - \sum \overline{F_R}c$$

$$= \frac{1}{EI}\left(\frac{1}{2} \times \frac{l}{4} \times l\right) \times \left[\frac{1}{2} \times \frac{3EI}{l^2}(l\varphi - a)\right] - \frac{1}{2} \times (-a) = \frac{3}{16}l\varphi + \frac{5}{16}a\,(\downarrow)$$

(2) 选取如图 17-32(d)所示的悬臂梁作为基本结构

在基本结构的 C 点加一竖向单位力 $\overline{F}=1$，并作出单位弯矩图 $\overline{M}_1$ 图如图 17-32(d) 所示。应用图乘法计算，C 点的挠度为

$$\Delta_{CV} = \sum \int \frac{\overline{M}M\,\mathrm{d}s}{EI} - \sum \overline{F_R}c$$

$$= -\frac{1}{EI}\left(\frac{1}{2} \times \frac{l}{2} \times \frac{l}{2}\right) \times \left[\frac{5}{6} \times \frac{3EI}{l^2}(l\varphi - a)\right] - \frac{l}{2} \times (-\varphi) = \frac{3}{16}l\varphi + \frac{5}{16}a\,(\downarrow)$$

两次求得的结果仍然是一致的。

17.8　超静定结构的特性

与静定结构比较，超静定结构具有以下一些重要特性：

1. 超静定结构是具有多余约束的几何不变体系

从体系的几何组成上看，无多余约束的几何不变体系是静定的，为静定结构；有多余约

束的几何不变体系是超静定的,为超静定结构。从几何组成角度看,多余约束的存在,是超静定结构区别于静定结构的主要特征。

2. 超静定结构仅由静力平衡条件不能完全确定其全部的内力和反力,满足超静定结构平衡条件和变形条件的内力解答是唯一的

对于静定结构,满足平衡条件的内力解答是唯一的,即仅由平衡条件就可以求出全部内力和反力。而超静定结构由于有多余约束存在,满足平衡条件的内力解答有无穷多种,即仅由平衡条件不能求出全部内力和反力,必须考虑变形条件,即综合应用超静定结构的平衡条件和数量与多余约束力相等的变形(或位移)条件后才能求得唯一的内力解答。力法典型方程实质就是超静定结构的变形条件。

3. 超静定结构在荷载作用下的内力与各杆的相对刚度有关,而与其绝对值无关

由于超静定结构的内力须由平衡条件和变形条件求解,而结构的变形与各杆的刚度(弯曲刚度 EI、拉压刚度 EA 等)有关,因此,如果按同一比例增加或减小各杆刚度的绝对值,则力法典型方程中各系数和自由项的比值将保持不变,内力不受刚度绝对值的影响。反之,如果不按同一比例增加或减小各杆刚度的绝对值,则力法典型方程中的各系数和自由项的比值将发生改变,内力数值也因各杆的相对刚度比发生改变而变化。

4. 超静定结构在非荷载因素(支座位移、温度改变等)作用下会产生内力

由于超静定结构具有多余约束,支座移动、温度改变等非荷载因素在超静定结构中也会引起内力,而非荷载因素在静定结构中不会引起内力。这种自内力与各杆刚度的绝对值有关,各杆刚度的绝对值增大,内力一般也随之增大。因此,为了提高结构对温度变化、支座位移等因素的抵抗能力,仅增加构件截面尺寸并不是理想的措施,为了减小自内力对结构的不利影响,有时可以采用设置温度缝、沉降缝等构造措施。

5. 超静定结构比静定结构具有较强的防御能力

超静定结构由于具有多余约束,与相应的静定结构相比,超静定结构的位移较小,结构的内力分布比较均匀,弯矩峰值较静定结构小,刚度和稳定性都有所提高。对比图 17-33(a)与图 17-33(b),在相同的荷载作用下,前者的最大弯矩值和最大挠度值都较后者小。超静定结构在部分或全部多余约束破坏后仍为几何不变体系,能继续承受荷载;而静定结构则不同,静定结构中任一约束的破坏都将导致整个结构变为几何可变体系,从而发生破坏,丧失承载能力。因此,从抵抗突然破坏的观点来说,超静定结构比静定结构具有较强的防御能力。

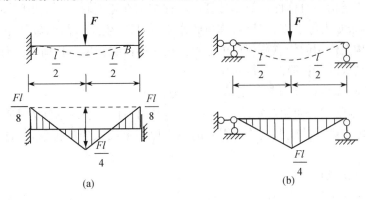

图 17-33

【小　结】

1. 力法的基本原理

力法的基本原理是将超静定结构中的多余约束去掉,代之以多余未知力,以去掉多余约束后得到的静定结构作为基本结构,以多余未知力作为力法的基本未知量,利用基本结构在原荷载和多余未知力共同作用下的变形与原结构的变形相同的条件建立力法方程,从而求解多余未知力。求得多余未知力后,超静定问题就转化为静定问题,可用平衡条件求解所有未知力。

因此,力法计算的关键是:确定基本未知量;选择基本结构;建立力法方程。

2. 确定基本未知量和选择基本结构

一般用去掉多余约束使原超静定结构变为静定结构的方法。去掉的多余约束处的多余未知力即为基本未知量,去掉多余约束后的静定结构即为基本结构。所以基本未知量和基本结构是同时选定的。同一超静定结构可以选择多种基本结构,应尽量选择计算简单的基本结构,但必须保证基本结构是几何不变且无多余约束的静定结构。

3. 建立力法方程

根据基本结构在荷载(或温度变化、支座移动等)及多余未知力作用下,沿多余未知力方向的位移应与原结构在相应处的位移相等的变形条件,建立力法方程。要充分理解力法方程所代表的变形条件的意义,以及方程中各项系数和自由项的含义。

4. 力法方程的系数和自由项的计算

力法方程中的系数和自由项都是基本结构(静定结构)上的位移,系数和自由项的计算就是求静定结构的位移,可用单位荷载法计算。根据不同结构的受力特性,在不同的变形因素(弯曲、剪力、轴力)中,考虑主要变形影响因素。具体计算系数和自由项时,对梁和刚架来说,一般仅考虑弯曲变形的影响,忽略轴向变形和剪切变形的影响。但须注意,在温度改变影响下,计算自由项时,无论哪一种形式的结构或哪一类性质的杆件,其轴向变形的影响都要考虑。

5. 超静定结构的内力计算与内力图的绘制

通过解力法方程求得多余未知力后,可用静力平衡方程或内力叠加公式计算超静定结构的内力和绘制内力图。对梁和刚架来说,一般先计算杆端弯矩、绘制弯矩图,然后计算杆端剪力、绘制剪力图,最后计算杆端轴力、绘制轴力图。

6. 对称性的利用

应尽量利用结构的对称性以简化计算。对称结构在正对称荷载作用下,只产生正对称未知力,反对称未知力等于零;在反对称荷载作用下,只产生反对称未知力,正对称未知力等于零。对称结构上作用的任意荷载均可分解为正对称荷载和反对称荷载。对称的超静定结构可以用半边结构的计算简图进行简化。

7. 支座移动、温度改变时超静定结构的内力计算

支座移动、温度改变使超静定结构产生内力,其内力仅由多余未知力所产生。力法方程中的自由项是由支座移动或温度改变引起的在去掉多余约束处的位移,其计算过程与荷载作用完全相同。

8. 超静定结构的位移计算

采用单位荷载法计算超静定结构位移时,单位虚拟力可以加在任一基本结构上。为简化计算,应选择单位内力图比较简单的基本结构。

【思考题与习题】

17-1. 如何确定超静定次数？确定超静定次数时应注意什么？能否把如图 17-34 所示结构中支座 A 处的水平或竖向支座链杆作为多余约束去掉？

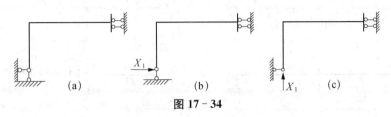

图 17-34

17-2. 用力法求解超静定结构的思路是什么？什么是力法的基本结构和基本未知量？

17-3. 力法典型方程的物理意义是什么？方程中各系数和自由项的物理意义又是什么？

17-4. 试从物理意义上说明，为什么主系数必为正值，而副系数可为正值、为负值或为零？

17-5. 为什么在荷载作用下超静定结构的内力只与各杆刚度 $EI(EA)$ 的相对值有关，而与其绝对值无关？

17-6. 用力法计算超静定结构在支座移动、温度改变时的内力，与在荷载作用下的内力计算有何异同？

17-7. 当温度改变时，钢筋混凝土制成的刚架在结构的外侧常出现裂缝，试问此刚架外侧温度比建造时升高还是降低了？

17-8. 试确定如图 17-35 所示结构的超静定次数。

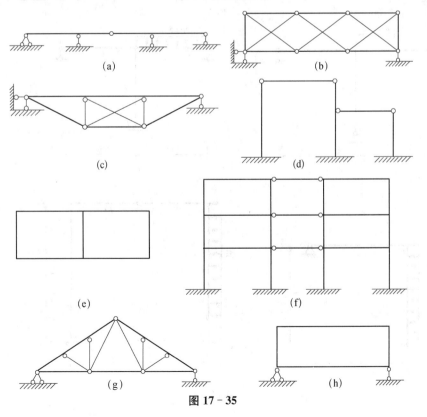

图 17-35

17-9. 试用力法计算如图 17-36 所示超静定梁,并绘制内力图。

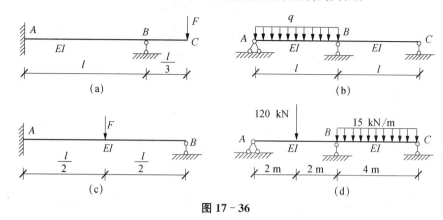

图 17-36

17-10. 试用力法计算如图 17-37 所示超静定刚架,并绘制内力图。

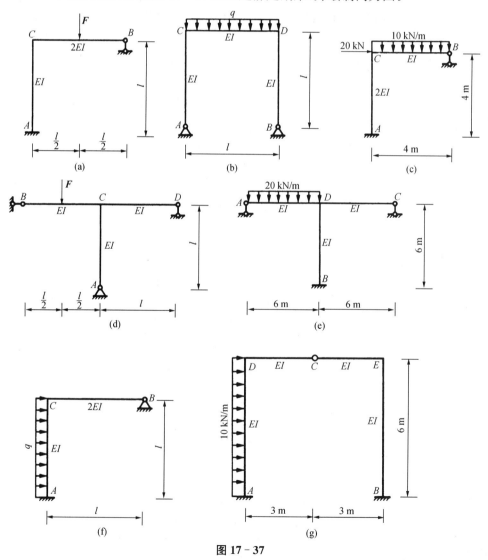

图 17-37

17-11. 试用力法计算如图 17-38 所示排架,并绘制弯矩图。

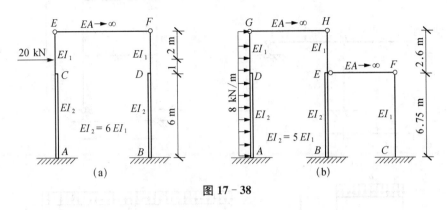

图 17-38

17-12. 求如图 17-39 所示桁架中各杆的轴力,已知各杆的刚度 EA 为常数。

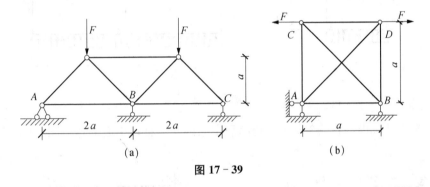

图 17-39

17-13. 求如图 17-40 所示加劲梁各链杆的轴力,并绘制横梁 AB 的弯矩图。设杆 AD、CD、BD 的刚度 EA 相同,且 $A = I/16$。

17-14. 求如图 17-41 所示组合结构中各链杆的轴力,并绘制横梁的弯矩图。已知横梁的刚度 $EI = 1 \times 10^4$ kN·m²,链杆的刚度 $EA = 15 \times 10^4$ kN。

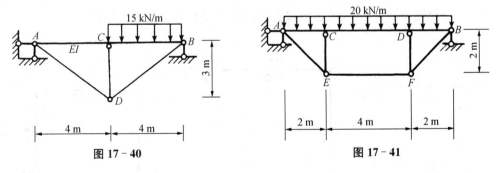

图 17-40   图 17-41

17-15. 利用对称性计算如图 17-42 所示结构,并绘制弯矩图。已知刚度 EI 为常数。

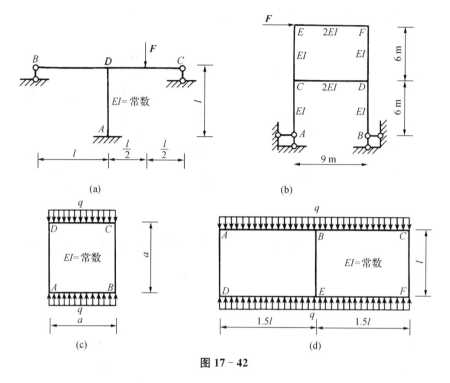

图 17-42

17-16. 绘制如图 17-43 所示单跨超静定梁因支座移动引起的弯矩图和剪力图。

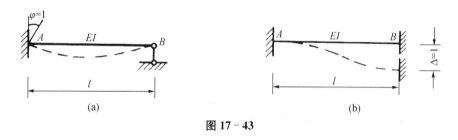

图 17-43

17-17. 绘制如图 17-44 所示刚架支座 A 发生角位移 φ 时的弯矩图。

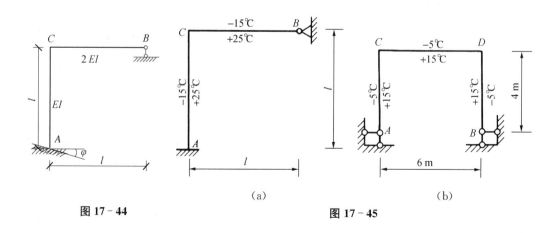

图 17-44   图 17-45

17-18. 设结构的温度变化如图 17-45 所示,试绘制其弯矩图。设各杆截面为矩形,截面的高度 $h=l/10$,线膨胀系数为 α,刚度 EI 为常数。

17-19. 计算如图 17-46 所示梁跨中 C 点的竖向位移,$EI=$ 常数。

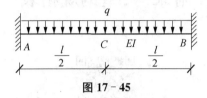

图 17-45

答案扫一扫

附　录

附录一:型钢规格表

附录一:型钢规格表

附录二:习题与思考题答案

附录二:习题与思考题答案

参考文献

［1］范钦珊. 理论力学［M］.北京：高等教育出版社,1999.

［2］孙训方，方孝淑，关来泰编.胡增强，郭力，江晓禹修订. 材料力学（Ⅰ），（Ⅱ）［M］.5 版.北京：高等教育出版社,2009.

［3］单辉祖.材料力学 1，2［M］.3 版.北京：高等教育出版社，2011.

［4］单辉祖.材料力学教程［M］. 北京：高等教育出版社,2004.

［5］龙驭球，包世华. 结构力学Ⅰ——基本教程［M］.2 版.北京：高等教育出版社,2006.

［6］李廉锟.结构力学（上）［M］.3 版.北京：高等教育出版社,1996.

［7］苏振超.建筑力学［M］.西安：西安交通大学出版社,2012.

［8］沈养中. 建筑力学［M］.北京：中国建筑工业出版社,2010.

［9］于英.建筑力学［M］.2 版.北京：中国建筑工业出版社,2007.